"十二五"职业教育国家规划教材

经全国职业教育教材审定委员会审定

食 品 分 析

第三版

穆华荣　于淑萍　主编

化学工业出版社

·北京·

本书内容包括绪论、食品分析检验的一般方法、食品样品的采集和预处理、食品一般成分的检验、食品添加剂的测定、食品中微量元素的测定、食品中农药及药物（兽药）残留的测定、食品中毒素（天然毒素）和激素的测定、食品中安全热点物质的测定、食品中食品卫生微生物的测定、食品包装材料及容器中有害物质的测定及食品分析实训（实验）项目十二章内容。本书层次清晰、内容安排合理，及时贯彻最新食品卫生检验国家标准，具有"实用、规范、新颖"的特点。

本书是高等职业院校工业分析技术专业的教材，也可供相关专业及有关生产、技术、管理人员参考。

图书在版编目（CIP）数据

食品分析/穆华荣，于淑萍主编.—3版.—北京：
化学工业出版社，2015.5（2024.9重印）
"十二五"职业教育国家规划教材
ISBN 978-7-122-20451-6

Ⅰ.食…　Ⅱ.①穆…②于…　Ⅲ.①食品分析-高
等学校-教材　Ⅳ.①TS207.3

中国版本图书馆 CIP 数据核字（2014）第 078776 号

责任编辑：陈有华　蔡洪伟　　　　　　文字编辑：刘志茹
责任校对：宋　夏　　　　　　　　　　装帧设计：王晓宇

出版发行：化学工业出版社（北京市东城区青年湖南街 13 号　邮政编码 100011）
印　　刷：北京云浩印刷有限责任公司
装　　订：三河市振勇印装有限公司
787mm×1092mm　1/16　印张 21　字数 528 千字　　2024 年 9 月北京第 3 版第 12 次印刷

购书咨询：010-64518888　　　　　　售后服务：010-64518899
网　　址：http://www.cip.com.cn

凡购买本书，如有缺损质量问题，本社销售中心负责调换。

定　　价：45.00 元　　　　　　　　　　　　　　　　版权所有　违者必究

前 言
FOREWORD

《食品分析》自出版以来，被全国高职高专院校化学化工类、食品检验类等相关专业广泛使用，收到了很好的效果，得到了较高的评价。

随着食品检验技术的发展，新的检测项目被列入，新的安全热点被关注，新的检测技术被应用，为了继续体现教材"实用、规范、新颖"的特点，适应新的教学需求，编者对本书第二版的内容进行了部分补充和修订，主要有以下几方面：

(1) 将第十二章改为"食品分析实训（实验）项目"，按照食品检验的工作过程组织内容，即样品采集和处理、仪器设备使用和试验数据测定、数据处理和测定结果的表达，构成完整的工作过程体系的项目工作情境。

(2) 在第二章食品分析检验的一般方法中增加了目前迅速普及的"液相色谱-质谱联用分析技术"的内容。

(3) 在第三章食品样品的采集和预处理中，增加了近年来快速发展的几种现代样品处理技术，如快速溶剂萃取技术、微波消解技术、超临界流体萃取技术及固相微萃取技术等。

(4) 增加了一些食品安全关注度较高的检测项目，如第七章食品中农药及药物（兽药）残留的测定中增加了"除草剂草甘膦残留的测定"，第九章食品中安全热点物质的测定中增加了"塑化剂的测定"，第十章食品中食品卫生微生物的测定中增加了"肉毒杆菌的检验"等内容。

(5) 阅读材料作了更新和补充，以提高读者对相关技术发展的兴趣。

第三版的修订工作得到了一些院校和企业相关人员的支持和帮助，在此一并表示感谢。

由于编者水平有限，诚挚希望读者对本书提出建议和意见。

编 者
2015 年 2 月

第一版
前言

　　本书是根据 2003 年 7 月在北京召开的"高职高专工业分析专业国家规划教材工作会议"的部署，以及本专业教材提纲审定会所确定的《食品分析》编写提纲编写的。

　　本书在编写过程中，努力以"够用为度"来组织内容，选题恰当，层次清晰，内容安排合理，及时贯彻《中华人民共和国食品卫生检验方法（理化部分）》（2004 年实施）、《中华人民共和国食品卫生微生物学检验》（2004 年实施）的内容，重点突出"实用、规范、新颖"的特点。

　　本书包括绪论、食品分析检验的一般方法、食品样品的采集和预处理、食品一般成分的检验、食品添加剂的测定、食品中微量元素的测定、食品中农药及药物（兽药）残留的测定、食品中毒素（天然毒素）和激素的测定、食品中食品卫生微生物的测定及食品分析实验等共十章。其中第一、二、四、十章由扬州工业职业技术学院穆华荣编写；第三、五、九章由天津渤海职业技术学院于淑萍编写；第七、八章由天津渤海职业技术学院李炜编写；第六章由辽宁石化职业技术学院陈宏编写。全书由穆华荣统稿。

　　2004 年 3 月在常州工程职业技术学院召开的"高职高专工业分析专业国家规划教材审稿会"上对教材初稿进行了集体审阅，根据审稿意见，编者对初稿进行了修改。刘德生担任主审。

　　本书适用于高职高专工业分析专业，也可供相关专业及有关生产、技术、管理人员参考。

　　在编写过程中，得到各方面的热情帮助，谨此表示感谢。

　　由于作者水平有限，书中不妥之处在所难免，希望读者批评指正。

编者

2004 年 4 月

第二版 前言

本书自 2004 年出版迄今，受到了许多兄弟院校师生的好评。近年来，人们对食品安全和检测的重视程度日益提高，关于食品安全和检测的新要求、新方法不断产生。因此，对本书进行修订就显得十分的必要和紧迫。这次修订仍保持了第一版的基本内容和风格，以"够用为度"作为基本原则，体现了"实用、规范、新颖"的特点。相对于第一版，主要增加了：

（1）第九章　食品安全热点物质的测定。及时反映近几年所发生的食品安全事件，特别是对卫生部公布的第一批食品中可能违法添加的非食用物质名单和食品加工过程中易滥用的食品添加剂品种名单所列重点物质的危害和检测方法进行了适当的介绍。

（2）第十一章　食品包装材料及容器中有害物质的测定。在完善全书体系的同时，反映来自食品包装材料及容器中的化学物质成为食品污染物的可能性，以唤起人们对这个问题的重视和注意。

（3）在实验内容中增设了"原料乳中三聚氰胺的测定"和"食品包装材料中苯乙烯及乙苯等挥发成分的测定"两个实验，以与增加的章节内容相配套。

本书在修订过程中，得到了扬州环境资源职业技术学院葛洪老师、扬州职业大学汪浩老师及扬州工业职业技术学院姜晔老师的不吝指教和帮助，深表感谢。

由于编者水平有限，衷心欢迎读者对书中存在的不妥之处，提出批评指正。

编者
2009 年 4 月

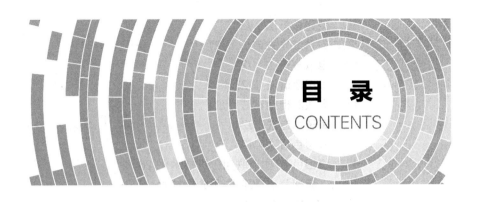

目 录
CONTENTS

第三章 ▶ 食品样品的采集和预处理

第四章 ▶ 食品一般成分的检验

第五章 ▶ 食品添加剂的测定

第八章 ▶ 食品中毒素(天然毒素)和激素的测定

第九章 ▶ 食品中安全热点物质的测定

第十章 ▶ 食品中食品卫生微生物的测定

第十一章 ▶ 食品包装材料及容器中有害物质的测定

第十二章　食品分析实训(实验)项目

参考文献

本书常用符号的意义及单位

符　号	意　义	单　位
ρ	密度	g/mL
d	相对密度	无量纲
n	折射率	无量纲
α	旋光度	度(°)
$[\alpha]_\lambda^t$	比旋光度	度(°)
c	溶液的浓度	mol/L 或 mg/mL、g/mL
L	溶液的厚度	cm
t	温度	℃
λ	波长	nm
A	吸光度	无量纲
τ	透射比	无量纲
ε	摩尔吸光系数	L/(mol·cm)
I_F	荧光强度	无量纲
S	标准偏差	无量纲
P	回收率	无量纲
X	样品含量	g/100g 或 mg/mL
m	样品的质量	g 或 mg
m	样品处理液的质量	g 或 mg
V	样液体积	mL 或 L
p	压力	Pa

第一章

绪论

📖 学习指南

本章在介绍常见食品的性状、组成及分类的基础上，主要阐述了食品分析的性质、任务、作用和内容，适当介绍了食品标准以及食品质量检验的现状和发展趋势。通过对本章的学习，应达到如下要求：

(1) 了解常见食品的性状、组成及分类方法；

(2) 掌握食品分析的性质、任务、作用和内容；

(3) 熟悉常见食品的感官、理化指标，建立食品质量标准的概念；

(4) 了解食品分析的现状及发展趋势。

在人们的衣食住行中，无疑"食"是最重要的，它关系到人类的生存繁衍、健康的维持，这就是所谓"天"。食品是指各种供人食用或者饮用的成品和原料，以及按照传统既是食品又是药品的物品，但是不包括以治疗为目的的物品。人们平时享用的食品都有哪些？质量如何？吃得是否安全？怎样才能得到保证？相信通过本章内容的学习，从中可以找到一些答案。

第一节　食品的一般情况

一、常见食品的性状及组成

在中国，自古以来就有"民以食为天"的说法，由此可以看出，食品与人类有着非常密切的关系。食品是人类赖以生存、繁衍、维持健康的基本条件，人们每天必须摄取一定数量的食物来维持自己的生命与健康，保证身体的正常生长、发育和从事各项活动。

1. 常见食品的性状

在人的一生中，自呱呱坠地到寿终正寝，天天离不开饮食。人类食用的食品也是丰富多彩的，主要有粮食、食油、肉类、禽类、鱼鲜水产、蛋品、乳制品、水果、蔬菜、食糖、食盐、糕点、调味品、豆制品、烟、酒、茶叶、罐头和冷饮等，品种繁多，成分复杂。这些食品从外观来看，有的是固体，有的呈液态；有的是颗粒状，有的为粉末状；有的香味扑鼻，有的腥气袭人；有的可以烹成美味佳肴，有的可以提人精神。从总体来说，食品具有三项功能：一是营养功能，即用来提供人体所需的各种营养素；二是感官功能，以满足人们不同的嗜好和要求；三是生理调节功能。近来发展起来的一些食品，如营养保健食品等科学地结合了这些功能。

2. 常见食品的组成

食品的首要功能是供给人类营养，其中大部分是人体所需要的成分，按其对人体生理作用的不同，大致可以分成三类，即：①构成素，包括蛋白质、脂肪、碳水化合物、无机盐和水分等；②热量素，包括脂肪、碳水化合物、蛋白质等；③调节素，包括维生素、无机盐和水分等。为了食品的加工、保存等原因，现代食品常常还加入一定量的各种添加剂；若是被污染的食品，可能还会与药物、农药、毒素、激素以及有毒元素有关。

二、常见食品的分类

中国的饮食文化发达，食品种类繁多，至今尚无统一的、规范的分类方法。由于食品分类方法的不同，市场上的食品名称也是多种多样的，如豆制品、肉制品、奶制品、膨化食品、焙烤食品、冷冻食品、腌制食品、休闲食品、强化食品、功能食品、儿童食品、老年食品、方便食品、绿色食品等。

不同的分类方法有不同的分类标准或判别依据，归纳起来，至少有 9 种分类方法：

（1）按原料划分　可分为稻米及制品，麦、面及其制品，淀粉及其制品，植物油脂及其制品，豆类制品，果蔬制品，糖及糖果，乳制品，肉制品，蛋制品，水产制品等。

一种原料往往可以用来制成多种产品，而一种产品又往往需要多种原料。因此，按原料的分类方法不能涵盖所有的食品，尚需其他分类方法。

（2）按加工方法划分　可分为天然食品（不需加工）、油炸食品、焙烤食品、膨化食品、烟熏食品、挤出食品、微波食品、微生物发酵食品等。

（3）按包装方法划分　可分为罐头食品、袋装食品、散装食品等。

（4）按保存方法划分　可分为冷藏食品、冷冻食品、腌制食品、糖渍食品等。

（5）按方便性划分　可分为方便食品和一般食品等。

（6）按消费方式划分　可分为休闲食品、主食食品、饮料食品等。

（7）按消费对象划分　可分为儿童食品、老年食品、军用食品、旅游食品、一般食品等。

（8）按功能划分　可分为功能食品、强化食品及一般食品等。

（9）按受污染程度划分　可分为一般食品、绿色食品和有机食品等。在绿色食品生产过程中，允许一定量的农药、化肥、激素、抗生素等的使用；在生态食品的生产过程中则严禁使用这类物质。

此外，还可将现代食品分为以下 20 种：

（1）粮食及制品　指各种原粮、成品粮以及各种粮食加工制品，包括方便面等。

（2）食用油　指植物和动物性食用油料，如花生油、大豆油、动物油等。

（3）肉及其制品　指动物性生、熟食品及其制品，如生、熟畜肉和禽肉等。

（4）消毒鲜乳　指乳品厂（站）生产的经杀菌消毒的瓶装或软包装消毒奶，以及零售的牛奶、羊奶、马奶等。

（5）乳制品　指乳粉、酸奶及其他属于乳制品类的食品。

（6）水产类　指供食用的鱼类、甲壳类、贝类等鲜品及其加工制品。

（7）罐头　将加工处理后的食品装入金属罐、玻璃瓶或软质材料的容器内、经排气、密封、加热杀菌、冷却等工序达到商业无菌的食品。

（8）食糖　指各种原糖和成品糖，不包括糖果等制品。

（9）冷食　指固体冷冻的即食性食品，如冰棍、雪糕、冰激凌等。

（10）饮料　指液体和固体饮料，如碳酸饮料、汽水、果味水、酸梅汤、散装低糖饮料、矿泉材料、麦乳精等。

（11）蒸馏酒、配制酒　指以含糖或淀粉类原料，经糖化发酵蒸馏而制成的白酒（包括瓶装和散装白酒）和以发酵酒或蒸馏酒作酒基，经添加可食用的辅料配制而成的酒，如果酒、白兰地、香槟、汽酒等。

（12）发酵酒　指以食糖或淀粉类原料经糖化发酵后未经蒸馏而制得的酒类，如葡萄酒、啤酒。

（13）调味品　指酱油、酱、食醋、味精、食盐及其他复合调味料等。

（14）豆制品　指以各种豆类为原料，经发酵或未发酵制成的食品，如豆腐、豆粉、素鸡、腐竹等。

（15）糕点　指以粮食、糖、食油、蛋、奶油及各种辅料为原料，经焙烤、油炸或冷加工等方式制成的食品，包括饼干、面包、蛋糕等。

（16）糖果蜜饯　以果蔬或糖类的原料经加工制成的糖果、蜜饯、果脯、凉果和果糕等食品。

（17）酱腌菜　指用盐、酱、糖等腌制的发酵或非发酵类蔬菜，如酱黄瓜等。

（18）保健食品　指依据《保健食品管理办法》，称为保健食品的产品类别。

（19）新资源食品　指依据《新资源食品卫生管理办法》，称为新资源食品的产品类别。

（20）其他食品　未列入上述范围的食品或新制定评价标准的食品类别。

不同的分类方法有不同的用处。如按原料的分类方法有利于行业的管理或生产的组织，按消费对象的分类方法有利于市场的组织活动等。

第二节　常见食品的标准

一、食品标准的现状和趋势

质量是产品的生命，它关系到能否有效地进入国内外市场，创得高效益。提高产品质量的关键是抓好质量标准、质量管理和质量监督三项相互关联、相互依存、缺一不可的工作，只有这样才能保证产品质量建立在一个良性循环过程中。标准是衡量产品质量的技术依据。因此，依据标准对产品的质量实行监督对于提高质量十分重要。目前，对于食品生产的原辅材料及最终产品，已经制定出相应的国际和国内标准，并且在不断改进和完善。中国依据国家产品质量监督检测中心，已经形成了一个产品质量监督网络，充分发挥这个网络的作用是使伪劣产品无立足之地的重要一环。

在众多的质量监督检测部门开展检测工作时，制定和实施相应的分析标准是十分必要的。采用标准的分析方法、利用统一的技术手段才能使分析结果有权威性，便于比较与鉴别产品质量，为食品生产和流通领域标准化管理、国际贸易往来和国际经济技术合作有关的质量管理和质量标准提供统一的技术依据。这对促进技术进步、提高产品质量和经济效益、扩大对外贸易、提高标准化水平、促进我国食品事业的发展、保护消费者利益和保证食品贸易的公平进行，具有重要的意义。目前，为了便于国家间进行贸易，排除由国家标准不同所造成的障碍，世界上已经出现了要求各国政府采用国际标准、使各国国家标准趋于一致的趋势。

1. 国内标准

自《食品卫生法》颁布以来，食品卫生工作有了明确的法律依据，为了保证此法的有效实施，卫生部发布并实施了新版（2004 年）《中华人民共和国食品卫生检验方法（理化部分）》国家标准，这一标准的实施，是执行《食品卫生法》进行监督检测不可缺少的重要手段。对促进中国食品工业采用新工艺、新技术起到了推动作用；对提高人民的身体健康起到了保证作用；为食品检验工作进一步发展，提高整个食品检验工作水平奠定了坚实的基础；也为中国从事食品卫生理化检验人员提供了选择分析方法的依据。

《中华人民共和国食品卫生检验方法（理化部分）》规定的检测成分包括：食物成分、有害元素、农药残留、食品添加剂、致癌物质等。检测对象包括：粮食、食用油脂、蔬菜、水果、调味品、肉与肉制品、水产品、乳与乳制品、蛋与蛋制品、酒、冷饮食品、豆制品、淀粉类制品、酱腌菜、食糖、蜂蜜、糕点、茶叶、食品包装材料、食品包装容器用涂料、食品用橡胶制品及食具容器等。每一检测项目列有几种不同的分析方法，应用时可根据各地不同的条件选择使用，但以第一法为仲裁法。例如，防腐剂山梨酸、苯甲酸的标准分析方法中列有气相色谱法、高效液相色谱法及薄层色谱法，以气相色谱法为仲裁法。

2. 国际标准

国际食品分析标准主要是指国际标准化组织（ISO）制定的食品分析标准。该组织成立于1947 年，是目前世界上最大的、最有权威的国际性标准化专门机构，下设 27 个国际组织，其中与食品分析有关的组织有联合国粮食与农业组织（FAO）与世界卫生组织（WHO）"食品法典"联合委员会（简称食品法规委员会，CAC）。该委员会是 20 世纪 60 年代由联合国粮食与农业组织和世界卫生组织共同设立的一个国际机构，现有包括中国在内的 130 个成员国，其主要职能是执行 FAO/WHO 联合国国际食品标准规划制定各种食品的国际统一标准和标准分析方法。目前食品分析国际标准方法多采用食品法规委员会制定的标准。

除食品法规委员会以外，在国际上影响较大的组织还有美国分析化学家协会（AOAC），它是美国为使农产品（食品）分析标准化而设立的协会。该协会推荐的分析方法比较先进、可靠，对国际上食品分析领域的影响较大，目前已为越来越多的国家所采用，作为标准方法。

二、常见食品的质量标准

国家对于粮食、食用油脂、蔬菜、水果、调味品、肉与肉制品、水产品、乳与乳制品、蛋与蛋制品、酒、冷饮食品、豆制品、淀粉类制品、酱腌菜、食糖、蜂蜜、糕点、茶叶等食品制定了严格的卫生标准，详细规定了所必需的感官及理化指标。国家还对食品包装材料、食品包装容器用涂料、食品用橡胶制品及食具容器等规定了相应的卫生标准，从而使食品的安全得到了保证。这里不另赘述。

第三节 食品分析的性质、任务、作用及内容

一、食品分析的性质、任务和作用

1. 性质

食品是人类生存不可缺少的物质条件之一，是人类进行一切生命活动的能源。因此，食品品质的好坏，直接关系着人们的身体健康。而评价食品品质的好坏，就是要看它的营养性、安全性和可接受性，即营养成分含量多少、存不存在有毒有害物质和感官性状如何。食品分析就是专门研究各类食品组成成分的检测方法及有关理论，进而评定食品品质的一门技

术性学科。

2. 任务

食品分析的任务是运用物理、化学、生物化学等学科的基本理论及各种科学技术，对食品工业生产中的物料（原料、辅助材料、半成品、成品、副产品等）的主要成分及其含量和有关工艺参数进行检测。

3. 作用

（1）控制和管理生产，保证和监督食品的质量　分析工作在生产中起着"眼睛"的作用，通过对食品生产所用原料、辅助材料的检验，可了解其质量是否符合生产的要求，使生产者做到心中有数；通过对半成品和成品的检验，可以掌握生产情况，及时发现生产中存在的问题，便于采取相应的措施，以保证产品的质量；并可为工厂制订生产计划，进行经济核算提供基本数据。

（2）为食品新资源和新产品的开发，新技术和新工艺的探索等提供可靠的依据　在食品科学研究中，食品分析是不可缺少的手段，不管是理论性研究还是应用性研究，几乎都离不开食品分析。例如在开发新的食品资源，试制新产品、新设备，改革生产工艺，改进产品包装、贮运技术等方面的研究中，常需选定适当的项目进行分析，再将分析结果进行综合对比，得出结论。

二、食品分析的内容

由于食品的种类繁多，组成成分十分复杂，随分析目的的不同，分析项目也各异，某些食品还有特定的分析项目，这使得食品分析的范围十分广泛，它包括以下一些内容。

1. 食品营养成分的分析

食品是供给人体能量，构成人体组织和调节人体内部产生的各种生理过程的原料，因此，一切食品必须含有人体所需的营养成分。从营养成分来看，主要有水分、灰分、矿物元素、脂肪、碳水化合物、蛋白质与氨基酸、有机酸、维生素八大类，这是构成食品的主要成分。不同的食品所含营养成分的种类和含量是各不相同的，在天然食品中，能够同时提供各种营养成分的品种较少，人们必须根据人体对营养的要求，进行合理搭配，以获得较全面的营养。为此必须对各种食品的营养成分进行分析，以评价其营养价值，为选择食品提供资料。此外，在食品工业生产中，对工艺配方的确定、工艺合理性的鉴定、生产过程的控制及成品质量的监测等，都离不开营养成分的分析。营养成分的分析是食品分析的主要内容。

2. 食品添加剂的分析

在食品生产中，为了改善食品的感官性状；或为了改善食品原来的品质、增加营养、提高质量；或为了延长食品的货架期；或因加工工艺需要，常加入一些辅助材料——食品添加剂。由于目前所使用的食品添加剂多为化学合成物质，有些对人体具有一定的毒性，故国家对其使用范围及用量均作了严格的规定。为监督在食品生产中合理地使用食品添加剂，保证食品的安全性，必须对食品添加剂进行检测，这是食品分析的一项重要内容。

3. 食品中有毒物质的分析

正常的食品应当无毒无害，符合应有的营养素要求，具有相应的色、香、味等感官性状。但食品在生产、加工、包装、运输、贮存、销售等各个环节中，常产生、引入或污染某些对人体有害的物质，按其性质分，主要有以下几类：

（1）有害元素　这是由工业"三废"、生产设备、包装材料等对食品的污染所造成的，主要有砷、镉、汞、铅、铜、铬、锡、锌、硒等。

（2）农药　由于不合理地施用农药造成对农作物的污染，或因工业三废对动植物生长环境造成污染，再经动植物体的富集作用及食物链的传递，最终造成食品中农药的残留。

（3）细菌、霉菌及其毒素　这是由于食品的生产或贮藏环节不当而引起的微生物污染，此类污染物中，危害最大是黄曲霉毒素。

（4）食品加工中形成的有害物质　在一些食品加工中，可形成有害物质。如在腌制、发酵等加工过程中，可形成亚硝胺；在烧烤、烟熏等加工中，可形成3,4-苯并芘。

（5）来自包装材料的有害物质　由于使用了质量不合乎卫生要求的包装材料，其中的有害物质如聚氯乙烯、多氯联苯、荧光增白剂等，对食品造成污染。

食品中有害物质的种类很多，来源各异，且随着环境污染的日趋严重，食品污染源将更加广泛。为了保证食品的安全性，必须对食品中的有害成分进行监督检验。

4. 食品的感官检验

各种食品都具有各自的感官特征，除了色、香、味是所有食品共有的感官特征外，液态食品还有澄清、透明等感官指标，对固体、半固体食品还有软、硬、硬性、韧性、黏、滑、干燥等一切都为人体感官判定和接受指标。好的食品不但要符合营养和卫生的要求，而且要有良好的可接受性。因此，各类食品的质量标准中都有感官指标。感官鉴定是食品质量检验的主要内容之一，在食品分析中占有重要的地位。

三、食品检验的发展趋势

近年来，随着食品工业生产的发展和科学技术的进步，食品分析的发展十分迅速，国际上这方面的研究开发工作至今方兴未艾，一些学科的先进技术不断渗透到食品分析中来，形成了日益增多的分析方法和分析仪器。许多自动化分析技术已应用于食品分析中，这不仅缩短了分析时间、减少了人为的误差，而且大大提高了测定的灵敏度和准确度。

目前，食品检验的发展趋势主要体现在以下几个方面：

1. 新的测定项目和方法不断出现

随着食品工业的繁荣，食品种类的丰富，同时也由于环境污染受到越来越多的重视，人们对食品安全性的研究使得新的测定项目和方法不断出现。如蛋白质和脂肪的测定实现了半自动化分析；粗纤维的测定方法已用膳食纤维测定法代替；近红外光谱分析法已应用于某些食品中水分、蛋白质、脂肪、纤维素等多种成分的测定；气相色谱法和液相色谱法测定游离糖已有较可靠的分析方法；高效液相色谱法也已用于氨基酸的测定，其效果甚至优于氨基酸自动分析仪；微量元素检测方法不断出新。微生物法的自动化操作已在国外某些实验室中实现了，维生素K、生物素、胆碱的测定方法和维生素C的简易测定方法以及多种维生素同时测定方法都已相继开发出来。各种新型食品添加剂的检验正在被研究和制定标准。

2. 食品分析的仪器化

食品分析逐渐地采用仪器分析和自动化分析方法以代替手工操作的陈旧方法。气相色谱仪、高效液相色谱仪、氨基酸自动分析仪、原子吸收分光光度计以及可进行光谱扫描的紫外-可见分光光度计、荧光分光光度计等在食品分析中得到了越来越多的应用。

3. 食品分析的自动化

中国对各种自动化分析方法研究较深入，食品中的某些维生素、微量和常量元素、脂肪酸、部分氨基酸等的测定均可采用自动化流程进行分析，免除了繁重的手工操作。如维生素C的测定采用最新的流动注射分析方法，样品和试剂用量减至微量，分析时间也大为缩短。

补人参不如吃大蒜

大蒜这一神奇而古老的药食两用珍品，被称为"健康保护神"。在德国，几乎人人都喜欢吃大蒜，年消耗量在 8000t 以上，近年来更是经常举办欧洲大蒜节。大蒜研究所负责人哥特林博士介绍说，大蒜含有 400 多种有益身体健康的物质，如果人想活到 90 岁，大蒜应该是食物的基本组成部分。研究还表明，大蒜的营养价值高于人参，应列为保健品之首。

大蒜研究所的研究人员指出，人类的很多疾病都是因为血液中脂肪水平过高引起的。许多日常食物，像鸡蛋、香肠、奶酪、咸肉等，吃了之后就会使血液中的脂肪成倍上升。但是如果同时吃蒜，脂肪上升的趋势就会受到遏制。除了有助于降低血脂外，大蒜还具有预防和降低动脉脂肪斑块聚积的作用。这一点很重要，因为脂肪斑块在冠状动脉聚积后，就有可能导致心脏病。

抽烟喝酒也会使血液变得黏稠，如果同时能吃些大蒜，就会平衡稀释血液。大蒜能使血液变稀，而且还具有类似于维生素 E 和维生素 C 的抗氧化特性。

大蒜所具有的这些潜在功效，为预防和改善粥状动脉硬化、防治心脏病开辟了一条崭新的天然护理途径。同时，大蒜对降低高血压也有一定作用。高血压患者每天早晨吃几瓣醋泡的大蒜，并喝两汤勺醋汁，连吃半月就可以降低血压。只要保持血液正常，就不容易患高血压、心脏病、脑出血等疾病。

大蒜研究所的专家表示，每天都吃蒜，能够杀菌解毒、延长寿命。常吃大蒜的人，比不常吃的人患胃癌的概率要少将近一半。而且，多吃大蒜的人患直肠癌的概率也非常低。

大蒜研究所的专家认为，大蒜之所以有这么出色的功效，是因为它含有蒜氨酸和蒜酶这两种有效物质。蒜氨酸和蒜酶各自静静地待在新鲜大蒜的细胞里，一旦把大蒜碾碎，就会互相接触，从而形成一种没有颜色的油滑液体——大蒜素。大蒜素有很强的杀菌作用，进入人体后能与细菌的胱氨酸反应生成结晶状沉淀，破坏细菌所必需的硫氨基生物中的巯基，使细菌的代谢出现紊乱，从而无法繁殖和生长。

但是大蒜素遇热时会很快失去作用，所以大蒜适宜生食。大蒜不仅怕热，也怕咸，它遇咸也会失去作用。因此，如果想达到最好的保健效果，食用大蒜最好捣碎成泥，而不是用刀切成蒜末。并且要先放 10～15min，让蒜氨酸和蒜酶在空气中结合产生大蒜素后再食用。

大蒜可以和肉馅一起拌匀，做成春卷、夹肉面包、馄饨等，还可以做成大蒜红烧肉、大蒜面包。德国还有大蒜冰激凌、大蒜果酱和大蒜烧酒等。用大蒜素提炼成的大蒜油健康价值也很高，可以抹在面包上吃或作为烹调油食用。

德国大蒜研究所最近发明了一种叫作"时间晶体"的全蒜提取物生物制品，这标志着人类对大蒜的利用又取得了新发展。

专家们还指出，吃大蒜并不是越多越好。因为大蒜吃多了会影响维生素 B 的吸收，大量食用大蒜还对眼睛有刺激作用，容易引起眼睑炎、眼结膜炎。另外，因为大蒜有较强的刺激性和腐蚀性，不宜空腹食用。胃溃疡患者和患有头痛、咳嗽、牙疼等疾病时，不宜食用大蒜。每天 1 次或隔天 1 次，每次吃 2～3 瓣即可。

有不少人担心吃蒜后嘴里的气味会影响和他人的交流。其实，在吃完大蒜后喝一杯咖啡、牛奶或绿茶，都可以起到消除口气的作用。嚼一些绿茶叶效果更好。平时准备些口香糖，也可以在吃完大蒜后派上用场。

思考题

1. 什么是食品？它可分为哪些种类？
2. 食品标准的制定有何重要性？食品标准的现状及趋势是怎样的？
3. 食品分析的性质、任务是什么？它包括哪些内容？

第二章
食品分析检验的一般方法

 学习指南

　　本章对食品分析的常用检验方法作了相对简明扼要的介绍，对于前续课程较少涉及的方法还进行了较为深入的讨论。通过本章内容的学习，应达到如下要求：

　　(1) 了解感官检验法的类型、基本原理及分析方法；

　　(2) 了解物理检验法的基本概念，掌握相关仪器设备如密度计、折射仪及旋光计的使用方法，并能利用它们测定食品样品的相关物理参数；

　　(3) 掌握各种化学及仪器分析方法的原理，并能熟练地进行食品样品的分析测试；

　　(4) 初步了解微生物检验的方法；

　　(5) 能根据具体情况选择合适的分析方法。

　　鉴于食品成分的复杂性，必须采用多种分析方法才能满足各类食品、不同组分的测定，如感官检验法、物理检验法、化学分析法、仪器分析法以及微生物检验法等，这些分析方法各具特点、适应性各异。因此，在对具体食品样品测定时，分析方法的选择就显得尤为重要。

第一节　感官检验法

一、方法原理

　　食品的感官检验是依靠人的感觉器官，即味觉、嗅觉、视觉、触觉，对食品的色泽、风味、气味、组织状态、硬度等外部特征进行评价的方法。其目的是为了评价食品的可接受性和鉴别食品的质量。感官检验是与仪器分析并行的重要检测手段。

　　各种食品都具有一定的外部特征，消费者习惯上都凭感官来决定食品的取舍。所以，作为食品不仅要符合营养和卫生的要求，还必须能为消费者所接受。其可接受性通常不能由化学分析和仪器分析结果来下结论。因为用化学分析和仪器分析方法虽然能对食品中各组分（如糖、酸、卤素等）的含量进行测定，但并没有考虑组分之间的相互作用和对感觉器官的刺激情况，缺乏综合性判断。此外，感官检验还用于鉴别食品的质量，各种食品的质量标准中都定有感官指标，如外形、色泽、滋味、气味、均匀性、浑浊程度、有无沉淀及杂质等。这些感官指标往往能反映出食品的品质和质量的好坏，当食品的质量发生了变化时，常引起某些感官指标也发生变化。因此，通过感官检验可判断食品的质量及其变化情况。

总之，感官检验在食品生产中的原材料和成品质量控制、食品的贮藏和保鲜、新产品开发、市场调查等方面具有重要的意义和作用。

二、方法分类

按检验时所采用的方法，感官检验可分为差别检验法、类别检验法及描述性检验法等。

1. 差别检验法

差别检验法是常用的比较简单、方便的感官检验法，它是对两个或两个以上的样品进行选择性比较，判断是否存在着感官差别。差别检验的结果，是以作出不同结论的数量及检验次数为基础，进行概率统计分析。常用的方法有配对检验法（二点检验法）、对比检验法、三角检验法等。

2. 类别检验法

类别检验法是对两个以上的样品进行评价，判定出哪个样品好、哪个样品差，它们之间的差异大小和差异方向如何，从而得出样品间差异的排序和大小（或者样品应归属的类别或等级）。选择何种方法解释数据，取决于检验的目的和样品的数量。常用的方法有分类检验法、评估检验法、排序检验法等。

3. 描述性检验法

描述性检验是检验人员用合理、清楚的文字，对食品的品质作准确的描述，以评价食品质量的方法。描述性检验有颜色、外观描述、风味（味觉、气味）描述、组织（硬度、黏度、脆度、弹性、颗粒性等）描述和定量描述。

进行描述性检验时，先根据不同的感官检验项目（风味、色泽、组织等）和不同特性的质量描述制定出分数范围，再根据具体样品的质量情况给予合适的分数。

根据定性或定量，描述性检验可分为简单描述性检验法和定量描述性检验法两种。

三、感官检验的方法选择

在感官检验中，如何选择具体的方法，一般需要考虑以下几点：

（1）检验目的　首先要从检验目的出发选择合适的方法。

（2）精度要求　要检出差异时，选择精度高的方法。如检验两个样品间差异时，对于同样的试验次数、同样的差异水平，三点试验法比两点试验法好。

（3）经济角度　要考虑样品用量、检验员人数、试验时间、数据处理的难易等经济因素。

（4）影响因素　即使是专门培训过的检验人员，对于那些复杂的方法，也会有一定程度的不安和压力。

因此，在选择感官检验方法时，要根据具体情况，综合考虑多方面的因素，以确定某种最佳的方案。

第二节　物理检验法

根据食品的相对密度、折射率、旋光度、黏度、浊度等物理常数与食品的组分及含量之间的关系进行检测的方法称为物理检验法。物理检验法是食品分析及食品工业生产中常用的检测方法。

一、相对密度检验法

（一） 密度与相对密度

密度是指物质在一定温度下单位体积的质量，以符号 ρ 表示，其单位为 g/mL。相对密度是指某一温度下物质的质量与同体积某一温度下水的质量之比，以符号 d 表示，无量纲。

因为物质一般都具有热胀冷缩的性质（水在 4℃ 以下是反常的），所以密度和相对密度的值都随温度的改变而改变。故密度应标出测定时物质的温度，表示为 ρ_t，如 ρ_{20}。相对密度应标出测定时的物质的温度及水的温度，表示为 $d_{t_2}^{t_1}$，如 d_4^{20}、d_{20}^{20}，其中 t_1 表示物质的温度，t_2 表示水的温度。

密度和相对密度之间有如下关系：

$$d_{t_2}^{t_1} = \frac{温度 \, t_1 \, 下物质的密度}{温度 \, t_2 \, 下水的密度}$$

因为水在 4℃ 时的密度为 1.000g/cm^3，所以物质在某温度下的密度 ρ_t 和物质在同一温度下对 4℃ 水的相对密度 d_4^t 在数值上相等，两者在数值上可以通用。故工业上为方便起见，常用 d_4^{20}（即物质在 20℃ 时的质量与同体积 4℃ 水的质量之比）来表示物质的相对密度，其数值与物质在 20℃ 时的密度 ρ_{20} 相等。

当用密度瓶或密度天平测定液体的相对密度时，以测定溶液对同温度水的相对密度比较方便，通常测定液体在 20℃ 时对水在 20℃ 时的相对密度，以 d_{20}^{20} 表示。因为水在 4℃ 时的密度比水在 20℃ 时的密度大，故对同一溶液来说，$d_{20}^{20} > d_4^{20}$。d_{20}^{20} 和 d_4^{20} 之间可以用下式换算：

$$d_4^{20} = d_{20}^{20} \times 0.998230$$

式中　0.998230——水在 20℃ 时的密度，g/cm³。

同理，若要将 $d_{t_2}^{t_1}$ 换算为 $d_4^{t_1}$，可按下式进行：

$$d_4^{t_1} = d_{t_2}^{t_1} \rho_{t_2}$$

式中　ρ_{t_2}——温度 t_2 时水的密度，g/cm³。

表 2-1 列出了不同温度下水的密度。

表 2-1　水的密度与温度的关系

t/℃	密度/(g/cm³)	t/℃	密度/(g/cm³)	t/℃	密度/(g/cm³)
0	0.999868	11	0.999623	22	0.997797
1	0.999927	12	0.999525	23	0.997565
2	0.999968	13	0.999404	24	0.997323
3	0.999992	14	0.999271	25	0.997071
4	1.000000	15	0.999126	26	0.996810
5	0.999992	16	0.998970	27	0.996539
6	0.999968	17	0.998801	28	0.996259
7	0.999929	18	0.998622	29	0.995971
8	0.999876	19	0.998432	30	0.995673
9	0.999808	20	0.998230	31	0.995367
10	0.999727	21	0.998019	32	0.995052

（二） 测定相对密度的意义

相对密度是物质重要的物理常数，各种液态食品都具有一定的相对密度，当其组成成分及浓度发生改变时，其相对密度往往也随之改变。通过测定液态食品的相对密度，可以检验食品的纯度、浓度及判断食品的质量。

蔗糖、酒精等溶液的相对密度随溶液浓度的增加而增高，通过实验已制定了溶液浓度与相对密度的对照表，只要测得了相对密度就可以由专用的表格上查出其对应的浓度。

对于某些液态食品（果汁、番茄制品等），测定相对密度并通过换算或查专用经验表格可以确定可溶性固形物或总固形物的含量。

正常的液态食品，其相对密度都在一定的范围内。例如，全脂牛奶为 1.028～1.032，植物油（压榨法）为 0.9090～0.9295。当因掺杂、变质等原因引起这些液体食品的组成成分发生变化时，均可出现相对密度的变化。如牛奶的相对密度与其脂肪含量、总乳固体含量有关，脱脂乳相对密度升高，掺水乳相对密度下降。油脂的相对密度与其脂肪酸的组成有关，不饱和脂肪酸含量越高，脂肪酸不饱和程度越高，脂肪的相对密度越高；游离脂肪酸含量越高，相对密度越低；酸败的油脂相对密度升高。因此，测定相对密度可初步判断食品是否正常以及纯净程度。需要注意的是，当食品的相对密度异常时，可以肯定食品的质量有问题；当相对密度正常时，并不能肯定食品质量无问题，必须配合其他理化分析，才能确定食品的质量。总之，相对密度是食品生产过程中常用的工艺控制指标和质量控制指标。

（三）　液态食品相对密度的测定方法

测定液态食品相对密度的方法有密度瓶法、密度计法、相对密度天平法，其中较常用的是前两种方法。

1. 密度瓶法

（1）仪器　密度瓶是测定液体相对密度的专用精密仪器，它是容积固定的玻璃称量瓶，其种类和规格有多种。常用的有带温度计的精密密度瓶和带毛细管的普通密度瓶，见图2-1。容积有 20mL、25mL、50mL、100mL 四种规格，但常用的是 25mL 和 50mL 两种。

（2）测定原理　密度瓶具有一定的容积，在一定的温度下，用同一密度瓶分别称量等体积的样品溶液和蒸馏水的质量，两者之比即为该样品溶液的相对密度。

（3）测定方法　先把密度瓶洗干净，再依次用乙醇、乙醚洗涤，烘干并冷却后，精密称重。装满样液，盖上瓶盖，置20℃水浴中浸 0.5h，使内容物的温度达到20℃，用细滤纸条吸去支管标线上的样液，盖上侧管帽后取出。用滤纸把密度瓶外擦干，置天平室内 0.5h，称重。将样液倾出，洗净密度瓶，装

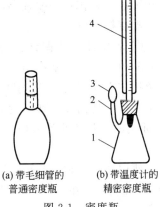

(a) 带毛细管的普通密度瓶　(b) 带温度计的精密密度瓶

图 2-1　密度瓶

1—密度瓶；2—支管标线；
3—支管上小帽；4—温度计

入煮沸 0.5h 并冷却到20℃以下的蒸馏水，按上法操作。测出同体积20℃蒸馏水的质量。

（4）结果计算

$$d = \frac{m_2 - m_0}{m_1 - m_0}$$

式中　m_0——密度瓶质量，g；

m_1——密度瓶加水的质量，g；

m_2——密度瓶加液体样品的质量，g；

d——试样在20℃时的相对密度。

2. 密度计法

（1）仪器　密度计是根据阿基米德原理制成的，其种类很多，但结构和形式基本相同，都是由玻璃外壳制成。它由三部分组成，头部是球形或圆锥形，内部灌有铅珠、水银或其他重金属，使密度计能直立于溶液中。中部是胖肚空腔，内有空气，故能浮起。尾部是一细长

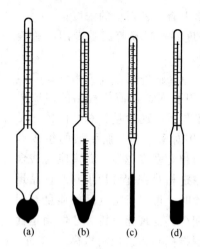

图 2-2　各种密度计
(a) 普通密度计；(b) 附有温度计
的糖锤度计；(c)、(d) 波美计

管，内附有刻度标记，刻度是利用各种不同密度的液体标度的。食品工业中常用的密度计按其标度方法的不同，可分为普通密度计、锤度计、乳稠计、波美计等，见图 2-2。

① 普通密度计。普通密度计是直接以 20℃ 时的密度值为刻度的（因 d_4^{20} 与 ρ_{20} 在数值上相等，也可以说是以 d_4^{20} 为刻度的）。一套通常由几支组成，每支的刻度范围不同，刻度值小于 1 的（$0.700\sim1.000$）称为轻表，用于测量密度比水小的液体；刻度值大于 1 的（$1.000\sim2.000$）称为重表，用来测量密度比水大的液体。

② 锤度计。锤度计是专用于测定糖液浓度的密度计。它是以蔗糖溶液的质量百分浓度为刻度的，以符号"°Bx"表示。其标度方法是以 20℃ 为标准温度，在蒸馏水中为 0°Bx，在 1% 蔗糖溶液中为 1°Bx（即 100g 蔗糖溶液中含 1g 蔗糖），以此类推。锤度计的刻度范围有多种，常用的有：$1\sim6$°Bx，$5\sim11$°Bx，$10\sim16$°Bx，$15\sim21$°Bx，$20\sim26$°Bx 等。

若测定温度不在标准温度（20℃），应进行温度校正。当测定温度高于 20℃ 时，因糖液体积膨胀导致相对密度减小，即锤度降低，故应加上相应的温度校正值；反之，则应减去相应的温度校正值。

③ 乳稠计。乳稠计是专用于测定牛乳相对密度的密度计，测量相对密度的范围为 $1.015\sim1.045$。它是将相对密度减去 1.000 后再乘以 1000 作为刻度，以度（符号：数字右上角标"°"）表示，其刻度范围为 $15°\sim45°$。使用时把测得的读数按上述关系可换算为相对密度值。乳稠计按其标度方法不同分为两种：一种是按 $20°/4°$ 标定的，另一种是按 $15°/15°$ 标定的。两者的关系是：后者读数是前者读数加 2，即

$$d_{15}^{15}=d_4^{20}+0.002$$

使用乳稠计时，若测定温度不是标准温度，应将读数校正为标准温度下的读数。对于 $20°/4°$ 乳稠计，在 $10\sim25℃$ 范围内，温度每升高 1℃ 乳稠计读数平均下降 0.2°，即相当于相对密度值平均减小 0.0002。故当乳温高于标准温度 20℃ 时，每高 1℃ 应在得出的乳稠计读数上加 0.2°；乳温低于 20℃ 时，每低 1℃ 应减去 0.2°。

④ 波美计。波美计是以波美度（以符号"°Bé"表示）来表示液体浓度大小。按标度方法的不同分为多种类型，常用的波美计的刻度方法是以 20℃ 为标准，在蒸馏水中为 0°Bé；在 15% 氯化钠溶液中为 15°Bé；在纯硫酸（相对密度为 1.8427）中为 66°Bé；其余刻度等分。波美计分为轻表和重表两种，分别用于测定相对密度小于 1 的和相对密度大于 1 的液体。波美度与相对密度之间存在下列关系：

轻表　　　　　　　　　$°Bé=\dfrac{145}{d_{20}^{20}}-145$　　或　　$d_{20}^{20}=\dfrac{145}{145+°Bé}$

重表　　　　　　　　　$°Bé=145-\dfrac{145}{d_{20}^{20}}$　　或　　$d_{20}^{20}=\dfrac{145}{145-°Bé}$

（2）测定方法　将混合均匀的被测样液沿筒壁徐徐注入适当容积的清洁量筒中，注意避免起泡沫。将密度计洗净擦干，缓缓放入样液中，待其静止后，再轻轻按下少许，然后待其自然上升，静止并无气泡冒出后，从水平位置读取与液平面相交处的刻度值。同时用温度计测量样液的温度，如测得温度不是标准温度，应对测得值加以校正。

二、折射检验法

通过测量物质的折射率来鉴别物质的组成，确定物质的纯度、浓度及判断物质的品质的分析方法称为折射检验法。

1. 光的折射与折射率

光线从一种介质（如空气）射到另一种介质（如水）时，除了一部分光线反射回第一种介质外，另一部分进入第二种介质中并改变它的传播方向，这种现象叫光的折射，见图2-3。

对某种介质来说，入射角正弦与折射角正弦之比恒为定值，它等于光在两种介质中的速度之比，此值称为该介质的折射率（或折光率）。

物质的折射率是物质的特征常数之一，与入射光的波长、温度有关，一般在折射率 n 的右上角标注温度，右下角标注波长。

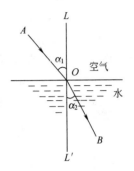

图 2-3　光的折射

2. 测定折射率的意义

折射率是物质的一种物理性质。它是食品生产中常用的工艺控制指标，通过测定液态食品的折射率，可以鉴别食品的组成、确定食品的浓度、判断食品的纯净程度及品质。

蔗糖溶液的折射率随浓度增大而升高，通过测定折射率可以确定糖液的浓度及饮料、糖水罐头等食品的糖度，还可以测定以糖为主要成分的果汁、蜂蜜等食品的可溶性固形物的含量。

每种脂肪酸均有其特定的折射率。含碳原子数目相同时，不饱和脂肪酸的折射率比饱和脂肪酸的折射率大得多；不饱和脂肪酸相对分子质量越大，折射率也越大；酸度高的油脂折射率低。因此，测定折射率可以鉴别油脂的组成和品质。

正常情况下，某些液态食品的折射率有一定的范围，如正常牛乳乳清的折射率在 $1.34199 \sim 1.34275$ 之间，当这些液态食品因掺杂、浓度改变或品种改变等原因而引起食品的品质发生了变化时，折射率常常会发生变化。所以测定折射率可以初步判断某些食品是否正常。

必须指出的是：折射法测得的只是可溶性固形物含量，因为固体粒子不能在折射仪上反映出它的折射率。含有不溶性固形物的样品，不能用折射法直接测出总固形物。但对于番茄酱、果酱等个别食品，已通过实验编制了总固形物与可溶性固形物关系表，先用折射法测定可溶性固形物含量，即可查出总固形物的含量。

3. 折射仪的使用方法

折射仪是利用临界角原理测定物质折射率的仪器，其种类很多，食品工业中最常用的是阿贝折射仪和手提式折射仪。

（1）阿贝折射仪的结构及原理　阿贝折射仪的结构如图2-4所示，其光学系统由观测系统和读数系统两部分组成。

① 观测系统。光线由反光镜反射，经进光棱镜、折

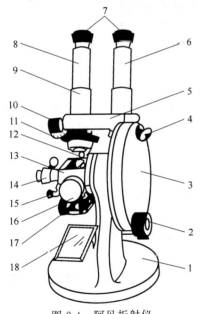

图 2-4　阿贝折射仪

1—底座；2—棱晶调节旋钮；3—圆盘组（内有刻度板）；4—小反光镜；5—支架；6—读数镜筒；7—目镜；8—观察镜筒；9—分界线调节螺丝；10—消色调节旋钮；11—色散刻度尺；12—棱晶锁紧扳手；13—棱镜组；14—温度计插座；15—恒温器接头；16—保护罩；17—主轴；18—反光镜

射棱镜及其间的样液薄层折射后射出，再经色散补偿器消除由折射棱镜及被测样品所产生的色散，然后由物镜将明暗分界线成像于分划板上，经目镜放大后成像于观测者眼中。

② 读数系统。光线由小反光镜反射，经毛玻璃射到刻度盘上，经转向棱晶及物镜将刻度成像于分划板上，通过目镜放大后成像于观测者眼中。

（2）阿贝折射仪的校准及使用方法

① 校正方法。通常用测定蒸馏水折射率的方法进行校准，在20℃下折射仪应表示出折射率为1.33299或可溶性固形物为0%。若校正时温度不是20℃应查出该温度下蒸馏水的折射率再进行校准。对于高刻度值部分，用具有一定折射率的标准玻璃块（仪器附件）校准。方法是打开进光棱镜，在校准玻璃块的抛光面上滴一滴溴化萘，将其粘在折射棱镜表面上，使标准玻璃块抛光的一端向下，以接受光线。测得的折射率应与标准玻璃块的折射率一致。校准时若有偏差，可先使读数指示于蒸馏水或标准玻璃块的折射率值，再调节分界线调节螺丝，使明暗分界线恰好通过十字线交叉点。

② 使用方法。

a. 分开两面棱镜，以脱脂棉球蘸取酒精擦净，挥干乙醇。滴1～2滴样液于下面棱镜平面中央，迅速闭合两棱镜，调节反光镜，使两镜筒内视野最亮。

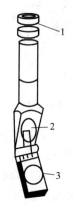

图 2-5　手提
式折射仪
1—观测镜筒；2—棱
镜；3—盖板

b. 由目镜观察，转动棱镜旋钮，使视野出现明暗两部分。

c. 旋转色散补偿器旋钮，使视野中只有黑白两色。

d. 旋转棱镜旋钮，使明暗分界线在十字线交叉点。

e. 从读数镜筒中读取折射率或质量分数。

f. 测定样液温度。

g. 打开棱镜，用水、乙醇或乙醚擦净棱镜表面及其他各机件。

（3）手提式折射仪简介　手提式折射仪的结构如图2-5所示。它由棱镜、盖板和观测镜筒组成，利用反射光测定。其光学原理与阿贝折射仪在反射光中使用时的相同。该仪器操作简单、便于携带，常用于生产现场及田间检验。

三、旋光法

应用旋光仪测量旋光性物质的旋光度以确定其含量的分析方法叫旋光法。

1. 偏振光的产生

光是一种电磁波，是横波，即光波的振动方向与其前进方向互相垂直。自然光有无数个与光的前进方向互相垂直的光波振动面，见图2-6(a)。

若使自然光通过尼克尔棱镜，由于振动面与尼克尔棱镜的光轴平行的光波才能通过尼克尔棱镜，所以通过尼克尔棱镜的光，只有一个与光的前进方向互相垂直的光波振动面，见图2-6(b)。这种仅在一个平面上振动的光叫偏振光。

产生偏振光的方法很多，通常是用尼克尔棱镜或偏振片。尼克尔棱镜是把一块方解石的菱形六面体末端的表面磨光，使镜角等于68°（∠BCD），将之对角切成两半，把切面磨成光学平面后，再用加拿大树胶粘起来形成的（见图2-7）。

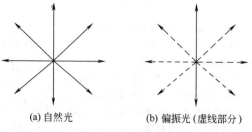

(a) 自然光　　　　(b) 偏振光(虚线部分)

图 2-6　自然光与偏振光

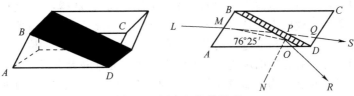

图 2-7　尼克尔棱镜示意

利用偏振片也能产生偏振光。它是利用某些双折射镜体（如电气石）的二色性，即可选择性吸收寻常光线而让非常光线通过的特性，把自然光变成偏振光。

2. 光学活性物质、旋光度与比旋光度

分子结构中凡有不对称碳原子，能把偏振光的偏振面旋转一定角度的物质称为光学活性物质。许多食品成分都具有光学活性，如单糖、低聚糖、淀粉以及大多数的氨基酸等。其中能把偏振光的振动平行向右旋转的，称为"具有右旋性"，以"（＋）"表示；反之，称为"具有左旋性"，以"（－）"表示。

偏振光通过光学活性物质的溶液时，其振动平面所旋转的角度叫做该物质溶液的旋光度，以 α 表示。旋光度的大小与光源的波长、温度、旋光性物质的种类、溶液的浓度及液层的厚度有关。对于特定的光学活性物质，在光源波长和温度一定的情况下，其旋光度 α 与溶液的浓度 c 和液层的厚度 L 成正比。即：

$$\alpha = KcL$$

当旋光性物质的浓度为 1g/mL，液层厚度为 1dm 时所测得的旋光度称为比旋光度，以 $[\alpha]_\lambda^t$ 表示。由上式可知：

$$[\alpha]_\lambda^t = K \times 1 \times 1 = K$$

即：
$$[\alpha]_\lambda^t = \frac{\alpha}{Lc} \quad \text{或} \quad c = \frac{\alpha}{[\alpha]_\lambda^t \cdot L}$$

式中　$[\alpha]_\lambda^t$——比旋光度，度（°）；

t——温度，℃；

λ——光源波长，nm；

α——旋光度，度（°）；

L——液层厚度或旋光管长度，dm；

c——溶液浓度，g/mL。

比旋光度与光的波长及测定温度有关。通常规定用钠光 D 线（波长 589.3nm）在 20℃时测定，在此条件下，比旋光度用 $[\alpha]_D^{20}$ 表示。主要糖类的比旋光度见表 2-2。

表 2-2　糖类的比旋光度

糖　类	$[\alpha]_D^{20}$	糖　类	$[\alpha]_D^{20}$
葡萄糖	＋52.5	乳糖	＋53.3
果糖	－92.5	麦芽糖	＋138.5
转化糖	－20.0	糊精	＋194.8
蔗糖	＋66.5	淀粉	＋196.4

因在一定条件下比旋光度 $[\alpha]_\lambda^t$ 是已知的，L 为一定，故测得了旋光度 α 就可计算出旋光质溶液中的浓度 c。

3. 旋光计的结构及原理

（1）普通旋光计　最简单的旋光计是由两个尼克尔棱镜构成，一个用于产生偏振光，称为起偏器；另一个用于检验偏振光振动平面被旋光质旋转的角度，称为检偏器。当起偏器与检偏器光轴互相垂直时，即通过起偏器产生的偏振光的振动平面与检偏器光轴互相垂直时，偏振光通不过去，故视野最暗，此状态为仪器的零点。若在零点情况下，在起偏器和检偏器之间放入旋光质，则偏振光部分或全部地通过检偏器，结果视野明亮。此时若将检偏器旋转一角度使视野最暗，则所旋角度即为旋光质的旋光度。实际上这种旋光计并无实用价值，因用肉眼难以准确判断什么是"最暗"状态。为克服这个缺点，通常在旋光计内设置一个小尼克尔棱镜，使视野分为明暗两半，这就是半影式旋光计，如图2-8所示。此仪器的终点不是视野最暗，而是视野两半圆的照度相等。由于肉眼较易识别视野两半圆光线强度的微弱差异，故能正确判断终点。

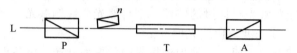

图 2-8　半影式旋光计示意

L—光源；P—起偏器；n—小棱镜；T—旋光质；A—检偏器

普通旋光计读数尺的刻度是以角度表示的。

（2）检糖计　检糖计是测定糖类的专用旋光计，其测定原理与半影式旋光计基本相同（见图2-9）。

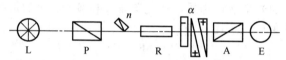

图 2-9　检糖计最基本的光学元件

L—光源；P—起偏器；n—小棱镜；R—糖液；A—检偏器；E—读数尺

检糖计读数尺的刻度是以糖度表示的。最常用的是国际糖度尺，以°S表示。其标定方法是：在20℃时，把26.000g纯蔗糖（在空气中以黄铜砝码称出）配成100mL的糖液，在20℃用200mm观测管以波长$\lambda=589.4400$nm的钠黄光为光源测得的读数定为100°S。1°S相当于100mL糖液中含有0.26g蔗糖。读数为x°S，表示100mL糖液中含有$0.26x$g蔗糖。

国际糖度与角旋度之间的换算关系如下：

$$1°S=0.34626°；1°=2.888°S$$

（3）WZZ型自动旋光计简介　前边介绍的普通旋光计和检糖计，虽然具有结构简单、价格低廉等优点，但也存在着以肉眼判断终点、有人为误差、灵敏度低及须在暗室内工作等缺点。WZZ-1型自动旋光计采用光电检测器及晶体管自动示数装置，具有体积小、灵敏度高、没有人为误差、读数方便、测定迅速等优点，见图2-10。目前在食品分析中应用十分广泛。

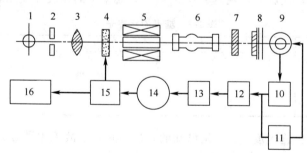

图 2-10　WZZ-1型自动旋光计工作原理

1—光源；2—小孔光栅；3—物镜；4—起偏器；5—磁旋线圈；6—观察管；7—滤光片；8—检偏器；9—光电倍增管；10—前置放大器；11—自动高压；12—选频放大器；13—功率放大器；14—伺服电机；15—蜗轮蜗杆；16—读数器

第三节　化学分析法

本法是当前食品卫生检验工作中应用较广泛的方法之一，包括重量分析、容量分析两部分。

一、重量分析

重量分析法是将被测成分与样品中的其他成分分离，然后称定该成分的质量，计算出被测物质的含量。它是化学分析中最基本、最直接的定量方法。尽管操作麻烦、费时，但准确度较高，常作为检验其他方法的基础方法。

目前，在食品卫生检验中，仍有一部分项目采用重量法，如水分、脂肪含量、溶解度、蒸发残渣、灰分等的测定都是重量法。由于红外线灯、热天平等近代仪器的使用，使重量分析操作已向着快速和自动化分析的方向发展。

二、容量分析

容量分析法是将已知浓度的操作溶液（即标准溶液），由滴定管加到被检溶液中，直到所用试剂与被测物质的物质的量相等时为止。反应的终点，可借指示剂的变色来观察。根据标准溶液的浓度和消耗标准溶液的体积，计算出被测物质的含量。

根据其反应性质不同，容量分析可分酸碱中和滴定法、氧化还原滴定法、沉淀滴定法及配位滴定法四类。

第四节　仪器分析法

仪器分析可分为光学分析法、电化学分析法、色谱分析法及其他分析方法等类型。随着科学技术的发展，愈来愈多地采用各种仪器分析方法进行食品分析。现将常用的分析方法介绍如下：

一、紫外-可见分光光度法

1. 方法原理

紫外-可见分光光度法是基于物质对光的选择性吸收，使分子内电子跃迁而产生的吸收光谱进行分析的方法。

紫外-可见分光光度定量分析的依据是朗伯-比耳定律。

当一束平行单色光（光强度为 I_0）照射到任何均匀、非散射的溶液时，光的一部分被吸收，一部分透过溶液（光强度为 I_t）。不同物质的溶液对光的吸收程度（吸光度 A）与溶液的浓度（c）、液层厚度（L）及入射光的波长等因素有关。当入射光的波长一定时，其定量关系可用朗伯-比耳定律表示：

$$A = \lg \frac{I_0}{I_t} = \lg \frac{1}{T} = KcL$$

式中　A——吸光度（习惯上也用消光度 E 表示）；

I_t/I_0——透射比，以 τ 表示（即透光度 T）；

K——比例常数。

K 与入射光的波长、溶液的性质和温度等因素有关，称为吸光系数。当溶液的浓度 c 以物质的量浓度表示，液层厚度 L 以厘米表示，则此系数称为摩尔吸光系数，记为 ε。其值愈大，溶液对该波长的光吸收灵敏度愈高。

实际分析工作中，常用标准曲线法和比较法。

2. 分光光度计简介

分光光度计由光源、单色器（分光元件）、吸收池、检测器和测量信号显示系统（记录装置）五个部分构成。其工作原理见图2-11。

$$\boxed{光源} \rightarrow \boxed{单色器} \rightarrow \boxed{吸收池} \rightarrow \boxed{检测器} \rightarrow \boxed{信号显示、记录装置}$$

图 2-11　分光光度计工作原理示意

光源产生的复合光通过单色器时被分解为单色光，当一定波长的单色光通过吸收池中被测溶液时，一部分被溶液所吸收，其余的透过溶液到达检测器并被转换为电信号，从而被显示或记录下来。

按测定波长范围的不同，可分为可见分光光度计和紫外可见分光光度计。按分光元件的不同，可分为棱镜型分光光度计和光栅型分光光度计。

常见的分光光度计有 721 型、751G 型及 756MC 型等。

二、原子吸收光谱法

1. 方法原理

原子吸收光谱分析法是基于从光源发射出的待测元素的特征谱线，通过样品的原子蒸气时，被蒸气中待测元素的基态原子所吸收，根据特征谱线的减弱程度求得样品中待测元素含量的分析方法。

原子吸收光谱分析中，常用的原子化方法有火焰原子化及石墨炉原子化两种，它们均是在高温下，将待测元素从其化合物中离解出气态的基态原子。由待测元素材料作阴极制成的空心阴极灯辐射出待测元素的特征锐线光，穿过原子化器中一定宽度（吸收长度 L）的原子蒸气，这时特征辐射一部分被原子蒸气中待测元素的基态原子所吸收，透过的光辐射经单色器将非特征辐射线分离掉后进入检测器检测，即可测出吸光度大小。

原子吸收遵循光的吸收定律（朗伯-比耳定律）：

$$A = \lg \frac{I_0}{I_t} = KcL$$

在严格控制的一定实验条件下，吸收系数 K 和吸收长度 L 均为常数，在一定浓度范围内，吸光度 A 与基态原子数亦即与试样溶液中该元素的浓度 c 成正比。根据这一关系，用仪器测定标准溶液和样品溶液的吸光度，就可求出样品中被测元素的含量。常用的定量分析方法有标准曲线法、标准加入法等。

2. 原子吸收分光光度计简介

原子吸收分光光度计又称原子吸收光谱仪，它是通过测量无机元素的基态原子对特征辐射的共振吸收来测定样品中元素含量的仪器。主要由光源、原子化系统、光学系统、电学系

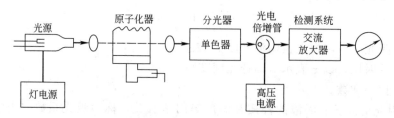

图 2-12　原子吸收分光光度计（火焰原子化器）工作原理示意

统四个基本部分组成。其工作原理如图 2-12 所示。目前，常见的原子吸收分光光度计，有 WFX-1C 型、AA320 型、BFS-2100 型等。

三、荧光分析法

以测定荧光强度来确定物质含量的方法，叫做荧光分析法，所使用的仪器叫做荧光计。

1. 方法原理

某些物质经过紫外线照射后，能立即放出较低能量的光（即光波较长）。当照射停止，如化合物能在 10^{-9} s 内停止发射的低能光，则称为荧光；超过此限度的低能光，即称为磷光。

当光源发出的紫外线强度一定，溶液厚度一定，在溶液的低浓度的条件下，对同一物质来说，溶液浓度与该溶液中的物质所发出的荧光强度成正比关系。即：

$$I_F = Ac$$

式中　I_F——物质被紫外线照射后所发射出的荧光强度；
　　　A——物质对紫外线的吸收系数；
　　　c——溶液浓度。

荧光定量分析常采用比较法和标准曲线法。

2. 荧光计的工作原理

在荧光分析过程中，有两种光线同时存在，即紫外线和荧光。所以荧光计中的光学系统安排不同于比色计。在比色计中的光源、比色槽和光电池按顺序排成一条直线；而在荧光计中三者通常排成直角三角形（图 2-13）。

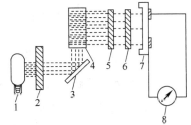

图 2-13　荧光计的光学系统
1—汞灯；2—滤光片 1；3—反射镜；4—比色槽；5—滤光片 2；6—滤光片 3；7—光电池；8—检流计

荧光计中的光源不是比色计的钨丝灯，而是用能产生紫外线的高压汞灯。它反射的是线状光谱，能透过汞玻璃套管的主要射线波长是 365nm。比色计中只有一种光源，所以只需要一个滤光片。而荧光计中有两种辐射三个滤光片，即：汞灯前的滤光片 1 用于过滤紫外线，除去其中的可见光；比色槽与光电池之间的滤光片 2 用于过滤荧光，去除其他颜色的杂光；滤光片 3 专门滤除荧光中夹杂的紫外线。

四、原子荧光光谱法

原子荧光光谱法（AFS）是介于原子发射（AES）和原子吸收（AAS）之间的光谱分析技术。它的基本原理是：基态原子（一般为蒸气状态）吸收合适的特定频率的辐射而被激发至高能态，而后，激发态原子在去激发过程中以光辐射的形式发射出特征波长的荧光。各种元素都有特定的原子荧光光谱，根据原子荧光强度的高低可测得试样中待测元素含量。

下面就氢化物原子荧光光谱法（AFS）的原理、仪器及应用加以介绍。

1. 氢化物原子荧光光谱法的原理

氢化物原子荧光光谱法是将氢化物发生技术与原子荧光技术有机结合起来形成的方法。其基本原理为：在一定反应条件下利用某些能产生初生态氢的还原剂，将样品中待分析元素还原成挥发性共价氢化物，借助载气流将其导入分析系统，进行定量测定。它的主要优点为：①分析元素能够与可能引起干扰的样品基体分离，消除光谱干扰；②与溶液直接喷雾进样相比，氢化物法能将待测元素充分预富集，进样效率近乎 100％；③连续氢化物发生装置，易于实现自动化；④对挥发性元素 As、Sb、Hg、Se、Te、Pb、Sn、Ge 的测定具有很高的灵敏度。

2. 氢化物原子荧光光谱法的仪器

较为常用的 AFS-2202 型氢化物发生原子荧光光度计，其原理见图 2-14。

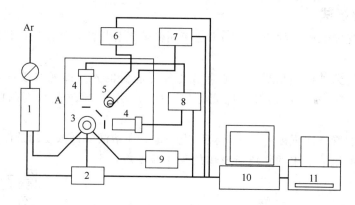

图 2-14　氢化物发生原子荧光光度计原理

1—气路系统；2—氢化物发生系统；3—原子化器；4—激发光源；5—光电倍增管；6—前置放大器；7—负高压；8—灯电源；9—炉温控制；10—控制及数据处理系统；11—打印机；A—光学系统

首先，酸化过的样品溶液中的砷、铅、锑、汞等元素与还原剂（一般为硼氢化钾或硼氢化钠）反应在氢化物发生系统中生成氢化物：

$$NaBH_4 + 3H_2O + H^+ \longrightarrow H_3BO_3 + Na^+ + 8H^+ + E^{m+} \longrightarrow EH_n + H_2 (气体)$$

式中，E^{m+} 代表待测元素；EH_n 为气态氢化物（m 可以等于或不等于 n）。

使用适当催化剂，在上述反应中还可以得到镉和锌的气态组分。

过量氢气和气态氢化物与载体（氩气）混合，进入原子化器，使待测元素原子化。

待测元素的激发光源（一般为空心阴极灯或无极放电灯）的特征谱线通过聚焦，激发氩氢焰中待测物原子，得到的荧光信号被日盲光电倍增管接收，然后经放大、调解，再由数据处理系统得到结果。

五、电位分析法

1. 方法原理

电位分析法是以测定原电池的电动势为基础的分析方法。测定的基本方式是将一个对被测离子敏感的指示电极插入试样溶液中，它的电极电位只随溶液中待测离子的活度（或浓度）而变化；再用一个参比电极插入溶液（或通过盐桥连接溶液），但它的电极电位不随待测离子浓度而变化，在测定条件下保持恒定。由插入溶液的两只电极和溶液构成原电池，其电动势就是两电极引出导线间的电位差，可以由一个高输入阻抗的电位差计（如酸度计、离子计等）测量出来。所测得的电动势与溶液中待测离子活度（或浓度）之间有确定的对应关系，故可以应用于溶液中某种离子活度或浓度的定量测定。

根据其应用，电位分析法可分为直接电位法和电位滴定法两类。

直接电位法是由测得的电位数值直接确定待测离子的活度（或浓度），一般采用标准溶液作基准比较，常用的分析方法有标准曲线法和标准加入法等。

电位滴定法是在滴定过程中以所测的电位突跃来确定滴定终点的容量分析法。电位滴定法可应用于酸碱中和、氧化还原、配位以及沉淀等反应，特别对有色、浑浊溶液的滴定，以及找不到合适指示剂的非水滴定，更宜采用电位滴定法。在电位分析法的应用中，pH 的测定和离子选择性电极分析法最为广泛，电位滴定（手动、自动）法也较为普及，使电位分析法已成为广泛应用的常规分析方法之一。

2. 电位分析仪器简介

电位分析法中，直接电位法是采用酸度计或离子计通过对由电极与被测溶液组成的电池电动势（电极电位）的测量，根据电动势（电极电位）与溶液浓度之间的定量关系，求出物质含量。而电位滴定法则可采用以酸度计或离子计组建成的手动滴定装置或自动电位滴定仪来进行分析。其测定装置分别如图 2-15(a)、（b）所示。

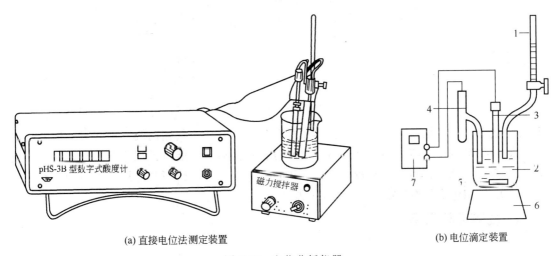

(a) 直接电位法测定装置　　　　　　　　　　　　　　　(b) 电位滴定装置

图 2-15　电位分析仪器

1—滴定管；2—滴定池；3—指示电极；4—参比电极；5　搅拌子；6—电磁搅拌器；7—电位计

常用的电位分析仪器有 pHS-2 型酸度计、pHS-3C 型酸度计、PXD-2 型离子计及 ZD-2 型自动电位滴定仪等。

六、气相色谱法

1. 方法原理

色谱分析是一种多组分混合物的分离、分析方法，它主要利用物质的物理及物理化学性质差异进行分离，并与适当的检测手段相结合测定混合物中的各组分。

以气体为流动相的色谱法称为气相色谱法。气相色谱法的分离是利用试样中各组分在色谱柱中的两相间具有不同的分配系数，其中一相是柱内填充物，是不动的，称为固定相；另一相是气体（习惯上叫做载气），连续不断地流动，称为流动相。当载气携带着样品流经固定相时，各组分在气液两相间进行反复多次分配，由于各组分的分配系数不同，使其先后流出色谱柱而彼此得以分离。

气相色谱分析的流程如图 2-16 所示。其基本分析程序是：样品（气体、纯液体或溶液）从汽化室注入，被迅速完全气化，气化了的样品被以一定流速连续流动的载气送入色谱柱，在柱内各组分被逐一分离，分离后的各组分依次从柱后流出，立即进入检测器。检测器可将各组分物理或化学性质的变化转换成电信号，输入记录仪（或色谱数据处理机、色谱工作站），从而得到电信号随时间变化的色谱图。

2. 气相色谱仪简介

尽管气相色谱仪的型号种类繁多，但其基本结构部分是相同的，主要由气路系统、进样系统、色谱柱、检测器、温度控制系统、信号记录和数据处理系统六个部分组成。根据载气

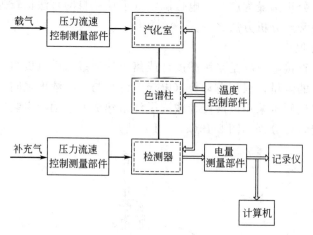

图 2-16　气相色谱分析流程

流路的连接方式，气相色谱仪大致可分为单柱单气路、双柱双气路两类。前者只能恒温色谱操作，对一些组成相对简单的样品进行分离和分析；而后者还能进行程序升温色谱操作，使之能对许多组成复杂、沸点范围较宽的样品进行分离和分析，因而其应用范围更为广泛。

常见的气相色谱仪有 102G 型、203 型及 3400 型等。

七、高效液相色谱法

1. 方法原理

高效液相色谱法是以液体作为流动相，借助于高压输液泵获得相对较高流速的液流以提高分离速度，采用颗粒极细的高效固定相制成的色谱柱进行分离和分析的一种色谱方法。

与气相色谱法不同，高效液相色谱法更适合于热稳定性差、不易挥发（相对分子质量较大）的许多物质的分离和分析，因而应用更为广泛。据统计，在目前已知的有机化合物中，可用气相色谱分析的约占 20%，而 80% 则需用高效液相色谱进行分析。高效液相色谱法不仅可分析组成简单的样品，若采用梯度洗脱操作技术，还能对许多组成复杂、极性宽泛的样品进行分析。

根据分离机理，高效液相色谱法可分为液-固吸附色谱、液-液分配色谱、离子交换色谱和凝胶色谱等类型。

2. 高效液相色谱仪简介

高效液相色谱仪的基本组件包括四个部分，即溶剂输送系统、进样系统、色谱分离系统和检测记录及数据处理系统。其工作流程如图 2-17 所示。

贮液槽中的溶剂经脱气、过滤后，用高压泵以恒定的流量输送至色谱柱的入口（如采用梯度洗脱则需用双泵系统输送溶剂，流动相中各溶剂所占比例由梯度装置控制），欲分析样品由进样装置注入，在洗脱液（流动相）携带下在色谱柱内进行分离，分离后的组分从色谱柱流出进入检测器，产生的电信号被记录仪记录或经数据处理系统进行数据处理，借以定性和定量。废液罐收集所有流出的液体。

常见的高效液相色谱仪有 Waters515 型等。

八、离子色谱法

离子色谱法（IC）是 20 世纪 70 年代中期发展起来的一项新的液相色谱技术，主要用于离子型化合物的分析，目前已成为分析化学领域中发展最快的分析方法之一。

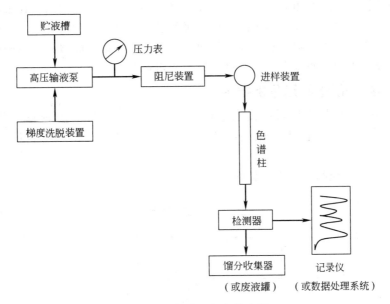

图 2-17　高效液相色谱流程

按照分离机理的不同，目前离子色谱法一般可分为高效离子色谱法或高效离子交换色谱法（HPIC）、高效离子排斥色谱法（HPICE）和流动相离子色谱法（MPIC）。HPIC 一般用于亲水性阴离子、阳离子和碳水化合物的分离；HPICE 一般用于无机弱酸、有机酸、氨基酸、醛、醇的分离；MPIC 一般用于疏水性阴、阳离子和过渡金属配合物的分离。

离子色谱系统由淋洗液贮器、泵、进样阀、分离柱、检测系统、控制和数据处理系统等部分组成，如图 2-18 所示。

淋洗液贮器 → 泵 → 进样阀 → 分离柱 → 检测系统 → 控制和数据处理系统

图 2-18　离子色谱系统

由于离子色谱法具有快速、灵敏、选择性好以及可以同时测定多种组分等优点，具有其他分析方法无法比拟的优越性。目前，它的主要分析对象包括无机阴离子、阳离子、有机酸、碳水化合物、胺类、金属配合物，某些疏水性有机大分子（中性分子及高价离子）等。食品分析作为离子色谱法一个新兴的应用领域，近年来受到越来越多的重视，离子色谱法必将在食品分析领域发挥越来越重要的作用。

九、薄层色谱法

薄层色谱法是色谱法中应用最普遍的方法之一。它具有分离速度快、展开时间短（一般只需要十至几十分钟）、分离能力强、斑点集中、灵敏度高（通常几至几十微克的物质，即可被检出）、显色方便（可直接喷洒腐蚀性显色剂，如浓硫酸和浓盐酸等，也可在高温下显色）等特点。

薄层色谱法是把吸附剂（或称担体），均匀涂铺在一块玻璃板或塑料板上形成薄层，在此薄层上进行色层分离，称为薄层色谱。按分离机制，可分为吸附、分配、离子交换、凝胶过滤等法。常用的是吸附薄层色谱法。

涂好吸附剂薄层的玻璃板称为薄板、薄层或薄层板。将待分离的样品溶液点在薄层的一端，在密闭容器中，用适宜的溶剂（展开剂）展开。由于吸附剂对不同物质的吸附力大小不同，对极性小的物质吸附力相应地较弱。因此，当溶剂流过时，不同物质在吸附剂和溶剂之间连续不断地发生吸附、解吸、再吸附、再解吸的过程。易被吸附的物质，相应地移动得慢一些；而较难吸附的物质，则相对地移动得快一些。经过一段时间展开，不同的物质就彼此分开，最后形成互相分离的斑点，从而进行定性或定量分析。

十、气相色谱-质谱联用分析技术

作为分析仪器中较早实现联用技术进行分析的方法，气相色谱-质谱联用分析技术近年来得到了迅速的发展，在所有联用技术中气-质联用（GC-MS）发展最完善，应用最广泛。

GC-MS 联用仪系统的一般组成如图 2-19 所示。

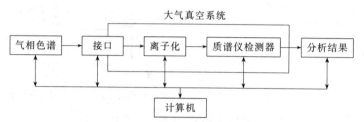

图 2-19　GC-MS 联用仪系统组成框图

气相色谱仪分离样品中各组分，起着样品制备的作用，接口将气相色谱依次流出的组分送入质谱仪进行检测，起着气相色谱和质谱之间适配器的作用。质谱仪对接口引入的各组分逐一进行分析，成为气相色谱仪的检测器。计算机系统交互式地气相色谱仪、接口和质谱仪，进行数据采集和处理，是 GC-MS 的中央控制单元。

目前，从事有机物分析的实验室几乎都把 GC-MS 技术作为主要的定性确认手段之一，在很多情况下又用 GC-MS 技术进行定量分析。GC-MS 技术在分析检测和研究的许多领域中起着越来越重要的作用，特别是一些浓度较低的有机化合物的检测，如二噁英测定的标准方法就采用 GC-MS。

十一、液相色谱-质谱联用分析技术

GC 与 GC-MS 只能分析检测 20% 的有机物，70%～80% 的有机物分析要采用 LC、IC、LC-MS 等检测。由于 GC 柱分离后的样品呈气态，流动相是气体，与质谱的进样系统相匹配，最容易将两种仪器联用，而 HPLC 流动相是液体，不能直接进入质谱分析，因此接口技术更高，联用技术发展比较慢，直到 20 世纪 80 年代，电喷雾电离（ESI）接口和大气压电离（API）接口的出现，才有成熟的商品 LC-MS 推出。

近年来随着生命科学的深入发展，粒子束接口（PB）、快原子轰击（FAB）、激光解吸离子化（LD）基质辅助激光解吸离子化（MALDI）等接口的相继推出，使 LC-MS 联用技术有了飞速发展。

热喷雾接口（TS）是 20 世纪 80 年代中期推出的能与液相色谱在线联机使用的 LC-TS-MS "软" 离子化接口，适用于检测相对分子质量为 200～1000 的化合物，同时对热稳定性较差的化合物仍有明显的分解作用。在药物、人体内源性化合物、化工产品、环境等分析领域有广泛的应用。

粒子束接口主要用于分析非极性或中等极性，相对分子质量小于 1000 的化合物，该技术在农药、除草剂、临床药物、甾体化合物及染料等的分析有许多报道。

FAB（快原子轰击接口）对热不稳定、难以气化的化合物分析有独特的优势，尤其是

肽类和蛋白质分析。MALDI（基质辅助激光解吸离子化接口）离子化技术首创于 1988 年，随后与飞行时间质谱连接使用形成商品化的 MALD（基质辅助激光解吸离子化接口）-TOF（飞行时间质谱）联用技术，对提高质谱分析的准确性、分辨率及进行串联质谱分析均起着重要作用。成为生物大分子量测定的有力工具，在生物和生化研究中发挥重要作用。

第五节　微生物检验法

一、食品微生物检验的意义

食品微生物检验就是应用微生物学的理论与方法，研究外界环境和食品中微生物的种类、数量、性质、活动规律及其对人和动物健康的影响。

食品微生物检验方法为食品检测必不可少的重要组成部分。

首先，它是衡量食品卫生质量的重要指标之一，也是判定被检食品能否食用的科学依据之一。

其次，通过食品微生物检验，可以判断食品加工环境及食品卫生情况，能够对食品被细菌污染的程度作出正确的评价，为各项卫生管理工作提供科学依据，提供传染病和人类、动物的食物中毒的防治措施。

再次，食品微生物检验是以贯彻"预防为主"的卫生方针，可以有效地防止或者减少食物中毒和人畜共患病的发生，保障人民的身体健康；同时，它在提高产品质量、避免经济损失、保证出口等方面具有政治上和经济上的重大意义。

二、食品微生物检验的范围

食品不论在产地或加工前后，均可能遭受微生物的污染。污染的机会和原因很多，一般有：食品生产环境的污染，食品原料的污染，食品加工过程的污染等。根据食品被细菌污染的原因和途径可知，食品微生物检验的范围包括以下几点：

（1）生产环境的检验　车间用水、空气、地面、墙壁等。

（2）原辅料检验　包括食用动物、谷物、添加剂等一切原辅材料。

（3）食品加工、贮藏、销售诸环节的检验　包括食品从业人员的卫生状况检验、加工工具、运输车辆、包装材料的检验等。

（4）食品的检验　重要的是对出厂食品、可疑食品及食物中毒食品的检验。

三、食品微生物检验的指标

食品微生物检验的指标就是根据食品卫生的要求，从微生物学的角度，对不同食品所提出的与食品有关的具体指标要求。食品微生物指标有菌落总数、大肠菌群和致病菌等。

1. 菌落总数

菌落总数是指食品检样经过处理，在一定条件下培养后所得 1g 或 1mL 检样所含细菌菌落的总数。它可以反映食品的新鲜度、被细菌污染的程度、生产过程中食品是否变质和食品生产的一般卫生状况等。因此它是判断食品卫生质量的重要依据之一。

2. 大肠菌群

大肠菌群包括大肠杆菌和产气杆菌的一些中间类型的细菌。这些细菌是寄居于人及温血动物肠道内的常居菌，它随着大便排出体外。食品中如果大肠菌群数越多，说明食品受粪便污染的程度越大。故以大肠菌群作为粪便污染食品的卫生指标来评价食品的质量，具有广泛的意义。

3. 致病菌

致病菌即能够引起人们发病的细菌。对不同的食品和不同的场合，应选择一定的参考菌群进行检验。例如：海产品以副溶血性弧菌作为参考菌群，蛋与蛋制品以沙门菌、金黄色葡萄球菌、变形杆菌等作为参考菌群，米、面类食品以蜡状芽孢杆菌、变形杆菌、霉菌等作为参考菌群，罐头食品以耐热性芽孢菌作为参考菌群等。

4. 霉菌及其毒素

中国还没有制定出霉菌的具体指标，鉴于有很多霉菌能够产生毒素，引起疾病，故应该对产毒霉菌进行检验。例如：曲霉属的黄曲霉、寄生曲霉等，青霉属的橘青霉、岛青霉等，镰刀霉属的串珠镰刀霉、禾谷镰刀霉等。

5. 其他指标

微生物指标还应包括病毒，如肝炎病毒、猪瘟病毒、鸡新城疫病毒、马立克病毒、口蹄疫病毒、狂犬病病毒、猪水泡病毒等；另外，从食品检验的角度考虑，寄生虫也被很多学者列为微生物检验的指标，如旋毛虫、囊尾蚴、蛔虫、肺吸虫、螨、姜片吸虫、中华分支睾吸虫等。

四、食品微生物检验的一般程序

食品微生物检验的一般步骤，可按图 2-20 的程序进行，此图对各类食品各项微生物指标的检验具有一定的指导性。

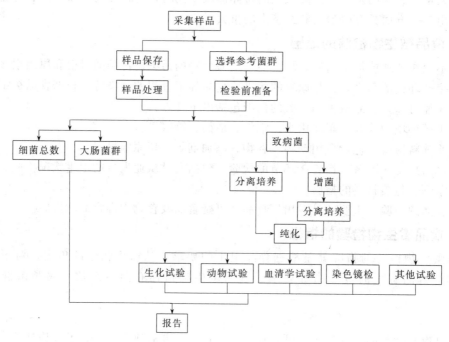

图 2-20　微生物检验一般程序

第六节　分析方法的选择

一、正确选择分析方法的重要性

食品理化分析的目的在于为生产部门和市场管理监督部门提供准确、可靠的分析数据，以便生产部门根据这些数据对原料的质量进行控制，制定合理的工艺条件，保证生产正常进行，以较低的成本生产出符合质量标准和卫生标准的产品；市场管理和监督部门则根据这些数据对被检食品的品质和质量作出正确客观的判断和评定，防止质量低劣食品危害消费者的身心健康。为了达到上述目的，除了需要采取正确的方法采集样品，并对采取的样品进行合理的制备和预处理外，在现有的众多分析方法中，选择正确的分析方法是保证分析结果准确的又一关键环节。如果选择的分析方法不恰当，即使前序环节非常严格、正确，得到的分析结果也可能是毫无意义的，甚至会给生产和管理带来错误的信息，造成人力、物力的损失。

二、选择分析方法应考虑的因素

样品中待测成分的分析方法往往很多，怎样选择最恰当的分析方法是需要周密考虑的。一般地说，应该综合考虑下列各因素：

1. 分析要求的准确度和精密度

不同分析方法的灵敏度、选择性、准确度、精密度各不相同，要根据生产和科研工作对分析结果要求的准确度和精密度来选择适当的分析方法。

2. 分析方法的繁简和速度

不同分析方法操作步骤的繁简程度和所需时间及劳力各不相同，每样次分析的费用也不同。要根据待测样品的数目和要求取得分析结果的时间等来选择适当的分析方法。同一样品需要测定几种成分时，应尽可能选用能用同一份样品处理液同时测定该几种成分的方法，以达到简便、快速的目的。

3. 样品的特性

各种样品中待测成分的形态和含量不同；可能存在的干扰物质及其含量不同；样品的溶解和待测成分提取的难易程度也不相同。要根据样品的这些特征来选择制备待测液、定量某成分和消除干扰的适宜方法。

4. 现有条件

分析工作一般在实验室进行，各级实验室的设备条件和技术条件也不相同，应根据具体条件来选择适当的分析方法。

在具体情况下究竟选用哪一种方法，必须综合考虑上述各项因素，但首先必须了解各类方法的特点，如方法的精密度、准确度、灵敏度等，以便加以比较。

三、分析方法的评价

在研究一个分析方法时，通常用精密度、准确度和灵敏度这三项指标评价。

精密度是指多次平行测定结果相互接近的程度。它代表着测定方法的稳定性和重现性。精密度的高低可用偏差来衡量。在考虑一种分析方法的精密度时，通常用标准偏差和变异系数来表示。

单次测定的标准偏差（S）可按下列公式计算：

$$S = \sqrt{\frac{d_1^2 + d_2^2 + \cdots + d_n^2}{n-1}} = \sqrt{\frac{\sum d_i^2}{n-1}}$$

单次测定结果的相对标准偏差称为变异系数，即

$$变异系数 = \frac{S}{\bar{x}} \times 100\%$$

准确度是指测定值与真实值的接近程度。测定值与真实值越接近，则准确度越高。准确度的高低可用误差来表示，它反映了测定结果的可靠性。在选择分析方法时，为了便于比

较，通常用相对误差表示准确度。准确度高的方法精密度必然高，而精密度高的方法准确度不一定高。

某一分析方法的准确度，可通过测定标准试样的误差，或做回收试验计算回收率，以误差或回收率来判断。

在回收试验中，加入已知量的标准物的样品，称为加标样品。未加标准物质的样品称为未知样品。在相同条件下用同种方法对加标样品和未知样品进行预处理和测定，按下列公式计算出加入标准物质的回收率：

$$P = \frac{x_1 - x_0}{m} \times 100\%$$

式中 P——加入标准物质的回收率，%；

　　　　m——加入标准物质的量；

　　　　x_1——加标样品的测定值；

　　　　x_0——未知样品的测定值。

灵敏度是指分析方法所能检测到的最低量。不同的分析方法有不同的灵敏度，一般仪器分析法具有较高的灵敏度，而化学分析法（重量分析和容量分析）灵敏度相对较低。

在选择分析方法时，要根据待测成分的含量范围选择适宜的方法。一般地说，待测成分含量低时，须选用灵敏度高的方法；含量高时宜选用灵敏度低的方法，以减少由于稀释倍数太大所引起的误差。由此可见，灵敏度的高低并不是评价分析方法好坏的绝对标准，一味追求选用高灵敏度的方法是不合理的。

表 2-3 列出了一般食品分析中允许的相对误差范围，以供选择分析方法时参考。

表 2-3　一般食品分析的允许相对误差

含量/%	允许相对误差/%	含量/%	允许相对误差/%
80～90	0.4～0.1	1～5	5.0～1.6
40～80	0.6～0.4	0.1～1	20～5.0
20～40	1.0～0.6	0.01～0.1	50～20
10～20	1.2～1.0	0.001～0.01	100～50
5～10	1.6～1.2		

阅读材料

黑木耳——人体血管的清道夫

黑木耳又叫桑耳，其色淡褐、质柔软、肉肥厚，是一种药食兼用的菌类植物。中国早在隋唐年间就已开始人工栽培。

中国医学认为，黑木耳性平味甘，具有益气强身、滋肾养胃、活血润燥等功能。现代医学研究证明：黑木耳含有丰富的蛋白质、铁、钙等矿物质，碳水化合物，粗纤维及维生素。其中蛋白质的含量与肉类相当，铁比肉类高 10 倍，钙是肉类的 20 倍，维生素 B_2 的含量是一般大米、白面和蔬菜的 10 倍以上，并含有多种对人体有益的氨基酸和微量元素。

黑木耳之所以能帮助疏通血管，是因为黑木耳具有四大功能：抗凝血、抗血小板凝集、抗血栓、降血脂。这些功能可降低人体血管的血黏度，减少胆固醇的数量，软化血管，减少心脑血管变窄变硬，使血液流动畅通。

现代医学研究还证实，黑木耳的胶质具有很强的吸附作用，对人们无意中食下的难以消化的头发、谷壳、木渣、沙子、金属屑等异物有溶解和烊化作用。因此，人们经常吃些黑木耳可把滞留在体内的灰尘、杂质排出体外；黑木耳对胆结石、肾结石、膀胱结石等内源性异物也有比较显著的化解功能；黑木耳所含的植物碱具有促进消化道和泌尿道各种腺体分泌的特性，并协同这些分泌物催化结石，滑润肠道，使结石排出。

同时，黑木耳还含有多种矿物质，能对各种结石产生强烈的化学反应，剥落、分化、侵蚀结石，使结石缩小排出。对于初发结石，保持每天吃 1～2 次黑木耳，疼痛、恶心、呕吐症状可在 2～4 天内缓解，结石能在 10 天左右消失；对于较大较坚固的结石，其效果较差，但如果长期食用黑木耳，亦可使有些人的结石逐渐变小变碎排出体外。

黑木耳还有抗脂质过氧化的作用，脂质过氧化与衰老有密切的关系，所以，经常吃黑木耳还可延缓衰老。

 思考题

1. 食品分析常用的方法有哪些？在具体样品测定时，如何选择合适的分析方法？

2. 什么是感官检验法？为什么不能简单地用化学分析或仪器分析方法测定的结果来确定食品的质量？

3. 常用的物理检验方法有哪些？如何进行测定？

4. 化学分析有哪些具体方法？许多分析项目逐渐采用了仪器分析方法，为什么？

第三章
食品样品的采集和预处理

学习指南

本章首先介绍了食品样品的采集和制备方法，然后重点阐述了各种食品样品的预处理方法。通过本章学习，应达到如下要求：

(1) 了解食品分析的一般程序，学会食品样品的采集、制备和保存方法；

(2) 掌握有机物破坏法、溶剂提取法及蒸馏法等各种食品样品的预处理方法，以适应不同食品类型的分析需要。

第一节 食品样品采集、 制备和保存

食品分析的一般程序是：样品的采集、制备和保存；样品的预处理；成分分析；分析数据处理；撰写分析报告。为保证分析结果准确、无误，首先就要正确地采样。因被检测的食品种类差异大、加工贮藏条件不同、同一材料的不同部分彼此有别，所以采用正确的采样技术采集样品尤为重要，否则分析结果就不具代表性，甚至得出错误的结论。同样，为使后续的分析工作能顺利实施，对采集到的样品作进一步加工处理是任何检测项目中不可缺少的环节。

一、样品的采集

样品的采集是从大量的分析对象中抽取有代表性的一部分样品作为分析材料，即分析样品。

1. 采样要求

采样过程中应遵循两个原则：一是采集的样品要均匀具有代表性，能反映全部被检食品的组成、质量及卫生状况；二是采样中避免成分逸散或引入杂质，应保持原有的理化指标。

2. 采样步骤

采样一般分三步。首先是获取检样，从大批物料的各个部分采集少量的物料称检样；然后将所有获取的检样综合在一起得到原始样品；最后是将原始样品经技术处理后，抽取其中的一部分作为分析检验的样品称为平均样品。

3. 采样的数量和方法

采样数量应能反映该食品的卫生质量和满足检验项目对试样量的需求，样品应一式三

份，分别供检验、复验、备查或仲裁，一般散装样品每份不少于 0.5kg。具体采样方法，因分析对象的性质而异。

（1）液体、半流体饮食品　如植物油、鲜乳、酒类或其他饮料，若用大桶或大罐包装应先充分混合后采样。样品分别放入三个干净的容器中。

（2）粮食及固体食品　从每批食品的上、中、下三层中的不同部位分别采取部分样品混合后按四分法对角取样，再进行几次混合，最后取有代表性样品。

（3）肉类、水产等食品　按分析项目的要求可分别采取不同部位的样品混合后代表一只动物；或从很多只动物的同一部位取样混合后代表某一部位的样品。

（4）罐头、瓶装食品　可根据批号随机取样。同一批号取样件数，250g 以上的包装不得少于 6 个，250g 以下的包装不得少于 10 个。掺伪食品和食物中毒的样品采集，要具有典型性。

采样时使用的工具、容器、包装纸等都应清洁，不应带入任何杂质或被测组分。采样后应迅速检测以免发生变化。最后在盛装样品的容器上要贴上标签，注明样品名称、采样地点、采样日期、样品批号、采样方法、采样数量、分析项目及采样人。

二、样品的制备

按采样规程采取的样品一般数量过多、颗粒大、组成不均匀。样品制备是对上述采集的样品进一步粉碎、混匀、缩分，目的是保证样品完全均匀，取任何部分都具代表性。具体制备方法因产品类型不同有如下几种：

1. 液体、浆体或悬浮液体

样品可摇匀也可以用玻璃棒或电动搅拌器搅拌使其均匀，采取所需要的量。

2. 互不相溶的液体

如油与水的混合物，应先使不相溶的各成分彼此分离，再分别进行采样。

3. 固体样品

先将样品制成均匀状态，具体操作可切细（大块样品）、粉碎（硬度大的样品如谷类）、捣碎（质地软含水量高的样品如果蔬）、研磨（韧性强的样品如肉类）。常用工具有粉碎机、组织捣碎机、研钵等。然后用四分法采取制备好的均匀样品。

4. 罐头

水果或肉禽罐头在捣碎之前应清除果核、骨头及葱、姜、辣椒等调料。可用高速组织捣碎机。

上述样品制备过程中，还应注意防止易挥发成分的逸散及有可能造成的样品理化性质的改变，尤其是作微生物检验的样品，必须根据微生物学的要求，严格按照无菌操作规程制备。

三、样品的保存

制备好的样品应尽快分析，如不能马上分析，则需妥善保存。保存的目的是防止样品发生受潮、挥发、风干、变质等现象，确保其成分不发生任何变化。保存的方法是将制备好的样品装入具磨口塞的玻璃瓶中，置于暗处；易腐败变质的样品应保存在 0~5℃ 的冰箱中；易失水的样品应先测定水分。

一般检验后的样品还需保留 1 个月，以备复查。保留期限从签发报告单算起，易变质食品不予保留。对感官不合格样品可直接定为不合格产品，不必进行理化检验。最后，存放的样品应按日期、批号、编号摆放，以便查找。

第二节　样品的预处理

食品的成分复杂，既含有糖、蛋白质、脂肪、维生素、农药等有机大分子化合物，也含有钾、钠、钙、铁、镁等无机元素。它们以复杂的形式结合在一起，当以选定的方法对其中某种成分进行分析时，其他组分的存在常会产生干扰而影响被测组分的正确检出。为此在分析检测之前，必须采取相应的措施排除干扰。另外，有些样品（特别是有毒、有害污染物）在食品中的含量极低，但危害很大，完成这样组分的测定，有时会因为所选方法的灵敏度不够而难于检出，这种情形下往往需对样品中的相应组分进行浓缩，以满足分析方法的要求。样品预处理就可解决上述问题。根据食品的种类、性质不同，以及不同分析方法的要求，预处理的手段有如下几种：

一、有机物破坏法

当测定食物中无机物含量时，常采用有机物破坏法来消除有机物的干扰。因为食物中的无机元素会与有机质结合，形成难溶、难离解的化合物，使无机元素失去原有的特性，而不能依法检出。有机物破坏法是将有机物在强氧化剂的作用下经长时间的高温处理，破坏其分子结构，有机质分解呈气态逸散，而被测无机元素得以释放。该法除常用于测定食品中微量金属元素之外，还可用于检测硫、氮、氯、磷等非金属元素。根据具体操作不同，又分为干法和湿法两大类。

1. 干法（又称灰化）

通过高温灼烧将有机物破坏。除汞外的大多数金属元素和部分非金属元素的测定均可采用此法。具体操作是将一定量的样品置于坩埚中加热，使有机物脱水、炭化、分解、氧化，再于高温电炉中（500～550℃）灼烧灰化，残灰应为白色或浅灰色。否则应继续灼烧，得到的残渣即为无机成分，可供测定用。

干法特点是破坏彻底，操作简便，使用试剂少，空白值低。但破坏时间长、温度高，尤其对汞、砷、锑、铅易造成挥散损失。对有些元素的测定必要时可加助灰化剂。

2. 湿法（又称消化）

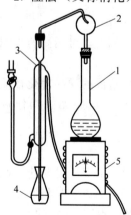

图3-1　湿法消解装置示意
1—凯氏烧瓶；2—定氮球；3—直形冷凝管及导管；4—收集瓶；5—电炉

湿法是在酸性溶液中，向样品中加入硫酸、硝酸、过氯酸、过氧化氢、高锰酸钾等氧化剂，并加热消煮，使有机质完全分解、氧化，呈气态逸出，待测组分转化成无机状态存在于消化液中，供测试用。

湿法是一种常用的样品无机化法。其特点是分解速度快，时间短；因加热温度低可减少金属的挥发逸散损失。缺点是消化时易产生大量有害气体，需在通风橱中操作；另外消化初期会产生大量泡沫外溢，需随时照管；因试剂用量较大，空白值偏高。

湿法破坏根据所用氧化剂不同分为如下几类。

（1）硫酸-硝酸法　将粉碎好的样品放入250～500mL凯氏烧瓶中（样品量可称10～20g），如图3-1所示。加入浓硝酸20mL，小心混匀后，先用小火使样品溶化，再加浓硫酸10mL，渐渐加强火力，保持微沸状态并不断滴加浓硝酸，至溶液透明不再转黑为止。每当溶液变深时，立即添加硝酸，否则会消化不完全。待溶液不再转黑后，继续加热数分钟至冒出浓白烟，此时消化液应澄清透明。消化液放冷后，小心用水稀释，转入容量瓶，同时用水洗涤凯氏烧瓶，洗液并入容量瓶，调至刻度后混匀，供待测用。

（2）高氯酸-硝酸-硫酸法　称取粉碎好的样品5～10g，放入250～500mL凯氏烧瓶中，用少许水湿润，加数粒玻璃珠，加3∶1的硝酸-高氯酸混合液10～15mL，放置片刻，小火缓缓加热，反应稳定后放冷，沿瓶壁加入5～10mL浓硫酸，继续加热至瓶中液体开始变成棕色时，不断滴加硝酸-高氯酸混合液（3∶1）至有机物分解完全。加大火力至产生白烟，溶液应澄清，无色或微黄色。操作中注意防爆。放冷后容量瓶定容。

（3）高氯酸（过氧化氢）-硫酸法　取适量样品于凯氏烧瓶中，加适量浓硫酸，加热消化至呈淡棕色，放冷，加数毫升高氯酸（或过氧化氢），再加热消化，重复操作至破坏完全，放冷后以适量水稀释，小心转入容量瓶定容。

（4）硝酸-高氯酸法　取适量样品于凯氏烧瓶中，加数毫升浓硝酸，小心加热至剧烈反应停止后，再加热煮沸至近干，加入20mL硝酸-高氯酸（1∶1）混合液。缓缓加热，反复添加硝酸-高氯酸混合液至破坏完全，小心蒸发至近干，加入适量稀盐酸溶解残渣。若有不溶物过滤，滤液于容量瓶中定容。

消化过程中注意维持一定量的硝酸或其他氧化剂，破坏样品时做空白，以校正消化试剂引入的误差。

二、溶剂提取法

同一溶剂中，不同的物质有不同的溶解度；同一物质在不同的溶剂中溶解度也不同。利用样品中各组分在特定溶剂中溶解度的差异，使其完全或部分分离即为溶剂提取法。常用的无机溶剂有水、稀酸、稀碱；有机溶剂有乙醇、乙醚、氯仿、丙酮、石油醚等。可用于从样品中提取被测物质或除去干扰物质。在食品分析中常用于维生素、重金属、农药及黄曲霉毒素的测定。

溶剂提取法可用于提取固体、液体及半流体，根据提取对象不同可分为浸取和萃取。

1. 浸取法

用适当的溶剂将固体样品中的某种被测组分浸取出来称浸取，即液-固萃取法。该法应用广泛，如测定固体食品中脂肪含量用乙醚反复浸取样品中的脂肪，而杂质不溶于乙醚，再使乙醚挥发掉，称出脂肪的质量。

（1）提取剂的选择　提取剂应根据被提取物的性质来选择，对被测组分的溶解度应最大，对杂质的溶解度最小，提取效果遵从相似相溶原则。通常对极性较弱的成分（如有机氯农药）可用极性小的溶剂（如正己烷、石油醚）提取；对极性强的成分（如黄曲霉毒素B_1）可用极性大的溶剂（如甲醇与水的混合液）提取。所选择的溶剂的沸点应适当，太低易挥发，过高又不易浓缩。

（2）提取方法

① 振荡浸渍法。将切碎的样品放入选择好的溶剂系统中，浸渍、振荡一定时间使被测组分被溶剂提取。该法操作简单但回收率低。

② 捣碎法。将切碎的样品放入捣碎机中，加入溶剂，捣碎一定时间。被测成分被溶剂提取。该法回收率高，但选择性差，干扰杂质溶出较多。

③ 索氏提取法。将一定量样品放入索氏提取器中。加入溶剂，加热回流一定时间，被测组分被溶剂提取。该法溶剂用量少，提取完全，回收率高，但操作麻烦，需专用索氏提取器。

2. 溶剂萃取法

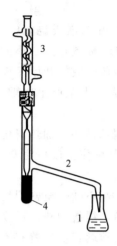

图 3-2 萃取
操作示意图
1—锥形瓶；2—导管；
3—冷凝器；4—欲萃取相

利用适当的溶剂（常为有机溶剂）将液体样品中的被测组分（或杂质）提取出来称为萃取。其原理是被提取的组分在两互不相溶的溶剂中分配系数不同，从一相转移到另一相中而与其他组分分离。本法操作简单、快速，分离效果好，使用广泛。缺点是萃取剂易燃，有毒性。

（1）萃取剂的选择　萃取剂应对被测组分有最大的溶解度，对杂质有最小的溶解度，且与原溶剂不互溶；两种溶剂易于分层，无泡沫。

（2）萃取方法　萃取常在分液漏斗中进行，一般需萃取 4～5 次方可分离完全。若萃取剂密度比小轻，且从水溶液中提取分配系数小或振荡时易乳化的组分时，可采用连续液体萃取器，如图 3-2 所示。

锥形瓶内的溶剂经加热产生蒸汽后沿导管上升，经冷凝器冷凝后，在中央管的下端聚为小滴，并进入欲萃取相的底部，上升过程中发生萃取作用，随着欲萃取相液面不断上升，上层的萃取液流回锥形瓶中，再次受热汽化后的纯溶剂进入冷凝器又被冷凝返回欲萃取相底部重复萃取……如此反复，使被测组分全部萃取至锥形瓶内的溶剂中。

在食品分析中常用提取法分离、浓缩样品，浸取法和萃取法既可以单独使用也可联合使用。如测定食品中的黄曲霉毒素 B_1，先将固体样品用甲醇-水溶液浸取，黄曲霉毒素 B_1 和色素等杂质一起被提取，再用氯仿萃取甲醇-水溶液，色素等杂质不被氯仿萃取仍留在甲醇-水溶液层，而黄曲霉毒素 B_1 被氯仿萃取，以此将黄曲霉毒素 B_1 分离。

三、蒸馏法

蒸馏法是利用液体混合物中各组分挥发度不同进行分离的方法。既可将干扰组分蒸馏除去，也可将待测组分蒸馏逸出收集馏出液进行分析。根据样品组分性质不同，蒸馏方式有常压蒸馏、减压蒸馏、水蒸气蒸馏。

1. 常压蒸馏

当样品组分受热不分解或沸点不太高时，可进行常压蒸馏（见图 3-3）。加热方式可根据被蒸馏样品的沸点和性质确定：如果沸点不高于 90℃，可用水浴；如果超过 90℃，则可改用油浴；如果被蒸馏物不易爆炸或燃烧，可用电炉或酒精灯直火加热，最好垫以石棉网；如果是有机溶剂则要用水浴，并注意防火。

2. 减压蒸馏

如果样品待蒸馏组分易分解或沸点太高时，可采取减压蒸馏。该法装置较复杂，如图 3-4 所示。

3. 水蒸气蒸馏

水蒸气蒸馏是用水蒸气加热混合液体装置（见图 3-5）。操作初期，蒸汽发生瓶和蒸馏瓶先不连接，分别加热至沸腾，再用三通管将蒸汽发生瓶连接好开始蒸汽蒸馏。这样不致因蒸汽发生瓶产生蒸汽遇到蒸馏瓶中的冷溶液凝结出大量的水增加体积而延长蒸馏时间。蒸馏结束后应先将蒸汽发生瓶与蒸馏瓶连接处拆开，再撤掉热源。否则会发生回吸现象而将

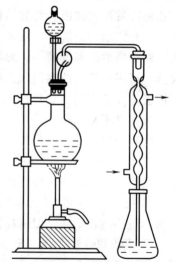

图 3-3　常压蒸馏装置

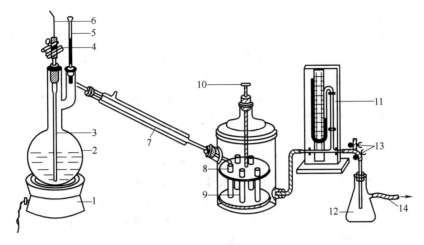

图 3-4　减压蒸馏装置

1—电炉；2—克莱森瓶；3—毛细管；4—螺旋止水夹；5—温度计；6—细铜丝；7—冷凝器；8，9—接收管；10—转动把；11—压力计；12—安全瓶；13—三通管阀门；14—接抽气机

接受瓶中蒸馏出的液体全部抽回去，甚至回吸到蒸汽发生瓶中。

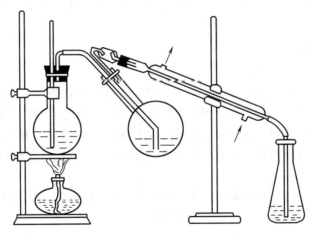

图 3-5　水蒸气蒸馏装置

4.蒸馏操作注意事项

① 蒸馏瓶中装入的液体体积最大不超过蒸馏瓶的 2/3。同时加瓷片、毛细管等防止爆沸，蒸汽发生瓶也要装入瓷片或毛细管。

② 温度计插入高度应适当，以与通入冷凝器的支管在一个水平上或略低一点为宜。温度计的需查温度应在瓶外。

③ 有机溶剂的液体应使用水浴，并注意安全。

④ 冷凝器的冷凝水应由低向高逆流。

四、色谱分离法

色谱分离是将样品中的组分在载体上进行分离的一系列方法，又称色层分离法。根据分离原理不同分为吸附色谱分离、分配色谱分离和离子交换色谱分离等。该类分离方法效果好，在食品分析中广为应用。

1．吸附色谱分离

该法使用的载体为聚酰胺、硅胶、硅藻土、氧化铝等，吸附剂经活化处理后具一定的吸附能力。样品中的各组分依其吸附能力不同被载体选择性吸附，使其分离。如食品中色素的测定，将样品溶液中的色素经吸附剂吸附（其他杂质不被吸附），经过过滤、洗涤，再用适当的溶剂解吸，得到比较纯净的色素溶液。吸附剂可以直接加入样品中吸附色素，也可将吸附剂装入玻璃管制成吸附柱或涂布成薄层板使用。

2．分配色谱分离

此法是根据样品中的组分在固定相和流动相中的分配系数不同而进行分离。当溶剂渗透于固定相中并向上渗展时，分配组分就在两相中进行反复分配，进而分离。如多糖类样品的纸色谱，样品经酸水解处理，中和后制成试液，滤纸上点样，用苯酚-1％氨水饱和溶液展开，苯胺邻苯二酸显色，于105℃加热数分钟，可见不同色斑：戊醛糖（红棕色）、己醛糖（棕褐色）、己酮糖（淡棕色）、双糖类（黄棕色）。

3．离子交换色谱分离

这是一种利用离子交换剂与溶液中的离子发生交换反应实现分离的方法。根据被交换离子的电荷分为阳离子交换和阴离子交换。该法可用于从样品溶液中分离待测离子，也可从样品溶液中分离干扰组分。分离操作可将样液与离子交换剂一起混合振荡或将样液缓缓通过事先制备好的离子交换柱，则被测离子与交换剂上的 H^+ 或 OH^- 发生交换，或是被测离子上柱，或是干扰组分上柱，从而将其分离。

五、化学分离法

1．磺化法和皂化法

磺化法和皂化法是去除油脂的常用方法，可用于食品中农药残存的分析。

（1）磺化法　磺化法是以硫酸处理样品提取液，硫酸使其中的脂肪磺化，并与脂肪和色素中的不饱和键起加成作用，生成溶于硫酸和水的强极性化合物，从有机溶剂中分离出来。使用该法进行农药分析时只适用强酸介质中稳定的农药。如有机氯农药中的六六六、DDT回收率在80％以上。

（2）皂化法　皂化法是以热碱 KOH-乙醇溶液与脂肪及其杂质发生皂化反应，而将其除去。本法只适用于对碱稳定的农药提取液的净化。

2．沉淀分离法

沉淀分离法是向样液中加入沉淀剂，利用沉淀反应使被测组分或干扰组分沉淀下来，再经过滤或离心实现与母液分离。该法是常用的样品净化方法。如饮料中糖精钠的测定，可加碱性硫酸铜将蛋白质等杂质沉淀下来，过滤除去。

3．掩蔽法

向样液中加入掩蔽剂，使干扰组分改变其存在状态（被掩蔽状态），以消除其对被测组分的干扰。掩蔽的方法有一个最大的好处，就是可以免去分离操作，使分析步骤大大简化，因此在食品分析中广泛用于样品的净化。特别是测定食品中的金属元素时，常加入配位掩蔽剂消除共存的干扰离子的影响。

六、浓缩法

样品在提取、净化后，往往因样液体积过大、被测组分的浓度太小影响其分析检测，此时则需对样液进行浓缩，以提高被测成分的浓度。常用的浓缩方法有常压浓缩和减压浓缩。

1. 常压浓缩

常压浓缩只能用于待测组分为非挥发性的样品试液的浓缩，否则会造成待测组分的损失。操作可采用蒸发皿直接挥发，若溶剂需回收，则可用一般蒸馏装置或旋转蒸发器。操作简便、快速。

2. 减压浓缩

若待测组分为热不稳定或易挥发的物质，其样品净化液的浓缩需采用 K-D 浓缩器。采取水浴加热并抽气减压，以便浓缩在较低的温度下进行，且速度快，可减少被测组分的损失。食品中有机磷农药的测定（如甲胺磷、乙酰甲胺磷含量的测定）多采用此法浓缩样品净化液。

七、几种现代样品处理技术简介

1. 快速溶剂萃取技术（ASE）

又称为加速溶剂萃取技术，是一种全新的处理固体和半固体样品的方法，该法是在较高温度（50～200℃）和压力条件（10.3～20.6MPa）下，采用有机溶剂进行萃取。

此法的突出优点是有机溶剂用量少（1g 样品仅需 1.5mL 溶剂）、快速（一般为 15min）和回收率高，已成为样品前处理最佳方式之一，广泛用于环境、药物、食品和高聚物等样品的前处理，特别是农药残留量的分析。

快速溶剂萃取仪如图 3-6 所示。

快速溶剂萃取仪由溶剂瓶、泵、气路、加温炉、不锈钢萃取池和收集瓶等构成。

其工作程序是：①手工将样品装入萃取池，放在圆盘式传送装置上；②圆盘传送装置将萃取池送入加热炉腔，并与对应编号的收集瓶连接；③输液泵将溶剂输送到萃取池（20～60s）；④萃取池在加热炉中被加温和加压，在设定的温度和压力下静态萃取 5min；⑤分别少量向萃取池加入清洗溶剂（2～60s）；⑥萃取液自动经过滤膜进入收集瓶；⑦用 N_2 吹洗萃取池和管道（60～100s），萃取液全部进入收集瓶，待分析。

图 3-6　ASE 100 快速溶剂萃取仪

上述步骤②～⑦按先后全自动进行。

全过程仅需 13～17min。溶剂瓶由 4 个组成，每个瓶可分别装入不同的溶剂，可选用不同溶剂先后萃取相同的样品，也可用同一溶剂萃取不同的样品。可同时装入 24 个萃取池和 26 个收集瓶。

2. 微波消解技术

微波消解通常是指在密闭容器里利用微波快速加热进行各种样品的酸溶解。密闭容器反应和微波加热这两个特点，决定了其完全、快速、低空白的优点，但不可避免地带来了高压（可能过压的隐患）、消化样品量小的不足。高压（最高可达 10～15MPa）、高温（通常170～220℃）、强酸蒸汽给实验者带来了安全方面的心理压力。现在的商品微波消解系统，一般都有测温/测压甚至控温/控压技术，因此在安全性上已经有了较大保证。

微波消解仪如图 3-7 所示，其技术特点如下。

（1）过压泄压　能否及时安全泄压关系到安全性，是最重要的。一般微波消解系统的控制方式，是在检测到温度/压力达到目标温度/压力时停止微波加热，但实际消化罐内的化学反应并不一定会立即停止，所以可能造成过压，必须能够及时安全泄压。如果不具备泄压方式，消化罐的耐压必须远大于最大工作压力，才能保证有足够的安全系数。

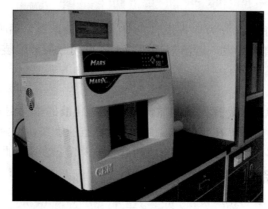

图 3-7 微波消解仪

（2）测温/测压方式　测温方式按照与消化罐内部接触与否可分为：接触式（光纤测温）与非接触式（红外测温）两种。两种方式各有利弊，用户可从检测准确性、样品检测的均一性、检测速度等因素分别考察。在测压方式上，各公司的产品比较一致，均为接触式测压。

（3）消化容器的材质　一般有氟塑料类 TFM、PTFE、PFA 和石英。PTFE 最高使用温度不低于 TFM，表面光洁度、高温高压下的抗渗透性、高温高压下的抗形变性均优于TFM。PFA 尽管半透明，但其最高使用温度不如 PTFE。因此，PTFE 是消化容器的首选材质。TFM 消解罐只能做中高压，而 PTFE 消解罐可以做超高压微波消解。

（4）组合罐还是一体罐　组合罐的外壳（护套）和内插消化罐（insert）可以分开。一体罐可能是单一材料制成，但也可能由 1 种、2 种或 3 种材质构成，但已组合为一体，不能拆开。组合罐一般由外壳、框架（中间层）、内插消化罐组成，也有的组合罐不用中间层。外壳材质有复合纤维（CEM 专利）、PEEK、高温陶瓷、Ultem-100（Ultem 材料基本已被淘汰）。框架主要用 PFA。内插消化罐直接与样品、酸接触，耐酸、耐温和耐压性能是首要考虑的。

（5）护套材质　一般有 PEEK、陶瓷、Ultem-100，其强度均远大于 TFM，但耐酸腐蚀性任何材质都无法与 TFM、PTFE、PFA 等氟塑料相比。

（6）消化罐最高工作温度　最高工作温度不可能超过消化容器材质的最高使用温度。因此 260℃一般是所有氟塑料消化罐的最高使用温度。虽然有些公司的产品可以达到 300℃，但不能同时达到最高压力，300℃下对氟塑料消化容器的使用寿命肯定有影响。石英消化容器的最高工作温度可以很高，但受制于其护套或托架等，所以一般也只能达到 300℃。通常，绝大部分微波消解在 170～220℃即可完成。

（7）最大工作压力　消化罐内的压力主要决定于样品有机质含量、酸的蒸气压、温度。样品有机质含量越高，消化罐内压力越大。通常使用硝酸、盐酸、氢氟酸、硫酸。硫酸挥发性最小，最高温度一般均为使用硫酸时才可能达到。

（8）最大可消解样品量　不同种类的消化罐最大可消解样品量不同。最大可消解样品量决定于样品有机质含量、酸的种类、设定温度、消化罐体积、消化罐最大工作压力。对微波密闭消解，最大可消解样品量较少，这始终是所有微波消解系统的相对弱点。

3．超临界流体萃取技术

（1）概述　超临界流体萃取（SFE）是 20 世纪 70 年代开始用于工业生产中有机化合物萃取的，它是用超临界流体作为萃取剂，从各种组分复杂的样品中，把所需要的组分分离提取出来的一种分离萃取技术。

超临界流体萃取作为一种独特、高效、清洁的新型提取、分离手段，在食品工业、精细化工、医药工业、环境等领域已展现出良好的应用前景，成为取代传统化学方法的首选。目前，世界各国都集中人力物力对超临界技术的基础理论、萃取设备和工业应用等方面进行系统研究，取得了长足进展。

SFE 技术具有以下几个特点。

① SFE 可以在接近室温下进行提取，有效地防止了热敏性物质的氧化和逸散。

② SFE 是最干净的提取方法，防止了提取过程中对人体有害物的存在和对环境的污染，保证了其纯天然性。

③ 萃取和分离合二为一，当饱和溶解物的流体进入分离器时，由于压力的下降或温度的变化，使得流体与萃取物迅速成为两相（气-液分离）而立即分开。不仅萃取的效率高，而且能耗较少，提高了生产效率，也降低了操作费用。

④ 流体在生产中可以重复循环使用，从而有效地降低了成本。

⑤ 压力和温度是调节萃取过程的主要参数，通过改变温度和压力达到萃取的目的，从而使工艺简单，容易掌握。

（2）原理

① 概念。任何一种物质都存在三种相态——气相、液相和固相。三相呈平衡态共存的点称为三相点。液、气两相呈平衡状态的点称为临界点。在临界点时的温度和压力称为临界温度和临界压力。不同的物质其临界点所要求的压力和温度各不相同。

超临界流体是指介于气体和液体之间的一种气体。这种气体处于其临界温度和临界压力以上状态时，向该气体加压，气体不会液化，只是密度增大，具有类似液体的性质。同时还保留气体性能。超临界流体对溶质具有较大溶解度，又具有气体易扩散和运动的特点。

更重要的是：超临界液体的许多性质如黏度、密度、扩散系数、溶剂化能力等性质随温度和压力变化很大，因此对选择性的分离非常敏感。

用于超临界流体萃取的流体必须稳定、安全、易于操作，对欲萃取溶质有足够大的溶解能力，同时又有良好的选择性。

常用超临界流体的临界温度与压力见表 3-1。

表 3-1　常用超临界流体的临界温度与压力

流体	临界温度/℃	临界压力/MPa
乙烯	9.3	5.04
丙烷	96.7	4.25
二氧化碳	31.3	7.18
氨	132.5	11.28
乙烷	32.2	4.88
己烷	234.2	3.03
丙烯	91.6	4.62
水	374.2	22.05

② 分离原理。超临界流体萃取分离过程的原理是利用超临界流体的溶解能力与其密度的关系，即利用压力和温度对超临界流体溶解能力的影响而进行的。在超临界状态下，超临

界流体具有很好的流动性和渗透性，将超临界流体与待分离的物质接触，使其有选择性地把极性大小、沸点高低和分子量大小的成分依次萃取出来。

当然，对应各压力范围所得到的萃取物不可能是单一的，但可以控制条件得到最佳比例的混合成分，然后借助减压、升温的方法使超临界流体变成普通气体，被萃取物质则完全或基本析出，从而达到分离提纯的目的，所以超临界流体萃取过程是由萃取和分离组合而成的。

（3）实验技术

① 装置：其装置示意如图 3-8 所示。

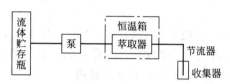

图 3-8 超临界流体萃取装置示意

a. 萃取器。需耐高温高压，接头和密封材料均需由惰性材料制成。

b. 节流器。SFE 所用节流器通常是失活的熔融硅毛细管或金属毛细管，出口端制成卷曲状或变细，以确保管内流体密度不变。

c. 收集技术。溶剂捕集法、吸附剂吸附捕集法和固体表面冷冻捕集法。

② 萃取过程为：

a. 待测组分从样品基体中释放出来，并扩散、溶解到超临界流体中。

b. 待测组分从萃取器转移到收集系统。

c. 降低超临界流体压力，收集被测组分。

③ 影响超临界萃取的主要因素有以下几个方面。

a. 密度。溶剂强度与 SCF 的密度有关。温度一定时，密度（压力）增加，可使溶剂强度增加，溶质的溶解度增加。

b. 夹带剂。适用于 SFE 的大多数溶剂是极性小的溶剂，这有利于选择性的提取，但限制了其对极性较大溶质的应用。因此可在这些 SCF 中加入少量夹带剂（如乙醇等）以改变溶剂的极性，大幅度提高收率。

c. 粒度。粒度的大小可影响萃取的收率。一般来说，粒度小有利于萃取。

d. 流体体积。提取物的分子结构与所需的 SCF 的体积有关。增大流体的体积能提高回收率。

④ 操作模式：超临界流体萃取操作方式分为动态、静态和循环 3 种模式。

动态法是超临界流体萃取剂一次直接通过样品萃取管，使被萃取组分直接从样品中分离出来。它简单、方便、快捷，特别适用于在超临界流体萃取剂中溶解度大，而且样品的基体又很容易被超临界萃取剂渗透的样品。

静态法是将被萃取的样品浸泡在超临界萃取剂中，经过一定时间后再把含有被萃取溶质的萃取剂流体输入吸收管。适用于萃取那些与样品基体较难分离或在萃取剂中溶解度不大的物质。也适用于样品基体较为致密，超临界流体萃取剂不易渗透的样品。

循环法是将超临界流体萃取剂先充满有样品的萃取管，然后用循环泵使萃取管内的流体反复、多次通过管内萃取样品，最后输入吸收管。

（4）超临界二氧化碳萃取技术　二氧化碳在温度高于临界温度 $T_c = 31.26℃$，压力高于

临界压力 $p_c = 72.9\text{atm}$（1atm=101.325kPa）的状态下，性质会发生变化，其密度近于液体，黏度近于气体，扩散系数为液体的 100 倍，因而具有惊人的溶解能力。用它可溶解多种物质，然后提取其中的有效成分，具有广泛的应用前景。

超临界二氧化碳是目前研究最广泛的流体之一，因为它具有以下几个特点：

① CO_2 临界温度为 31.26℃，临界压力为 72.9atm，临界条件容易达到；

② CO_2 化学性质不活泼，无色无味无毒，安全性好；

③ 价格便宜，纯度高，容易获得。

超临界 CO_2 萃取是以超临界状态（温度 31.3 ℃，压力 7.18 MPa）下的二氧化碳为溶剂，利用其高渗透性和高溶解能力来提取分离混合物的过程。超临界状态下的二氧化碳，其密度大幅度增大，导致对溶质溶解度的增加，在分离操作中，可通过降低压力或升高温度使溶剂的密度下降，引起其溶解物质能力的下降，可使萃取物与溶剂分离。

与一般液体萃取相比，超临界二氧化碳萃取的速率和范围更为扩大，萃取过程是通过温度和压力的调节来控制与溶质的亲和性而实现分离的。

超临界二氧化碳萃取技术具有环境良好、操作安全、不存在有害物残留、产品品质高，且能保持固有气味等特点。

4. 固相微萃取技术

固相微萃取是在固相萃取基础上发展起来的。

固相萃取（SPE）就是利用固体吸附剂将液体样品中的目标化合物吸附，与样品的基体和干扰化合物分离，然后再用洗脱液洗脱或加热解吸附，达到分离和富集目标化合物的目的。与液/液萃取相比，固相萃取具有很多优点：固相萃取不需要大量互不相溶的溶剂，处理过程中不会产生乳化现象，它采用高效、高选择性的吸附剂（固定相），能显著减少溶剂的用量，简化样品的预处理过程，同时所需费用也有所减少。一般来说，固相萃取所需时间为液/液萃取的 1/2，而费用为液/液萃取的 1/5。但其缺点是目标化合物的回收率和精密度要略低于液/液萃取。固相萃取实质上是一种液相色谱分离，其主要分离模式也与液相色谱相同。

固相微萃取（SPME）是在固相萃取上发展起来的一种新型、高效的样品预处理技术，它集采集、浓缩于一体，简单、方便、无溶剂，不会造成二次污染，是一种有利于环保的很有应用前景的预处理方法。与液/液萃取和固相萃取相比，具有操作时间短，样品用量小，无需萃取溶剂，适用于分析挥发性与非挥发性物质，重现性好等优点。很多研究结果表明，在样品中加入适当的内标进行定量分析时，其重现性和精密度都非常好。

固相微萃取装置外形如一只微量进样器，由手柄和萃取头或纤维头两部分构成，萃取头是一根 1cm 长，涂有不同吸附剂的熔融纤维，接在不锈钢丝上，外套细不锈钢管（保护石英纤维不被折断），纤维头在钢管内可伸缩或进出，细不锈钢管可穿透橡胶或塑料垫片进行取样或进样。手柄用于安装或固定萃取头，可永远使用。

固相微萃取的萃取过程是一个平衡过程，萃取的平衡时间与搅拌速度、固定相的膜厚以及被分析样品的分配常数、扩散系数、萃取温度有关。大分子质量的物质比小分子质量的物质需更长的分析时间。搅拌有利于减少达到平衡所需的时间，当达到平衡时，固相微萃取方法的灵敏度最高。

固相微萃取技术包括如下两个过程。

① 样品中待分析物在石英纤维上的涂层与样品间扩散、吸附、浓缩过程以及浓缩的待分析物脱附进入分析仪器完成分析过程。在前一个过程中，涂有吸附剂的石英纤维浸入样品

图 3-9　固相微萃取装置

中，使样品中目标化合物从样品基质中扩散、萃取、浓缩于涂层上。

　　② 将石英丝收回针头中，进样时直接插入分析仪器的进样室中，如气相色谱仪的汽化室，使萃取的化合物脱附，被载气导入色谱柱完成分离分析。在实施固相微萃取时可以采用直接固相微萃取法、液上空间固相微萃取法和衍生化固相微萃取法 3 种模式。影响固相微萃取灵敏度的因素很多，但萃取头涂层的种类和厚度对灵敏度的影响最为关键。一般来说，不同种类待测物要用不同类型的吸附质涂层进行萃取，其选择基本原则是"相似相溶原理"。用极性涂层萃取极性化合物，用非极性涂层萃取非极性化合物。

固相微萃取装置如图 3-9 所示。

 阅读材料

食品"外来名"拾趣

　　曲奇饼　"曲奇"是英语"COOKY"的音译，原意是"小糕饼"。它是一种高蛋白、高油脂的点心式饼干，采用重糖、重油、重奶原料制作。

　　吐司　即烤面包，它是英语"TOAST"的音译，该词源于拉丁语"TOSTUS"，意思是"烘焙"。

　　喱冻　"喱"是英语"JELLY"的音译，源于法语"GELLE"，原意是"胶质物"。它是由蔗糖、调味品、色素和胶质物质制成的一种带有弹性的半透明果冻或肉冻。

　　沙司　是英语"SAUCE"的音译。是一种用蔬菜或水果加调味品制成的流质或半流质酱汁。

　　沙拉油　又译作"色拉"，是英语"SALAD"的音译。沙拉油是将豆油、菜油经过多种工艺处理精制而成，是一种高能食品油脂，用于调制冷菜沙拉。

　　威士忌　是英语"WHISKY"的音译，原产苏格兰。威士忌以粮食为主料，大麦芽为糖化剂，采用液态发酵，经过蒸馏获得原酒，再置入橡木桶贮藏数年，使之陈化。威士忌酒液呈琥珀色，酒精度在 40°左右。

　　金酒　是英语"GIN"的音译，原产荷兰，故又称"荷兰"。它以大米、玉米为原料，经发酵，蒸馏成酒精，然后加入杜松子，再次蒸馏而成。

 思考题

1. 采样的原则是什么？采样的步骤有哪些？
2. 样品预处理的方法有哪些？
3. 什么是浸取？浸取的操作有哪些？
4. 蒸馏的原理是什么？什么情形下采取常压蒸馏、减压蒸馏、水蒸气蒸馏？
5. 磺化法和皂化法可去除样品中何组分？怎样去除？食品中什么成分的测定可用此法？

第四章
食品一般成分的检验

学习指南

本章详细介绍了食品一般成分的分析方法，较为深入地讨论了食品中这些成分对食品所具有的营养、感官以及生理调节等功能的影响。通过本章学习，应达到如下要求：

(1) 了解蒸发、干燥、水分、灰分等概念及相应的知识，掌握其测定的方法；

(2) 了解食品中酸类物质存在的状态及 pH、酸碱滴定等有关知识，掌握其测定的方法；

(3) 了解脂类、碳水化合物的存在及其影响的知识，掌握其测定的操作方法；

(4) 了解蛋白质及氨基酸的概念及相应的知识，掌握其测定的方法；

(5) 了解维生素的概念、作用及其影响，掌握其测定的操作方法；

(6) 熟练掌握电热干燥箱、高温炉、分光光度计、酸度计、气相色谱仪及高效液相色谱仪等相关仪器设备的使用方法；

(7) 熟练掌握提取、萃取、回流、分离及回收等基本操作技能。

不同的食品，其成分也各不相同。本章介绍食品一般成分的检验方法，让读者在掌握各种食品成分的标准分析方法的同时，还能了解食品的基本组成成分。食品的一般成分包含了水分、灰分、脂肪、碳水化合物、蛋白质、维生素等，它们是食品中固有的成分。这些物质赋予了食品一定的组织结构、风味、口感以及营养价值，这些成分含量的高低往往是确定食品品质的关键指标。

第一节　水分的测定

食物中水分含量的测定是食品分析的重要项目之一，因为水是食品的重要组成部分。控制食品水分含量，对于保持食品的感官性质、维持食品中其他组分的平衡关系、保持食品的稳定性，都起着重要的作用。

食品中水分的存在形式，可以按其物理、化学性质，定性地区分为结合水分和非结合水分两大类。前者一般指结晶水和吸附水，在测定过程中此类水分较难从物料中逸出；后者包括润湿水分、渗透水分和毛细管水，相对而言，这类水分易于分离。

食品中水分测定的方法很多，通常可分为直接法和间接法两大类。

直接法是利用水分本身的物理、化学性质来测定水分的方法，如干燥法、蒸馏法和卡尔·费休尔法；间接法是利用食品的相对密度、折射率、电导、介电常数等物理性质测定水分的方法。这里主要介绍常用的几种直接测定法。

一、食品中水分的测定

（一） 干燥法

干燥法是将样品在一定条件下加热干燥，使其中水分蒸发，以样品在蒸发前后减少的质量来计算水分含量的一类测定方法。较为常用的方法有常压烘箱干燥法、真空烘箱干燥法、红外线干燥法等。

1. 常压烘箱干燥法

该法适用于在95～105℃范围内不含或含有极微量挥发性成分，而且对热稳定的各种食品。

（1）原理 食品中的水分受热以后，产生的蒸气压高于空气的电热干燥箱中的分压，使食品中的水分蒸发出来。同时，由于不断加热和排走水蒸气，而达到完全干燥的目的。食品干燥的速度取决于这个压差的大小。

（2）各类样品的制备、测定及结果计算 样品的制备方法因食品的种类、存在状态的不同而有所差异，现将各类样品的制备与测定方法分述如下：

① 固体样品。固体样品必须磨碎，过20～40目筛，混匀。在磨碎过程中，要防止样品中水分含量的变化。

测定时，精确称取上述样品2.00～10.00g（视样品的性质和水分含量而定），置于已干燥、冷却并称至恒重的有盖称量瓶中，移至95～105℃常压烘箱中，开盖烘2～4h后取出，加盖置于干燥器内冷却0.5h后称重。重复此操作，直至前后两次质量差不超过2mg，即为恒重。测定结果按下式计算：

$$X = \frac{m_1 - m_2}{m_1 - m_3} \times 100$$

式中 X——水分含量，g/100g；

m_1——干燥前样品与称量瓶质量，g；

m_2——干燥后样品与称量瓶质量，g；

m_3——称量瓶质量，g。

② 半固体或液体样品。取洁净的蒸发皿，内加10.0g海沙以避免样品表面结硬壳焦化，置于95～105℃常压烘箱中，干燥0.5～1.0h后取出，放入干燥器内冷却0.5h后称重。重复此操作，直至恒重。然后精密称取5～10g试样，置于蒸发皿中，用小玻棒搅匀放在沸水浴上蒸干，并随时搅拌，擦去皿底的水滴，置95～105℃烘箱中干燥4h后盖好取出，放入干燥器内冷却0.5h后称重。重复此操作，直至前后两次质量差不超过2mg，即为恒重。

测定结果按下式计算：

$$X = \frac{(m_1 + m_2) - m_3}{m_1 - m_4} \times 100$$

式中 X——水分含量，g/100g；

m_1——干燥前样品与称量瓶质量，g；

m_2——海沙（或无水硫酸钠）质量，g；

m_3——干燥后样品、海沙与称量瓶总质量，g；

m_4——称量瓶质量，g。

（3）操作条件选择 操作条件选择主要包括：称样量、称量器皿规格、干燥设备和干燥条件等的选择。

① 称样量。测定时称样量一般控制在其干燥后的残留物质量在1.5～3g。对于水分含量较低的固态、浓稠态食品，将称样量控制在3～5g；而对于水分含量较高的液态食品（如果汁、牛乳等），通常每份样品的称样量控制在15～20g为宜。

② 称量器皿规格。称量器皿分为玻璃称量瓶和铝制称量盒两种。玻璃称量瓶能耐酸碱，不受样品性质的限制，常用于常压干燥法。铝制称量盒质量轻，导热性强，但对酸性食品不适宜，常用于减压干燥法。称量器皿容量规格的选择，以样品置于其中铺平后其厚度不超过皿高的1/3为宜。

③ 干燥设备。电热烘箱有各种形式，一般使用强力循环通风式，其风量大，烘干大量试样时效率比较高，但质轻的试样有时会飞散，若仅作测定水分含量用，最好采用风量可调节的烘箱。当风量减小时，烘箱上隔板1/2～1/3面积的温度能保持在规定温度的±1℃的范围内，符合测定的要求。温度计通常处于离上隔板3cm的中心处，为保证测定时温度的恒定，并减少取出过程中因吸潮而产生的误差，一批测定的称量瓶最好在8～10个，并排列在隔板的较中心部位。

④ 干燥条件。

a. 温度。温度一般控制在95～105℃，对热稳定的谷类等，可提高到120～130℃范围内进行干燥；对还原糖含量较高的食品应先用低温（50～60℃）干燥0.5h，然后再用100～105℃干燥。

b. 时间。干燥时间的确定有两种方法：一种是干燥到恒重；另一种是规定一定的干燥时间。前者基本能保证水分完全蒸发；而后者则需根据测定对象的不同而规定不同的干燥时间。通常，后者的准确度不如前者，故一般采用干燥到恒重的方法。只有那些对水分测定结果准确度要求不高的样品，如各种饲料中水分含量的测定，可采用第二种方法。

2. 减压干燥法

该法适用于在较高温度下加热易分解、变质或不易除去结合水的食品，如糖浆、果糖、味精、麦乳精、高脂肪食品、果蔬及其制品的水分含量的测定。

（1）原理 根据当降低大气中空气分压时水的沸点降低的原理，将某些不宜在高温下干燥的食品置于一个低压的环境中，使食品中的水分在较低的温度下蒸发，根据样品干燥前后的质量差，来计算水分含量。

（2）仪器及装置 真空烘箱（带真空泵）、干燥瓶、安全瓶。

在用减压干燥法测定水分含量时，为了除去烘干过程中样品挥发出来的水分，以及避免干燥后期烘箱恢复常压时空气中的水分进入烘箱，影响测定的准确度，整套仪器设备除必须有一个真空烘箱（带真空泵）外，还需设置一套安全、缓冲的设施，连接了几个干燥瓶和一个安全瓶。整个设备流程如图4-1所示。

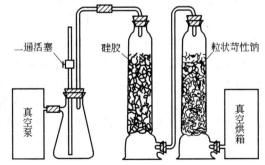

图4-1 减压干燥工作流程

（3）操作 准确称取2～10g样品于已恒重的称量瓶中，置于真空烘箱内，加热至所需温度（60℃±5℃），同时按图4-1所示连接好后，打开真空泵抽出烘箱内空气至所需压力40～53.3kPa，使烘箱内保持一定的温度和压力。经一定时间后，关闭真空泵停止抽气，打开通大气的活塞，使空气经干燥瓶缓缓进入烘箱内。待压力恢复正常后，再打开烘箱取出称量器皿，放入干燥器中冷却0.5h后称量，并重复以上操作至恒重。

（4）结果计算　同直接干燥法。

3. 红外线干燥法

图4-2　MA-40红外线水分测定仪

红外线干燥法是一种快速测定水分的方法，随着微电脑技术的发展，红外线水分测定仪的性能得到很大的提高，在测定精度、速度、操作简易、数字显示等方面都表现出优越的性能。

（1）测定原理　以红外线发热管为热源，通过红外线的辐射热和直射热加热试样，高效、迅速地使水分蒸发，样品干燥过程中，红外线水分测定仪的显示屏上直接显示出水分变化过程，直至达到恒定值即为样品水分含量。

（2）仪器　红外线水分测定仪有多种型号。图4-2是一种数字显示式红外线水分测定仪。此仪器由红外线管、架盘天平、内置砝码、微电脑控制系统等部分组成。

（3）仪器操作　将样品置样品皿上摊平，仪器自动校准内置砝码，在键盘上选择干燥温度，开始干燥。该仪器允许的测定温度范围是40～160℃，样品量的允许范围是0～40g，测定的精度为0.1mg。

（二）　蒸馏法

蒸馏法可迅速除去水分，食品组分在蒸馏过程中所发生的化学变化，如氧化、分解等作用都比常压烘箱干燥法小。所以，对于易氧化、分解、热敏性以及含有大量挥发性组分的样品，用该法测定水分含量其准确度明显高于干燥法。

（1）原理　两种互不相溶的液体的二元混合体系的沸点低于各组分的沸点。在食品中加入甲苯或二甲苯使其与食品中的水分形成这种二元混合体系，而共沸蒸出，冷凝并收集馏液。由于相对密度不同，馏出液在接收管中分层，根据馏出液中水的体积，即可计算出样品中水分的含量。

（2）仪器及试剂　蒸馏式水分测定仪如图4-3所示。

取甲苯或二甲苯，先以水饱和后，分去水层，蒸馏，收集馏出液备用。

（3）操作方法　准确称取适量样品（含水量2～5mL），放入烧瓶中，加入新蒸馏的甲苯（或二甲苯）75mL（以浸没样品为宜）。连接蒸馏装置，然后徐徐加热蒸馏，至水分大部分蒸出后再加快蒸馏速度，直至接受刻度管中的水量不再增加为止。如冷凝管或接受管上部附有水滴，可从冷凝管顶端注入少许甲苯（或二甲苯）冲洗，再蒸馏片刻直至冷凝管壁和接受管上部不再附有水滴为止。读取刻度管中水层的体积。

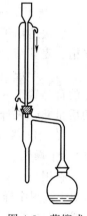

图4-3　蒸馏式水分测定仪

（4）结果计算

$$X = \frac{V}{m} \times 100$$

式中　X——水分含量，mL/100g；

V——接受管内水的体积，mL；

m——样品的质量，g。

（三）　卡尔·费休尔法

卡尔·费休尔（Karl. Fischer）法是一种测定水分含量最专一、最准确的方法。既迅速又准确，广泛地应用于各种固体、液体及一些气体样品的水分含量的测定。在食品检验中，凡是普通烘箱干燥法得到异常结果的样品，或是以真空烘箱干燥法进行测定的样品，都可采用该法进行测定。该法已广泛应用于面粉、糖果、人造奶油、巧克力、糖蜜、茶叶、乳粉、炼乳及香料等食品中水分的测定。

（1）测定原理　费休尔法测定水分的原理基于 I_2 氧化 SO_2 时，需要有定量的水参与反应：

$$SO_2 + I_2 + 2H_2O \longrightarrow 2HI + H_2SO_4$$

上述反应是可逆的。当硫酸浓度达到 0.05% 以上时，即能发生逆向反应。若体系中加入适量的碱性物质吡啶（C_5H_5N）以中和生成的酸，则可使反应顺利地向右进行。

$$C_5H_5N \cdot I_2 + C_5H_5N \cdot SO_2 + C_5H_5N + H_2O \longrightarrow 2C_5H_5N \cdot HI + C_5H_5N \cdot SO_3$$

生成的硫酸吡啶很不稳定，能与水发生副反应，消耗一部分而干扰测定：

$$C_5H_5N \begin{array}{c} SO_2 \\ | \\ O \end{array} + H_2O \longrightarrow C_5H_5N \begin{array}{c} H \\ \\ SO_4H \end{array}$$

若体系中有甲醇存在，则硫酸吡啶可生成稳定的甲基硫酸氢吡啶：

$$C_5H_5N \begin{array}{c} SO_2 \\ | \\ O \end{array} + CH_3OH \longrightarrow C_5H_5N \begin{array}{c} H \\ \\ SO_4 \cdot CH_3 \end{array}$$

这样可以使测定水的反应能定量完成。所以，滴定所用的费休尔试剂是由 I_2、SO_2、C_5H_5N 及 CH_3OH 组成的混合溶液。

卡尔·费休尔法滴定的总反应式为：

$$I_2 + SO_2 + 3C_5H_5N + CH_3OH + H_2O \longrightarrow 2C_5H_5N \cdot HI + C_5H_5N \cdot HSO_4CH_3$$

卡尔·费休尔试剂的有效浓度取决于碘的浓度。新鲜配制的试剂，由于各种不稳定因素，其有效浓度会不断降低。因此，新鲜配制的卡尔·费休尔试剂，混合后需放置一定的时间后才能使用，而且每次使用前均应标定。

滴定终点的确定有两种方法：一种是用试剂本身所含的碘作为指示剂；另一种方法为永停滴定法。

卡尔·费休尔法不仅可以测得样品中的自由水，而且可以测出其结合水。也就是说，用该法所测得的结果更能反映出样品总水分含量。

（2）测定仪器（见图4-4）　容量法卡氏水分测定仪，可用于测定水分含量在 0.5mg 以上的样品。库仑法卡氏水分测定仪，可用于测定水分含量在 $10\mu g$ 以上的样品。

图 4-4　卡氏水分测定仪

二、食品中水分活度值的测定

前面已经谈到，在食物中水分具有不同的存在状态，而各种水分的测定方法只能定量地测定食品中水的总含量，水分活度是另一个概念，它反映了食品中水分存在的状态。

水分活度可以根据拉乌尔定律用蒸气压的关系来表示：

$$A_w = \frac{p}{p_0} = \frac{RH}{100}$$

式中　p——食品中水蒸气分压；

　　p_0——在相同温度下纯水的蒸气压；

　　RH——平衡相对湿度。

即水分活度等于在同一温度下，纯水蒸气压与食品中水分所产生的蒸气压之间的比率。在一定温度下食品与周围环境处于水分平衡状态时，食品的水分活度值在数值上等于用百分率表示的相对湿度，其数值在0～1之间。

水分含量、水分活度值、相对湿度是一些不同的概念。水分含量是指食品中水的总含量，即一定量食品中含水的百分数。水分活度值是指食品中水分存在的状态，即水分与食品的结合程度或游离程度。结合程度越高，水分活度值越低；结合程度越低，水分活度值越高。而相对湿度是指食物周围的空气状态。

水分活度值对食品的色、香、味、组织结构以及食品的稳定性都有着重要影响，各种微生物的生命活动及各种化学、生物化学变化都要求一定的 A_w 值，故 A_w 值对食品保藏具有重要的意义。

同样，含有水分的食物由于其水活度值不同，故其贮藏期的稳定性也不同。利用水分活度原理，控制水分活度，从而提高产品质量，延长食品保藏期，在食品工业生产中已得到越来越广泛的重视。如水果软糖中的琼脂、主食面包中添加的乳化剂、糕点生产中添加的甘油等，都起了调整食品水分活度值、改变产品结构、延长保存期的作用，故食品中水分活度值的测定已逐渐成为食品检验中的一个重要项目。

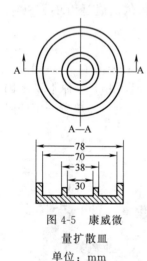

图 4-5　康威微

量扩散皿

单位：mm

食品中水分活度的测定方法很多，常用的有扩散法、水分活度测定仪法等。本节将分别进行介绍。

1. 扩散法

（1）原理　样品在康威微量扩散皿的密封和恒温条件下，分别在 A_w 值较高和较低的标准饱和溶液中进行扩散平衡，根据样品质量的增加（在较高 A_w 值标准溶液中平衡）和减少（在较低 A_w 值标准溶液中平衡）求出样品的 A_w 值。

（2）仪器

① 康威微量扩散皿，其构造如图4-5所示。

② 小铝皿或玻璃皿，放样品用，直径 25～28mm、深度 7mm 的圆形小皿。

③ 分析天平，感量 1mg。

（4）试剂　标准水分活度试剂如表4-1所示。

表 4-1　标准水分活度试剂在 25℃ 时的 A_w 值

试 剂 名 称	A_w	试 剂 名 称	A_w
重铬酸钾（$K_2Cr_2O_7 \cdot 2H_2O$）	0.986	氯化铜（$CuCl_2$）	0.67
硫酸钾（K_2SO_4）	0.97	溴化钠（$NaBr \cdot 2H_2O$）	0.577
硝酸钾（KNO_3）	0.93	硝酸钙[$Ca(NO_3)_2 \cdot 4H_2O$]	0.54
氯化钡（$BaCl_2 \cdot 2H_2O$）	0.90	硝酸镁[$Mg(NO_3)_2 \cdot 2H_2O$]	0.528
铬酸钾（K_2CrO_4）	0.87	碳酸钾（$K_2CO_3 \cdot 2H_2O$）	0.427
氯化钾（KCl）	0.86	硝酸锌[$Zn(NO_3)_2 \cdot 6H_2O$]	0.38
氯化钠（$NaCl$）	0.75	乙酸钾（CH_3COOK）	0.23
硝酸钠（$NaNO_3$）	0.71	氢氧化钠（$NaOH \cdot H_2O$）	0.07

（4）样品处理　固体、液体或流动的浓稠状样品，可直接均匀取样进行称量。若为瓶装

固体、液体混合样品，可取液体部分；若为质量多样的混合样品，则应取有代表性的混合均匀的样品。

（5）测定方法

① 在预先恒重的铝皿或玻璃皿中，准确称取约 2.00g 均匀样品 2～4 份，迅速放入康威皿内室中。外室预先放入饱和标准试剂 5mL，或标准的上述各式盐 5.0g，加入少许蒸馏水润湿。通常选择 2～4 种标准试剂（每只皿装一种），其中 1～2 份的 A_w 值大于或小于试样 A_w 值。

② 扩散皿磨口边缘均匀涂有一层凡士林，样品放入后，迅速盖上玻璃盖，在完全封闭的状态下，移至 25℃±0.5℃ 的恒温箱中，放置 2h±0.5h（几乎绝大多数样品可在 2h 后测得 A_w 值，某些样品需 2h 以上、24h 或更长时间）。

③ 取出铝皿或玻璃皿，用分析天平（最好是自动读数的）迅速称量，分别计算各样品质量的增减。

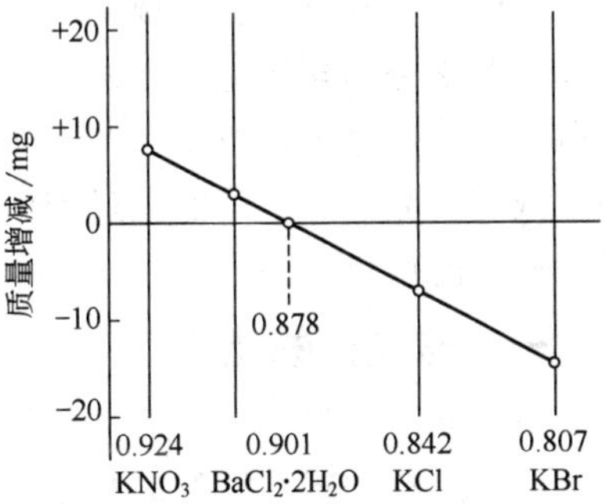

图 4-6 A_w 测定图解

④ 以各种标准饱和溶液在 25℃ 时的 A_w 为横坐标，样品质量增减为纵坐标，在坐标纸上作图（见图 4-6），将各点连接成一条直线，此线与横轴的交点即为该样品的水分活度值。

⑤ 每个样品测定时应做平行试验。其 A_w 测定值的平行误差不得超过 0.02。

（6）结果计算 下面以实例来说明。

某食品样品在硝酸钾标准饱和液平衡下增重 7mg，在氯化钡标准饱和液平衡下增重 3mg，在氯化钾标准饱和液平衡下减重 9mg，在溴化钾标准饱和液平衡下减重 15mg（见图 4-6）。求得样品 A_w 为 0.878。

说明：

① 取样应迅速，各份样品称量应在同一条件下进行；

② 康威皿密封性应良好；

③ 试样的大小、形状对测定结果影响不大，取试样的固体部分或液体部分都可以，样品平衡后其测定结果没有差异。

2. A_w 测定仪法

利用 A_w 测定仪直接测定样品的水蒸气分压。这种测定方法较准确，但需要专门的仪器及一定的实验条件。

在一定温度下，用标准饱和溶液校正 A_w 测定仪的 A_w 值，在同一条件下测定样品的 A_w 值。将样品置于仪器的测试盒内，在一定温度下达到平衡时，盒内的样品的水蒸气分压通过传感器在仪器的表头上指示出 A_w 的读数。

第二节 灰分的测定

食品的组成非常复杂，除了大分子的有机物外，还含有许多无机物质，当在高温灼烧灰化时将会发生一系列的变化，其中的有机成分经燃烧、分解而挥发逸散，无机成分则留在残灰中。食品经灼烧后的残留物就叫灰分。所以，灰分是食品中无机成分总量的标志。

灰分测定内容包括总灰分、水溶性灰分、水不溶性灰分、酸不溶性灰分等。

对于有些食品，总灰分是一项重要的指标。例如，生产面粉时，其加工精度可由灰分含量来表示，面粉的加工精度越高，灰分含量越低。富强粉灰分含量为 $0.3\%\sim0.5\%$；标准粉为 $0.6\%\sim0.9\%$；全麦粉为 $1.2\%\sim2.0\%$。生产果胶、明胶之类胶质品时，灰分是这些制品胶冻性能的标志。

水溶性灰分反映的是可溶性的钾、钠、钙、镁等的含量，例如，果酱、果冻等制品中的灰分含量。水不溶性灰分反映的是污染泥沙和铁、铝等氧化物及碱土金属的碱式磷酸盐的含量。酸不溶性灰分反映的是污染泥沙和食品组织中存在的微量硅的含量。

测定灰分具有十分重要的意义。不同的食品，因原料、加工方法不同，测定灰分的条件不同，其灰分的含量也不相同。但当这些条件确定以后，某种食品中灰分的含量常在一定范围以内。若超过正常范围，则说明食品生产中使用了不符合卫生标准要求的原料或食品添加剂，或在食品的加工、贮运过程中受到了污染。灰分是某些食品重要的控制指标，也是食品常规检验的项目之一。

一、总灰分的测定

（1）原理　将一定量的样品经炭化后放入高温炉内灼烧，有机物中的碳、氢、氮被氧化分解，以二氧化碳、氮的氧化物及水等形式逸出，另有少量的有机物经灼烧后生成的无机物，以及食品中原有的无机物均残留下来，这些残留物即为灰分。对残留物进行称量即可检测出样品中总灰分的含量。

（2）操作条件的选择

① 灰化容器。测定灰分通常以坩埚作为灰化的容器。坩埚分为素烧瓷坩埚、铂坩埚、石英坩埚，其中最常用的是素烧瓷坩埚。它的物理和化学性质与石英坩埚相同，具有耐高温、内壁光滑、耐酸、价格低廉等优点。但它在温度骤变时易破裂，抗碱性能差，当灼烧碱性食品时，瓷坩埚内壁釉层会部分溶解，反复多次使用后，往往难以得到恒重。在这种情况下宜使用新的瓷坩埚，或使用铂坩埚等其他灰化容器。铂坩埚具有耐高温、耐碱、导热性好、吸湿性小等优点，但其价格昂贵，所以应特别注意使用规则。

近年来，某些国家采用铝箔杯作为灰化容器，比较起来，它具有自身质量轻、在 $525\sim600$℃范围内能稳定地使用、冷却效果好、在一般温度条件下没有吸潮性等优点。如果将杯子上缘折叠封口，基本密封好，冷却时可不放入干燥器中，几分钟后便可降到室温，缩短了冷却时间。

灰化容器的大小应根据样品的形状来选用，液态样品、加热易膨胀的含糖样品及灰分含量低、取样量较大的样品，需选用稍大些的坩埚，但灰化容器过大会使称量误差增大。

② 取样量。测定灰分时，取样量应根据样品的种类、性状及灰分含量的高低来确定。食品中灰分的含量一般比较低，例如，谷类及豆类为 $1\%\sim4\%$，鲜果为 $0.2\%\sim1.2\%$，蔬菜为 $0.5\%\sim2\%$，鲜肉为 $0.5\%\sim1.2\%$，鲜鱼（可食部分）$0.8\%\sim2\%$，乳粉 $5\%\sim5.7\%$，而精糖只有 0.01%。所以，取样时应考虑称量误差，以灼烧后得到的灰分质量为 $10\sim100$mg 来确定称样量。通常乳粉、麦乳精、大豆粉、调味料、鱼类及海产品等取 $1\sim2$g，谷类及其制品、肉及其制品、糕点、牛乳等取 $3\sim5$g，蔬菜及其制品、砂糖及其制品、淀粉及其制品、蜂蜜、奶油等取 $5\sim10$g，水果及其制品取 20g，油脂取 50g。

③ 灰化温度。灰化温度一般在 $500\sim550$℃范围内，各类食品因其中无机成分的组成、性质及含量各不相同，灰化温度也有所不同。果蔬及其制品、肉及肉制品、糖及糖制品不高于 525℃；谷类食品、乳制品（奶油除外）、鱼类、海产品、酒不高于 550℃；奶油不高于

500℃；个别样品（如谷类饲料）可以达到 600℃。灰化温度过高，会引起钾、钠、氯等元素的损失，而且碳酸钙变成氧化钙、磷酸盐熔融，将炭粒包裹起来，使炭粒无法氧化；灰化温度过低，又会使灰化速度慢、时间长，且易造成灰化不完全，也不利于除去过剩的碱（碱性食品）所吸收的二氧化碳。因此，必须根据食品的种类、测定精度的要求等因素，选择合适的灰化温度，在保证灰化完全的前提下，尽可能减少无机成分的挥发损失和缩短灰化时间。

④ 灰化时间。一般要求灼烧至灰分显白色或浅灰色并达到恒重为止。灰化至达到恒重的时间因样品的不同而异，一般需要灰化 2～5h。通常是根据经验在灰化一定时间后，观察一次残灰的颜色，以确定第一次取出冷却、称重的时间，然后再放入炉中灼烧，直至达到恒重为止。应该指出，有些样品，即使灰化完全，残灰也不一定显白色或浅灰色，如：含铁量高的食品，残灰显褐色；含锰、铜量高的食品，残灰显蓝绿色。有时即使残灰的表面显白色内部仍然残留有炭粒。所以，应根据样品的组成、残灰的颜色，对灰化的程度作出正确的判断。

⑤ 加速灰化的方法。对于难灰化的样品，可以采取下述方法来加速灰化的进行：

a. 样品初步灼烧后，取出冷却，加入少量的水，使水溶性盐类溶解，被熔融磷酸盐所包裹的炭粒重新游离出来。在水浴上加热蒸去水分，置 120～130℃烘箱中充分干燥，再灼烧至恒重。

b. 添加硝酸、乙醇、过氧化氢、碳酸铵等，这些物质在灼烧后完全消失，不增加残灰质量。例如，样品经初步灼烧后，冷却，可逐滴加入硝酸（1∶1）4～5 滴，以加速灰化。

c. 添加碳酸钙、氧化镁等惰性不溶物，这类物质的作用纯属机械性的，它们与灰分混在一起，使炭粒不受覆盖。采用此法应同时做空白试验。

（3）测定方法

① 瓷坩埚的准备。将瓷坩埚用 1∶4 的盐酸煮 1～2h，洗净晾干后，用氯化铁与蓝墨水的等体积混合液在坩埚外壁及盖上编号，置于 550℃±25℃的高温炉中灼烧 0.5h，移至炉口，冷却至 200℃以下，取出坩埚，置于干燥器中冷却至室温，称重，再放入高温炉内灼烧 0.5h，取出冷却称重，直至恒重。

② 样品预处理。

a. 谷类、豆类等水分含量较少的固体样品。先粉碎成均匀的试样，取适量试样于已知质量的坩埚中再进行炭化。

b. 果蔬、动植物等含水量较多的样品。应先制成均匀的试样，再准确称取适量试样于已知质量的坩埚中，置于烘箱中干燥，然后进行炭化。也可取测定水分含量后的干燥试样直接进行炭化。

c. 果汁、牛乳等液体样品。先准确称取适量试样于已知质量的坩埚中，于水浴上蒸发至近干，再进行炭化。若直接炭化，液体沸腾，容易造成样品溅失。

d. 脂肪含量高的样品。先制成均匀试样，准确称取适量试样，经提取脂肪后，再将残留物移入已知质量的坩埚中，进行炭化。

③ 炭化。试样经预处理后，在灼烧前先进行炭化，否则在灼烧时，因温度高，试样中的水分急剧蒸发，使试样飞扬；糖、蛋白质、淀粉等易发泡膨胀的物质在高温下发泡膨胀而溢出坩埚。且直接灼烧，炭粒易被包住，使灰化不完全。

将坩埚置于电炉或煤气灯上，半盖坩埚盖，小心加热让试样在通气状态下逐渐炭化，直至无烟产生。易膨胀发泡样品，在炭化前，可在试样上酌加数滴纯植物油或辛醇。

④ 灰化。将炭化后的样品移入灰化炉中，在 550℃±25℃灼烧灰化约 4h，直至炭粒全

部消失。待温度降至 200℃ 以下后，取出坩埚，放入干燥器中冷却至室温，准确称重。再灼烧、冷却、称重，直至达到恒重。

（4）结果计算

$$X = \frac{m_3 - m_1}{m_2 - m_1} \times 100$$

式中　X——灰分含量，g/100g；

　　　m_1——空坩埚质量，g；

　　　m_2——样品加空坩埚质量，g；

　　　m_3——残灰加空坩埚质量，g。

二、水溶性灰分和水不溶性灰分的测定

在测定总灰分所得的残留物中，加水 25mL，盖上表面皿，加热至近沸，以无灰滤纸过滤，以 25mL 热水分次洗涤坩埚，将滤纸和残渣移回坩埚中，再进行干燥、炭化、灼烧、冷却、称重、直至恒重。残灰即为水不溶性灰分。总灰分与不溶性灰分之差即为水溶性灰分。按下式计算水溶性灰分和水不溶性灰分的含量。

$$X = \frac{m_4 - m_1}{m_2 - m_1} \times 100$$

式中　X——水不溶性灰分含量，g/100g；

　　　m_4——水不溶性灰分和坩埚的质量，g。

其他符号意义同总灰分的计算。

水溶性灰分含量（g/100g）＝总灰分含量（g/100g）－水不溶性灰分含量（g/100g）

三、酸不溶性灰分的测定

向总灰分或水不溶性灰分中加入 25mL 0.1mol/L 盐酸，以下操作同水溶性灰分的测定，按下式计算酸不溶性灰分含量：

$$X = \frac{m_5 - m_1}{m_2 - m_1} \times 100$$

式中　X——酸不溶性灰分含量，g/100g；

　　　m_5——酸不溶性灰分和坩埚的质量，g。

其他符号意义同总灰分的计算。

第三节　酸度的测定

食品中存在的酸类物质对食品的色、香、味、成熟度、稳定性和质量的好坏都有影响。果蔬中的有机酸主要是苹果酸、柠檬酸、酒石酸等，通常称为果酸，根据果蔬中酸度和糖的相对含量的比值可以判断果蔬的成熟度。

根据食品中存在的酸类物质，不仅可以判断食品的成熟度，还可以判断食品的新鲜程度以及是否腐败。例如，水果发酵制品（如酒）中的挥发酸的含量是判断其质量好坏的一个重要指标，当醋酸含量在 0.1% 以上时则说明已腐败；番茄制品、啤酒等乳酸含量高时，说明这些制品已由乳酸菌引起腐败；水果制品中含有游离的半乳糖醛酸时，说明已受到污染开始霉烂。新鲜的油脂常常是中性的，随着脂肪酶水解作用的进行，油脂中游离脂肪酸的含量不断增加，其新鲜程度也随之下降。油脂中游离脂肪酸含量的多少，是品质好坏和精炼程度的重要指标之一。

食品中的酸类物质还具有一定的防腐作用。当 pH<2.5 时,一般除霉菌外,大部分微生物的生长都受到抑制,将醋酸的浓度控制在 6% 时,可有效地抑制腐败菌的生长。所以,食品中酸度的测定具有重要的意义。

食品中酸类物质构成了食品的酸度。酸度可分为总酸度、有效酸度和挥发酸度。总酸度是指食品中所有酸性物质的总量,包括离解的和未离解的酸的总和。有效酸度是指样品中呈游离状态的氢离子的浓度(准确地说应该是活度)。挥发酸是指易挥发的有机酸,如醋酸、甲酸及丁酸等。

一、总酸度的测定

滴定法适于各类色泽较浅的食品中总酸含量的测定。

(1)原理 食品中的有机弱酸用标准碱液进行滴定时,被中和生成盐类。

$$RCOOH + NaOH \longrightarrow RCOONa + H_2O$$

以酚酞为指示剂,滴定至溶液显淡红色,30s 不退色为终点。根据所消耗的标准碱液的浓度和体积,计算出样品中酸的含量。

(2)操作方法

① 样品处理。

a. 固体样品。若是果蔬及其制品,需去皮、去柄、去核后,切成块状,置于组织捣碎机中捣碎并混匀。取适量样品(视其总酸含量而定),用 150mL 无 CO_2 蒸馏水(果蔬干品需加入 8~9 倍无 CO_2 蒸馏水),将其移入 250mL 容量瓶中,在 75~80℃ 的水浴上加热 0.5h(果脯类在沸水浴上加热 1h),冷却定容,干滤,弃去初滤液 25mL,收集滤液备用。

b. 含 CO_2 的饮料、酒类。将样品置于 40℃ 水浴上加热 30min,以除去 CO_2,冷却后备用。

c. 不含 CO_2 的饮料、酒类或调味品。混匀样品,直接取样,必要时加适量的水稀释(若样品浑浊,则须过滤)。

d. 咖啡样品。取 10g 经粉碎并通过 40 目筛的样品,置于锥形瓶中,加入 75mL 80% 的乙醇,加塞放置 16h,并不时摇动,过滤。

e. 固体饮料。称取 5~10g 样品于研钵中,加少量无 CO_2 蒸馏水,研磨成糊状,用无 CO_2 蒸馏水移入 250mL 容量瓶中,充分摇匀,过滤。

② 滴定。准确吸取已制备好的滤液 50mL 于 250mL 锥形瓶中,加 3~4 滴酚酞指示剂,用 0.1mol/L NaOH 标准溶液滴定至微红色 30s 不退色,记录消耗 0.1mol/L NaOH 标准溶液的体积(mL)。

(3)结果计算

$$X = \frac{cVK}{m} \times \frac{V_0}{V_1} \times 100$$

式中　X——总酸度,g/100g(或 g/100mL);

　　　c——NaOH 标准溶液的浓度,mol/L;

　　　V——消耗 NaOH 标准溶液的体积,mL;

　　　m——样品的质量(或体积),g(或 mL);

　　　V_0——样品稀释液总体积,mL;

　　　V_1——滴定时吸取样液体积,mL;

　　　K——换算成适当酸的系数,g/mmol。苹果酸为 0.067g/mmol、醋酸为 0.060g/mmol、酒石酸为 0.075g/mmol、乳酸为 0.090g/mmol、柠檬酸(含 1 分子水)为 0.070g/mmol。

二、挥发酸的测定

食品中的挥发酸，主要是指醋酸和痕量的甲酸、丁酸等一些低碳链的直链脂肪酸。原料本身所含有一部分挥发酸，在正常生产的食品中，挥发酸的含量较为稳定。如果在生产中使用了不合格的原料，或违反正常的工艺操作，都将会由于糖的发酵而使挥发酸含量增加，从而降低食品的品质。所以，挥发酸的含量是某些食品的一项主要的控制指标。

挥发酸的测定可用直接法或间接法。直接法是通过水蒸气蒸馏或溶剂萃取把挥发酸分离出来，再用标准碱进行滴定；间接法是将挥发酸蒸发除去后，用标准碱滴定不挥发酸，最后从总酸度中减去不挥发酸，便是挥发酸的含量。直接法操作方便，较常用，适用于挥发酸含量比较高的样品。若蒸馏液有所损失或被污染，或样品中挥发酸含量较低时，应选用间接法。下面介绍在食品分析中常用的测定挥发酸含量的方法。

水蒸馏法适用于各类饮料、果蔬及其制品（如发酵制品、酒类等）中挥发酸含量的测定。

（1）原理　样品经适当处理，加入适量的磷酸使结合态的挥发酸游离出来，用水蒸气蒸馏使挥发酸分离，经冷凝、收集后，用标准碱溶液滴定，根据所消耗的标准碱溶液的浓度和体积，计算挥发酸的含量。

水蒸气蒸馏装置见图3-5。

（2）测定　准确称取2～3g（视挥发酸含量的多少酌情增减）搅碎混匀的样品，用50mL新煮沸的蒸馏水将样品全部洗入250mL圆底烧瓶中，加100g/L磷酸溶液1mL，连接水蒸气蒸馏装置，通入水蒸气使挥发酸蒸馏出来。加热蒸馏至馏出液300mL为止。将馏出液加热至60～65℃，加入3滴酚酞指示剂，用0.1mol/L NaOH标准溶液滴定至微红色30s不退色即为终点。用相同的条件做一空白试验。

（3）结果计算

$$X = \frac{(V_1 - V_2)c \times 0.06}{m} \times 100$$

式中　X——挥发酸含量（以醋酸计），g/100g（或 g/100mL）；

　　　c——NaOH标准溶液的浓度，mol/L；

　　　V_1——滴定样液消耗NaOH标准溶液的体积，mL；

　　　V_2——滴定空白消耗NaOH标准溶液的体积，mL；

　　　m——样品的质量（或体积），g（或 mL）；

0.06——CH_3COOH 的毫摩尔质量，g/mmol。

三、有效酸度的测定

常用的测定溶液有效酸度（pH）的方法有比色法和电位法（pH计法）两种。

比色法是利用不同的酸碱指示剂来显示pH，它具有简便、经济、快速等优点，但结果不甚准确，仅能粗略地估计各类样液的pH。

电位法（pH计法）适用于各类饮料、果蔬及其制品，以及肉、蛋类等食品中pH的测定。它具有准确度较高（可准确到0.01pH单位）、操作简便、不受试样本身颜色的影响等优点，在食品检验中得到广泛的应用。

（1）电位法测定pH的原理　将玻璃电极（指示电极）和甘汞电极（参比电极）插入被测溶液中组成一个电池，其电动势与溶液的pH有关，通过对电池电动势的测量即可测定溶液的pH。

（2）测定 pH 的仪器——酸度计　　酸度计亦称 pH 计，它是由电计和电极两部分组成。电极与被测液组成工作电池，电池的电动势用电计测量。目前各种酸度计的结构越来越简单、紧凑，并趋向数字显示式。常见的酸度计如 pHS-2B 型等，见图 4-7。

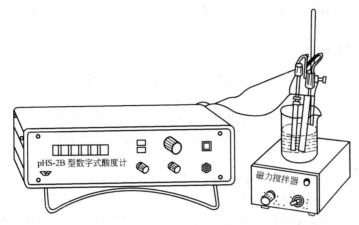

图 4-7　直读式酸度计

（3）食品 pH 的测定

① 样品处理。

a. 果蔬样品。将果蔬样品榨汁后，取其压榨汁直接进行测定。对于果蔬干制品，可取适量样品，加数倍的无 CO_2 蒸馏水，在水浴上加热 30min，再捣碎，过滤，取滤液进行测定。

b. 肉类制品。称取 10g 已除去油脂并绞碎的样品，置于 250mL 锥形瓶中，加入 100mL 无 CO_2 蒸馏水，浸泡 15min（随时摇动）。干滤，取滤液进行测定。

c. 罐头制品（液固混合样品）。将内容物倒入组织捣碎机中，加适量水（以不改变 pH 为宜）捣碎，过滤，取滤液进行测定。

d. 对含 CO_2 的液体样品（如碳酸饮料、啤酒等），要先去除 CO_2，其方法同"总酸度测定"。

② 样液 pH 的测定。用蒸馏水冲洗电极和烧杯，再用样液洗涤电极和烧杯。然后将电极浸入样液中，轻轻摇动烧杯，使溶液均匀。调节温度补偿器至被测溶液温度，按下读数开关，指针所指之值，即为样液的 pH。测量完毕后，将电极和烧杯清洗干净，并妥善保管。

第四节　脂类的测定

脂肪是食品中重要的营养成分之一。在食品生产加工过程中，原料、半成品、成品的脂类含量直接影响到产品的外观、风味、口感、组织结构、品质等。测定食品中脂肪含量，不仅可以用来评价食品的品质，衡量食品的营养价值，而且对实现生产过程的质量管理、实行工艺监督等方面有着重要的意义。

食品中脂肪的存在形式有游离态的，如动物性脂肪和植物性油脂；也有结合态的，如天然存在的磷脂、糖脂、脂蛋白及其某些加工食品（如焙烤食品、麦乳精等）中的脂肪，与蛋白质或碳水化合物等形成结合态。对于大多数食品来说，游离态的脂肪是主要的，结合态的脂肪含量较少。

脂类不溶于水,易溶于有机溶剂。测定脂类大多采用低沸点有机溶剂萃取的方法。常用的溶剂有无水乙醚、石油醚、氯仿-甲醇混合溶剂等。

不同种类的食品,由于其中脂肪的含量及存在形式不同,因此测定脂肪的方法也就不同。常用的测脂方法有索氏抽提法、酸水解法、罗紫-歌特里法、巴布科克法、氯仿-甲醇提取法等。

一、索氏抽提法

此法是经典方法,适用于脂类含量较高、含结合态脂肪较少、能烘干磨细、不易吸潮结块的样品的测定。

(1) 原理　将已经过预处理而干燥分散的样品,用无水乙醚或石油醚等溶剂进行提取,使样品中的脂肪进入溶剂当中,然后从提取液中回收溶剂,最后所得到的残留物即为脂肪(或粗脂肪)。

由于残留物中除了主要含游离脂肪外,还含有磷脂、色素、树脂、蜡状物、挥发油、糖脂等物质,所以用索氏提取法测得的为粗脂肪。

由于索氏提取法中所使用的无水乙醚或石油醚等有机溶剂,只能提取样品中的游离脂

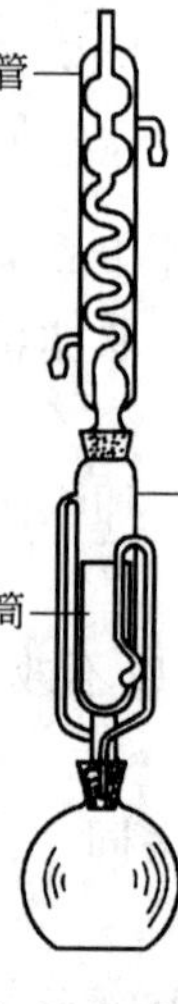

图 4-8　索氏脂肪抽提器

肪。故该法测得的仅仅是游离态脂肪,而结合态脂肪未能测出来。

(2) 主要仪器　索氏抽提器(见图 4-8)。

(3) 试剂　无水乙醚或石油醚、海沙。

(4) 测定方法

① 滤纸筒的准备。取 20cm×8cm 的滤纸一张,卷在光滑的圆形木棒上,木棒直径比索氏抽提器中滤纸筒的直径小 1～1.5mm,将一端约 3cm 纸边折入,用手捏紧,形成袋底。取出圆木棒,在纸筒底部衬一块脱脂棉,用木棒压紧,纸筒外面用脱脂线捆好,100～105℃烘干至恒重。

② 样品处理。

a. 固体样品。精确称取于 100～105℃烘干并研细的样品 2.00～5.00g(可取测定水分后的试样),必要时拌以海沙,装入滤纸筒内。

b. 液体或半固体样品。精确称取 5.00～10.00g 样品于蒸发皿中,加入海沙约 20g,于沸水浴上蒸干后,再于 100℃±5℃烘干,磨细,全部移入滤纸筒内,蒸发皿及附有样品的玻棒用蘸有乙醚的脱脂棉擦净,将棉花一同放入滤纸筒内。

③ 抽提。将滤纸筒放入索氏抽提器内,连接已干燥至恒重的脂肪接收瓶,倒入乙醚(或石油醚),其量为接收瓶的 2/3 容积,于水浴上加热,进行回流抽提,控制每分钟滴乙醚(或石油醚)80 滴左右(夏天约 65℃,冬天约 80℃)。根据样品含油量的高低,一般需回流提取 6～12h,直至抽提完全为止。

④ 回收溶剂、烘干、称重。取出滤纸筒,用抽提器回收乙醚(或石油醚),待接收瓶内的乙醚(或石油醚)剩下 1～2mL 时,取下接收瓶,于水浴上蒸干,再在 100℃±5℃ 的烘箱中烘干,置于干燥器内冷却 0.5h 后称重。重复以上操作直至恒重。

(5) 结果计算

$$X = \frac{m_2 - m_1}{m} \times 100$$

式中　X——脂类的含量,g/100g;

m_2——接收瓶和脂肪的质量，g；

m_1——接收瓶的质量，g；

m——样品的质量，g。

二、酸水解法

对于面粉及其焙烤制品（面条、面包之类）等食品，由于乙醚不能充分渗入样品颗粒内部，或由于脂类与蛋白质或碳水化合物形成结合脂，特别是一些容易吸潮、结块、难以烘干的食品，用索氏抽提法不能将其中的脂类完全提取出来，这时用酸水解法效果就比较好。即在强酸、加热的条件下，使蛋白质和碳水化合物被水解，使脂类游离出来，然后再用有机溶剂提取。

本法适用于各类食品中总脂肪含量的测定，但对含磷脂较多的一类食品，如鱼类、贝类、蛋及其制品，在盐酸溶液中加热时，磷脂几乎完全分解为脂肪酸和碱，使测定结果偏低，故本法不宜测定含大量磷脂的食品。对含糖量较高的食品，因糖类遇强酸易炭化影响测定结果，本法也不适用。

（1）原理　将试样与盐酸溶液一起加热进行水解，使结合或包埋在组织内的脂肪游离出来，再用有机溶剂提取脂肪，回收溶剂，干燥后称重，提取物的质量即为样品中脂类的含量。

（2）仪器　100mL 具塞刻度量筒（见图 4-9）。

（3）试剂

① 乙醇：95％（体积分数）。

② 乙醚：无过氧化物。

③ 石油醚：30～60℃沸程。

④ 盐酸。

（4）测定方法

① 样品处理。

图 4-9　具塞刻度量筒

a. 固体样品。精确称取约 2.00g 样品于 50mL 大试管中，加 8mL 水，混匀后再加 10mL 盐酸。

b. 液体样品。精确称取 10.00g 样品于 50mL 大试管中，加入 10mL 盐酸。

② 水解。将试管放入 70～80℃水浴中，每隔 5～10min 以玻棒搅拌一次，至试样完全消化、脂肪游离完全为止，需 40～50min。

③ 提取。取出试管，加入 10mL 乙醇，混合。冷却后将混合物移入 100mL 具塞量筒中，用 25mL 乙醚分次洗涤试管，一并倒入具塞量筒中，加塞振摇 1min，小心开塞放出气体，再塞好，静置 12min，小心开塞，并用石油醚-乙醚等量混合液冲洗塞及筒口附着的脂肪。静置 10～20min，待上部液体清晰，吸出上层清液于已恒重的锥形瓶内，再加 5mL 乙醚于具塞量筒内，振摇，静置后，仍将上层乙醚吸出，放入原锥形瓶内。

④ 回收溶剂、烘干、称重。将锥形瓶于水浴上蒸干后，置于 100℃±5℃烘箱中干燥 2h，取出放入干燥器内冷却 30min 后称重，反复以上操作直至恒重。

（5）结果计算

$$X = \frac{m_2 - m_1}{m} \times 100$$

式中　X——脂类的含量，g/100g；

　　　m_2——锥形瓶和脂类质量，g；

m_1——空锥形瓶的质量，g；

m——试样的质量，g。

三、罗紫-歌特里法

罗紫-歌特里（Rose-Gottlieb）法为国际标准化组织（ISO）、联合国粮食与农业组织/世界卫生组织（FAO/WHO）等采用，为乳及乳制品脂类定量的国际标准法。

本法适用于各种液状乳（生乳、加工乳、部分脱脂乳、脱脂乳）、炼乳、奶粉、奶油及冰激凌。除上述乳制品外，还适用于豆乳或加水显乳状的食品中脂类含量的测定。

（1）原理　利用氨-乙醇溶液破坏乳的胶体性状及脂肪球膜，使非脂成分溶解于氨-乙醇溶液中，而脂肪游离出来，再用乙醚-石油醚提取出脂肪，蒸馏去除溶剂后，残留物即为乳脂肪。

（2）仪器　100mL 具塞量筒或提脂瓶（见图4-10）：内径 2.0～2.5cm，体积 100mL。

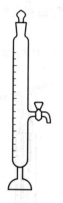

图 4-10　提脂瓶

（3）试剂

① 氨水：250g/L，相对密度 0.91。

② 乙醇：96%（体积分数）。

③ 乙醚：不含过氧化物。

④ 石油醚：沸程 30～60℃。

⑤ 乙醇：分析纯。

（4）测定方法　精确吸（称）取样品（牛乳吸取 10.00mL；乳粉 1～5g 用 10mL 60℃的水分次溶解）于提脂瓶（或具塞量筒）中，加 1.25mL 氨水，充分混匀，置 60℃水中加热 5min，再振摇 5min，加入 10mL 乙醇，加塞，充分摇匀，于冷水中冷却后，加入 25mL 乙醚，加塞轻轻振荡摇匀，小心放出气体，再塞紧，剧烈振荡 1min，小心放出气体并取下塞子，加入 25mL 石油醚，加塞，剧烈振荡 0.5min。小心开塞放出气体，敞口静置约 0.5h。当上层液澄清时，可从管口倒出，不致搅动下层液。若用具塞量筒，可用吸管，将上层液吸至已恒重的烧瓶中。用乙醚-石油醚（1：1）混合液冲洗吸管、塞子及提取管附着的脂肪，静置，待上层液澄清，再用吸管，将洗液吸至上述烧瓶中。重复提取提脂瓶中的残留液，重复两次，每次每种溶剂用量为 15mL。最后合并提取液，回收乙醚及石油醚。置 100～105℃烘箱中干燥 2h，冷却，称重。

（5）结果计算

$$X = \frac{m_2 - m_1}{m} \times 100$$

式中　X——脂类的含量，g/100g；

m_2——烧瓶和脂肪质量，g；

m_1——烧瓶质量，g；

m——样品质量，g（或样品体积×相对密度）。

四、巴布科克法

这是测定乳脂肪的标准方法，适用于鲜乳及乳制品中脂肪的测定。对含糖多的乳品（如甜炼乳、加糖乳粉等），用此法时糖易焦化，使结果误差较大，故不宜采用。这种方法又叫湿法提取，样品不需事前烘干，且操作简便、快速，对大多数样品来说可以满足要求，但不如重量法准确。

（1）原理　用浓硫酸溶解乳中的乳糖和蛋白质等非脂成分，将牛奶中的酪蛋白钙盐转变成可溶性的重硫酸酪蛋白，使脂肪球膜被破坏，脂肪游离出来，再通过加热离心，使脂肪能充分分离，在脂肪瓶中直接读取脂肪层，从而得出被检乳的含脂率。

（2）仪器

① 巴布科克乳脂瓶：颈部刻度有 $0.0\sim0.8\%$，$0.0\sim10.0\%$ 两种，最小刻度值为 0.1%，如图 4-11 所示。

② 乳脂离心机。

③ 标准移乳管：17.6mL，11mL。

（3）试剂

① 浓硫酸：相对密度 1.82~1.825（20℃）。

② 异戊醇：相对密度 0.811~0.812（20℃），沸程 128~132℃。

（4）测定方法　以标准移乳管吸取 20℃ 均匀鲜乳 17.6mL，置入巴布科克乳脂瓶中，沿管壁缓缓加入 17.5mL 浓硫酸（15~20℃），手持瓶颈回旋，使液体充分混匀，直至无块粒存在，并显均匀的棕色。

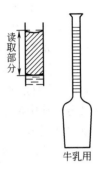

图 4-11　巴布科克乳脂瓶

将乳脂瓶放入离心机，以约 1000r/min 的速度离心 5min，取出加入 60℃ 或 60℃ 以上的热水，全液面完全充满乳脂瓶下方的球部，再离心 2min，取出加热上水至脂肪到瓶颈刻度标线约 4% 处，再离心 1min 取出，将乳脂瓶置于 55~60℃ 的水浴中，保温数分钟，待脂肪柱稳定后，即可读取脂肪百分比（读数时以上端凹面最高点为准）。

五、氯仿-甲醇提取法

索氏抽提法只能提取游离态的脂肪，而对脂蛋白、磷脂等结合态的脂肪则不能被完全提取出来，酸水解法又会使磷脂分解而损失。而在一定水分存在下，极性的甲醇和非极性的氯仿混合液（简称 CM 混合液）却能有效地提取结合态脂类。本法适合于含结合态脂类比较高，特别是含磷脂含量高的样品，如鲜鱼、贝类、肉、禽、蛋及其制品等，对于含水量高的试样更为有效，对于干燥试样可在试样中加入一定量的水，使组织膨润后再提取。

（1）测定原理　将试样分散于氯仿-甲醇混合液中，在水浴中轻微沸腾，氯仿-甲醇及样品中一定的水分形成提取脂类的溶剂，在使样品中组织中结合态脂肪游离出来的同时与磷脂等极性脂类的亲和性增大，从而有效地提取出全部脂类。经过滤除去非脂成分，回收溶剂，对残留脂类用石油醚提取，蒸去石油醚后定量。

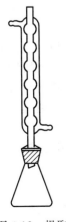

图 4-12　提取装置

（2）仪器

① 提取装置（见图 4-12）。

② 具塞离心管。

③ 离心机：3000r/min。

④ 布氏漏斗：11G-3，过滤板直径 40mm，容量 60~100mL。

⑤ 具塞锥形瓶。

（3）试剂

① 氯仿：97%（体积分数）以上。

② 甲醇：96%（体积分数）以上。

③ 氯仿-甲醇混合液：按 2：1 体积比混合。

④ 石油醚。

⑤ 无水硫酸钠：特级，在 120~135℃，干燥 1~2h。

（4）测定方法

① 提取。准确称取样品 5g，放入 200mL 具塞锥形瓶中（高水分食品可加适量硅藻土使其分散）加入 60mL 氯仿-甲醇混合液（对干燥食品可加入 2～3mL 水）。按图 4-12 连接提取装置，于 60℃ 水浴中，从微沸开始计时提取 1h。

② 回收溶剂。提取结束后，取下锥形瓶，用布氏漏斗过滤，滤液用另一具塞锥形瓶收集，用氯仿-甲醇混合液洗涤烧瓶、滤器及滤器中的试样残渣，洗涤液并入滤液中，置于 65～70℃ 水浴中回收溶剂，至锥形瓶内物料显浓稠态，但不能使其干涸，冷却。

③ 萃取、定量。用移液管加入 25mL 石油醚，再加入 15g 无水硫酸钠，立刻加塞振荡 10min，将醚层移入具塞离心沉淀管中，以 3000r/min 离心 5min 进行分离。用移液管迅速吸取离心管中澄清的醚层 10mL 于已恒重的称量瓶内，蒸发去除石油醚后，于 100～105℃ 烘箱中烘至恒重（约 30min）。

（5）结果计算

$$X = \frac{(m_2 - m_1) \times 2.5}{m} \times 100$$

式中　X——脂类的含量，g/100g；

　　　m——试样质量，g；

　　　m_2——称量瓶与脂类质量，g；

　　　m_1——称量瓶质量，g；

　　2.5——从 25mL 石油醚中取 10mL 进行干燥，故乘以系数 2.5。

六、牛乳脂肪测定仪简介

目前较先进的牛乳脂肪测定方法是自动化仪器分析法，如丹麦的 MTM 型乳脂快速测定

仪。它专用于检测牛乳的脂肪含量。测定范围为 0～13%，测定速度快，每小时可检测 80～100 个样。其原理是：用螯合剂破坏牛乳中悬浮的酪蛋白胶束，使悬浮物中只有脂肪球，用均质机将脂肪球打碎并调整均匀（2μm 以下），再经稀释达到能够应用朗伯-比尔定律测定的浓度范围，因而可以和通常的光吸收分析一样测定脂肪的浓度。这种仪器带有配套的稀释剂。

图 4-13　乳成分扫描器

另一类是牛乳红外线分析仪。该仪器是一种可同时测定牛乳中脂肪、蛋白质、乳糖和水分的仪器。其原理是：将牛乳样品加热到 40℃，由均化泵吸入，在样品池中恒温、均化，使牛乳中的各成分均匀一致。由于脂肪、蛋白质、乳糖和水分在红外光谱区域中各自有独特的吸收波长，因此当红外光束通过不同的滤光片和样品溶液时被选择性地吸收，通过电子转换及参比值和样品值的对比，直接显示出牛乳中脂肪、蛋白质、乳糖和水分的百分含量。FT120 牛乳扫描器（见图 4-13），就是利用红外线分光分析法自动检测牛乳中脂肪、蛋白质、乳糖和水分含量的仪器，通过微电脑显示，并打印出检测结果。

第五节　碳水化合物的测定

碳水化合物统称为糖类，在植物界分布十分广泛，是食品工业的主要原辅材料，也是大

多数食品的重要组成成分，谷类食品和水果、蔬菜的主要成分是碳水化合物。在各种食品中，碳水化合物存在形式和含量各不相同，它包括单糖、双糖和多糖。

碳水化合物的测定在食品工业中具有特别重要的意义。在食品加工工艺中，糖类对食品的形态、组织结构、理化性质及其色、香、味等都有很大的影响，同时，糖类的含量还是食品营养价值高低的重要标志，也是某些食品重要的质量指标。碳水化合物的测定是食品的主要分析项目之一。

一、还原糖的测定

还原糖是指具有还原性的糖类。葡萄糖分子中含有游离醛基，果糖分子中含有游离酮基，乳糖和麦芽糖分子中含有游离的半缩醛羟基，因而它们都具有还原性，都是还原糖。其他非还原性糖类，如双糖、三糖、多糖等（常见的蔗糖、糊精淀粉等都属此类），本身不具有还原性，但可以通过水解而成具有还原性的单糖，再进行测定，然后换算成样品中相应糖类的含量。所以糖类的测定是以还原糖的测定为基础的。

还原糖的测定方法很多，其中最常用的有直接滴定法及高锰酸钾滴定法，现分别介绍如下：

1. 直接滴定法

此法是目前最常用的测定还原糖的方法，它具有试剂用量少、操作简单、快速、滴定终点明显等特点，适用于各类食品中还原糖的测定。但对深色样品（如酱油、深色果汁等）因色素干扰使终点难以判断，从而影响其准确性。

（1）原理 一定量的碱性酒石酸铜甲、乙液等体积混合后，生成天蓝色的氢氧化铜沉淀，这种沉淀很快与酒石酸钾钠反应，生成深蓝色的酒石酸钾钠铜的配合物。在加热条件下，以亚甲基蓝作为指示剂，用样液直接滴定经标定的碱性酒石酸铜溶液，还原糖将二价铜还原为氧化亚铜。待二价铜全部被还原后，稍过量的还原糖将亚甲基蓝还原，溶液由蓝色变为无色，即为终点。根据最终所消耗的样液的体积，即可计算出还原糖的含量。

（2）试剂

① 碱性酒石酸铜甲液。称取 15g 硫酸铜（$CuSO_4 \cdot 5H_2O$）及 0.05g 亚甲基蓝，溶于水中并稀释至 1000mL。

② 碱性酒石酸铜乙液。称取 50g 酒石酸钾钠及 75g 氢氧化钠。溶于水中，再加入 4g 亚铁氰化钾，完全溶解后，用水稀释至 1000mL，贮存于橡胶塞玻璃瓶内。

③ 乙酸锌溶液。称取 21.9g 乙酸锌 $[Zn(CH_3COO)_2 \cdot 2H_2O]$，加 3mL 冰醋酸，加水溶解并稀释至 1000mL。

④ 106g/L 亚铁氰化钾溶液。称取 10.6g 亚铁氰化钾 $[K_4Fe(CN)_6 \cdot 3H_2O]$，溶于水中，稀释至 100mL。

⑤ 盐酸。

⑥ 1g/L 葡萄糖标准溶液。准确称取 1.000g 于 98～100℃烘干至恒重的无水葡萄糖，加水溶解后，加入 5mL 盐酸（防止微生物生长），转移入 1000mL 容量瓶中，并用水稀释至刻度。

（3）测定方法

① 样品处理。

a. 对于乳类、乳制品及含蛋白质的饮料（雪糕、冰激凌、豆乳等）。称取 2.50～5.00g

固体样品或吸取 25.00～50.00mL 液体样液，置于 250mL 容量瓶中，加水 50mL，摇匀后慢慢加入 5mL 醋酸锌及 5mL 亚铁氰化钾溶液，加水至刻度，混匀，静置 30min。干滤，弃去粗滤液，收集滤液备用。

b. 对于淀粉含量较高的样品。称取 10.00～20.00g 样品，置于 250mL 容量瓶中，加水 200mL，在 45℃水浴中加热 1h，振摇，取出冷却后加水至刻度，混匀，静置。吸取 20mL 上层清液于另一 250mL 容量瓶中，摇匀后慢慢加入 5mL 醋酸锌及 5mL 亚铁氰化钾溶液，加水至刻度，混匀，静置 30min。干滤，弃去粗滤液，收集滤液备用。

c. 酒精性饮料。吸取 100.0mL 样品置于蒸发皿中，用氢氧化钠（40g/L）溶液中和至中性，在水浴上蒸发至原体积的 1/4 后，移入 250mL 容量瓶中，加水至刻度。

d. 汽水等含有二氧化碳的饮料。吸取 100.0mL 样品置于蒸发皿中，在水浴上除去二氧化碳后，移入 250mL 容量瓶中，并用水洗涤蒸发皿，洗液并入容量瓶中，加水至刻度，混匀后备用。

② 碱性酒石酸铜溶液的标定。准确吸取碱性酒石酸铜甲液和乙液各 5.0mL，置于 250mL 锥形瓶中。加水 10mL，加入玻璃珠 2 粒。从滴定管中滴加约 9mL 葡萄糖标准溶液，加热使其在 2min 内加热至沸，趁热以每 2s 1 滴的速度继续用葡萄糖标准溶液滴定，直至蓝色刚好退去为终点。记录消耗葡萄糖标准溶液的体积。平行操作 3 次，取其平均值。

计算每 10mL（甲液、乙液各 5mL）碱性酒石酸铜溶液，相当于葡萄糖的质量：

$$A = Vc$$

式中　c ——葡萄糖标准溶液的浓度，mg/mL；

　　　V ——标定时消耗葡萄糖标准溶液的总体积，mL；

　　　A ——10mL 碱性酒石酸铜溶液相当于葡萄糖的质量，mg。

③ 样液的预测定。准确吸取碱性酒石酸甲液和乙液各 5.0mL，置于 250mL 锥形瓶中。加水 10mL，加入玻璃珠 2 粒，加热使其在 2min 内加热至沸，趁沸以先快后慢的速度从滴定管中滴加样液，滴定时须始终保持溶液呈沸腾状态。待溶液颜色变浅时，以每 2s 1 滴的速度继续滴定，直至蓝色刚好退去为终点。记录消耗样液的体积。

④ 样液的测定。准确吸取碱性酒石酸铜甲液和乙液各 5.0mL，置于 250mL 锥形瓶中。加水 10mL，加入玻璃珠 2 粒，从滴定管中加入比预测定时少 1mL 的样液，加热使其在 2min 内加热至沸，趁沸以每 2s 1 滴的速度继续滴定，直至蓝色刚好退去为终点。记录消耗样液的体积。同法平行操作 3 次，取其平均值。

（4）结果计算

$$X = \frac{A}{m \times \dfrac{V}{250} \times 1000} \times 100$$

式中　X ——还原糖（以葡萄糖计）含量，g/100g；

　　　m ——样品质量，g；

　　　V ——测定时平均消耗样液的体积，mL；

　　　A ——10mL 碱性酒石酸铜溶液相当于葡萄糖的质量，mg；

　　　250——样液的总体积，mL。

2. 高锰酸钾滴定法

该法适用于各类食品中还原糖的测定，对于深色样液也同样适用。这种方法的主要特点是准确度高、重现性好，这两方面都优于直接滴定法。但操作复杂、费时，需查特制的高锰酸钾法糖类检索表。

（1）原理　将还原糖与一定量过量的碱性酒石酸铜溶液反应，还原糖使二价铜还原成氧化亚铜。过滤得到氧化亚铜，加入过量的酸性硫酸铁溶液使其氧化溶解，而三价铁被定量地还原成亚铁盐，再用高锰酸钾溶液滴定所生成的亚铁盐，根据所消耗的高锰酸钾标准溶液的量计算出氧化亚铜的量。从检索表中查出与氧化亚铜量相当的还原糖的量，即可计算出样品中还原糖的含量。

（2）试剂

① 碱性酒石酸铜甲液。称取 35.639g 硫酸铜（$CuSO_4 \cdot 5H_2O$），加适量水溶解，加 0.5mL 浓硫酸，再加水稀释至 500mL，用精制石棉过滤。

② 碱性酒石酸铜乙液。称取 173g 酒石酸钾钠和 50g 氢氧化钠，加适量水配制成溶液，并稀释至 500mL，用精制石棉过滤，贮存于具橡胶塞的玻璃瓶内。

③ 精制石棉。取石棉，先用 3mol/L 盐酸浸泡 2～3h，用水洗净，再用 10g/L 氢氧化钠溶液浸泡 2～3h，倾去溶液，用碱性酒石酸铜乙液浸泡数小时用水洗净，再以 3mol/L 盐酸浸泡数小时，水洗至不显酸性。然后加水振摇，使之成为微细的浆状纤维，用水浸泡并贮存于玻璃瓶中，即可作填充古氏坩埚用。

④ $\left(\dfrac{1}{5}KMnO_4\right)$ 标准溶液：0.1000mol/L。

⑤ NaOH 溶液：1mol/L。

⑥ 硫酸铁溶液：称取 50g 硫酸铁，加入 200mL 水溶解后，慢慢加入 100mL 硫酸，冷却加水稀释至 1000mL。

⑦ 盐酸：3mol/L。

（3）仪器　25mL 古氏坩埚或 G_4 垂熔坩埚、真空泵或水泵。

（4）测定方法

① 样品处理。

a. 乳类、乳制品及含蛋白质的冷食类。称取 2.00～5.00g 固体样品（液体样品吸取 25.00～50.00mL）置于 250mL 容量瓶中，加 50mL 水，摇匀后加入 10mL 碱性酒石酸铜甲液及 4mL 1mol/L 氢氧化钠溶液，加水至刻度，混匀。静置 30min，干滤，弃去初滤液，滤液供测定用。

b. 酒精性饮料。吸取 100.0mL 样品，置于蒸发皿中，用 1mol/L 氢氧化钠溶液中和至中性，蒸发至原体积的 1/4 后，移入 250mL 容量瓶中。加 50mL 水，混匀。加入 10mL 碱性酒石酸铜甲液及 4mL 1mol/L 氢氧化钠溶液，加水至刻度，混匀。静置 30min，干滤，弃去初滤液，滤液供测定用。

c. 淀粉含量较高的食品。称取 10.00～20.00g 样品，置于 250mL 容量瓶中，加入 200mL 水，于 45℃ 水浴中加热 1h，并不断振摇，取出冷却后，加水至刻度，混匀，静置。吸取 200mL 上层清液于另一个 250mL 容量瓶中，加入 10mL 碱性酒石酸铜甲液及 4mL 1mol/L 氢氧化钠溶液，加水至刻度，混匀。静置 30min，干滤，弃去初滤液，滤液供测定用。

d. 汽水等含二氧化碳的饮料。吸取样品 100.0mL 于蒸发皿中，在水浴上除去二氧化碳后，转移入 250mL 容量瓶中，并用水洗涤蒸发皿，洗液并入容量瓶中，再加水至刻度，混匀备用。

② 测定。吸取经处理后的样液 50.00mL 于 400mL 烧杯中，加入碱性酒石酸铜甲液、

乙液各 25mL。盖上表面皿，置于电炉上加热，使之在 4min 内沸腾，再准确煮沸 2min，趁热用铺好石棉的 G_4 垂熔坩埚或古氏坩埚抽滤，并用 60℃的热水洗涤烧杯及沉淀，至洗液不显碱性为止。将垂熔坩埚或古氏坩埚放回原 400mL 烧杯中，加硫酸铁溶液 25mL 和水 25mL，用玻璃棒搅拌使氧化亚铜全部溶解，以 $0.1000mol/L\left(\frac{1}{5}KMnO_4\right)$ 溶液滴定至微红色为终点。记录高锰酸钾标准溶液消耗量。

另取水 50mL 代替样液，按上述方法做空白试验。记录空白试验消耗高锰酸钾标准溶液的量。

（5）结果计算

① 根据滴定时所消耗的高锰酸钾标准溶液的量，计算相当于样品中还原糖质量的氧化亚铜的质量：

$$X=(V-V_0)c\times 71.54$$

式中　X——相当于样品中还原糖质量的氧化亚铜的质量，mg；

V——测定样液所消耗高锰酸钾标准溶液的体积，mL；

V_0——试剂空白所消耗高锰酸钾标准溶液的体积，mL；

c——$\frac{1}{5}KMnO_4$ 标准溶液的浓度，mol/L；

71.54——1mL $0.1000mol/L\left(\frac{1}{5}KMnO_4\right)$ 溶液相当于氧化亚铜的质量，mg/mmol。

② 根据上式计算所得氧化亚铜质量查表（见 GB/T 5009.7—2003 表 1）得出相当于还原糖的量，再按下式计算样品中还原糖的含量：

$$X=\frac{m_1}{m_2\times\frac{V}{250}\times 1000}\times 100$$

式中　X——还原糖的含量，g/100g；

m_1——由氧化亚铜的质量得出的还原糖的质量，mg；

m_2——样品质量，g；

V——测定用样品溶液的体积，mL；

250——样品处理后的总体积，mL。

二、蔗糖的测定

在食品生产中，为判断原料的成熟度，鉴别白糖、蜂蜜等食品原料的品质，以及控制糖果、果脯、加糖乳制品等产品的质量指标，常常需要测定蔗糖的含量。

蔗糖是非还原性双糖，不能用测定还原糖的方法直接进行测定，但蔗糖经酸水解后可生成具有还原性的葡萄糖和果糖，再按测定还原糖的方法进行测定。对于纯度较高的蔗糖溶液，可用相对密度、折射率、旋光度等物理检验法进行测定。在此仅介绍还原糖法。

（1）原理　样品除去蛋白质等杂质后，用稀盐酸水解，使蔗糖转化为还原糖。然后按还原糖测定的方法，分别测定水解前后样液中还原糖的含量，两者的差值即为蔗糖水解产生的还原糖的量，再乘以换算系数 0.95 即为蔗糖的含量。

（2）试剂

① 盐酸：6mol/L。

② 甲基红指示剂：1g/L。称取 0.1g 甲基红，用体积分数 60%的乙醇溶解并定容

到 100mL。

　　③ 氢氧化钠溶液：200g/L。

　　④ 其他试剂：同"还原糖的测定"。

　　（3）测定方法　取一定的样品，按还原糖测定中的方法进行处理。吸取经处理后的样品 2 份各 50mL，分别放入 100mL 容量瓶中，其中一份加入 5mL 6mol/L HCl 溶液，置于 68～70℃水浴中加热 15min，取出迅速冷却至室温，加 2 滴甲基红指示剂，用 200g/L 的氢氧化钠溶液中和至中性，加水至刻度，摇匀。而另一份直接用水稀释到 100mL。按"直接滴定法"测定还原糖。

　　（4）结果计算

$$X = \frac{(m_2 - m_1) \times 0.95}{m \times \frac{50}{V_1} \times \frac{V_2}{100} \times 1000} \times 100$$

式中　X——蔗糖的含量，g/100g；

　　　m_1——未经水解的样液中还原糖量，mg；

　　　m_2——经水解后样液中还原糖量，mg；

　　　V_1——样品处理液的总体积，mL；

　　　V_2——测定还原糖取用样品处理液的体积，mL；

　　　m——样品质量，g；

　　0.95——还原糖换算成蔗糖的系数。

三、总糖的测定

　　许多食品中含有多种糖类，包括具有还原性的葡萄糖、果糖、麦芽糖、乳糖等，以及非还原性的蔗糖、棉籽糖等。这些糖有的来自原料；有的是因生产需要而加入的；有的是在生产过程中形成的（如蔗糖水解为葡萄糖和果糖）。许多食品中通常只需测定其总量，即所谓的"总糖"。食品中的总糖通常是指食品中存在的具有还原性的或在测定条件下能水解为还原性单糖的碳水化合物总量。

　　总糖是许多食品（如麦乳精、果蔬罐头、巧克力、软饮料等）的重要质量指标，是食品生产中常规的检验项目，总糖含量直接影响食品的质量及成本。所以，在食品分析中总糖的测定中具有十分重要的意义。

　　总糖的测定通常是以还原糖的测定方法为基础，常用的方法是直接滴定法，也可用蒽酮比色法。下面以直接滴定法为例进行介绍。

　　（1）原理　样品经处理除去蛋白质等杂质后，加入稀盐酸在加热条件下使蔗糖水解转化为还原糖，再以直接滴定法测定水解后样品中还原糖的总量。

　　（2）试剂　同"蔗糖的测定"。

　　（3）测定方法

　　① 样品处理。同"还原糖的测定"中"直接滴定法"。

　　② 测定。按测定蔗糖的方法水解样品，再按直接测定法测定还原糖含量。

　　（4）结果计算

$$X（以转化糖计） = \frac{m_2}{m \times \frac{50}{V_1} \times \frac{V_2}{100} \times 1000} \times 100$$

式中　X——总糖的含量，g/100g；

m_2——10mL 碱性酒石酸铜相当于转化糖质量，mg；

m ——样品质量，g；

V_1 ——样品处理液的总体积，mL；

V_2 ——测定时消耗样品水解液的体积，mL。

四、淀粉的测定

淀粉是一种多糖，是供给人体热量的主要来源。在食品工业中的用途也非常广泛，常作为食品的原辅料。淀粉含量是某些食品主要的质量指标，也是食品生产管理中的一个常检项目。

淀粉测定的方法很多，常用的方法有酸水解法和酶水解法，它是根据淀粉在酸或酶的作用下水解为葡萄糖后，再按测定还原糖的方法进行定量测定。旋光法是利用淀粉具有旋光性这一性质。

1. 酶水解法

该法适用于淀粉含量较高的样品测定，具有操作简单、应用广泛、选择性较好及准确性高的特点。

（1）原理　样品经过除去脂肪和可溶性糖类后，其中淀粉用淀粉酶水解成双糖，再用盐酸将双糖水解成单糖，最后按还原糖测定，并折算成淀粉。

（2）试剂

① 乙醚。

② 淀粉酶溶液。5g/L，称取淀粉酶 0.5g，加 100mL 水溶解，加入数滴甲苯或三氯甲烷，防止长霉，贮于冰箱中。

③ 碘溶液。称取 3.6g 碘化钾溶于 20mL 水中，加入 1.3g 碘，溶解后加水稀释至 100mL。

④ 乙醇：85%（体积分数）。

⑤ 其余试剂：同"还原糖的测定"中"直接滴定法"及"蔗糖的测定"。

（3）测定方法

① 样品处理。称取 2.00～5.00g 样品置于放有折叠滤纸的漏斗内，先用 50mL 乙醚分 5 次洗除脂肪，再用约 100mL 乙醇（85%）洗去可溶性糖类，将残留物移入 250mL 烧杯内，并用 50mL 水洗滤纸及漏斗，洗液并入烧杯内，将烧杯置沸水浴上加热 15min，使淀粉糊化，放冷至 60℃以下，加 20mL 淀粉酶溶液，55～60℃保温 1h，并时时搅拌。然后取 1 滴此溶液加 1 滴碘溶液，应不显现蓝色。若显蓝色，再加热糊化并加 20mL 淀粉酶溶液，继续保温，直至加碘不显蓝色为止。加热至沸，冷却后移入 250mL 容量瓶中，并加水至刻度，混匀，过滤，弃去初滤液。取 50mL 滤液，置于 250mL 锥形瓶中，加 5mL 盐酸（1+1），装上回流冷凝器，在沸水浴中回流 1h。冷却后加 2 滴甲基红指示液，用氢氧化钠溶液（200g/L）中和至中性，溶液转入 100mL 容量瓶中，洗涤锥形瓶，洗液并入 100mL 容量瓶中，加水至刻度，混匀备用。

② 测定。按还原糖直接滴定法测定方法操作。同时量取 50mL 水及样品处理时相同量的淀粉酶溶液，按同一方法做试剂空白试验。

（4）结果计算

$$X = \frac{(m_1 - m_2) \times 0.9}{m \times \frac{50}{250} \times \frac{V}{100} \times 1000} \times 100$$

式中　X——淀粉的含量，g/100g；

　　　m_1——测定用试样中还原糖的质量，mg；

　　　m_2——试剂空白中还原糖质量，mg；

　　　0.9——还原糖（以葡萄糖计）折算为淀粉的系数；

　　　m——称取试样质量，g；

　　　V——测定用样品水解液的体积，mL。

2. 酸水解法

该法适用于淀粉含量较高、而其他能被水解为还原糖的多糖含量较少的样品。因为酸水解法不仅是淀粉水解，其他多糖如半纤维素和多缩戊糖等也会被水解为具有还原性的木糖、阿拉伯糖等，使得测定结果偏高。因此，对于淀粉含量较低而半纤维素、多缩戊糖和果胶含量较高的样品不适宜用该法。该法操作简单、应用广泛，但选择性和准确性不如酶法。

（1）原理　样品经过除去脂肪和可溶性糖类后，用酸将淀粉水解为葡萄糖，按还原糖的测定方法来测定还原糖含量，再折算成淀粉含量。

（2）试剂

① 乙醚。

② 乙醇：85%（体积分数）。

③ 盐酸：6mol/L。

④ 氢氧化钠溶液：400g/L。

⑤ 氢氧化钠溶液：100g/L。

⑥ 甲基红指示剂：2g/L乙醇溶液。

⑦ 精密pH试纸。

⑧ 醋酸铅溶液：200g/L。

⑨ 硫酸钠溶液：100g/L。

⑩ 其余试剂同"还原糖的测定"。

（3）测定方法

① 样品处理。

a. 粮食、豆类、糕点、饼干等较干燥易磨细的样品。称取2.00～5.00g（含淀粉0.5g左右）磨细、过40目筛的样品，置于铺有慢速滤纸的漏斗中，用30mL乙醚分三次洗去样品中的脂肪，再用150mL 85%乙醇分数次洗涤残渣，以除去可溶性糖类。以100mL水洗涤漏斗中的残渣，并全部转移入250mL锥形瓶中。加30mL盐酸（1+1），装上回流冷凝器，在沸水浴中回流2h。回流完毕后，立即置流水中冷却。待试样水解液冷却后，加2滴甲基红指示液，先用氢氧化钠溶液（400g/L）调至黄色，再以盐酸（1+1）校正至水解液刚变红色为宜。若水解液颜色较深，可用精密pH试纸测试，使试样水解液的pH约为7。然后加20mL醋酸铅溶液（200g/L），摇匀，放置10min。再加20mL硫酸钠溶液（100g/L），以除去过多的铅。摇匀后将全部溶液及残渣转入500mL容量瓶中，用水洗涤锥形瓶，洗液并入容量瓶中，加水至刻度。过滤，弃去初滤液20mL，滤液供测定用。

b. 蔬菜、水果、各种粮豆含水熟食制品。按1∶1加水在组织捣碎机中捣成匀浆（蔬菜、水果需先洗净，晾干，取可食部分）。称取5.00～10.00g匀浆于250mL锥形瓶中，加30mL乙醚振摇提取脂肪，用滤纸过滤除去乙醚，再用30mL乙醚淋洗2次，弃去乙醚。然后用150mL 85%乙醇分数次洗涤残渣，以除去可溶性糖类。以100mL水洗涤漏斗中的残渣，并全部转移入250mL锥形瓶中。加30mL盐酸（1+1），装上回流冷凝器，在沸水浴中回流 2h。回流完毕后，立即置流水中冷却。待试样水解液冷却后，加 2 滴甲基红指示液，先用氢氧化钠溶液（400g/L）调至黄色，再以盐酸（1+1）校正至水解液刚变红色为宜。若水解液颜色较深，可用精密 pH 试纸测试，使试样水解液的 pH 约为 7。然后加 20mL 醋酸铅溶液（200g/L），摇匀，放置 10min。再加 20mL 硫酸钠溶液（100g/L），以除去过多的铅。摇匀后将全部溶液及残渣转入 500mL 容量瓶中，用水洗涤锥形瓶，洗液并入容量瓶中，加水至刻度。过滤，弃去初滤液 20mL，滤液供测定用。

② 水解。于上述 250mL 锥形瓶中加入 30mL 的 6mol/L HCl，装上冷凝管，于沸水浴中回流 2h，回流完毕，立即置于流动冷水中冷却，待样品水解液冷却后，加入 2 滴甲基红，先用 400g/L 氢氧化钠调至黄色，再用 6mol/L 盐酸调到刚好变为红色。若水解液颜色较深，可用精密 pH 试纸测试，使样品水解液的 pH 约为 7。加入 20mL 200g/L 醋酸铅，摇匀后放置 10min，以沉淀蛋白质、有机酸、单宁、果胶及其他胶体，再加 20mL 100g/L 硫酸钠溶液，以除去过多的铅。摇匀后用蒸馏水转移至 500mL 容量瓶中，定容，过滤，弃去初滤液，收集滤液供测定用。

③ 测定。按还原糖测定法进行测定，并同时做试剂空白试验。

（4）结果计算

$$X = \frac{(m_1 - m_2) \times 0.9}{m \times \dfrac{V}{500} \times 1000} \times 100$$

式中　X——淀粉的含量，g/100g；

　　　m——试样质量，g；

　　　m_1——水解液中还原糖质量，mg；

　　　m_2——试剂空白中还原糖质量，mg；

　　　V——测定用样品水解液的体积，mL；

　　　500——样液总体积，mL；

　　　0.9——还原糖折算为淀粉的系数。

3. 旋光法

该法适用于淀粉含量较高，而可溶性糖类含量较少的谷类样品，如面粉、米粉等。此法重现性好，操作简便。

（1）原理　淀粉具有旋光性，在一定条件下旋光度的大小与淀粉的浓度成正比。用氯化锡溶液作为蛋白质澄清剂，以氯化钙溶液作为淀粉的提取剂，然后测定其旋光度，即可计算出淀粉含量。

（2）试剂

① 氯化钙溶液。溶解 546g $CaCl_2 \cdot 2H_2O$ 于水中并稀释到 1000mL，调节溶液相对密度为 1.30（20℃），再用体积分数约 1.6% 的醋酸，调整溶液 pH 为 2.4±0.1，过滤后备用。

② 氯化锡溶液。溶解 2.5g $SnCl_4 \cdot 5H_2O$ 于 75mL 上述氯化钙溶液中。

（3）仪器　旋光仪，配钠光灯。

（4）测定方法　将样品磨碎并通过 40 目以上的标准筛，称取磨碎后的样品 2g。置于 250mL 烧杯中，加蒸馏水 10mL，搅拌使样品湿润，加入 70mL 氯化钙溶液，用表面皿盖上，在 5min 内加热至沸，并继续煮沸 15min，随时搅拌以免样品附在烧杯壁上。若泡沫过多，可加 1~2 滴辛醇消泡。迅速冷却，移入 100mL 容量瓶中，用氯化钙溶液洗涤烧杯壁上附着的样品，洗液并入容量瓶中。加氯化锡溶液 5mL，用氯化钙溶液定容至刻度，混匀，过滤，弃去初滤液，收集其余的滤液，装入观测管中，测定其旋光度。

（5）结果计算

$$X = \frac{\alpha \times 100}{L \times 203 \times m} \times 100$$

式中　X——淀粉的含量，g/100g；

α——旋光度读数（角旋度），度（°）；

L——观测管长度，dm；

m——样品质量，g；

203——淀粉的比旋光度，度（°）。

五、纤维的测定

纤维是植物性食品的主要成分之一，广泛存在于各种植物体内，其含量随食品种类的不同而异，尤其在谷类、豆类、水果、蔬菜中含量较高。在食品生产和食品开发中，常需要测定纤维的含量，它也是食品成分全分析项目之一，对于食品品质管理和营养价值的评定具有重要意义。

食品中纤维的测定提出最早、应用最广泛的是粗纤维测定法。此外还有中性洗涤纤维法、酸性洗涤纤维法、酶解重量法等分析方法。这些方法各有优、缺点，分别介绍如下：

1. 粗纤维的测定（重量法）

（1）原理　在热的稀硫酸作用下，样品中的糖、淀粉、果胶等物质经水解而除去，再用热的氢氧化钾处理，使蛋白质溶解、脂肪皂化而除去。然后用乙醇和乙醚处理以除去单宁、色素及残余的脂肪，所得的残渣即为粗纤维，如其中含有无机物质，可经灰化后扣除。

（2）适用范围及特点　该法操作简便、迅速，适用于各类食品，是应用最广泛的经典分析法。目前，我国的食品成分表中"纤维"一项的数据都是用此法测定的，但该法测定结果粗糙，重现性差。由于酸碱处理时纤维成分会发生不同程度的降解，使测得值与纤维的实际含量差别很大，这是此法的最大缺点。

（3）试剂及仪器　1.25%硫酸，1.25%氢氧化钾。G_2垂熔坩埚或G_2垂熔漏斗。

（4）测定方法

① 取样。

a. 干燥样品。如粮食、豆类等，经磨碎过24目筛，称取均匀的样品5.0g，置于500mL锥形瓶中。

b. 含水分较高的样品。如蔬菜、水果、薯类等，先加水打浆，记录样品质量和加水量，称取相当于5.0g干燥样品的量，加1.25%硫酸适量，充分混合，用亚麻布过滤，残渣移入500mL锥形瓶中。

② 酸处理。于锥形瓶中加入200mL煮沸的1.25%硫酸，装上回流装置，加热使之微沸，回流30min，每隔5min摇动锥形瓶一次，以充分混合瓶内物质。取下锥形瓶，立即用亚麻布过滤，用热水洗涤至洗液不呈酸性（以甲基红为指示液）。

③ 碱处理。用200mL煮沸的1.25%氢氧化钾溶液，将亚麻布上的存留物洗入原锥形瓶中，加热至沸，回流30min。

④ 干燥。取下锥形瓶，立即用亚麻布过滤，以热水洗涤2~3次后，移入已干燥称重的G_2垂熔坩埚或G_2垂熔漏斗中，抽滤，用热水充分洗涤后，抽干。再依次用乙醇和乙醚洗涤一次。将坩埚和内容物在105℃烘箱中烘干后称重，重复操作，直至恒重。

⑤ 灰化。若样品中含有较多的不溶性杂质，可用石棉坩埚代替垂熔坩埚过滤，烘干称

重后，移入550℃高温炉中灰化，灼烧至恒重，置于干燥器内，冷却至室温后称重，灼烧前后的质量差即为粗纤维量。

（5）结果计算

$$X = \frac{G}{m} \times 100$$

式中　X——试样中粗纤维的含量，g/100g；

　　　G——残余物的质量（或经高温灼烧后损失的质量），g；

　　　m——样品质量，g。

2. 中性洗涤纤维（NDF）的测定

鉴于粗纤维测定方法的诸多缺点，近几十年来各国学者对食物纤维的测定方法进行了广泛的研究。1963年提出了中性洗涤纤维（NDF）和酸性洗涤纤维（ADF）的观点及相应的测定方法，试图用来代替粗纤维指标。目前，有的国家已把NDF和ADF列为营养分析的正式指标之一。

（1）原理　样品经热的中性洗涤剂浸煮后，残渣用热蒸馏水充分洗涤，除去样品中游离淀粉、蛋白质、矿物质，然后加入α-淀粉酶溶液以分解结合态淀粉，再用蒸馏水、丙酮洗涤，以除去残存的脂肪、色素等。残渣经烘干，即为中性洗涤纤维（不溶性膳食纤维）。

（2）适用范围及特点　本法适用于谷物及其制品、饲料、果蔬等样品，对于蛋白质、淀粉含量高的样品，易形成大量泡沫，黏度大，过滤困难，使此法应用受到限制。本法设备简单，操作容易，准确度高，重现性好。所测结果包括食品中全部的纤维素、半纤维素、木质素，最接近于食品中膳食纤维的真实含量，但不包括水溶性非消化性多糖，这是此法的最大缺点。

（3）试剂

① 中性洗涤剂溶液。

a. 将18.61g乙二胺四乙酸二钠和6.81g四硼酸钠（$Na_2B_4O_7 \cdot 10H_2O$）用250mL水加热溶解。

b. 另将30g月桂基硫酸钠（十二烷基硫酸钠）和10mL乙二醇独乙醚（2-ethoxy-ethanol）溶于200mL热水中，合并于a液中。

c. 把4.56g磷酸氢二钠溶于150mL热水中，并入a液中。

d. 用磷酸调节混合液pH为6.9～7.1，最后加水至1000mL，此液使用期间如有沉淀生成，需在使用前加热到60℃，使沉淀溶解。

② 十氢萘（萘烷）。

③ α-淀粉酶溶液。取0.1mol/L Na_2HPO_4 和0.1mol/L NaH_2PO_4 溶液各500mL，混匀，配成磷酸盐缓冲液。称取12.5mg α-淀粉酶，用上述缓冲溶液溶解并稀释到250mL。

④ 丙酮。

⑤ 无水亚硫酸钠。

（4）仪器

① 提取装置：由带冷凝器的300mL锥形瓶和可将100mL水在5～10min内由25℃升温到沸腾的可调电热板组成。

② 玻璃过滤坩埚：滤板平均孔径40～90μm。

③ 抽滤装置：由抽滤瓶、抽滤架、真空泵组成。

（5）测定方法

① 将样品磨细使之通过 20～40 目筛。精确称取 0.500～1.000g 样品，放入 300mL 锥形瓶中，如果样品中脂肪含量超过 10%，按每克样品用 20mL 石油醚，提取 3 次。

② 依次向锥形瓶中加入 100mL 中性洗涤剂、2mL 十氢萘和 0.05g 无水亚硫酸钠，加热锥形瓶使之在 5～20min 内沸腾，从微沸开始计时，准确微沸 1h。

③ 把洁净的玻璃过滤器在 110℃ 烘箱内干燥 4h，放入干燥器内冷却至室温，称重。将锥形瓶内全部内容物移入过滤器，抽滤至干，用不少于 300mL 的热水（100℃）分 3～5 次洗涤残渣。

④ 加入 5mL α-淀粉酶溶液，抽滤，以置换残渣中水，然后塞住玻璃过滤器的底部，加 20mL 淀粉酶液和几滴甲苯（防腐），置过滤器于（37±2）℃培养箱中保温 1h。取出滤器，取下底部的塞子，抽滤，并用不少于 500mL 热水分次洗去酶液，最后用 25mL 丙酮洗涤，抽干滤器。

⑤ 置滤器于 110℃ 烘箱中干燥过夜，移入干燥器冷却至室温，称重。

（6）结果计算

$$X = \frac{m_1 - m_0}{m} \times 100$$

式中　X　——中性洗涤纤维（NDF）的含量，g/100g；

　　　m_0——玻璃过滤器质量，g；

　　　m_1——玻璃过滤器和残渣质量，g；

　　　m ——样品质量，g。

3. 酸性洗涤纤维（ADF）的测定

如上所述，中性洗涤纤维测定法比粗纤维测定法有许多优点，但由于泡沫问题，使应用受到了限制。鉴于粗纤维测定法重现性差的主要原因是碱处理时纤维素、半纤维素和木质素发生了降解而流失。酸性洗涤纤维法取消了碱处理步骤，用酸性洗涤剂浸煮代替酸碱处理。

（1）原理　样品经磨碎烘干，用十六烷基三甲基溴化铵的硫酸溶液回流煮沸，除去细胞内容物，经过滤、洗涤、烘干，残渣即为酸性洗涤纤维。

（2）试剂

① 酸性洗涤剂溶液：称取 20g 十六烷基三甲基溴化铵，加热溶于 0.5mol/L 硫酸溶液中并稀释至 2000mL。

硫酸溶液：0.5mol/L，取 56mL 硫酸，徐徐加入水中，稀释到 2000mL。

② 消泡剂：萘烷。

③ 丙酮。

（3）测定方法　将样品磨碎使之通过 16 目筛，在强力通风的 95℃ 烘箱内烘干，移入干燥器中，冷却。精确称取 1.00g 样品，放入 500mL 锥形瓶中，加入 100mL 酸性洗涤剂溶液、2mL 萘烷，连接回流装置，加热使其在 3～5min 内沸腾，并保持微沸 2h，然后用预先称量好的粗孔玻璃砂芯坩埚（1 号）过滤（靠自重过滤，不抽气）。

用热水洗涤锥形瓶，滤液合并入玻璃砂芯坩埚内，轻轻抽滤，将坩埚充分洗涤，热水总用量约为 300mL。

用丙酮洗涤残留物，抽滤，然后将坩埚连同残渣移入 95～105℃ 烘箱中烘干至恒重。移入干燥器内冷却后称重。

（4）结果计算

$$X = \frac{p}{m} \times 100$$

式中 X——酸性洗涤纤维（ADF）的含量，g/100g；

  p——残留物质量，g；

  m——样品质量，g。

4. 膳食纤维的测定

前面介绍的三种方法，都不能测定食品中膳食纤维的全部含量。由于膳食纤维的组成复杂，性质各异，使其定量工作十分困难，虽然近年来进行了许多研究，但迄今人们还没有找到一种能简单而准确地测定全部膳食纤维的标准方法。在已发表的方法中，Southgate 的多糖类分别定量法是影响较大、被广泛采用的方法。

（1）方法提要

① 试样先经 58% 的甲醇回流提取，以除去低分子糖、色素、脂肪、蜡等。残渣加水加热，使其中的淀粉糊化，加淀粉酶水解，水解液中加入 4 倍量的乙醇，离心分离，以除去淀粉水解物，所得残渣中包括了膳食纤维全部成分。

② 把残渣用热水抽提，把水溶性非消化性多糖（即水溶性膳食纤维，主要是水溶性果胶）提出，提取液浓缩后加入乙醇，使其浓度达 80%，则水溶性非消化性多糖沉淀析出，离心分离后，沉淀用 0.5mol/L H_2SO_4 回流 2.5h，中和后测定水解液中己糖、戊糖、糖醛酸含量。

③ 把热水抽提后的残渣用 0.5mol/L H_2SO_4 回流 2.5h，使水不溶性非纤维素多糖（主要是半纤维素）水解，冷却后加入同体积乙醇，使乙醇浓度达 50%，离心分离后，中和水解液，测定其中己糖、戊糖、糖醛酸。

④ 把③离心分离出来的残渣加 72% 硫酸在 0～4℃放置 24h，使纤维素水解，在冰水浴中加水稀释后，用古氏坩埚抽滤，滤液中和后测定己糖、戊糖、糖醛酸。

⑤ 把古氏坩埚中残渣（木质素）用乙醇洗涤后，风干，70℃干燥过夜，称重。再于 550℃灰化，称重，计算木质素含量。

⑥ 用苯酚硫酸法、苔黑酚比色法、咔唑硫酸法分别测定上述各类多糖水解液中的己糖、戊糖、糖醛酸含量，按下式计算各类多糖的含量：

多糖含量(%)＝己糖含量×0.9＋戊糖含量×0.88＋糖醛酸含量×0.81

⑦ 按下式计算样品中膳食纤维的含量：

膳食纤维含量(%)＝水溶性非消化多糖含量(%)＋水不溶性非纤维素多糖含量(%)＋
纤维素含量(%)＋木质素含量(%)

（2）讨论　此法是系统地分离试样中的各种多糖类，并分别进行定量的方法，精度相当高，分析结果包括了膳食纤维的全部成分。但此法操作复杂、费时，分析一个试样需要 5 天时间。

六、果胶物质的测定

果胶物质是一种植物胶，存在于果蔬类植物组织中，是构成植物细胞的主要成分之一。一般以原果胶、果胶酸酯、果胶酸三种不同的形态存在于果蔬等植物组织中，它们之间的一个重要区别是甲氧基含量或酯化程度不同，因而也具有不同特性。

果胶在食品工业中用途较广。如：利用果胶的水溶液在适当的条件下可以形成凝胶的特性，可以生产果酱、果冻及高级糖果等食品；利用果胶具有增稠、稳定、乳化等功能，可以在解决饮料的分层、稳定结构、防止沉淀、改善风味等方面起着重要作用；利用低甲氧基果胶具有与有害金属配位的性质，可以用其制成防治某些职业病的保健饮料。

测定果胶物质的方法有重量法、咔唑比色法、果胶酸钙滴定法、蒸馏滴定法等。其中果胶酸钙滴定法主要适用于纯果胶的测定，当样液有色时，不易确定滴定终点。此外，由不同来源的试样得到的果胶酸钙中钙所占的比例并不相同，从测得的钙量不能准确计算出果胶物质的含量，这使此法的应用受到一定的限制。对于蒸馏滴定法，因为在蒸馏时有一部分糠醛分解了，使回收率较低，故此法也不常用。较常用的是重量法和咔唑比色法。

1. 重量法

（1）原理　先用70％乙醇处理样品，使果胶沉淀，再依次用乙醇、乙醚洗涤沉淀，以除去可溶性糖类、脂肪、色素等物质，残渣分别用酸或用水提取总果胶或水溶性果胶。果胶经皂化生成果胶酸钠，再经醋酸酸化使之生成果胶酸，加入钙盐则生成果胶酸钙沉淀，烘干后称重。

（2）适用范围及特点　此法适用于各类食品，方法稳定可靠，但操作较烦琐费时。果胶酸钙沉淀中易夹杂其他胶态物质，使本法选择性较差。

（3）仪器　布氏漏斗，G_2垂熔坩埚，抽滤瓶，真空泵。

（4）试剂

① 乙醇。

② 乙醚。

③ 盐酸：0.05mol/L。

④ 氢氧化钠：0.1mol/L。

⑤ 醋酸：1mol/L，取58.3mL冰醋酸，用水定容到100mL。

⑥ 氯化钙溶液：1mol/L，称取110.99g无水氯化钙，用水定容到500mL。

（5）测定方法

① 样品处理。

a. 新鲜样品。称取试样30～50g，用小刀切成薄片，置于预先放有99％乙醇的500mL锥形瓶中，装上回流冷凝器，在水浴上沸腾回流15min后，冷却，用布氏漏斗过滤，残渣于研钵中一边慢慢磨碎，一边滴加70％的热乙醇，冷却后再过滤，反复操作至滤液不呈糖的反应（用苯酚-硫酸法检验）为止。残渣用99％乙醇洗涤脱水，再用乙醚洗涤以除去脂类和色素，风干乙醚。

b. 干燥样品。研细，使之通过60目筛，称取5～10g样品于烧杯中，加入热的70％乙醇，充分搅拌以提取糖类，过滤。反复操作至滤液不呈糖的反应。残渣用99％乙醇洗涤，再用乙醚洗涤，风干乙醚。

② 提取果胶。

a. 水溶性果胶提取。用150mL水将上述漏斗中残渣移入250mL烧杯中，加热至沸并保持沸腾1h，随时补足蒸发的水分，冷却后移入250mL容量瓶中，加水定容，摇匀，过滤，弃去初滤液，收集滤液即得水溶性果胶提取液。

b. 总果胶的提取。用150mL加热至沸的0.05mol/L盐酸溶液把漏斗中残渣移入250mL锥形瓶中，装上冷凝器，于沸水浴中加热回流1h，冷却后移入250mL容量瓶中，加甲基红指示剂2滴，加0.5mol/L氢氧化钠中和后，用水定容，摇匀，过滤，收集滤液即得总果胶提取液。

③ 测定。取25mL提取液（能生成果胶酸钙25mg左右）于500mL烧杯中，加入0.1mol/L氢氧化钠溶液100mL，充分搅拌，放置0.5h，再加入1mol/L醋酸500mL，放置5min，边搅拌边缓缓加入1mol/L氯化钙溶液25mL，放置1h（陈化），加热煮沸5min，趁

热用烘干至恒重的滤纸（或 G_2 垂熔坩埚）过滤，用热水洗涤至无氯离子（用 10％硝酸溶液检验）为止。滤渣连同滤纸一同放入称量瓶中，置 105℃烘箱中（G_2 垂熔漏斗可直接放入）干燥至恒重。

（6）结果计算

$$X = \frac{(m_1 - m_2) \times 0.9233}{m \times \frac{25}{250} \times 1} \times 100$$

式中　X——果胶物质（以果胶酸计）的含量，g/100g；

　　　m_1——果胶酸钙和滤纸或垂熔坩埚质量，g；

　　　m_2——滤纸或垂熔坩埚的质量，g；

　　　m——样品质量，g；

　　　25——测定时取果胶提取液的体积，mL；

　　　250——果胶提取液总体积，mL；

　0.9233——由果胶酸钙换算为果胶酸系数，果胶酸钙的实验式为 $C_{17}H_{22}O_{11}Ca$，其中钙含量约为 7.67％，果胶酸含量约为 92.33％。

2. 咔唑比色法

（1）原理　果胶经水解生成半乳糖醛酸，在强酸中与咔唑试剂发生缩合反应，生成紫红色化合物，其呈色强度与半乳糖醛酸含量成正比，可比色定量。

（2）适用范围及特点　此法适用于各类食品，具有操作简便、快速、准确度高、重现性好等优点。

（3）仪器　分光光度计，50mL 比色管。

（4）试剂

① 乙醇。

② 乙醚。

③ 盐酸：0.05mol/L。

④ 咔唑乙醇溶液：0.15％。称取化学纯咔唑 0.150g，溶解于精制乙醇中并定容到 100mL。咔唑溶解缓慢，需加以搅拌。

⑤ 精制乙醇。取无水乙醇或 95％乙醇 1000mL，加入锌粉 4g，硫酸（1∶1）4mL，在水浴中回流 10h，用全玻璃仪器蒸馏，馏出液每 1000mL 加锌粉和氢氧化钾各 4g，重新蒸馏一次。

⑥ 半乳糖醛酸标准溶液。称取半乳糖醛酸 100mg，溶于蒸馏水并定容到 100mL，用此液配制一组浓度为 10～70μg/mL 的半乳糖醛酸标准溶液。

⑦ 硫酸：优级纯。

（5）测定方法

① 样品处理。同"重量法"。

② 果胶的提取。同"重量法"。

③ 标准工作曲线的制作。取 8 支 50mL 比色管，各加入 12mL 浓硫酸，置冰水浴中，边冷却边缓缓依次加入浓度为 0μg/mL、10μg/mL、20μg/mL、30μg/mL、40μg/mL、50μg/mL、60μg/mL、70μg/mL 的半乳糖醛酸标准溶液 2mL，充分混合后，再置冰水浴中冷却。然后在沸水浴中准确加热 10min，用流动水迅速冷却到室温，各加入 0.15％咔唑试剂 1mL，充分混合，置室温下放置 30min，以 0 号为空白在 530nm 波长下测定吸光度，绘制标准工作曲线。

④ 测定。取果胶提取液（水溶性果胶提取液或总果胶提取液），用水稀释到适当浓度（含半乳糖醛酸 $10\sim70\mu g/mL$）。取 2mL 稀释液于 50mL 比色管中，以下按制作标准曲线的方法操作，测定吸光度从标准曲线上查出半乳糖醛酸浓度（$\mu g/mL$）。

（6）结果计算

$$X = \frac{cVK}{m \times 10^6} \times 100$$

式中　X——果胶物质（以半乳糖醛酸计）的含量，g/100g；

　　　c——从标准曲线上查得的半乳糖醛酸浓度，$\mu g/mL$；

　　　V——果胶提取液总体积，mL；

　　　K——提取液稀释倍数；

　　　m——样品质量，g。

第六节　蛋白质及氨基酸的测定

蛋白质是食品中重要营养指标，各种不同的食品中蛋白质的含量各不相同，一般说来，动物性食品的蛋白质含量高于植物性食品，测定食品中蛋白质的含量，对于评价食品的营养价值、合理开发利用食品资源、指导生产、优化食品配方、提高产品质量具有重要的意义。

蛋白质测定最常用的方法是凯氏定氮法，它是测定总有机氮的最准确和操作较简便的方法之一，应用普遍。此外，双缩脲分光光度比色法、染料结合分光光度比色法、酚试剂法等也常用于蛋白质含量测定，由于方法简便快速，多用于生产单位质量控制分析。近年来，国外采用红外检测仪对蛋白质进行快速定量分析。

鉴于食品中氨基酸成分的复杂性，对食品中氨基酸含量的测定在一般的常规检验中多测定样品中的氨基酸总量，通常采用酸碱滴定法来完成。这里主要介绍凯氏定氮法、分光光度比色快速测定法。

一、蛋白质的测定

（一）　凯氏定氮法

新鲜食品中的含氮化合物大多以蛋白质为主体，所以检验食品中蛋白质时，往往测定总氮量，然后乘以蛋白质换算系数，即可得到蛋白质含量。凯氏定氮法可用于所有动物性、植物性食品的蛋白质含量测定，但因样品中常含有核酸、生物碱、含氮类脂、卟啉以及含氮色素等非蛋白质的含氮化合物，故通常将测定结果称为粗蛋白质含量。

凯氏定氮法经长期改进，迄今已演变成常量法、微量法、改良凯氏定氮法、自动定氮仪法、半微量法等多种方法。

1. 常量凯氏定氮法

（1）原理　将样品与浓硫酸和催化剂一同加热消化，使蛋白质分解，其中碳和氢被氧化为二氧化碳和水逸出，而样品中的有机氮转化为氨，并与硫酸结合成硫酸铵，此过程称为消化。加碱将消化液碱化，使氨游离出来，再通过水蒸气蒸馏，使氨蒸出，用硼酸吸收形成硼酸铵，再以标准盐酸或硫酸溶液滴定，根据标准酸消耗量可计算出蛋白质的含量。

（2）适用范围　此法可应用于各类食品中蛋白质含量的测定。

（3）主要仪器　凯氏烧瓶（500mL）定氮蒸馏装置，如图 4-14 所示。

（4）试剂

① 浓硫酸。

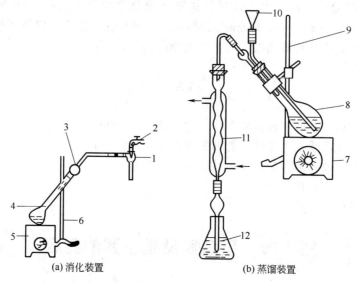

(a) 消化装置　　　　　(b) 蒸馏装置

图 4-14　凯氏定氮消化、蒸馏装置

1—水力真空管；2—水龙头；3—倒置的干燥管；4—凯氏烧瓶；5,7—电炉；
6,9—铁支架；8—蒸馏烧瓶；10—进样漏斗；11—冷凝管；12—吸收瓶

② 硫酸铜。

③ 硫酸钾。

④ 氢氧化钠溶液：400g/L。

⑤ 硼酸吸收液：40g/L。称取 20g 硼酸溶解于 500mL 热水中，摇匀备用。

⑥ 甲基红-溴甲酚绿混合指示剂：5 份 2g/L 溴甲酚绿 95％乙醇溶液与 1 份 2g/L 甲基红乙醇溶液混合均匀。

⑦ HCl 标准溶液：0.1000mol/L。

（5）操作方法　准确称取固体样品 0.20～2.00g（半固体样品 2.00～5.00g，液体样品 10.00～25.00mL），小心移入干燥洁净的 500mL 凯氏烧瓶中，加入研细的硫酸铜 0.2g、硫酸钾 6g 和浓硫酸 20mL，轻轻摇匀，按图 4-14 安装消化装置，并将其以 45°斜支于有小孔的石棉网上。用电炉以小火加热，待内容物全部炭化，泡沫停止产生后，加大火力，保持瓶内液体微沸，至液体变蓝绿色透明后，再继续加热微沸 0.5～1h。取下放冷，小心加入 20mL 水，放冷后移入 100mL 容量瓶中，并用少量水洗定氮瓶，洗液并入容量瓶中，再加水至刻度，混匀备用。同时做试剂空白试验。

将凯氏瓶按图 4-14 蒸馏装置方式连好，于水蒸气发生瓶内装水至 2/3 处，加入数粒玻璃珠，加甲基红指示液数滴及数毫升硫酸，以保持水呈酸性，用调压器控制，加热煮沸水蒸气发生瓶内的水。

塞紧瓶口，冷凝管下端插入吸收瓶液面下（瓶内预先装入 10mL 20g/L 硼酸溶液及混合指示剂 1～2 滴）。准确吸取 10mL 样品处理液由小漏斗流入反应室，并以 10mL 水洗涤小烧杯使流入反应室内，塞紧玻璃塞。将 10mL 400g/L 氢氧化钠溶液倒入小玻璃杯，提起玻璃塞使其缓缓流入反应室，立即将玻璃塞塞紧，并加水于小玻璃杯以防漏气，夹紧螺旋夹，开始蒸馏。蒸馏 5min，移动接收瓶，液面离开冷凝管下端，再蒸馏 1min。然后用少量水冲洗冷凝管下端外部，取下接收瓶，以硫酸或盐酸标准溶液（0.05mol/L）滴定至灰色或蓝紫色为终点。同时做一试剂空白。

（6）结果计算

$$X = \frac{c(V_1 - V_2) \times 0.0140}{m \times \frac{10}{100}} \times F \times 100$$

式中　X——蛋白质的含量，g/100g；

　　　c——硫酸或盐酸标准溶液的浓度，mol/L；

　　　V_1——滴定样品吸收液时消耗盐酸标准溶液体积，mL；

　　　V_2——滴定空白吸收液时消耗盐酸标准溶液体积，mL；

　　　m——样品质量，g；

0.0140——1.0mL 1.000mol/L硫酸$\left(\frac{1}{2}H_2SO_4\right)$或盐酸标准溶液相当的氮的质量，g/mmol；

　　　F——氮换算为蛋白质的系数。

2. 微量凯氏定氮法

（1）原理　同"常量凯氏定氮法"。

（2）主要仪器　凯氏烧瓶（100mL），微量凯氏定氮装置（见图4-15）。

（3）试剂　0.01000mol/L盐酸标准溶液，其他试剂同常量凯氏定氮法。

（4）操作方法　样品消化步骤同常量法。

将消化完全的消化液冷却后，完全转入100mL容量瓶中，加蒸馏水至刻度，摇匀。按图4-15装好微量定氮装置，准确量取消化稀释液10mL于反应管内，经漏斗再加入10mL 400g/L氢氧化钠溶液使呈强碱性，用少量蒸馏水洗漏斗数次，夹好漏斗夹，进行水蒸气蒸馏。冷凝管下端预先插入盛有10mL 40g/L（或20g/L）硼酸吸收液的液面下。蒸馏至吸收液中所加的混合指示剂变为绿色开始计时，继续蒸馏10min后，

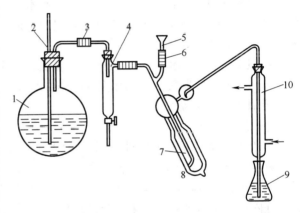

图4-15　微量凯氏定氮装置
1—蒸汽发生器；2—安全管；3—导管；4—汽水分离器；
5—进样口；6—玻璃珠；7—反应管；8—隔热套；
9—吸收瓶；10—冷凝管

将冷凝管尖端提离液面再蒸馏1min，用蒸馏水冲洗冷凝管尖端后停止蒸馏。

馏出液用0.01000mol/L HCl标准溶液滴定至微红色为终点。同时做一空白试验。

（5）结果计算　同常量凯氏定氮法。

（二）　蛋白质的分光光度测定法

凯氏定氮法是各种测定蛋白质含量方法的基础，经过人们长期的应用和不断的改进，具有应用范围广、灵敏度较高、回收率较好以及可以不用昂贵仪器等优点。但操作费时，对于高脂肪、高蛋白质的样品消化需要5h以上，且在操作中会产生大量有害气体而污染工作环境，影响操作人员健康。

分光光度测定法不仅能满足对工艺过程的快速控制分析，而且具有环境污染少、操作简便省时等特点。

（1）基本原理　食品与硫酸和催化剂一同加热消化，使蛋白质分解，分解的氨与硫酸结合生成硫酸铵。然后在 pH=4.8 的乙酸-乙酸钠缓冲溶液中，铵与乙酰丙酮和甲醛反应生成

黄色的 3,5-二乙酰-2,6-二甲基-1,4-二氢化吡啶化合物。在波长 400nm 处测定吸光度，与标准系列比较定量，结果乘以换算系数，即为蛋白质含量。

（2）主要仪器

① 分光光度计。

② 电热恒温水浴锅：（100±0.5）℃。

③ 10mL 具塞玻璃比色管。

（3）试剂

① 氢氧化钠溶液：300g/L。

② 对硝基苯酚指示剂溶液：1g/L。称取 0.1g 对硝基苯酚指示剂溶于 20mL 95％乙醇中，加水稀释至 100mL。

③ 乙酸：1mol/L。

④ 乙酸-乙酸钠缓冲溶液：pH＝4.8。

⑤ 显色剂。15mL 37％甲醛与 7.8mL 乙酰丙酮混合，加水稀释至 100mL，剧烈振摇，混匀（室温下放置稳定 3 日）。

⑥ 氨氮标准贮备溶液：1.0g/L。精密称取 105℃干燥 2h 的硫酸铵 0.472g，加水溶解后移入 100mL 容量瓶中，并稀释至刻度，混匀。此溶液每毫升相当于 1.0mg NH_3-N（10℃下冰箱内贮存稳定 1 年以上）。

⑦ 氨氮标准使用溶液：0.1g/L。用移液管精密吸取 10mL 氨氮标准贮备溶液（1.0mg/mL）于 100mL 容量瓶内，加水稀释至刻度，混匀。此溶液每毫升相当于 100μg NH_3-N（10℃下冰箱内贮存稳定 1 个月）。

（4）操作方法

① 精密称取经粉碎混匀过 40 目筛的固体试样 0.1～0.5g 或半固体试样 0.2～1.0g，或吸取液体试样 1～5mL，移入干燥的 100mL 或 250mL 定氮瓶中，加 0.1g 硫酸铜、1g 硫酸钾及 5mL 硫酸，摇匀后于瓶口放一小漏斗，将瓶以 45°角斜支于有小孔的石棉网上。小心加热，待内容物全部炭化、泡沫完全停止后，加强火力，并保持瓶内液体微沸，至液体呈蓝绿色澄清透明后，再继续加热 0.5h。取下放冷，小心加入 20mL 水，放冷后移入 50mL 或 100mL 容量瓶中，并用少量水洗定氮瓶，洗液并入容量瓶中，再加水至刻度，混匀备用。取与处理试样相同量的硫酸铜、硫酸钾、硫酸按同一方法做试剂空白试验。

② 精密吸取 2～5mL 试样或试剂空白消化液于 50mL 或 100mL 容量瓶内，加 1～2 滴对硝基苯酚指示剂溶液（1g/L），摇匀后滴加氢氧化钠溶液（300g/L）中和至黄色，再滴加乙酸（1mol/L）至溶液无色，用水稀释至刻度，混匀。

③ 精密吸取 0.0mL、0.05mL、0.1mL、0.2mL、0.4mL、0.6mL、0.8mL、1.0mL 氨氮标准使用溶液（相当于 0.0μg、5.0μg、10.0μg、20.0μg、40.0μg、60.0μg、80.0μg、100.0μg NH_3-N），分别置于 10mL 比色管中。加 4mL 乙酸-乙酸钠缓冲溶液（pH＝4.8）及 4mL 显色剂，加水稀释至刻度，混匀，置于 100℃水浴中加热 15min。取出用水冷却至室温后，移入 1cm 比色皿内，以空白为参比，于波长 400nm 处测量吸光度，根据标准各点吸光度绘制标准曲线或计算直线回归方程。

④ 精密吸取 0.5～2.0mL（约相当于氮小于 100μg）试样溶液和同量的试剂空白溶液，分别于 10mL 比色管中。加 4mL 乙酸-乙酸钠缓冲溶液（pH＝4.8）及 4mL 显色剂，加水稀释至刻度，混匀，置于 100℃水浴中加热 15min。取出用水冷却至室温后，移入 1cm 比色皿内，以空白为参比，于波长 400nm 处测量吸光度。

试样吸光度与标准曲线比较定量或代入标准回归方程求出含量。

（5）结果计算

$$X = \frac{m_1 - m_2}{m \times \frac{V_2}{V_1} \times \frac{V_4}{V_3} \times 10^6} \times 100 \times F$$

式中 X——试样中蛋白质的含量，g/100g（或 g/100mL）；

m_1——试样测定液中氮的质量，μg；

m_2——试剂空白测定液中氮的质量，μg；

V_1——试样消化液定容体积，mL；

V_2——制备试样溶液的消化液体积，mL；

V_3——试样溶液总体积，mL；

V_4——测定用试样溶液体积，mL；

m——试样质量（或体积），g（或 mL）；

F——氮换算为蛋白质的系数。

二、氨基酸态氮的测定

氨基酸含量一直是某些发酵产品如调味品的质量指标，也是目前许多保健食品的质量指标之一。与蛋白质不同，其含氮量可直接测定，故称氨基酸态氮。

1. 双指示剂甲醛滴定法

（1）原理 氨基酸具有酸性的—COOH 和碱性的—NH$_2$。它们相互作用而使氨基酸成为中性的内盐。当加入甲醛溶液时，—NH$_2$ 与甲醛结合，从而使其碱性消失。这样就可以用强碱标准溶液来滴定—COOH，并用间接的方法测定氨基酸总量。

（2）试剂

① 40%中性甲醛溶液：以百里酚酞作指示剂，用氢氧化钠将 40%甲醛中和至淡蓝色。

② 百里酚酞乙醇溶液：1g/L。

③ 中性红 50%乙醇溶液：1g/L。

④ 氢氧化钠标准溶液：0.1mol/L。

（3）操作方法 移取含氨基酸 20～30mg 的样品溶液两份，分别置于 250mL 锥形瓶中，各加 50mL 蒸馏水，其中一份加入 3 滴中性红指示剂，用 0.1mol/L NaOH 标准溶液滴定至由红变为琥珀色为终点；另一份加入 3 滴百里酚酞指示剂及中性甲醛 20mL，摇匀，静置1min，用 0.1mol/L NaOH 标准溶液滴定至淡蓝色为终点。分别记录两次所消耗的碱液体积（mL）。

（4）结果计算

$$X = \frac{(V_2 - V_1)c \times 0.014}{m} \times 100$$

式中 X——氨基酸态氮的含量，g/100g；

c——氢氧化钠标准溶液的浓度，mol/L；

V_1——用中性红作指示剂滴定时消耗氢氧化钠标准溶液体积，mL；

V_2——用百里酚酞作指示剂滴定时消耗氢氧化钠标准溶液体积，mL；

m——测定用样品溶液相当于样品的质量，g；

0.014——氮的毫摩尔质量，g/mmol。

2. 电位滴定法

（1）原理　根据氨基酸的两性作用，加入甲醛以固定氨基的碱性，使羧基显示出酸性，将酸度计的玻璃电极及甘汞电极同时插入被测液中构成电池，用氢氧化钠标准溶液滴定，根据酸度计指示的 pH 判断和控制滴定终点。

（2）仪器　酸度计，磁力搅拌器，微量滴定管（10mL）。

（3）试剂　20％中性甲醛溶液，0.05mol/L NaOH 标准溶液。

（4）操作方法　吸取含氨基酸约 20mg 的样品溶液于 100mL 容量瓶中，加水至标线，混匀后吸取 20.0mL 置于 200mL 烧杯中，加水 60mL，开动磁力搅拌器，用 0.05mol/L NaOH 标准溶液滴定至酸度计指示 pH＝8.2，记录消耗氢氧化钠标准溶液体积（mL），供计算总酸含量。

加入 10.0mL 甲醛溶液，混匀。再用上述氢氧化钠标准溶液继续滴定至 pH＝8.2，记录消耗氢氧化钠标准溶液体积（mL）。

同时取 80mL 蒸馏水置于另一 200mL 洁净烧杯中，先用氢氧化钠标准溶液调至 pH＝8.2（此时不计碱消耗量），再加入 10.0mL 中性甲醛溶液，用 0.05mol/L 氢氧化钠标准溶液滴定至 pH＝8.2，作为试剂空白试验。

（5）结果计算

$$X = \frac{(V_1 - V_2)c \times 0.014}{m \times \dfrac{20}{100}} \times 100$$

式中　X——氨基酸态氮的含量，g/100g；

　　　V_1——样品液加入甲醛后滴定至终点（pH＝8.2）消耗氢氧化钠标准溶液的体积，mL；

　　　V_2——空白试验加入甲醛后滴定至终点所消耗氢氧化钠标准溶液的体积，mL；

　　　c——NaOH 标准溶液的浓度，mol/L；

　　　m——测定用样品溶液相当于样品的质量，g；

　0.014——氮的毫摩尔质量，g/mmol。

第七节　维生素的测定

维生素是维持人体正常生理功能必需的一类天然有机化合物，其主要功用是通过作为辅酶的成分调节代谢。维生素一般在体内不能合成或合成数量较少，不能充分满足机体需要，必须经常由食物来供给。

维生素种类很多，可分为脂溶性维生素和水溶性维生素。脂溶性维生素有维生素 A、维生素 D、维生素 E、维生素 K 等，水溶性维生素有维生素 C 和维生素 B。在这些维生素中，人体比较容易缺乏而在营养上又较重要的维生素有：维生素 A、维生素 D、维生素 E、维生素 B_1、维生素 B_2、烟酸、维生素 B_6、维生素 C。

维生素检验方法中，紫外可见分光光度法、荧光光度法是多种维生素的标准分析方法。它们灵敏、快速，有较好的选择性。另外，各种色谱法以其独特的高分离效能，在维生素分析方面占有越来越重要的地位。

一、脂溶性维生素的测定

1. 维生素 A 的测定——三氯化锑光度法

维生素 A 是由 β-紫外酮环与不饱和一元醇所组成的一类化合物及其衍生物的总称，包

括维生素 A_1 和维生素 A_2。维生素 A_1 即视黄醇，它有多种异构体；维生素 A_2 即 3-脱氢视黄醇，是视黄醇（维生素 A_1）衍生物之一，它也有多种异构体。其化学结构式如下：

维生素 A_1（视黄醇）　　　　　　　维生素 A_2（3-脱氢视黄醇）

维生素 A_1 还有许多种衍生物，包括视黄醛（维生素 A_1 末端的—CH_2OH 氧化成—CHO）、视黄酸（—CHO 进一步被氧化成—COOH）、3-脱氢视黄醛、3-脱氢视黄酸及其各类异构体，它们也都具有维生素 A 的作用，总称为类视黄素。

维生素 A 的测定方法有三氯化锑光度法、紫外分光光度法、荧光法、气相色谱法和高效液相色谱法等。这里主要介绍三氯化锑光度法。

（1）原理　维生素 A 在三氯甲烷中与三氯化锑相互作用，产生蓝色物质，其深浅与溶液中所含维生素 A 的含量成正比。该蓝色物质虽不稳定，但在一定时间内可用分光光度计于 620nm 波长处测定其吸光度。

（2）试剂

① 无水硫酸钠。

② 乙酸酐。

③ 乙醚：不含有过氧化物。

去除过氧化物的方法：重蒸乙醚时，瓶中放入纯铁丝或铁末少许。弃去 10％初馏液和 10％残馏液。

④ 无水乙醇：不得含有醛类物质。

⑤ 三氯甲烷：应不含分解物，否则会破坏维生素 A。

⑥ 三氯化锑-三氯甲烷溶液：250g/L。用三氯甲烷配制 250g/L 三氯化锑溶液，贮于棕色瓶中（注意勿使吸收水分）。

⑦ 氢氧化钾溶液：50％。取 50g 氢氧化钾，溶于 50g 水中，混匀。

⑧ 维生素 A 或视黄醇乙酸酯标准液。视黄醇（纯度 85％）或视黄醇乙酸酯（90％）经皂化处理后使用，用脱醛乙醇溶解维生素 A 标准品，使其浓度大约为 1mL 相当于 1mg 视黄醇，临用前用紫外分光光度法标定其准确浓度。

⑨ 酚酞指示剂：用 95％乙醇配制 10g/L 溶液。

（3）仪器和设备　分光光度计、回流冷凝装置。

（4）操作步骤　根据样品性质，可采用皂化法或研磨法。

① 皂化法。适用于维生素 A 含量不高的样品，可减少脂溶性物质的干扰，但全部试验过程费时，且易导致维生素 A 损失。

a. 皂化。根据样品中维生素 A 含量的不同，称取 0.5～5g 样品于锥形瓶中，加入 10mL 氢氧化钾及 20～40mL 乙醇，于电热板上回流 30min 至皂化完全为止。

b. 提取。将皂化瓶内混合物移至分液漏斗中，以 30mL 水洗皂化瓶，洗液并入分液漏斗。如有残渣，可用脱脂棉漏斗滤入分液漏斗内。用 50mL 乙醚分二次洗皂化瓶，洗液并入分液漏斗中。振摇并注意放气，静置分层后，水层放入第二个分液漏斗中。皂化瓶再用约 30mL 乙醚分两次冲洗，洗液倾入第二个分液漏斗中。振摇后，静置分层，水层放入锥形瓶中，醚层与第一个分液漏斗合并。重复至水液中无维生素 A 为止。

c. 洗涤。用约 30mL 水加入第一个分液漏斗中，轻轻振摇，静置片刻后，放去水层，加 15～20mL 0.5mol/L 氢氧化钾液于分液漏斗中，轻轻振摇后，弃去下层碱液，除去醚溶性酸皂。继续用水洗涤，每次用水约 30mL，直至洗涤液与酚酞指示剂呈无色为止（大约 3 次）。醚层液静置 10～20min，小心放出析出的水。

d. 浓缩。将醚层液经过无水硫酸钠滤入锥形瓶中，再用约 25mL 乙醚冲洗分液漏斗和硫酸钠 2 次，洗液并入锥形瓶内。置水浴上蒸馏，收回乙醚。待瓶中剩约 5mL 乙醚时取下，用减压抽气法至干，立即加入一定量的三氯甲烷使溶液中维生素 A 含量在适宜浓度范围内。

② 研磨法。适用于每克样品维生素 A 含量为 5～10μg 样品的测定，如动物肝的检测。步骤简单，省时，结果准确。

a. 研磨。精确称 2～5g 样品，放入盛有 3～5 倍样品质量的无水硫酸钠研钵中，研磨至样品中水分完全被吸收，并均质化。

b. 提取。小心地将全部均质化样品移入带盖的锥形瓶内，准确加入 50～100mL 乙醚。紧压盖子，用力振摇 2min，使样品中维生素 A 溶于乙醚中。使其自行澄清（大约需 1～2h），或离心澄清（因乙醚易挥发，气温高时应在冷水浴中操作，装乙醚的试剂瓶也应事先放入冷水浴中）。

c. 浓缩。取澄清乙醚液 2～5mL，放入比色管中，在 70～80℃水浴上抽气蒸干，立即加入 1mL 三氯甲烷溶解残渣。

（5）测定步骤

① 标准曲线的制备。准确取一定量的维生素 A 标准液于 4～5 个容量瓶中，以三氯甲烷配制标准系列。再取相同数量比色管顺次取 1mL 三氯甲烷和标准系列使用液 1mL，各管加入乙酸酐 1 滴，制成标准比色系列。于 620nm 波长处，以三氯甲烷调节吸光度至零点，将其标准比色系列按顺序移入光路前，迅速加入 9mL 三氯化锑-三氯甲烷溶液。于 6s 内测定吸光度，将吸光度为纵坐标，以维生素 A 含量为横坐标绘制标准曲线图。

② 样品测定。于一比色管中加入 10mL 三氯甲烷，加入 1 滴乙酸酐为空白液。另一比色管中加入 1mL 三氯甲烷，其余比色管中分别加入 1mL 样品溶液及 1 滴乙酸酐。其余步骤同标准曲线的制备。

（6）结果计算

$$X = \frac{cV}{m \times 1000} \times 100$$

式中　X——样品中维生素 A 的含量，mg/100g（若按国际单位，每国际单位相当于 0.3μg 维生素 A）；

　　c——由标准曲线上查得样品中含维生素 A 的含量，μg/mL；

　　m——样品质量，g；

　　V——提取后加三氯甲烷定量之体积，mL；

　　100——以每 100g 样品计。

2. β-胡萝卜素的测定

胡萝卜素广泛存在于有色蔬菜和水果中，它有多种异构体和衍生物，包括 α-胡萝卜素、β-胡萝卜素、γ-胡萝卜素、玉米黄素，还包括叶黄素、番茄红素。其中 α-胡萝卜素、β-胡萝卜素、γ-胡萝卜素、玉米黄素在分子结构中含有 β-紫罗宁残基，在人体内可转变为维生素 A，故称为维生素 A 原。以 β-胡萝卜素效价最高，每 1mg β-胡萝卜素约相当于 167μg（或

560IU）维生素 A。β-胡萝卜素的结构如下：

胡萝卜素对热及酸、碱比较稳定，但紫外线和空气中的氧可促进其氧化破坏。因属于脂溶性维生素，故可用有机溶剂从食物中提取。

胡萝卜素本身是一种色素，在 450nm 波长处有最大吸收，故只要能完全分离，便可对其进行定性和定量测定。但在植物体内，胡萝卜素经常与叶绿素、叶黄素等共存，在提取 β-胡萝卜素时，这些色素也能被有机溶剂提取，因此在测定前，必须将胡萝卜素与其他色素分开。通常使用各种色谱方法进行测定。

这里介绍纸色谱法在 β-胡萝卜素检测中的应用。

（1）胡萝卜素的色谱分离原理　以丙酮和石油醚提取食物中的胡萝卜素及其他植物色素。以石油醚为展开剂进行纸色谱，胡萝卜素极性最小，移动速度最快，从而与其他色素分离。剪下含胡萝卜素的区带，洗脱后于 450nm 波长下定量测定。

（2）试剂

① 石油醚：沸程 30～60℃。同时是展开剂。

② 氢氧化钾溶液：1＋1。取 50g 氢氧化钾溶于 50mL 水。

③ 无水乙醇：不得含有醛类物质，可用银镜反应进行检验。

若含有醛类物质，可按下法脱醛：取 2g 硝酸银溶于少量水中，取 4g 氢氧化钠溶于温乙醇中，将两者倾入 1L 乙醇中，暗处放置 2 天（不时摇动以促进反应），过滤，滤液倾入蒸馏瓶中蒸馏，弃去初蒸的 50mL。

④ 无水硫酸钠。

⑤ β-胡萝卜素标准贮备液：准确称取 50.0mg β-胡萝卜素标准品，溶于 100.0mL 三氯甲烷中，浓度约为 500μg/mL，准确测其浓度。

a. 标定浓度的方法。取标准贮备液 10.0μL，加正己烷 3.00mL，混匀，测吸光值，比色杯厚度 1cm，以正己烷为空白，入射光波长 450nm，平行测定 3 份，取均值。

b. 计算公式。

$$X = \frac{A}{E} \times \frac{l}{1000} \times \frac{3.01}{0.01}$$

式中　X——胡萝卜素标准溶液浓度，mg/mL；

　　　A——吸光值；

　　　l——溶液浓度，μg/mL；

　　　E——β-胡萝卜素在正己烷溶液中，入射光波长 450nm，比色杯厚度为 1cm 的吸光系数，溶液浓度为 1μg/mL 的吸光系数为 0.2638；

　　　$\dfrac{3.01}{0.01}$——测定过程中稀释倍数的换算。

⑥ β-胡萝卜素标准使用液：将已标定的标准液用石油醚准确稀释 10 倍，每毫升溶液相当于 50μg，避光保存于冰箱中。

（3）仪器和设备　玻璃展开槽；分光光度计；旋转蒸发器；恒温水浴锅；皂化回馏装置；点样器或微量注射器；滤纸（定性，快速或中速，18cm×30cm）。

（4）样品的采集和处理

① 粮食。样品用水洗 3 次，置 60℃烤箱中烤干，磨粉，贮于塑料瓶内，放一小包樟脑精，盖紧瓶塞保存，备用。

② 蔬菜与其他植物性食物。取可食部分用水冲洗 3 次后，用纱布吸去水滴，切碎，用匀浆器制成匀浆，贮于塑料瓶内冰箱内保存备用。

（5）测定步骤　以下步骤需在避光条件下进行。

① 样品提取。取适量样品，相当于原样 1～5g（含胡萝卜素约为 20～80μg）匀浆，粮食样品视其胡萝卜素含量而定（植物油和高脂肪样品取样量须小于 10g），置 100mL 带塞锥形瓶中，加脱醛乙醇 30mL，再加 10mL 氢氧化钾溶液（1+1），回流加热 30min，然后用冰水使之迅速冷却。皂化后试样用石油醚提取，直至提取液无色为止，每次提取石油醚用量为 15～25mL。

② 洗涤。将皂化后样品提取液用水洗涤至中性。将提取液通过盛有 10g 无水硫酸钠的小漏斗，漏入球形瓶，用少量石油醚分数次洗净分液漏斗和无水硫酸钠层内的色素，洗涤液并入球形瓶内。

③ 浓缩与定容。将上述球形瓶内的提取液于旋转蒸发器上减压蒸发，水浴温度为 60℃，蒸发至约 1mL 时，取下球形瓶，用氮气吹干，立即加入 2.00mL 石油醚定容，备色谱用。

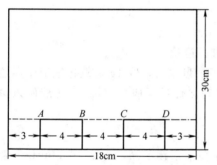

图 4-16　纸色谱点样示意

④ 纸色谱。

a. 点样。在 18cm×30cm 滤纸下端距底边 4cm 处作一基线，在基线上取 A、B、C、D 四点，如图 4-16 所示。吸取 0.100～0.400mL 上述浓缩液在 AB 和 CD 间迅速点样。

b. 展开。待纸上所点样液自然挥发干后，将滤纸卷成圆筒状，置于预先用石油醚饱和的展开槽中，进行上行展开。

c. 洗脱。待胡萝卜素与其他色素完全分开后，取出滤纸，自然挥发干石油醚，将位于展开剂前沿的胡萝卜素色谱带剪下，立即放入盛有 5mL 石油醚的具塞试管中，用力振摇，使胡萝卜素完全溶入溶剂中。

⑤ 光度测定。用 1cm 比色皿，以石油醚调节零点，于 450nm 波长下，测吸光度，以其值从标准曲线上查出 β-胡萝卜素的含量，供计算时使用。

⑥ 标准曲线绘制。取 β-胡萝卜素标准使用液（浓度为 50μg/mL）1.00mL、2.00mL、3.00mL、4.00mL、6.00mL、8.00mL，分别置于 100mL 具塞锥形瓶中，按样品测定步骤进行预处理和纸色谱操作，点样体积为 0.100mL，标准曲线各点含量依次为 2.5μg、5.0μg、7.5μg、10.0μg、15.0μg、20.0μg。为测定低含量样品，可在 0～2.5μg 间加做几点。以 β-胡萝卜素含量为横坐标、吸光度为纵坐标绘制标准曲线。

（6）结果计算

$$X = \frac{m_1}{m} \times \frac{V_2}{V_1} \times 100$$

式中　X——样品中胡萝卜素的含量，以 β-胡萝卜素计，μg/100g；

m_1——在标准曲线上查得的胡萝卜素的含量，μg；

V_1——点样体积，mL；

V_2——样品石油醚提取液浓缩后的定容体积，mL；

m——样品质量，g。

3. 维生素 D 的测定

维生素 D 是指含有抗佝偻病活性的一类物质，具有维生素 D 活性的化合物约有 10 种，其中最重要的是维生素 D_2、维生素 D_3 及维生素 D 原。食品中维生素 D 的含量很少，且主要存在于动物性食品中，维生素 D 的含量一般用国际单位（IU）表示，1IU 的维生素 D 相当于 $0.025\mu g$ 的维生素 D。

维生素 D 测定方法有：紫外-可见分光光度法、气相色谱法、液相色谱法及薄层色谱法等。这里主要介绍三氯化锑光度法。

（1）原理 在三氯甲烷溶液中，维生素 D 与三氯化锑结合生成一种橙黄色化合物，呈色强度与维生素 D 的含量成正比。

（2）试剂

① 三氯化锑-三氯甲烷溶液：250g/L。将 25g 干燥的三氯化锑迅速投入装有 100mL 三氯甲烷的棕色试剂瓶中，振摇，使之溶解，再加入无水硫酸钠 10g。用时吸取上层清液。

② 三氯化锑-三氯甲烷-乙酰氯溶液：在试剂①中加入为其体积 3% 的乙酰氯，摇匀。

③ 无水乙醚：不含过氧化物。

a. 检查方法。取 5mL 乙醚加 1mL 100g/L 碘化钾溶液，振摇 1min，如含过氧化物则放出游离碘，水层呈黄色；或加入 4 滴 5g/L 淀粉溶液，水层呈蓝色。该乙醚需处理后使用。

b. 去除方法。重蒸乙醚时，瓶内放入少许铁末或纯铁丝。弃去 10% 初馏液和 10% 残馏液。

④ 无水乙醇：不含醛类物质。

a. 检查方法。在盛有 2mL 银氨溶液的小试管中，加入 3~5 滴无水乙醇，摇匀，再加入 100g/L 氢氧化钠溶液，加热，放置冷却后，若有银镜反应则表示乙醇中含有醛。

b. 脱醛方法。取 2g 硝酸银，溶于少量水中。取 4g 氢氧化钠溶于温乙醇中。将两者倾入盛有 1L 乙醇的试剂内，振摇后，暗处放置 2d（不时摇动，促进反应），经过滤，置蒸馏瓶中蒸馏，弃去初馏液 50mL。若乙醇中含醛较多时，可适当增加硝酸银用量。

⑤ 石油醚：沸程 30~60℃；重蒸。

⑥ 维生素 D 标准溶液：称取 0.25g 维生素 D，用三氯甲烷稀释至 100mL，此液浓度为 2.5mg/mL，临用时以三氯甲烷配制成 0.025~2.5μg/mL 的标准使用液。

⑦ 聚乙二醇（PEG）600。

⑧ 白色硅藻土：celite545（柱色谱载体）。

⑨ 氨水。

⑩ 无水硫酸钠。

⑪ 氢氧化钾溶液：0.5mol/L。

⑫ 中性氧化铝：色谱用，100~200 目。

在 550℃ 灰化炉中活化 5.5h，降温至 300℃ 左右取出装瓶。冷却后，每 100g 氧化铝加入 4mL 水，用力振摇，使无块状，瓶口封紧贮存于干燥器内，16h 后使用。

（3）测定步骤

① 样品处理。皂化与提取同维生素 A 的测定。如果样品中有维生素 A 共存，可用以下方法进行分离纯化：

a. 分离柱的制备。取一支内径为 2.2cm，具有活塞和砂芯板的玻璃色谱柱。

第一层：加入 1～2g 无水硫酸钠，铺平整。

第二层：称取 15g Celite 置于 250mL 碘价瓶中，加入 80mL 石油醚，振摇 2min，再加入 10mL 聚乙二醇 600，剧烈振摇 10min，使其黏合均匀，然后倾入色谱柱内。

第三层：加 5g 中性氧化铝。

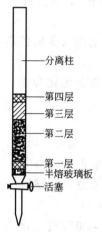

第四层：加入 2～4g 无水硫酸钠。

轻轻地转动色谱柱，使第二层的高度保持在 12cm 左右，如图 4-17 所示。

b. 纯化。先用 30～50mL 石油醚淋洗分离柱，然后将样品提取液倒入柱内，再用石油醚继续淋洗。弃去最初收集的 10mL 滤液，再用 200mL 容量瓶收集淋洗液至刻度。淋洗速度保持 2～3mL/min。将淋洗液移入 500mL 分液漏斗中，每次加 100～150mL 水，洗涤 3 次（去除残留的聚乙二醇，以免与三氯化锑作用形成混浊物，影响比色）。将上述石油醚层通过无水硫酸钠脱水后，置于浓缩器中减压浓缩至干或在水浴上用水泵减压抽干，立即加入 5mL 三氯甲烷溶解备用。

② 测定。

a. 标准曲线的绘制。准确吸取维生素 D 标准使用液（浓度视样品中维生素 D 含量高低而定）0.0mL、1.0mL、2.0mL、3.0mL、4.0mL、5.0mL 于 10mL 容量瓶内，用三氯甲烷定容。取上述标准比色液各 1mL 于 1cm 比色杯中，立即加入三氯化锑-三氯甲烷-乙酰氯溶液 3mL，在 500nm 波长下，于 2min 内测定吸光度。绘制标准曲线。

图 4-17　色谱柱

b. 样品测定。吸取样品纯化液 1mL 于 1cm 比色杯中，以下操作同标准曲线的绘制。

（4）结果计算　根据样品溶液的吸收值，从标准曲线上查出相应的含量，然后按下式计算：

$$X = \frac{cV}{m \times 1000} \times 100$$

式中　X——样品中维生素 D 的含量，mg/100g；

　　　c——标准曲线上查得样品溶液中维生素 D 的含量，$\mu g/mL$（如按国际单位，每国际单位相当于 $0.025\mu g$ 维生素 D）；

　　　V——样品提取后用三氯甲烷定容之体积，mL；

　　　m——样品质量，g。

4. 维生素 E 的测定

维生素 E 又称生育酚，属于酚类化合物。目前已经确认的有八种异构体：α-生育酚、β-生育酚、γ-生育酚、δ-生育酚和 α-三烯生育酚、β-三烯生育酚、γ-三烯生育酚、δ-三烯生育酚。维生素 E 广泛分布于动、植物食品中，含量较多的为麦胚油、棉籽油、玉米油、花生油、芝麻油、大豆油等植物油料，此外肉、鱼、禽、蛋、乳、豆类、水果以及绿色蔬菜中也都含有维生素 E。

食品中维生素 E 的测定方法有分光光度法、荧光法、气相色谱法和液相色谱法。分光光度法操作简单，灵敏度较高，但对维生素 E 没有特异的反应，需要采取一些方法消除干扰。荧光法特异性强、干扰少、灵敏、快速、简便。高效液相色谱法具有简便、分辨率高等优点，可在短时间内完成同系物的分离定量，是目前测定维生素 E 最好的分析方法。这里介绍高效液相色谱法。

（1）测定原理　样品中的维生素 E 及维生素 A 经皂化提取处理后，将其从不可皂化部分提取至有机溶剂中。用高效液相色谱法 C_{18} 反相柱将维生素 E 和维生素 A 分离，经紫外检测器检测，并用内标法定量测定。

（2）试剂

① 无水乙醚：不含有过氧化物。

② 无水乙醇：不得含有醛类物质。

③ 无水硫酸钠。

④ 甲醇：重蒸后使用。

⑤ 重蒸水：水中加少量高锰酸钾，临用前蒸馏。

⑥ 抗坏血酸溶液：100g/L，临用前配制。

⑦ 氢氧化钾溶液：1＋1。

⑧ 氢氧化钠溶液：100g/L。

⑨ 硝酸银溶液：50g/L。

⑩ 银氨溶液：加氨水至 50g/L 硝酸银溶液中，直至生成的沉淀重新溶解为止，再加 100g/L 氢氧化钠溶液数滴，如发生沉淀，再加氨水直至溶解。

⑪ 维生素 A 标准液：视黄醇（纯度 85％）或视黄醇乙酸酯（纯度 90％）经皂化处理后使用，用脱醛乙醇溶解维生素 A 标准品，使其浓度大约为 1mL 相当于 1mg 视黄醇，临用前用紫外分光光度法标定其准确浓度。

⑫ 维生素 E 标准液：α-生育酚（纯度 95％）、γ-生育酚（纯度 95％）、δ-生育酚（纯度 95％），用脱醛乙醇分别溶解以上三种维生素 E 标准品，使其浓度大约为 1mL 相当于 1mg，临用前用紫外分光光度法分别标定此三种维生素 E 的准确浓度。

⑬ 内标溶液：称取苯并 [e] 芘（纯度 98％），用脱醛乙醇配制成每 1mL 相当于 10μg 苯并 [e] 芘的内标溶液。

⑭ pH 1～14 试纸。

（3）仪器和设备

① 高效液相色谱仪：带紫外分光检测器。

② 旋转蒸发器。

③ 高速离心机；小离心管为具塑料盖 1.5～3.0mL 塑料离心管（与高速离心机配套）。

④ 高纯氮气。

⑤ 紫外分光光度计。

（4）操作步骤

① 样品处理。

a. 皂化。称取 1～10g 样品（含维生素 E 各异构体约为 40μg，维生素 A 约 3μg）于皂化瓶中，加 30mL 无水乙醇，进行搅拌，直到颗粒物分散均匀为止。加 5mL 100g/L 维生素 C、2.00mL 苯并 [e] 芘标准液，混匀。加 10mL 氢氧化钾溶液，混匀。于沸水浴上回流 30min 使皂化完全。皂化后立即放入冰水中冷却。

b. 提取。将皂化后的样品移入分液漏斗中，用 50mL 水分 2～3 次洗皂化瓶，洗液并入分液漏斗中。用约 100mL 乙醚分 2 次洗皂化瓶及其残渣，乙醚液并入分液漏斗中。如有残渣，可将此液通过有少许脱脂棉的漏斗滤入分液漏斗。轻轻振摇分液漏斗 2min，静置分层，弃去水层。

c. 洗涤。用约 50mL 水洗分液漏斗中的乙醚层，用 pH 试纸检验直至水层不显碱性（最初水洗轻摇，逐次振摇强度可增加）。

d. 浓缩。将乙醚提取液经过无水硫酸钠（约 5g）滤入与旋转蒸发器配套的 250～300mL 球形蒸发瓶内，用约 10mL 乙醚冲洗分液漏斗及无水硫酸钠 3 次，并入蒸发瓶内，并将其接至旋转蒸发器上，于 55℃ 水浴中减压蒸馏并回收乙醚，待瓶中剩下约 2mL 乙醚时，取下蒸发瓶，立即用氮气吹掉乙醚。立即加入 2.00mL 乙醇，充分混合，溶解提取物。

e. 将乙醇液移入一小塑料离心管中，离心 5min（5000r/min）。上层清液供色谱分析。如果样品中维生素含量过少，可用氮气将乙醇液吹干后，再用乙醇重新定容，并记下体积比。

② 标准曲线的制备。

a. 维生素 A 和维生素 E 标准浓度的标定方法。取维生素 A 和维生素 E 标准液各若干微升，分别稀释至 3.00mL 乙醇中，并分别按给定波长测定各维生素的吸光值。用比吸光系数计算出该维生素的浓度。测定条件如表 4-2 所示。

表 4-2 液相色谱的测定条件

标　准	加入标准的量 $S/\mu L$	比吸光系数 $E_{cm}^{1\%}$	波长/nm
视黄醇	10.00	1 835	325
γ-生育酚	100.0	71	294
δ-生育酚	100.0	92.8	298
α-生育酚	100.0	91.2	298

浓度计算：

$$c_1 = \frac{A}{E} \times \frac{1}{100} \times \frac{3.00}{V \times 10^{-3}}$$

式中　c_1——维生素浓度，g/mL；

　　　A——维生素的平均紫外吸光值；

　　　V——加入标准液的量，μL；

　　　E——某种维生素 1% 比吸光系数；

　　　$\dfrac{3.00}{V \times 10^{-3}}$——标准液稀释倍数。

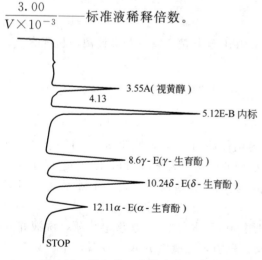

图 4-18　维生素 A 和维生素 E 色谱

3.55A（视黄醇）
4.13
5.12E-B 内标
8.6γ-E（γ-生育酚）
10.24δ-E（δ-生育酚）
12.11α-E（α-生育酚）
STOP

b. 标准曲线的制备。本方法采用内标法定量。把一定量的维生素 A、γ-生育酚、α-生育酚、δ-生育酚及内标苯并 [e] 芘液混合均匀。选择合适灵敏度，使上述物质的各峰高约为满量程 70%，为高浓度点。高浓度的 1/2 为低浓度点（其内标苯并 [e] 芘的浓度值不变），用这两种浓度的混合标准进行色谱分析，结果见色谱图（图 4-18）。维生素标准曲线绘制是以维生素峰面积与内标物峰面积之比为纵坐标、维生素浓度为横坐标绘制，或计算直线回归方程。如有微处理机装置，则按仪器说明用二点内标法进行定量。

③ 高效液相色谱分析。

色谱条件（参考条件）：

预柱	Ultrasphere ODS $10\mu m$，$4mm \times 4.5cm$
分析柱	Ultrasphere ODS $5\mu m$，$4.6mm \times 25cm$
流动相	甲醇＋水（98＋2）。混匀，于临用前脱气
紫外检测器波长	300nm。量程 0.02
进样量	$20\mu L$
流速	$1.7mL/min$

本方法不能将 β-E 和 γ-E 分开，故 γ-E 峰中包含有 β-E 峰。

④ 样品分析。取样品浓缩液 $20\mu L$，待绘制出色谱图及色谱参数后，再进行定性和定量。

a. 定性。用标准物色谱峰的保留时间定性。

b. 定量。根据色谱图求出某种维生素峰面积与内标物峰面积的比值，以此值在标准曲线上查到其含量。或用回归方程求出其含量。

（5）结果计算

$$X - \frac{cV}{m \times 1000} \times 100$$

式中　X——某种维生素的含量，mg/100g；

c——由标准曲线上查到某种维生素含量，$\mu g/mL$；

V——样品浓缩定容体积，mL；

m——样品质量，g。

二、水溶性维生素的测定

（一）维生素 B_1（硫胺素）的测定

食物中维生素 B_1 的定量分析，可利用游离型维生素 B_1 与多种重氮盐偶合呈各种不同颜色，进行分光光度测定；也有将游离型维生素 B_1 氧化成硫色素，测定其荧光强度；近年来对利用带荧光检测器的高效液相色谱测定法进行了许多研究，并用于实际样品测定。分光光度法适用于测定维生素 B_1 含量较高的食物，如大米、大豆、酵母、强化食品等；荧光法和高效液相色谱法适用于微量测定。这里主要介绍荧光法。

（1）原理　样品经热稀酸处理，以提取维生素 B_1。如果所含维生素 B_1 系游离态，可直接在碱性铁氰化钾溶液中氧化成噻嘧色素，在紫外线照射下，噻嘧色素发出荧光。在给定的条件下以及没有其他荧光物质干扰时，此荧光之强度与噻嘧色素量成正比。如试样中含杂质过多，应经过离子交换剂处理，使硫胺素（维生素 B_1）与杂质分离，然后以所得溶液作测定。

（2）仪器

① 荧光分光光度计。

② 电热恒温培养箱。

③ Maizel-Gerson 反应瓶（见图 4-19）。

④ 盐基交换管（见图 4-20）。

（3）试剂

① 正丁醇：需经重蒸馏后使用。

② 无水硫酸钠。

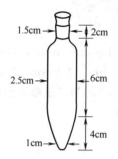

图 4-19 Maizel-Gerson 反应瓶

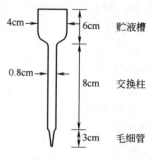

图 4-20 盐基交换管

③ 淀粉酶和蛋白酶。

④ 盐酸：0.1mol/L。

⑤ 盐酸：0.3mol/L。

⑥ 乙酸钠溶液：2mol/L。

⑦ 氯化钾溶液：250g/L。

⑧ 酸性氯化钾溶液：250g/L。8.5mL 浓盐酸用 25％氯化钾溶液稀释至 1000mL。

⑨ 氢氧化钠溶液：150g/L。

⑩ 铁氰化钾溶液：10g/L。当天配制，贮于棕色瓶中。

⑪ 碱性铁氰化钾溶液：取 4mL 10g/L 铁氰化钾溶液，用 150g/L 氢氧化钠溶液稀释至 60mL。用时现配，避光使用。

⑫ 乙酸溶液：30mL 冰乙酸用水稀释至 1000mL。

⑬ 活性人造浮石：称取 200g 40～60 目的人造浮石，以 10 倍于其容积的热乙酸溶液搅洗 2 次，每次 10min；再用 5 倍于其容积的 250g/L 热氯化钾溶液搅洗 15min；然后再用稀乙酸溶液搅洗 10min；最后用热蒸馏水洗至没有氯离子。于蒸馏水中保存。

⑭ 硫胺素（维生素 B_1）标准贮备液：0.1mg/mL。准确称取 100mg 经氯化钙干燥 24h 的硫胺素，溶于 0.01mol/L 盐酸中，并稀释至 1000mL，于冰箱中避光保存。

⑮ 硫胺素（维生素 B_1）标准中间液：10μg/mL。将硫胺素（维生素 B_1）标准贮备液用 0.01mol/L 盐酸稀释 10 倍，于冰箱中避光保存。

⑯ 硫胺素（维生素 B_1）标准使用液：0.1μg/mL。将硫胺素（维生素 B_1）标准中间液用水稀释 100 倍，用时现配。

⑰ 溴钾酚绿溶液：0.4g/L。称取 0.1g 溴钾酚绿，置于小研钵中，加入 1.4mL 0.1mol/L 氢氧化钠溶液研磨片刻，再加入少许水继续研磨至完全溶解，用水稀释至 250mL。

（4）操作方法

① 试样准备。试样采集后用匀浆机打成匀浆于低温冰箱中冷冻保存，用时将其解冻后混匀使用。干燥试样要将其尽量粉碎后备用。

② 提取。准确称取一定量试样（估计其硫胺素含量约为 10～30μg，一般称取 2～10g 试样），置于 100mL 锥形瓶中，加入 500mL 0.1mol/L 或 0.3mol/L 盐酸使其溶解，放入高压锅中加热水解，121℃ 30min，凉后取出。

用 2mol/L 乙酸钠调其 pH 为 4.5（以 0.4g/L 溴甲酚绿为外指示剂）。

按每克试样加入 20mg 淀粉酶和 40mg 蛋白酶的比例加入淀粉酶和蛋白酶。于 45～50℃ 温箱过夜保温（约 16h）。

凉至室温，定容至 100mL，然后混匀过滤，即为提取液。

③ 净化。用少许脱脂棉铺于盐基交换管的交换柱底部，加水将棉纤维中气泡排出，再加约 1g 活性人造浮石使之达到交换柱的 1/3 高度，保持盐基交换管中液面始终高于活性人造浮石。

用移液管加入提取液 20～60mL（使通过活性人造浮石的硫胺素总量为 2～5μg）。

加入约 10mL 热蒸馏水冲洗交换柱，弃去洗液。如此重复 3 次。

加入 20mL 250g/L 酸性氯化钾溶液（温度为 90℃左右），收集此液于 25mL 刻度试管内，凉至室温，用 250g/L 酸性氯化钾定容至 25mL，即为试样净化液。

重复上述操作，将 20mL 硫胺素（维生素 B₁）标准使用液加入盐基交换管以代替试样提取液，即得到标准净化液。

④ 氧化。将 5mL 试样净化液分别加入 A、B 两个反应瓶。

在避光条件下将 3mL 150g/L 氢氧化钠加入反应瓶 A，将 3mL 碱性铁氰化钾溶液加入反应瓶 B，振摇约 15s，然后加入 10mL 正丁醇；将 A、B 两个反应瓶同时用力振摇 1.5min。

重复上述操作，用标准净化液代替试样净化液。

静置分层后吸去下层碱性溶液，加入 2～3g 无水硫酸钠使溶液脱水。

⑤ 测定。

荧光测定条件：激发波长 365nm；发射波长 435nm；激发波狭缝 5nm；发射波狭缝 5nm。

依次测定下列荧光强度：试样空白荧光强度（试样反应瓶 A）；标准空白荧光强度（标准反应瓶 A）；试样荧光强度（试样反应瓶 B）；标准荧光强度（标准反应瓶 B）。

（5）结果计算

$$X = (U - U_b) \times \frac{cV}{S - S_b} \times \frac{V_1}{V_2} \times \frac{1}{m} \times \frac{100}{1000}$$

式中　X——试样中硫胺素（维生素 B₁）含量，mg/100g；

U——试样荧光强度；

U_b——试样空白荧光强度；

S——标准荧光强度；

S_b——标准空白荧光强度；

c——硫胺素（维生素 B₁）标准使用液浓度，μg/mL；

V——用于净化的硫胺素（维生素 B₁）标准使用液体积，mL；

V_1——试样水解后定容之体积，mL；

V_2——试样用于净化的提取液体积，mL；

m——试样质量，g；

$\frac{100}{1000}$——试样含量由 μg/g 换算成 mg/100g 的系数。

（二）维生素 B₂（核黄素）的测定

维生素 B₂ 为橙黄色结晶，其水溶液具有黄绿色的荧光，在强酸溶液中稳定，而在碱性溶液中受光线照射很快转化为光黄素，光黄素的荧光较维生素 B₂ 本身的荧光要强得多。这些性质是荧光法测定维生素 B₂ 含量的基础。

1. 直接荧光法

（1）原理　将样品在酸性溶液中加热，提取维生素 B₂，通过调整 pH，过滤后，可除去蛋白质等物质，滤液在酸性环境下以高锰酸钾溶液氧化，再除去某些荧光杂质的干扰，然后

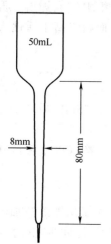

50mL

8mm

80mm

图 4-21　核黄素
吸附柱

测定试液的荧光强度。维生素 B_2 在 440～500nm 波长光照射下发生黄绿色荧光。在稀溶液中其荧光强度与维生素 B_2 的浓度成正比。在波长 525nm 下测定其荧光强度。再向试液中加入连二亚硫酸钠将维生素 B_2 还原为无荧光的物质，然后测定试液中残余荧光杂质的荧光强度。两者之差即为维生素 B_2 所产生的荧光强度，与标准维生素 B_2 对照进行定量。

（2）仪器　荧光分光光度计；高压消毒锅；电热恒温培养箱；核黄素吸附柱（见图 4-21）。

（3）试剂

① 硅镁吸附剂：60～100 目。

② 乙酸钠溶液：2.5mol/L。

③ 木瓜蛋白酶：100g/L。用 2.5mol/L 乙酸钠溶液配制，使用时现配制。

④ 淀粉酶：100g/L。用 2.5mol/L 乙酸钠溶液配制，使用时现配制。

⑤ 盐酸：0.1mol/L。

⑥ 氢氧化钠溶液：1mol/L。

⑦ 低亚硫酸钠溶液：200g/L。此液用时现配，保存在冰水浴中，4h 内有效。

⑧ 洗脱液：丙酮＋冰乙酸＋水（5＋2＋9）。

⑨ 溴钾酚绿指示剂：0.4g/L。

⑩ 高锰酸钾溶液：30g/L。

⑪ 过氧化氢溶液：3％。

⑫ 核黄素标准液的配制（纯度 98％）。

a. 核黄素标准贮备液：25μg/mL。将标准品核黄素粉状结晶置于真空干燥器或盛有硫酸的干燥器中。经过 24h 后，准确称取 50mg 置于 2L 容量瓶中，加入 2.4mL 冰乙酸和 1.5L 水。将容量瓶置于温水中摇动，待其溶解，冷至室温，稀释至 2L，移至棕色瓶内，加少许甲苯盖于溶液表面，于冰箱中保存。

b. 核黄素标准使用液：1.00μg/mL。吸取 2.00mL 核黄素标准贮备液，置于 50mL 棕色容量瓶中，用水稀释至刻度。避光，贮于 4℃冰箱，可保存 1 周。

（4）操作方法

① 试样提取。

a. 试样的水解。准确称取 2～10g 样品（含 10～200μg 核黄素）于 100mL 锥形瓶中，加 50mL 0.1mol/L 盐酸，搅拌直至颗粒物分散均匀。用 40mL 瓷坩埚为盖扣住瓶口，置于高压锅内 $10.3×10^4$Pa 高压水解 30min。水解液冷却后，滴加 1mol/L 氢氧化钠，取少许水解液，用 0.4g/L 溴甲酚绿检验呈草绿色，pH 为 4.5。

b. 试样的酶解。

含有淀粉的水解液：加入 3mL 10g/L 淀粉酶溶液，于 37～40℃保温约 16h。

含高蛋白的水解液：加入 3mL 10g/L 木瓜蛋白酶溶液，于 37～40℃保温约 16h。

c. 过滤。上述酶解液定容至 100.0mL，用干滤纸过滤。此提取液在 4℃冰箱中可保存 1 周。

② 氧化去杂质。视试样中核黄素的含量取一定体积的试样提取液及核黄素标准使用液（约含 1～10μg 核黄素）分别于 20mL 的带盖刻度试管中，加水至 15mL。各管加 0.5mL 冰

乙酸，混匀。加 30g/L 高锰酸钾溶液 0.5mL，混匀，放置 2min，使氧化去杂质。滴加 3% 过氧化氢溶液数滴，直至高锰酸钾的颜色退掉。剧烈振摇此管，使多余的氧气逸出。

③ 核黄素的吸附和洗脱。

a. 核黄素吸附柱。硅镁吸附剂约 1g 用湿法装入柱，占柱长 1/2～2/3（约 5cm）为宜（吸附柱下端用一小团脱脂棉垫上），勿使柱内产生气泡，调节流速约为 60 滴/min。

b. 过柱与洗脱。将全部氧化后的样液及标准液通过吸附柱后，用约 20mL 热水洗去样液中的杂质。然后用 5.00mL 洗脱液将试样中核黄素洗脱并收集于一带盖 10mL 刻度试管中，再用水洗吸附柱，收集洗出之液体并定容至 10mL，混匀后待测荧光。

④ 标准曲线的制备。分别精确吸取核黄素标准使用液 0.3mL、0.6mL、0.9mL、1.25mL、2.5mL、5.0mL、10.0mL、20.0mL（相当于 0.3μg、0.6μg、0.9μg、1.25μg、2.5μg、5.0μg、10.0μg、20.0μg 核黄素）或取与试样含量相近的单点标准按核黄素的吸附和洗脱步骤操作。

⑤ 测定。于激发光波长 440nm，发射光波长 525nm，测量试样管及标准管的荧光值。

待试样及标准的荧光值测量后，在各管的剩余液（5～7mL）中加 0.1mL 20% 低亚硫酸钠溶液，立即混匀，在 20s 内测出各管的荧光值，作各自的空白值。

（5）结果计算

$$X = \frac{(A-B)S}{(C-D)m} \times f \times \frac{100}{1000}$$

式中　X——试样中核黄素（维生素 B_2）的含量，mg/100g；

　　　A——试样管荧光值；

　　　B——试样管空白荧光值；

　　　C——标准管荧光值；

　　　D——标准管空白荧光值；

　　　f——稀释倍数；

　　　m——试样质量，g；

　　　S——标准管中核黄素质量，μg；

　$\frac{100}{1000}$——将试样中核黄素含量由 μg/g 换算成 mg/100g 的系数。

2. 光黄素荧光法

（1）原理　在酸性溶液中加热提取维生素 B_2，再在碱性条件下经光照射进行光分解，维生素 B_2 转变为非活性、黄绿色荧光物质光黄素。光黄素在酸性条件下很容易被氯仿萃取，利用这一性质可使光黄素与其他荧光物质分离。由萃取液的荧光强度来测定维生素 B_2 的含量。

维生素 B_2 　　　　光黄素

（2）仪器

① 荧光光度计。

② 光分解装置：内装有荧光灯及反射板的暗箱。

③ 棕色容量瓶：100mL、500mL、1000mL。

④ 具塞比色管：50mL。

⑤ 移液管：1mL、5mL、10mL。

⑥ 其他：洗耳球、量筒、漏斗、电炉。

（3）试剂

① 氢氧化钠溶液：1mol/L。

② 硫酸溶液：$c\left(\dfrac{1}{2}H_2SO_4\right)=0.1mol/L$。

③ 氯仿：重蒸，要求无荧光。

④ 冰乙酸。

⑤ 高锰酸钾溶液：4%。

⑥ 过氧化氢溶液：3%。

⑦ 维生素 B_2 标准溶液：准确称取 0.1g 维生素 B_2 标准品，溶于 0.05mol/L 乙酸中，用 0.05mol/L 乙酸稀释至 1000mL，贮于棕色容量瓶中，应用时稀释成 $1\mu g/mL$ 的使用液。

（4）操作方法

① 样品提取。准确称取适量样品（5～10g），置于 100mL 棕色容量瓶中，加硫酸溶液 $\left[c\left(\dfrac{1}{2}H_2SO_4\right)=0.1mol/L\right]$ 80～90mL，在沸水浴上加热 30min，并时常摇动，冷却后，用硫酸溶液 $\left[c\left(\dfrac{1}{2}H_2SO_4\right)=0.1mol/L\right]$ 稀释至刻度，过滤。取适量滤液用水稀释至溶液含维生素 B_2 约为 $0.2\mu g/mL$，作为待测样液。

② 样品测定。取 A、B、C 3 支具塞比色管，各取待测样液 5mL，于 A 管中加入 1mL 维生素 B_2 标准使用液（$1\mu g/mL$），B、C 两管中各加入 1mL 水。然后于三管中均加入 1mol/L 氢氧化钠溶液 3mL，摇匀。将 A、B 两管置于光分解装置中经光分解 1h，C 管置暗盒中 1h。取出后，向三管中各加入冰乙酸 0.3mL，分别滴加 4% 高锰酸钾溶液至溶液呈红色，放置 1min，再分别滴加 3% 过氧化氢溶液使红色退去。各加入 10mL 氯仿进行剧烈振摇 2min，静置分层后取氯仿层（下层）测定其荧光强度。选用激发波长 440nm，发射波长 565nm。

（5）结果计算　维生素 B_2 的含量按下式计算：

$$X=\frac{(F_2-F_3)c\times 5\times T}{(F_1-F_2)m\times 1000}\times 100$$

式中　X——维生素 B_2 的含量，mg/100g；

　　F_1——A 管测试液的荧光强度；

　　F_2——B 管测试液的荧光强度；

　　F_3——C 管测试液的荧光强度；

　　c——标准使用液的浓度，$\mu g/mL$；

　　T——样品提取液的稀释倍数；

　　m——样品质量，g。

（三）维生素 C 的测定

维生素 C 又称抗坏血酸。广泛存在于植物组织中，新鲜的水果、蔬菜，特别是枣、辣椒、苦瓜、柿子叶、猕猴桃、柑橘等食品中含量尤为丰富。

测定抗坏血酸的方法有荧光法、2,4-二硝基苯肼光度法、靛酚滴定法及高效液相色谱法等。这里介绍荧光法、2,4-二硝基苯肼光度法。

1. 荧光法

（1）测定原理　试样中还原型抗坏血酸经活性炭氧化为脱氢抗坏血酸后，与邻苯二胺（OPDA）反应生成有荧光的喹唔啉，其荧光强度与抗坏血酸的浓度在一定条件下成正比，以此测定食品中抗坏血酸和脱氢抗坏血酸的总量。

脱氢抗坏血酸与硼酸可形成复合物而不与OPDA反应，以此排除试样中荧光杂质产生的干扰。

（2）试剂

① 偏磷酸-乙酸液：称取15g偏磷酸，加入40mL冰乙酸及250mL水，加温，搅拌，使之逐渐溶解，冷却后加水至500mL。于4℃冰箱可保存7～10d。

② 硫酸：0.15mol/L。

③ 偏磷酸-乙酸-硫酸液：称取15g偏磷酸，加入40mL冰乙酸及250mL 0.15mol/L硫酸液，加温，搅拌，使之逐渐溶解，冷却后加0.15mol/L硫酸液至500mL。

④ 乙酸钠溶液：500g/L。

⑤ 硼酸-乙酸钠溶液：称取3g硼酸，溶于100mL乙酸钠溶液（500g/L）中，临用前配制。

⑥ 邻苯二胺溶液：200mg/L。称取20mg邻苯二胺，临用前用水稀释至100mL。

⑦ 抗坏血酸标准溶液：1mg/mL。准确称取50mg抗坏血酸，用偏磷酸-乙酸溶液溶于50mL容量瓶中，并稀释至刻度，临用前配制。

稀释至100mL，定容前试pH，如其pH>2.2时，则应用偏磷酸-乙酸-硫酸溶液稀释。

⑧ 抗坏血酸标准使用液：100μg/mL。取10mL抗坏血酸标准液，用偏磷酸-乙酸溶液稀释至100mL，定容前试pH，如其pH>2.2时，则应用偏磷酸-乙酸-硫酸溶液稀释。

⑨ 百里酚蓝指示剂溶液：0.04%。称取0.1g百里酚蓝，加0.02mol/L氢氧化钠溶液，在玻璃研钵中研磨至溶解，氢氧化钠的用量约为10.75mL，磨溶后用水稀释至250mL。变色范围：pH=1.2时为红色；pH=2.8时为黄色；pH>4时为蓝色。

⑩ 活性炭的活化：加200g炭粉于1L盐酸（1+9）中，加热回流1～2h，过滤，用水洗至滤液中无铁离子为止，置于110～120℃烘箱中干燥，备用。

（3）仪器　荧光分光光度计或具有350nm及430nm波长的荧光计；捣碎机。

（4）操作步骤

① 试样的制备。称取100g鲜样，加100mL偏磷酸-乙酸溶液，倒入捣碎机内打成匀浆，用百里酚蓝指示剂调试匀浆酸碱度。如呈红色，即可用偏磷酸-乙酸溶液稀释，如呈黄色或蓝色，则用偏磷酸-乙酸-硫酸溶液稀释，使其pH=1.2。匀浆的取量需根据试样中抗坏血酸的含量而定。当试样液含量在40～100μg/mL之间，一般取20g匀浆，用偏磷酸-乙酸溶液稀释至100mL，过滤，滤液备用。

② 测定。氧化处理：分别取上述试样滤液及抗坏血酸标准使用液（100μg/mL）各100mL于200mL带盖锥形瓶中，加2g活性炭，用力振摇1min，过滤，弃去最初数毫升滤液，分别收集其余全部滤液，即试样氧化液和标准氧化液，待测定。

各取10mL标准氧化液于2个100mL容量瓶中，分别标明"标准"及"标准空白"。

各取10mL试样氧化液于2个100mL容量瓶中，分别标明"试样"及"试样空白"。

于"标准空白"及"试样空白"中各加5mL硼酸-乙酸钠溶液，混合摇动15min，用水稀释至100mL，在4℃冰箱中放置2～3h，即得"标准空白"溶液及"试样空白"溶液，取出备用。

于"试样"及"标准"中各加5mL 500g/L乙酸钠溶液，用水稀释至100mL，即得"试样"溶液及"标准"溶液，备用。

③ 标准曲线的制备。取上述"标准"溶液（抗坏血酸含量10μg/mL）0.5mL、1.0mL、1.5mL和2.0mL标准系列，取双份分别置于10mL带盖试管中，再用水补充至2.0mL。

取"标准空白"溶液、"试样空白"溶液及"试样"溶液各2mL，分别置于10mL带盖试管中。在暗室迅速向各管中加入5mL邻苯二胺溶液，振摇混合，在室温下反应35min，于激发光波长338nm、发射光波长420nm处测定荧光强度。标准系列荧光强度分别减去标准空白荧光强度为纵坐标、对应的抗坏血酸含量为横坐标，绘制标准曲线或进行相关计算，其线性回归方程供计算使用。

（5）结果计算

$$X = \frac{cV}{m} \times F \times \frac{100}{1000}$$

式中　X ——试样中抗坏血酸及脱氢抗坏血酸总含量，mg/100g；

　　　c ——由标准曲线查得或由回归方程算得试样溶液浓度，μg/mL；

　　　m ——试样的质量，g；

　　　V ——荧光反应所用试样体积，mL；

　　　F ——试样溶液的稀释倍数。

2. 2,4-二硝基苯肼光度法

（1）测定原理　总抗坏血酸包括还原型、脱氢型和二酮古乐糖酸，样品中还原型抗坏血酸经活性炭氧化为脱氢抗坏血酸，再与2,4-二硝基苯肼作用生成红色的脎，根据脎在硫酸溶液中的含量与总抗坏血酸含量成正比，进行比色定量。

（2）试剂

① 硫酸：4.5mol/L。谨慎地加250mL硫酸（相对密度1.84）于700mL水中，冷却后用水稀释至1000mL。

② 硫酸：85%。谨慎地加900mL硫酸（相对密度1.84）于100mL水中。

③ 2,4-二硝基苯肼溶液：20g/L。溶解2g 2,4-二硝基苯肼于100mL 4.5mol/L硫酸中，过滤。不用时存于冰箱内，每次用前必须过滤。

④ 草酸溶液：20g/L。溶解20g草酸（$H_2C_2O_4$）于700mL水中，稀释至1000mL。

⑤ 草酸溶液：10g/L。稀释500mL 20g/L草酸溶液到1000mL。

⑥ 硫脲溶液：10g/L。溶解5g硫脲于500mL 10g/L草酸溶液中。

⑦ 硫脲溶液：20g/L。溶解10g硫脲于500mL 10g/L草酸溶液中。

⑧ 盐酸：1mol/L。取100mL盐酸，加入水中，并稀释至1200mL。

⑨ 抗坏血酸标准溶液：溶解100mg纯抗坏血酸于100mL 20g/L草酸溶液中，此溶液每毫升相当于1mg抗坏血酸。

⑩ 活性炭：将100g活性炭加到750mL 1mol/L盐酸中，回流1～2h，过滤，用水洗数次，至滤液中无铁离子（Fe^{3+}）为止，然后置于110℃烘箱中烘干。

检验铁离子方法：利用普鲁士蓝反应。将20g/L亚铁氰化钾与1%盐酸等量混合，滴入上述洗出滤液，如有铁离子则产生蓝色沉淀。

（3）仪器和设备　恒温箱（37℃±0.5℃）；可见-紫外分光光度计；捣碎机。

（4）操作步骤

① 样品的制备。

a. 鲜样的制备。称取 100g 鲜样及吸取 100mL 20g/L 草酸溶液，倒入捣碎机中打成匀浆，取 10～40g 匀浆（含 1～2mg 抗坏血酸）倒入 100mL 容量瓶中，用 10g/L 草酸溶液稀释至刻度，混匀。

b. 干样制备。称取 1～4g 干样（含 1～2mg 抗坏血酸）放入乳钵内，加入 10g/L 草酸溶液磨成匀浆，倒入 100mL 容量瓶内，用 10g/L 草酸溶液稀释至刻度，混匀。

将上述样液过滤，滤液备用。不易过滤的样品可用离心机沉淀后，倾出上层清液，过滤，备用。

② 氧化处理。取 25mL 上述滤液，加入 2g 活性炭，振摇 1min，过滤，弃去最初数毫升滤液。取 10mL 此氧化提取液，加入 10mL 20g/L 硫脲溶液，混匀，此即为试样稀释液。

③ 呈色反应。于三个试管中各加入 4mL 经氧化的试样稀释液。一个试管作为空白，在其余试管中加入 1.0mL 20g/L 2,4-二硝基苯肼溶液，将所有试管放入 37℃+0.5℃ 恒温箱或水浴中，保温 3h。

3h 后取出，除空白管外，将所有试管放入冰水中。空白管取出后使其冷到室温，然后加入 1.0mL 20g/L 2,4-二硝基苯肼溶液，在室温中放置 10～15min 后放入冰水内。其余步骤同样品。

④ 85%硫酸处理。当试管放入冰水后，向每一试管中加入 5mL 85%硫酸，滴加时间至少需要 1min，需边加边摇动试管。将试管自冰水中取出，在室温放置 30min 后比色。

⑤ 比色。用 1cm 比色皿，以空白液调零点，于 500nm 波长测吸光值。

⑥ 标准曲线绘制。

a. 加 2g 活性炭于 50mL 标准溶液中，摇动 1min，过滤。

b. 取 10mL 滤液放入 500mL 容量瓶中，加 5.0g 硫脲，用 10g/L 草酸溶液稀释至刻度，抗坏血酸浓度 20μg/mL。

c. 取 5mL、10mL、20mL、25mL、40mL、50mL、60mL 稀释液，分别放入 7 个 100mL 容量瓶中，用 10g/L 硫脲溶液稀释至刻度，使最后稀释液中抗坏血酸的浓度分别为 1μg/mL、2μg/mL、4μg/mL、5μg/mL、8μg/mL、10μg/mL、12μg/mL。

d. 按样品测定步骤形成脎并比色。

e. 以吸光值为纵坐标、抗坏血酸浓度（μg/mL）为横坐标绘制标准曲线。

（5）结果计算

$$X = \frac{cV}{m} \times F \times \frac{100}{1000}$$

式中　X ——试样中总抗坏血酸含量，mg/100g；

　　　c ——由标准曲线查得或由回归方程算得"试样氧化液"中总抗坏血酸的浓度，μg/mL；

　　　V ——试样用 10g/L 草酸溶液定容的体积，mL；

　　　F ——试样氧化处理过程中的稀释倍数；

　　　m ——试样的质量，g。

健康的多面手——食物纤维

营养是多样的，缺少哪一种都会影响健康，甚至造成病态，其中纤维素就常常被人们忽视，特别是中老年人。膳食纤维是人的消化酶在消化食物时，其中难以消化部分的总体就是食物纤维。简单地说就是植物的细胞壁。其中包括纤维素、木质素、戊糖、水果、果胶等。谷皮、麸皮、蔬菜与水果的根、茎、叶主要就是由纤维素组成，因此这些食物为膳食纤维的主要来源。

许多流行病学的调查以及动物实验表明，成年人（尤其中老年人）膳食过精，即食物中膳食纤维素含量太低，可发生许多疾病。如结肠和直肠癌、阑尾炎、痔疮、胆结石、糖尿病、动脉硬化、冠心病、静脉曲张，以及便秘、肠疝气、肥胖等。增加膳食纤维素摄入量，可使人体多方面受益。

1. 防治中老年人便秘

膳食纤维体积大，可促进肠蠕动，减少食物在肠道中停留时间，其中的水分不容易被吸收。另一方面，膳食纤维在大肠内经细菌发酵，直接吸收纤维中的水分，使大便变软，具有通便作用。

2. 利于中老年减肥

一般肥胖人大都与食物中热能摄入增加或体力活动减少有关。而提高膳食中膳食纤维含量，可使摄入的热能减少，在肠道内营养的消化吸收也下降，最终使体内脂肪消耗而起减肥作用。

3. 预防中老年人结肠和直肠癌

这两种癌的发生主要与致癌物质在肠道内停留时间长，和肠壁长期接触有关。增加膳食中纤维含量，使致癌物质浓度相对降低，加上膳食纤维有刺激肠蠕动作用，致癌物质与肠壁接触时间大大缩短。学者一致认为，长期以高动物蛋白为主的饮食，再加上摄入纤维素不足是导致这两种癌的重要原因。

4. 防治痔疮

痔疮的发生是因为大便秘结而使血液长期阻滞与淤积所引起的。由于膳食纤维的通便作用，可降低肛门周围的压力，使血流通畅，从而起防治痔疮的作用。

5. 降低血脂，预防冠心病

由于膳食纤维中的果胶可结合胆固醇，木质素可结合胆酸，使其直接从粪便中排出，从而消耗体内的胆固醇来补充胆汁中被消耗的胆固醇。由此降低了胆固醇，从而有预防冠心病的作用。

6. 改善糖尿病症状

膳食纤维中的果胶可延长食物在肠内的停留时间，降低葡萄糖的吸收速度，使进餐后血糖不会急剧上升，有利于糖尿病病情的改善。近年来，经学者研究表明，食物纤维具有降低血糖的功效。经实验证明，每日在膳食中加入 26g 食用玉米麸（含纤维 91.2%）或大豆壳（含纤维 86.7%），结果在 28～30 天后，糖耐量有明显改善。

7. 改善口腔及牙齿功能

现代人由于食物越来越精，越来越柔软，使用口腔肌肉牙齿的机会越来越少，因此，牙齿脱落，龋齿出现的情况越来越多。而增加膳食中的纤维素，自然增加了使用口腔肌肉牙齿咀嚼的机会，长期下去，则会使口腔得到保健，功能得以改善。

8. 防治中老年人胆结石

胆结石的形成与胆汁胆固醇含量过高有关，由于膳食纤维可结合胆固醇，促进胆汁的分泌、循环，因而可预防胆结石的形成。有人每天给病人增加 20～30g 的谷皮纤维，1个月后即可发现胆结石缩小，这与胆汁流动通畅有关。

9. 预防妇女乳腺癌

据流行病学发现，乳腺癌的发生与膳食中高脂肪、高糖、高肉类及低膳食纤维摄入有关。因为体内过多的脂肪促进某些激素的合成，形成激素之间的不平衡，使乳房内激素水平上升，造成乳腺癌。

需要注意的是，膳食纤维摄入量不能太多，因为过多可引起肠胀气，大便次数过多等不适现象，还会造成一些必需微量元素吸收的下降。补充膳食纤维的方法以增加谷类食品（如全麦面包、粗糙的大米、玉米等）以及多吃蔬菜、水果来增加各种纤维素摄入量为宜。

思考题

1. 干燥法测定水分的操作过程中最容易引起误差的地方是哪些？如何避免？

2. 解释恒重的概念，在水分测定的过程中应怎样进行恒重操作？

3. 在水分测定中，干燥器起什么作用？如何正确使用和维护干燥器？

4. 为什么将灼烧后的残留物称为粗灰分？粗灰分与无机盐含量之间有什么区别？

5. 说明总灰分测定的原理及操作要点。

6. 样品在灰化前为什么要进行炭化？

7. 对于颜色较深的样品，在测定其总酸度时应如何保证测定结果的准确度？

8. 什么是有效酸度？用电位法进行 pH 测定应注意哪些问题？

9. 食品的总酸度、挥发酸、有效酸度的测定值之间有什么关系？

10. 为什么用索氏提取法测定脂肪测得的为粗脂肪？测定中需注意哪些问题？

11. 哪些食品适合用酸水解法测定其脂肪？为什么？如何减少测定误差？

12. 简要说明罗紫-歌特里法测定脂肪的原理、适用范围及测定方法。

13. 说明脂肪的存在形式、类型与测定方法的关系。

14. 说明还原糖测定的原理。用直接滴定法测定还原糖为什么样液要进行预测定？怎样提高测定结果的准确度？

15. 测定食品中蔗糖为什么要进行水解？如何进行水解？

16. 说明碳水化合物的分类、结构、性质与测定方法的关系。

17. 如何正确配制和标定碱性酒石酸铜溶液及高锰酸钾标准溶液？

18. 为什么说用凯氏定氮法测定出食品中的蛋白质含量为粗蛋白质含量？

19. 样品经消化进行蒸馏之前为什么要加入氢氧化钠？这时溶液的颜色会发生什么变化？为什么？如果没有变化，说明了什么问题？需采取什么措施？

20. 蛋白质蒸馏装置的水蒸气发生器中的水为何要用硫酸调成酸性？

21. 测定维生素 A 时，为什么要先用皂化法处理样品？

22. 胡萝卜素提取液浓缩条件有哪些？为什么？

23. 说明高效液相色谱测定维生素 E 的原理。

24. 维生素 A 及维生素 C 的测定中样品处理及提取有何不同之处？为什么？

第五章
食品添加剂的测定

 学习指南

　　本章通过介绍食品添加剂的概念及分类，讨论食品添加剂的应用和检测的重要性，然后详细介绍甜味剂、防腐剂、护色剂、漂白剂、着色剂、抗氧化剂等食品添加剂的作用及其对食品乃至食品安全性的影响，重点介绍各种食品添加剂的测定方法。通过本章学习，应达到如下要求：

　　(1) 了解常用甜味剂的品种，掌握糖精钠等甜味剂的测定原理及操作技术；

　　(2) 了解常用食品防腐剂的影响，掌握苯甲酸、山梨酸（钾）的测定原理及操作技术；

　　(3) 了解护色剂的作用，掌握测定硝酸盐、亚硝酸盐的原理和方法；

　　(4) 了解漂白剂的作用，掌握测定亚硫酸盐（二氧化硫）的原理和方法；

　　(5) 了解着色剂的分类、影响，掌握食品中食用合成食素的测定方法；

　　(6) 了解 BHA、BHT 的作用，掌握其方法。

　　当你津津有味地品尝着美味食品的时候，是否想到绝大多数食品都含有各类不同的添加剂？食品中为什么要加入添加剂？加入添加剂的食品是否安全？如何进行质量监督？相信通过以下内容的学习将对此不无裨益。

第一节　概　　述

一、食品添加剂的概念及分类

　　1. 食品添加剂的概念

　　为了改善食品的品质及色、香、味，各类食品添加剂被广泛用于食品加工中。《中华人民共和国食品卫生法》对食品添加剂的定义是："为改善食品的品质和色、香、味，以及为防腐和加工工艺的需要而加入食品中的化学合成或天然物质。"从上述定义可知，添加剂是出于技术目的而有意识加到食品中的物质。显然它不包括食品中的污染物。当前食品添加剂已经进入到粮油、肉禽、果蔬加工等各个领域，也是烹饪行业必备的配料，并已进入家庭的一日三餐。如方便面中含有的 BHA（丁基羟基茴香醚）、BHT（二丁基羟基甲苯）等抗氧化剂，味精、肌苷酸等风味剂，磷酸盐等品质改良剂；酱油中的防腐剂苯甲酸钠、食用色素；饮料中含有酸味剂如柠檬酸、甜味剂如甜菊苷等。为此，食品中添加剂的测定已成为食品分析中的重要内容。

2. 食品添加剂的分类

食品添加剂的种类繁多，我国较为常用的有 300 多种。

食品添加剂的分类可按其来源、功能等划分。按来源分为天然食品添加剂和化学合成添加剂。按其功能和用途，可将食品添加剂分为 22 类，它们是：①酸度调节剂；②抗结剂；③消泡剂；④抗氧化剂；⑤漂白剂；⑥膨松剂；⑦胶姆糖基础剂；⑧着色剂；⑨护色剂；⑩乳化剂；⑪酶制剂；⑫增味剂；⑬面粉处理剂；⑭被膜剂；⑮水分保持剂；⑯营养强化剂；⑰防腐剂；⑱凝固剂；⑲甜味剂；⑳增稠剂；㉑香料；㉒其他。

二、食品添加剂的应用

添加剂作为食品工业的重要组成部分，虽然它只在食品中添加 0.01%～0.1%，却对改善食品的性状、提高食品的档次等发挥着极其重要的作用。食品添加剂的应用可归纳如下：

① 提高食品的保藏性能，延长保质期，防止微生物引起的腐败和由氧化引起的变质。据报道，各种生鲜食品在采收后由于不能及时加工或加工不当损失约 20%～30%。加入防腐剂和抗氧化剂可降低其损失，并延长食品保存期。

② 改善食品的感官性状，如食品的色、香、味、形、质地等。这些是衡量食品品质的常用指标。

③ 有利于食品的加工操作，适应机械化、连续化大生产。如在豆腐中加凝固剂可大规模生产盒装豆腐。

从某种意义上说，没有现代化的食品添加剂，就没有现代化的食品工业。

三、食品添加剂测定的意义

作为人为引进食品中的外来成分，添加剂的使用也存在着安全性问题。除上述有益作用外，也会有一定的危害性。

① 无论是人工合成还是天然提取，添加剂在生产阶段，因工艺问题使产品不纯净而带入少量的有害杂质。

② 某些食品添加剂长期低剂量摄食可能带来危害。如亚硝酸钠一直被作为肉类制品的护色剂，除了可使肉类制品呈现鲜亮的红色外，还具有防腐作用，抑制多种厌氧性细菌，因而在肉制品的加工保藏中占有重要意义。然而，随着科学的发展，人们不但认识到其本身具有较大的毒性，而且还可以与仲胺类物质反应生成对实验动物具致癌作用的亚硝胺。在尚未找到更好的替代亚硝酸钠的理想替代品之前，应降低其使用量，严格控制用量，以降低危害。

③ 某些非营养食品添加剂的使用，可导致低营养密度食品的增加，会影响食品的营养价值。如人们常提及的垃圾食品。

④ 人们非常关注的食品掺假问题，虽然并非都是由食品添加剂引起，但诸如用色素对质量低劣或腐败的食品着色等问题，却与食品添加剂密切相关。中国《食品添加剂卫生管理办法》规定"禁止以掩盖食品腐败或以掺杂掺假、伪造为目的而使用食品添加剂"。

为保证食品的质量，避免因添加剂的不当使用造成不合格食品进入家庭，在食品的生产、检验、管理中对食品添加剂的测定是十分必要的。中国《食品添加剂使用卫生标准》中规定了各类食品添加剂的适用范围、最大使用量（参见有关标准）。

添加剂的种类多，功能各异，经常测定的项目有：甜味剂、防腐剂、发色剂、漂白剂、着色剂等。测定中须先将上述添加剂从复杂的食品混合物中分离出来，再根据其物理、化学性质选择适当的方法进行测定。常用的方法有紫外分光光度法、薄层色谱法、高效液相色谱法等。

第二节　甜味剂的测定

甜味剂是赋了食品以甜味的食品添加剂。有些食品不具甜味或其甜味不足，需加甜味剂以满足消费者的需要。甜味剂的分类按其来源分为天然提取甜味剂和人工合成甜味剂（见图5-1）；以其营养价值分为营养性（如山梨糖醇，乳糖醇等）和非营养性（如糖精钠等）甜味剂。非营养性甜味剂的相对甜度远远高于蔗糖，糖精钠的甜度是蔗糖的300倍。常见甜味剂甜度见表5-1。

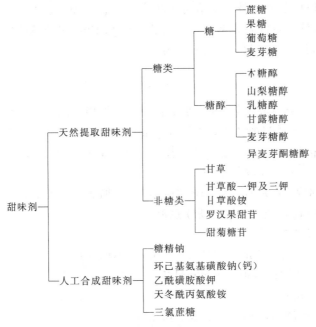

图 5-1　甜味剂的分类

表 5-1　常见甜味剂的甜度

名　　称	甜　度	名　　称	甜　度	名　　称	甜　度
蔗糖	1.00	半乳糖	0.63	糖精	300～500
乳糖	0.39	D-木糖	0.67	甜精	30～40
麦芽糖	0.46	转化糖	0.95	甜叶菊	150～300
D-甘露糖	0.59	D-果糖	1.14	天冬糖	100～200
D-山梨糖醇	0.51	葡萄糖	0.69		

通常所说的甜味剂是指人工合成的非营养甜味剂、糖醇类甜味剂和非糖天然甜味剂三类。其中葡萄糖、果糖、麦芽糖、蔗糖、乳糖等视为食品原料，不作添加剂。

一、糖精钠的测定

糖精钠俗称糖精，是广泛使用的一种人工甜味剂，常用食品如酱菜、冰激凌、蜜饯、糕点、饼干、面包等均可以糖精钠作甜味剂以提高其甜度。糖精钠的定量分析方法有高效液相色谱法、薄层色谱法、离子选择电极法及紫外分光光度法等。其中目前使用较多的是高效液相色谱法。

1. 高效液相色谱法

（1）测定原理　试样加温除去二氧化碳和乙醇，调节 pH 至近中性，过滤后进高效液相色谱仪，经反相色谱分离后，根据保留时间和峰面积进行定性和定量。

（2）试剂

① 甲醇：经 $0.5\mu m$ 滤膜过滤。

② 氨水：$1+1$。

③ 乙酸铵溶液：$0.02mol/L$。称取 $1.54g$ 乙酸铵，加水至 $1000mL$ 溶解，经 $0.45\mu m$ 滤膜过滤。

④ 糖精钠标准贮备溶液：准确称取 $0.0851g$ 经 $120℃$ 烘干 $4h$ 后的糖精钠（$C_6H_4CONNaSO_2 \cdot 2H_2O$），加水溶解定容至 $100mL$。糖精钠含量 $1.0mg/mL$，作为贮备溶液。

⑤ 糖精钠标准使用溶液：吸取糖精钠标准贮备溶液 $10mL$ 放入 $100mL$ 容量瓶中，加水至刻度，经 $0.45\mu m$ 滤膜过滤，该溶液每毫升相当于 $0.10mg$ 的糖精钠。

（3）仪器　高效液相色谱仪，紫外检测器。

（4）操作方法

① 试样处理。

a. 汽水。称取 $5.00\sim10.00g$，放入小烧杯中，微温搅拌除去二氧化碳，用氨水（$1+1$）调 pH 约 7，加水定容至适当的体积，经 $0.45\mu m$ 滤膜过滤。

b. 果汁类。称取 $5.00\sim10.00g$，用氨水（$1+1$）调 pH 约 7，加水定容至适当的体积，离心沉淀，上清液经 $0.45\mu m$ 滤膜过滤。

c. 配制酒类。称取 $10.00g$，放入小烧杯中，水浴加热除去乙醇，用氨水（$1+1$）调 pH 约 7，加水定容至 $20mL$，经 $0.45\mu m$ 滤膜过滤。

② 高效液相色谱参考条件。

柱　　　　YWG-C_{18} $4.6mm\times250mm$，$10\mu m$ 不锈钢柱

流动相　　甲醇-乙酸铵溶液（$0.02mol/L$）（$5+95$）

流速　　　$1mL/min$

检测器　　紫外检测器，230nm 波长，0.2AUFS

③ 测定。取处理液和标准使用液各 $10\mu L$（或相同体积）注入高效液相色谱仪进行分离，以其标准溶液峰的保留时间为依据进行定性，以其峰面积求出样液中被测物质的含量，供计算。

（5）结果计算

$$X = \frac{m' \times 1000}{m \times \dfrac{V_2}{V_1} \times 1000}$$

式中　X ——试样中糖精钠含量，g/kg；

$\quad\quad m'$ ——进样体积中糖精钠的质量，mg；

$\quad\quad V_2$ ——进样体积，mL；

$\quad\quad V_1$ ——试样稀释液总体积，mL；

$\quad\quad m$ ——试样质量，g。

2. 薄层色谱法

（1）测定原理　在酸性条件下，食品中的糖精钠用乙醚提取、浓缩、薄层色谱分离、显

色后，与标准比较，进行定性和半定量测定。

（2）试剂

① 乙醚：不含过氧化物。

② 无水硫酸钠。

③ 无水乙醇及乙醇：95％。

④ 聚酰胺粉：200目。

⑤ 盐酸：1+1。

⑥ 展开剂：正丁醇+氨水+无水乙醇（7+1+2）；异丙醇+氨水+无水乙醇（7+1+2）。

⑦ 显色剂：溴甲酚紫溶液（0.4g/L）。称取0.04g溴甲酚紫，用乙醇（50％）溶解，加氢氧化钠溶液（4g/L）1.1mL调制pH为8，定容至100mL。

⑧ 硫酸铜溶液：100g/L。

⑨ 氢氧化钠溶液：40g/L。

⑩ 糖精钠标准溶液：准确称取0.0851g经120℃干燥4h后的糖精钠（$C_6H_4CONNaSO_2 \cdot 2H_2O$），加乙醇溶解，移入100mL容量瓶中，加乙醇（95％）稀释至刻度，此溶液每毫升相当于1mg糖精钠。

（3）仪器

① 玻璃纸：生物制品透析袋纸或不含增白剂的市售玻璃纸。

② 玻璃喷雾器。

③ 微量注射器。

④ 紫外光灯：波长253.7nm。

⑤ 薄层板：10cm×20cm或20cm×20cm。

⑥ 展开槽。

（4）操作方法

① 试样提取。

a. 饮料、冰棍、汽水。取10.0mL均匀试样（如试样中含有二氧化碳，先加热除去；如试样中含有酒精，加4％氢氧化钠溶液使其呈碱性，在沸水浴中加热除去），置于100mL分液漏斗中，加2mL盐酸（1+1），用30mL、20mL、20mL乙醚提取3次。合并乙醚提取液，用5mL盐酸酸化的水洗涤一次，弃去水层。乙醚层通过无水硫酸钠脱水后，挥发乙醚，加2.0mL乙醇溶解残留物，密塞保存，备用。

b. 酱油、果汁、果酱等。称取20.0g或吸取20.0mL均匀试样，置于100mL容量瓶中，加水至约60mL，加20mL硫酸铜溶液（100g/L），混匀，再加4.4mL氢氧化钠溶液（40g/L），加水至刻度，混匀，静置30min，过滤，取50mL滤液置于150mL分液漏斗中，加2mL盐酸（1+1），用30mL、20mL、20mL乙醚提取3次。合并乙醚提取液，用5mL盐酸酸化的水洗涤一次，弃去水层。乙醚层通过无水硫酸钠脱水后，挥发乙醚，加2.0mL乙醇溶解残留物，密塞保存，备用。

c. 固体果汁粉等。称取20.0g磨碎的均匀试样，置于200mL容量瓶中，加100mL水，加温使溶解、放冷，加20mL硫酸铜溶液（100g/L），混匀，再加4.4mL氢氧化钠溶液（40g/L），加水至刻度，混匀，静置30min，过滤，取50mL滤液置于150mL分液漏斗中，加2mL盐酸（1+1），用30mL、20mL、20mL乙醚提取3次。合并乙醚提取液，用5mL盐酸酸化的水洗涤一次，弃去水层。乙醚层通过无水硫酸钠脱水后，挥发乙醚，加2.0mL乙醇溶解残留物，密塞保存，备用。

d. 糕点、饼干等蛋白质、脂肪、淀粉多的食品。称取 25.0g 均匀试样，置于透析用玻璃纸中，放入大小适当的烧杯内，加 50mL 氢氧化钠溶液（0.8g/L）。调成糊状，将玻璃纸口扎紧，放入盛有 200mL 氢氧化钠溶液（0.8g/L）的烧杯中，盖上表面皿，透析过夜。

量取 125mL 透析液（相当 12.5g 试样），加约 0.4mL 盐酸（1+1）使成中性，加 20mL 硫酸铜溶液（100g/L），混匀，再加 4.4mL 氢氧化钠溶液（40g/L），混匀，静置 30min，过滤。取 120mL（相当 10g 试样），置于 250mL 分液漏斗中，加 2mL 盐酸（1+1），用 30mL、20mL、20mL 乙醚提取 3 次，合并乙醚提取液，用 5mL 盐酸酸化的水洗涤一次，弃去水层。乙醚层通过无水硫酸钠脱水后，挥发乙醚，加 2.0mL 乙醇溶解残留物，密塞保存，备用。

② 薄层板制备。称取 1.6g 聚酰胺粉，加 0.4g 可溶性淀粉，加约 7.0mL 水，研磨 3～5min，立即涂成 0.25～0.30mm 厚的 10cm×20cm 的薄层板，室温干燥后，在 80℃下干燥 1h。置于干燥器中保存。

③ 点样。在薄层板下端 2cm 处，用微量注射器点 10μL 和 20μL 的样液两个点，同时点 3.0μL、5.0μL、7.0μL、10.0μL 糖精钠标准溶液，各点间距 1.5cm。

④ 展开与显色。将点好的薄层板放入盛有展开剂（正丁醇＋氨水＋无水乙醇或异丙醇＋氨水＋无水乙醇）的展开槽中，展开剂液层约 0.5cm，并预先已达到饱和状态。展开至 10cm，取出薄层板，挥干，喷显色剂，斑点显黄色，根据试样点和标准点的比移值进行定性，根据斑点颜色深浅进行半定量测定。

（5）结果计算

$$X = \frac{m' \times 1000}{m \times \frac{V_2}{V_1} \times 1000}$$

式中　X ——试样中糖精钠的含量，g/kg（或 g/L）；

　　　m' ——测定用样液中糖精钠的质量，mg；

　　　m ——试样质量（或体积），g（或 mL）；

　　　V_1 ——试样提取液残留物加入乙醇的体积，mL；

　　　V_2 ——点板液体积，mL。

二、甜蜜素的测定

甜蜜素的化学名为环己基氨基磺酸钠，特点是甜味好，后苦味比糖精低。甜度不高，约为蔗糖的 30 倍，故用量大，易超标使用。

1. 气相色谱法

（1）测定原理　在硫酸介质中环己基氨基磺酸钠与亚硝酸反应，生成环己醇亚硝酸酯（〈六边形〉—ONO），利用气相色谱法进行定性和定量。

（2）试剂　正己烷；氯化钠；色谱硅胶（或海沙）；50g/L 亚硝酸钠溶液；100g/L 硫酸溶液；环己基氨基磺酸钠溶液（含环己基氨基磺酸钠大于 98%。精确称取 1.0000g 环己基氨基磺酸钠，加水溶解并定容至 100mL，此溶液每毫升含环己基氨基磺酸钠 10mg）。

（3）仪器　旋涡混合器；离心机；气相色谱仪（附氢火焰离子化检测器）；10μL 微量注射器。

色谱条件如下。

色谱柱：长 2m，内径 3mm，U 形不锈钢柱。

固定相：Chromosorb W AW DMCS 80～100 目，涂以 10% SE-30。

测定条件：柱温 80℃；汽化温度 150℃；检测温度 150℃；流速为氮气 40mL/min，氢气 30mL/min，空气 300mL/min。

（4）样品处理

① 液体样品。摇匀后直接称取。含二氧化碳的样品先加热除去；含酒精的样品加 40g/L 氢氧化钠溶液调制碱性，于沸水浴中加热除去，制成试样。

② 固体样品。蜜饯类样品，将其剪碎制成试样。

（5）操作方法

① 试料制备。

a. 液体试样。称取 20.0g 试样于 100mL 带塞比色管，置冰浴中。

b. 固体试样。称取 2.0g 已剪碎的试样于研钵中，加少许色谱硅胶（或海沙）研磨至成干粉状，经漏斗倒入 100mL 容量瓶中，加水冲洗研钵，并将洗液一并转移至容量瓶中，加水至刻度，不时摇动，1h 后过滤，即得试料，准确吸取 20mL 于 100mL 带塞比色管，置冰浴中。

② 测定。

a. 标准曲线的制备。准确吸取 1.00mL 环己基氨基磺酸钠标准溶液于 100mL 带塞比色管中，加水 20mL，置冰浴中，加入 5mL 50g/L 亚硝酸钠溶液、5mL 100g/L 硫酸溶液，摇匀，在冰浴中放置 30min，并经常摇动。然后准确加入 10mL 正己烷、5g 氯化钠，摇匀后置旋涡混合器上振动 1min（或振摇 80 次），待静止分层后吸出己烷层于 10mL 带塞离心管中进行离心分离。每毫升己烷提取液相当于 1mg 环己基氨基磺酸钠，将标准提取液进样 1～5μL 于气相色谱仪中，根据响应值绘制标准曲线。

b. 样品管加入 5mL 50g/L 亚硝酸钠溶液、5mL 100g/L 硫酸溶液，摇匀，在冰浴中放置 30min，并经常摇动，然后准确加入 10mL 正己烷、5g 氯化钠，摇匀后置旋涡混合器上振动 1min（或振摇 80 次），待静止分层后吸出己烷层于 10mL 带塞离心管中进行离心分离。然后将试样提取液同样进样 1～5μL，测得响应值，从标准线图中查出相应含量。

（6）结果计算

$$X = \frac{A \times 10 \times 1000}{mV \times 1000} = \frac{10A}{mV}$$

式中　X——样品中环己基氨基磺酸钠的含量，g/kg；

m——样品质量，g；

V——进样体积，μL；

10——正己烷加入量，mL；

A——测定用试料中环己基氨基磺酸钠的量，μg。

2. 分光光度法

（1）测定原理　在硫酸介质中环己基氨基磺酸钠与亚硝酸钠反应，生成环己醇亚硝酸酯，与磺胺重氮化后再与盐酸萘乙二胺偶合生成红色染料，在 550nm 波长测其吸光度，与标准比较定量。

（2）试剂

① 三氯甲烷。

② 甲醇。

③ 透析剂：称取 0.5g 二氯化汞和 12.5/g 氯化钠于烧杯中，以 0.01mol/L 盐酸溶液定容至 100mL。

④ 亚硝酸钠溶液：10g/L。

⑤ 硫酸溶液：100g/L。

⑥ 尿素溶液：100g/L，临用时新配或冰箱保存。

⑦ 盐酸溶液：100g/L。

⑧ 磺胺溶液：10g/L，称取1g磺胺溶于10％盐酸溶液中，最后定容至100mL。

⑨ 盐酸萘乙二胺溶液：1g/L。

⑩ 环己基氨基磺酸钠溶液：精确称取0.1000g环己基氨基磺酸钠，加水溶解，最后定容至100mL。此溶液每毫升含环己基氨基磺酸钠1mg。临用时将环己基氨基磺酸钠标准溶液稀释10倍，此液每毫升含环己基氨基磺酸钠0.1mg。

（3）仪器　分光光度计；旋涡混合器；离心机；透析纸。

（4）试样处理　同气相色谱法。

（5）操作方法

① 提取。

a. 液体试料。称取10.0g试料于透析纸中，加10mL透析剂，将透析纸口扎紧，放入盛有100mL水的200mL广口瓶内，加盖，透析20～24h得透析液。

b. 固体试料。准确吸取10.0mL经1.（5）①b. 处理后的试料提取液于透析纸中，以下操作按本法（5）①a. 项进行。

② 测定。

a. 取两支50mL带塞比色管，分别加入10mL透析液和10mL标准液，于0～3℃冰浴中，加入1mL 10g/L亚硝酸钠溶液、1mL 100g/L硫酸溶液，摇匀后放入冰水中不时摇动，放置1h。取出后加15mL三氯甲烷，置旋涡混合器上振动1min，静置后吸去上层清液，再加15mL水，振动1min，静置后吸去上层清液，加10mL 100g/L尿素溶液、2mL 100g/L盐酸溶液，再振动5min，静置后吸去上层清液，加15mL水，振动1min，静置后吸去上层清液，分别准确吸出5mL三氯甲烷于2支25mL比色管中。另取一支25mL比色管加入5mL三氯甲烷作参比管。

于各管中加入15mL甲醇、1mL 10g/L磺胺，置冰水中15min，取出恢复常温后加入1mL 1g/L盐酸萘乙二胺溶液，加甲醇至刻度，在15～30℃下放置20～30min，用1cm比色杯于波长550nm处测定吸光度，测得吸光度A及A_s。

b. 另取2支50mL带塞比色管，分别加入10mL水和10mL透析液，除不加10g/L亚硝酸钠外，其他按（5）②a. 项进行，测得吸光度A_{s0}及A_0。

（6）结果计算

$$X = \frac{c}{m} \times \frac{A - A_0}{A_s - A_{s0}} \times \frac{100 + 10}{V} \times \frac{1}{1000} \times \frac{1000}{1000}$$

式中　X——样品中环己基氨基磺酸钠的含量，g/kg；

$\quad\quad m$——样品质量，g；

$\quad\quad V$——透析液用量，mL；

$\quad\quad c$——标准管浓度，μg/mL；

$\quad\quad A_s$——标准液吸光度；

$\quad\, A_{s0}$——水的吸光度；

$\quad\quad A$——试料透析液吸光度；

$\quad\, A_0$——不加亚硝酸钠的试料透析液吸光度。

第三节 防腐剂的测定

食品在存放加工和销售过程中，因微生物的作用，会导致其腐败、变质而不能食用。为延长食品的保存时间，一方面可通过物理方法控制微生物的生存条件，如温度、水分、pH等，以杀灭或抑制微生物的活动；另一方面还可用化学方法保存，即使用食品防腐剂提高食品的保藏期。防腐剂具有使用方便、高效、投资少的特点，因而被广泛采用。

防腐剂有广义和狭义之分，狭义的防腐剂主要指山梨酸、苯甲酸等直接加入食品中的化学物质；广义的防腐剂除包括狭义的防腐剂外还包括通常被认为是调料而具有防腐作用的食盐、醋、蔗糖、二氧化碳等，以及那些不直接加入食品，而在食品贮藏过程中应用的消毒剂、防霉剂等。

防腐剂可分为有机防腐剂和无机防腐剂。有机防腐剂有苯甲酸及其盐类、山梨酸及其盐类、对羟基苯甲酸酯类、丙酸及其盐类等。无机防腐剂有二氧化硫及亚硫酸盐类、亚硝酸盐类等。

防腐剂是人为添加的化学物质，在杀死或抑制微生物的同时，也不可避免地对人体产生副作用。表 5-2 列举了几种我国允许使用的防腐剂。

表 5-2　常用食品防腐剂

名　称	使 用 范 围	最大使用量/(g/kg)
苯甲酸 苯甲酸钠	酱油、食醋、果汁(味)型饮料、果酱(不包括罐头)	1.0
	葡萄酒、果酒、软糖	0.8
	碳酸饮料	0.2
	低盐酱菜、酱类、蜜饯	0.5
	食品工业用塑料桶装浓缩果蔬汁	2.0
山梨酸 山梨酸钾	酱油、食醋、果酱、氢化植物油、软糖、鱼干制品、即食豆制食品、糕点、馅、面包、蛋糕、月饼、即食海蜇、乳酸菌饮料	1.0
	低盐酱菜、酱类、蜜饯、果汁(味)型饮料、果冻	0.5
	葡萄酒、果酒	0.6
	果、蔬类保鲜、碳酸饮料	0.2
	肉、鱼、蛋、禽类制品	0.075
	食品工业用塑料桶装浓缩果蔬汁	2.0
对羟基苯甲酸乙酯(又名尼泊金乙酯)	酱油、酱料、果酱(不包括罐头)、果汁(果味)型饮料	0.25
	食醋	0.10
	糕点馅	0.5(单一或混合用总量)
	果蔬保鲜	0.012
对羟基苯甲酸丙酯(又名尼泊金丙酯)	碳酸饮料、蛋黄馅	0.20
脱氢乙酸	腐乳、酱菜、原汁橘浆	0.30
丙酸钙	生面食制品	0.25
	面包、醋、酱油、糕点、豆制食品	2.5
丙酸钠	糕点	2.5
	杨梅罐头加工工艺	50

目前我国食品加工业多使用苯甲酸及其钠盐和山梨酸及山梨酸钾，故本节主要介绍这两种防腐剂的测定方法。

一、苯甲酸的测定

苯甲酸俗称安息香酸，是最常用的防腐剂之一。因对其安全性尚有争议，认为它可能有蓄积中毒现象，故有逐步被山梨酸盐类防腐剂取代的趋势。

苯甲酸（钠）的测定有气相色谱法、紫外分光光度法、高效液相色谱法和滴定法等。

1. 气相色谱法

（1）测定原理　样品酸化后，用乙醚提取苯甲酸，用附氢火焰离子化检测器的气相色谱仪进行分离测定，与标准系列比较定量。

（2）试剂

① 乙醚：不含过氧化物。

② 石油醚：沸程 30～60℃。

③ 盐酸：1+1。

④ 无水硫酸钠。

⑤ 氯化钠酸性溶液：40g/L。于氯化钠溶液（40g/L）中加少量盐酸（1+1）酸化。

⑥ 苯甲酸标准溶液。准确称取苯甲酸 0.2000g，置于 100mL 容量瓶中，用石油醚-乙醚（3+1）混合溶剂溶解并稀释至刻度（此溶液每毫升相当于 2.0mg 苯甲酸）。

⑦ 苯甲酸标准使用液。吸取适量的苯甲酸标准溶液，以石油醚-乙醚（3+1）混合溶剂稀释至每毫升相当于 50μg、100μg、150μg、200μg、250μg 苯甲酸。

（3）仪器　气相色谱仪，具有氢火焰离子化检测器。

（4）操作方法

① 样品提取。称取 2.50g 事先混合均匀的样品，置于 25mL 带塞量筒中，加 0.5mL 盐酸（1+1）酸化，用 15mL、10mL 乙醚提取两次，每次振摇 1min，静置分层后将上层乙醚提取液吸入另一个 25mL 带塞量筒中，合并乙醚提取液。用 3mL 氯化钠酸性溶液（40g/L）洗涤两次，静置 15min，用滴管将乙醚层通过无水硫酸钠滤入 25mL 容量瓶中，用乙醚洗量筒及硫酸钠层，洗液并入容量瓶。加乙醚至刻度，混匀。准确吸取 5mL 乙醚提取液于 5mL 带塞刻度试管中，置 40℃水浴上挥干，加入 2mL 石油醚-乙醚（3+1）混合溶剂溶解残渣，备用。

② 色谱参考条件。

a. 色谱柱：玻璃柱，内径 3mm，长 2m，内装涂以 5% DEGS+1% H_3PO_4 固定液的 60～80 目 Chromosorb W AW。

b. 气流速度：载气为氮气，50mL/min（氮气和空气、氢气之比按各仪器型号不同选择各自的最佳比例条件）。

c. 温度：进样口 230℃；检测器 230℃；柱温 170℃。

③ 测定。进样 2μL 标准系列中各浓度标准使用液于气相色谱仪中，可测得不同浓度苯甲酸的峰高，以浓度为横坐标、相应的峰高值为纵坐标，绘制标准曲线。同时进样 2μL 样品溶液。测得峰高与标准曲线比较定量。

（5）结果计算

$$X = \frac{m_1 \times 1000}{m_2 \times \frac{5}{25} \times \frac{V_2}{V_1} \times 1000}$$

式中 X ——样品中苯甲酸的含量，g/kg；

$\quad m_1$ ——测定用样品液中苯甲酸的质量，μg；

$\quad V_1$ ——加入石油醚-乙醚（3+1）混合溶剂的体积，mL；

$\quad V_2$ ——测定时进样的体积，μL；

$\quad m_2$ ——样品的质量，g；

$\quad 5$ ——测定时乙醚提取液的体积，mL；

$\quad 25$ ——样品乙醚提取液的总体积，mL。

若测定苯甲酸钠的含量，可将上述苯甲酸的含量乘以 1.18。

2. 高效液相色谱法

（1）测定原理 试样加温除去二氧化碳和乙醇，调节 pH 至近中性，过滤后进高效液相色谱仪，经反相色谱分离后，根据保留时间和峰面积进行定性和定量。

（2）试剂

① 甲醇：经 0.5μm 滤膜过滤。

② 氨水：1+1。

③ 乙酸铵溶液：0.02mol/L，称取 1.54g 乙酸铵，加水至 1000mL 溶解，经 0.45μm 滤膜过滤。

④ 碳酸氢钠溶液：20g/L。

⑤ 苯甲酸标准贮备溶液：准确称取 0.1000g 苯甲酸，加碳酸氢钠溶液（20g/L）5mL，加热溶解，移入 100mL 容量瓶中，加水定容至刻度，苯甲酸含量为 1mg/mL，作为贮备溶液。

⑥ 苯甲酸标准使用溶液：吸取苯甲酸标准贮备溶液 10.0mL，放入 100mL 容量瓶中，加水至刻度，经 0.45μm 滤膜过滤，该溶液每毫升相当于 0.10mg 的苯甲酸。

（3）仪器 高效液相色谱仪（带紫外检测器）。

（4）操作方法

① 试样处理。

a. 汽水。称取 5.00～10.0g 试样，放入小烧杯中，微温搅拌除去二氧化碳，用氨水（1+1）调 pH 约 7。加水定容至 10～20mL，经 0.45μm 滤膜过滤。

b. 果汁类。称取 5.00～10.0g 试样，用氨水（1+1）调 pH 约 7，加水定容至适当的体积，离心沉淀，上清液经 0.45μm 滤膜过滤。

c. 配制酒类。称取 10.0g 试样，放入小烧杯中，水浴加热除去乙醇，用氨水（1+1）调 pH 约 7，加水定容至适当体积，经 0.45μm 滤膜过滤。

② 高效液相色谱参考条件。

柱 $\quad$ YWG-C$_{18}$ $\quad$ 4.6mm×250mm，10μm 不锈钢柱

流动相 $\quad$ 甲醇-乙酸铵溶液（0.02mol/L）（5+95）

流速 $\quad$ 1mL/min

进样量 $\quad$ 10μL

检测器 $\quad$ 紫外检测器，230nm 波长，0.2AUFS

③ 测定。根据保留时间定性，外标峰面积法定量。

（5）结果计算

$$X = \frac{m' \times 1000}{m \times \dfrac{V_2}{V_1} \times 1000}$$

式中　X——试样中苯甲酸含量，g/kg；

$\quad\quad m'$——进样体积中苯甲酸的质量，mg；

$\quad\quad V_2$——进样体积，mL；

$\quad\quad V_1$——试样稀释液总体积，mL；

$\quad\quad m$——试样质量，g。

二、山梨酸（钾）的测定

山梨酸俗名花楸酸，化学名称为2,4-己二烯酸。山梨酸及其钾盐作为酸性防腐剂，在酸性介质中对霉菌、酵母菌、好氧性细菌有良好的抑制作用，但对厌氧的芽孢杆菌、乳酸菌无效。山梨酸是一种不饱和脂肪酸，在机体内可参与正常的新陈代谢，是目前被认为最安全的一类食品防腐剂。

山梨酸（钾）的测定方法有气相色谱法、高效液相色谱法、分光光度法等。其中气相色谱法、高效液相色谱法测定山梨酸（钾），其原理、样品制备、所用试剂、仪器及操作都与苯甲酸的测定完全相同，只是将苯甲酸的标准贮备液及标准使用液换为山梨酸（钾）。具体操作见本节苯甲酸的测定。下面介绍分光光度法。

（1）测定原理　提取样品中山梨酸及其盐类，经硫酸-重铬酸钾氧化成丙二醛，再与硫代巴比妥酸形成红色化合物，其颜色深浅与丙二醛含量成正比，可于530nm处比色定量。

（2）试剂

① 重铬酸钾-硫酸溶液：1/60mol/L重铬酸钾与0.15mol/L硫酸以1∶1混合备用。

② 硫代巴比妥酸溶液：准确称取0.5g硫代巴比妥酸于100mL容量瓶中，加20mL水，加10mL 1mol/L氢氧化钠溶液，摇匀溶解后再加11mL 1mol/L盐酸，以水定容（临时用配制，6h内使用）。

③ 山梨酸钾标准溶液：准确称取250mg山梨酸钾于250mL容量瓶中，用蒸馏水溶解并定容（本溶液山梨酸含量为1mg/mL，使用时再稀释为0.1mg/mL）。

（3）仪器　分光光度计；组织捣碎机；10mL比色管。

（4）操作方法

① 样品处理。称取100g样品，加200mL水于组织捣碎机中捣成匀浆。称取匀浆100g，加水200mL继续捣1min，称取10g于250mL容量瓶中定容，摇匀，过滤备用。

② 标准曲线绘制。吸取0.0mL、2.0mL、4.0mL、6.0mL、8.0mL、10.0mL山梨酸钾标准溶液于250mL容量瓶中，用水定容。分别吸取2.0mL于相应的10mL比色管中，加2mL重铬酸钾硫酸溶液，于100℃水浴中加热7min，立即加入2.0mL硫代巴比妥酸，继续加热10min，立刻用冷水冷却，于530nm处测吸光度，绘制标准曲线。

③ 试样测定。吸取试样处理液2mL于10mL比色管中，按标准曲线绘制操作，于530nm处测吸光度，以标准曲线定量。

（5）结果计算

$$X_1 = \frac{c \times 250}{m \times 2}$$

$$X_2 = \frac{X_1}{1.34}$$

式中　X_1——山梨酸钾含量，g/kg；

$\quad\quad X_2$——山梨酸含量，g/kg；

$\quad\quad c$——试液中含山梨酸钾的浓度，mg/mL；

m——称取匀浆相当于试样质量，g；

1.34——山梨酸与山梨酸钾之间的换算系数。

第四节　护色剂的测定

护色剂又称呈色剂或发色剂，是食品加工中为使肉与肉制品呈现良好的色泽而适当加入的化学物质。最常使用的护色剂是硝酸盐和亚硝酸盐。硝酸盐在亚硝基化菌的作用下还原成亚硝酸盐，并在肌肉中乳酸的作用下生成亚硝酸。亚硝酸不稳定，分解产生亚硝基，并与肌红蛋白反应生成亮红色的亚硝基红蛋白，使肉制品呈现良好的色泽。

亚硝酸钠除了发色外，还是很好的防腐剂，尤其是对肉毒梭状芽孢杆菌在 pH＝6 时有显著的抑制作用。

亚硝酸盐毒性较强，摄入量大可使血红蛋白（二价铁）变成高铁血红蛋白（三价铁），失去输氧能力，引起肠还原性青紫症。尤其是亚硝酸盐可与胺类物质生成强致癌物亚硝胺。权衡利弊，各国都在保证安全和产品质量的前提下严格控制其使用。我国目前批准使用的护色剂有硝酸钠（钾）和亚硝酸钠（钾），常用丁香肠、火腿、午餐肉罐头等。

一、亚硝酸盐的测定——盐酸萘乙二胺法

盐酸萘乙二胺法又称格里斯试剂比色法，介绍如下：

（1）测定原理　样品经沉淀蛋白质、除去脂肪后，在弱酸条件下亚硝酸盐与对氨基苯磺酸重氮化，再与 N-1-萘基乙二胺偶合形成紫红色染料，与标准比较定量。

（2）试剂

① 亚铁氰化钾溶液。称取 106.0g 亚铁氰化钾 $[K_4Fe(CN)_6 \cdot 3H_2O]$，用水溶解，并稀释至1000mL。

② 乙酸锌溶液。称取 220.0g 乙酸锌$[Zn(CH_3COO)_2 \cdot 2H_2O]$，加 30mL 冰乙酸溶于水，并稀释至1000mL。

③ 饱和硼砂溶液。称取 5.0g 硼酸钠（$Na_2B_4O_7 \cdot 10H_2O$）溶于 100mL 热水中，冷却后备用。

④ 对氨基苯磺酸溶液：4g/L。称取 0.4g 对氨基苯磺酸，溶于100mL 20%盐酸中，置棕色瓶中混匀，避光保存。

⑤ 盐酸萘乙二胺溶液：2g/L。称取 0.2g 盐酸萘乙二胺，溶解于100mL 水中，混匀后，置棕色瓶中，避光保存。

⑥ 亚硝酸钠标准溶液。准确称取 0.1000g 于硅胶干燥器中干燥 24h 的亚硝酸钠，加水溶解移入 500mL 容量瓶中，加水稀释至刻度，混匀。此溶液每毫升相当于 200μg 的亚硝酸钠。

⑦ 亚硝酸钠标准使用液。临用前，吸取亚硝酸钠标准溶液 5.00mL，置于 200mL 容量瓶中，加水稀释至刻度。此溶液每毫升相当于 5.0μg 的亚硝酸钠。

（3）仪器　小型绞肉机；分光光度计。

（4）操作方法

① 样品处理。称取 5.0g 经绞碎混匀的样品，置于 50mL 烧杯中，加 12.5mL 饱和硼砂溶液，搅拌均匀，以 70℃左右的水约 300mL 将试样洗入 500mL 容量瓶中，于沸水浴中加热 15min，取出后冷却至室温，然后一面转动，一面加入 5mL 亚铁氰化钾溶液，摇匀，再加 5mL 乙酸锌溶液，以沉淀蛋白质。加水至刻度，摇匀，放置 0.5h，除去上层脂肪，清

液用滤纸过滤，弃去初滤液 30mL，滤液备用。

② 测定。吸取 40.0mL 上述滤液于 50mL 带塞比色管中，另吸取 0.00mL、0.20mL、0.40mL、0.60mL、0.80mL、1.00mL、1.50mL、2.00mL、2.50mL 亚硝酸钠标准使用液（相当于 0μg、1μg、2μg、3μg、4μg、5μg、7.5μg、10μg、12.5μg 亚硝酸钠），分别置于 50mL 带塞比色管中。于标准管与试样管中分别加入 2mL 对氨基苯磺酸溶液（4g/L），混匀，静置 3～5min 后各加入 1mL 盐酸萘乙二胺溶液（2g/L），加水至刻度，混匀，静置 15min。用 2cm 比色杯，以零管调节零点，于波长 538nm 处测吸光度，绘制标准曲线比较，同时做试剂空白。

（5）结果计算

$$X = \frac{m' \times 1000}{m \times \dfrac{V_2}{V_1} \times 1000}$$

式中 X ——样品中亚硝酸盐的含量，mg/kg；

  m ——样品质量，g；

  m' ——测定用样液中亚硝酸盐的质量，μg；

  V_1 ——样品处理液总体积，mL；

  V_2 ——测定用样液体积，mL。

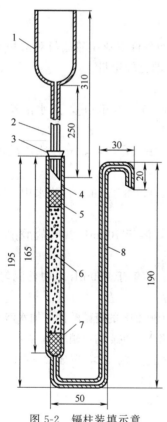

图 5-2 镉柱装填示意

1—贮液漏斗，内径 35mm，外径 37mm；
2—进液毛细管，内径 0.4mm，外径 6mm；
3—橡皮塞；4—镉柱玻璃管，内径 12mm，外径 16mm；5,7—玻璃棉；6—海绵状镉；
8—出液毛细管，内径 2mm，外径 8mm

二、硝酸盐的测定——镉柱法

（1）测定原理 样品经沉淀蛋白质、除去脂肪后，溶液通过镉柱，使其中的硝酸根离子还原成亚硝酸根离子。在弱酸性条件下，亚硝酸根与对氨基苯磺酸重氮化后，再与盐酸萘乙二胺偶合形成红色染料，测得亚硝酸盐总量，用总量减去亚硝酸盐含量即得硝酸盐含量。

（2）试剂

① 氨缓冲溶液（pH 为 9.6～9.7）。量取 20mL 盐酸，加 50mL 水，混匀后加 50mL 氨水，再加水稀释至 1000mL，混匀。

② 稀氨缓冲液。量取 50mL 氨缓冲溶液，加水稀释至 500mL，混匀。

③ 盐酸：0.1mol/L。

④ 硝酸钠标准溶液。准确称取 0.1232g 于 110～120℃干燥恒重的硝酸钠，加水溶解，移入 500mL 容量瓶中，并稀释至刻度。此溶液每毫升相当于 200μg 亚硝酸钠。

⑤ 硝酸钠标准使用液。临用时吸取硝酸钠标准溶液 2.50mL，置于 100mL 容量瓶中，加水稀释至刻度。此溶液每毫升相当于 5μg 亚硝酸钠。

⑥ 亚硝酸钠标准使用液：见亚硝酸盐测定（盐酸萘乙二胺法）。

（3）仪器 镉柱。

① 海绵状镉的制备。投入足够的锌皮或锌棒于 500mL 硫酸镉溶液（200g/L）中，经 3～4h，当其中的

镉全部被锌置换后，用玻璃棒轻轻刮下，取出残余锌棒，使镉沉底，倾去上层清液，以水用倾泻法多次洗涤。然后移入组织捣碎机中，加 500mL 水，捣碎约 2s，用水将金属细粒洗至标准筛上，取 20～40 目之间的部分。

② 镉柱的装填。如图 5-2 所示，用水装满镉柱玻璃管，并装入 2cm 高的玻璃棉作垫，将玻璃棉压向柱底时，应将其中所包含的空气全部排出，在轻轻敲击下加入海绵状镉至 8～10cm 高，上面用 1cm 高的玻璃棉覆盖，上置一贮液漏斗，末端要穿过橡皮塞与镉柱玻璃管紧密连接。

如无上述镉柱玻璃管时，可以 25mL 酸式滴定管代用。

当镉柱填装好后，先用 25mL 盐酸（0.1mol/L）洗涤，再以水洗两次，每次 25mL，镉柱不用时用水封盖，随时都要保持水平面在镉层之上，不得使镉层中夹有气泡。

镉柱每次使用完毕后，应先以 25mL 盐酸（0.1mol/L）洗涤，再以水洗两次，每次 25mL，最后用水封盖镉柱。

③ 镉柱还原效率的测定。吸取 20mL 硝酸钠标准使用液，加入 5mL 稀氨缓冲液，混匀后，吸取 20mL 于 50mL 烧杯中，加 5mL 氨缓冲溶液，混合后注入贮液漏斗中，使流经镉柱还原，以原烧杯收集流出液，当贮液漏斗中的溶液流完后，再加 5mL 水置换柱内留存的溶液。

将全部收集液如前再经镉柱还原一次，第二次流出液收集于 100mL 容量瓶中，继以水流经镉柱洗涤三次，每次 20mL，洗液一并收集于同一容量瓶中，加水至刻度，混匀。

取 10.0mL 还原后的溶液（相当 10μg 亚硝酸钠）于 50mL 比色管中，加入 2mL 对氨基苯磺酸溶液（4g/L），混匀，静置 3～5min 后各加入 1mL 盐酸萘乙二胺溶液（2g/L），加水至刻度，混匀，静置 15min。用 2cm 比色杯，以零管调节零点，于波长 538nm 处测吸光度，绘制标准曲线比较，同时做试剂空白。根据标准曲线计算测得结果，与加入量一致，还原效率应大于 98% 为符合要求。

④ 计算。

$$X = \frac{m}{10} \times 100\%$$

式中 X——还原效率；

m——测得亚硝酸盐的质量，μg；

10——测定用溶液相当亚硝酸盐的质量，μg。

（4）操作方法

① 试样处理。见亚硝酸盐测定（盐酸萘乙二胺法）。

② 测定。先以 25mL 稀氨缓冲液冲洗镉柱，流速控制在 3～5mL/min（以滴定管代替的可控制在 2～3mL/min）。

吸取 20mL 处理过的样液于 50mL 烧杯中，加 5mL 氨缓冲溶液，混合后注入贮液漏斗，使流经镉柱还原，以原烧杯收集流出液，当贮液漏斗中的样液流完后，再加 5mL 水置换柱内留存的样液。

将全部收集液如前再经镉柱还原一次，第二次流出液收集于 100mL 容量瓶中，继以水流经镉柱洗涤三次，每次 20mL，洗液一并收集于同一容量瓶中，加水至刻度，混匀。

亚硝酸钠总量的测定：吸取 10～20mL 还原后的样液于 50mL 比色管中，另吸取 0.00mL、0.20mL、0.40mL、0.60mL、0.80mL、1.00mL、1.50mL、2.00mL、2.50mL 亚硝酸钠标准使用液（相当于 0μg、1μg、2μg、3μg、4μg、5μg、7.5μg、10μg、12.5μg 亚硝酸钠），分别置于 50mL 带塞比色管中。于标准管与试样管中分别加入 2mL 对氨基苯磺酸溶液（4g/L），混匀，静置 3～5min 后各加入 1mL 盐酸萘乙二胺溶液（2g/L），加水至刻度，混匀，静置 15min。用 2cm 比色杯，以零管调节零点，于波长 538nm 处测吸光度，绘制标准曲线比较，同时做试剂空白。

（5）结果计算

$$X = \left(\frac{m_1 \times 1000}{m \times \frac{V_1}{V_2} \times \frac{V_4}{V_3} \times 1000} - \frac{m_2 \times 1000}{m \times \frac{V_6}{V_5} \times 1000} \right) \times 1.232$$

式中　X ——试样中硝酸盐的含量，mg/kg；

　　　m ——试样的质量，g；

　　　m_1 ——经镉粉还原后测得亚硝酸钠的质量，μg；

　　　m_2 ——直接测得亚硝酸盐的质量，μg；

　　1.232 ——亚硝酸钠换算成硝酸钠的系数；

　　　V_1 ——测总亚硝酸钠的试样处理液总体积，mL；

　　　V_2 ——测总亚硝酸钠的测定用样液体积，mL；

　　　V_3 ——经镉柱还原后样液总体积，mL；

　　　V_4 ——经镉柱还原后样液的测定用样液体积，mL；

　　　V_5 ——直接测亚硝酸钠的试样处理液总体积，mL；

　　　V_6 ——直接测亚硝酸钠的试样处理液的测定用样液体积，mL。

第五节　漂白剂的测定

一、概述

在食品生产加工过程中，为使食品保持其特有的色泽，常加入漂白剂。漂白剂是破坏或抑制食品的发色因素使食品退色或使之免于褐变的物质。食品中常用的漂白剂大都属于亚硫酸及其盐类，通过其所产生的二氧化硫的还原作用使之退色，同时还有抑菌及抗氧化等作用，广泛应用于食品的漂白与保藏。

根据食品添加剂的使用标准，漂白剂的使用不应对食品的品质、营养价值及保存期产生不良影响。二氧化硫和亚硫酸盐本身无营养价值，也不是食品的必需成分，而且还有一定的腐蚀性，少量摄取时，经体内代谢成硫酸盐，从尿排出体外，一天摄取 4～6g 可损害肠胃，造成激烈腹泻，因此对其使用量有严格的限制。如国家标准规定：残留量以 SO_2 计，竹笋、蘑菇残留量不得超过 25mg/kg；饼干、食糖、罐头不得超过 50mg/kg；赤砂糖及其他不得超过 100mg/kg。

二、硫酸盐和二氧化硫的测定

测定二氧化硫和亚硫酸盐的方法有盐酸副玫瑰苯胺光度法、中和滴定法、蒸馏法、高效液相色谱法和极谱法等。

1. 盐酸副玫瑰苯胺光度法

（1）测定原理　亚硫酸盐与四氯汞钠反应生成稳定的配合物，再与甲醛及盐酸副玫瑰苯胺作用生成紫红色配合物，与标准系列比较定量。

（2）试剂

① 四氯汞钠吸收液：称取 13.6g 氯化高汞及 6.0g 氯化钠，溶于水中并稀释至1000mL，

放置过夜，过滤后备用。

② 氨基磺酸铵溶液：12g/L。称取1.2g氨基磺酸铵于50mL烧杯中，用水转入100mL容量瓶中，定容。

③ 甲醛溶液：2g/L。吸取0.55mL无聚合沉淀的甲醛（36%），加水定容至100mL，混匀。

④ 淀粉指示液：称取1g可溶性淀粉，用少许水调成糊状，缓缓倾入100mL沸水中，随加随搅拌，煮沸，放冷备用。该指示液临时现配。

⑤ 亚铁氰化钾溶液：称取10.6g亚铁氰化钾[$K_4Fe(CN)_6 \cdot 3H_2O$]，加水溶解并稀释至100mL。

⑥ 乙酸锌溶液：称取22g乙酸锌[$Zn(CH_3COO)_2 \cdot 2H_2O$]溶于少量水中，加入3mL冰乙酸，加水稀释至100mL。

⑦ 盐酸副玫瑰苯胺溶液：称取0.1g盐酸副玫瑰苯胺（$C_{19}H_{18}N_2Cl \cdot 4H_2O$）于研钵中，加少量水研磨使溶解并稀释至100mL，取出20mL，置于100mL容量瓶中，加盐酸（1+1），充分摇匀后使溶液由红变黄，如不变黄再滴加少量盐酸至出现黄色，再加水稀释至刻度，混匀备用（如无盐酸副玫瑰苯胺可用盐酸品红代替）。

盐酸副玫瑰苯胺的精制方法如下：

称取20g盐酸副玫瑰苯胺于400mL水中，用50mL盐酸（1+5）酸化，徐徐搅拌，加4～5g活性炭，加热煮沸2min。将混合物倒入大漏斗中，过滤（用保温漏斗趁热过滤）。滤液放置过夜，出现结晶，然后再用布氏漏斗抽滤，将结晶再悬浮于1000mL乙醚-乙醇（10:1）的混合液中，振摇3～5min，以布氏漏斗抽滤，再用乙醚反复洗涤至醚层不带色为止，于硫酸干燥器中干燥，研细后贮于棕色瓶中保存。

⑧ 碘溶液：$c\left(\dfrac{1}{2}I_2\right) = 0.100\text{mol/L}$。称取12.7g碘用水定容至100mL，混匀。

⑨ 硫代硫酸钠标准溶液：0.1000mol/L。

⑩ 二氧化硫标准溶液。

a. 配制。称取0.5g亚硫酸氢钠，溶于200mL四氯汞钠吸收液中，放置过夜，上清液用定量滤纸过滤备用。

b. 标定。吸取10.0mL亚硫酸氢钠-四氯汞钠溶液于250mL碘量瓶中，加100mL水，准确加入20.00mL碘溶液（0.05mol/L）、5mL冰醋酸，摇匀，放置于暗处2min后迅速以0.1000mol/L硫代硫酸钠标准溶液滴定至淡黄色，加0.5mL淀粉指示液，继续滴定至无色。另取100mL水，准确加入0.05mol/L碘溶液20.0mL、5mL冰醋酸，按同一方法做试剂空白试验。按下式计算二氧化硫标准溶液浓度：

$$X = \frac{(V_2 - V_1)c \times 32.03}{10}$$

式中　X——二氧化硫标准溶液浓度，mg/mL；

　　　V_1——测定用亚硫酸氢钠-四氯汞钠溶液消耗硫代硫酸钠标准溶液体积，mL；

　　　V_2——试剂空白消耗硫代硫酸钠标准溶液体积，mL；

　　　c——硫代硫酸钠标准溶液的摩尔浓度，mol/L；

32.03——1mL硫代硫酸钠（0.1000mol/L）标准溶液相当的二氧化硫的质量，mg/mmol。

⑪ 二氧化硫使用液：临用前将二氧化硫标准溶液以四氯汞钠吸收液稀释成每毫升相当于$2\mu g$二氧化硫。

⑫ 氢氧化钠溶液：20g/L。

⑬ 硫酸：1+71。

（3）仪器 分光光度计。

（4）操作方法

① 样品处理。

a. 水溶性固体。样品如白砂糖等，可称取约10.00g均匀样品（样品量可视二氧化硫含量而定），以少量水溶解，置于100mL容量瓶中，加入4mL氢氧化钠溶液（20g/L），5min后加入4mL硫酸（1+71），然后加入20mL四氯汞钠吸收液，以水稀释至刻度。

b. 其他固体样品。如饼干、粉丝等，可称取5.0～10.0g研磨均匀的样品，以少量水湿润并移入100mL容量瓶中，然后加入20mL四氯汞钠吸收液浸泡4h以上，若上层溶液不澄清可加入亚铁氰化钾溶液及乙酸锌溶液各2.5mL，最后用水稀释至100mL刻度，过滤后备用。

c. 液体样品。如葡萄酒等，可直接吸取5.0～10.0mL样品，置于100mL容量瓶中，以少量水稀释，加20mL四氯汞钠吸收液摇匀，最后加水至刻度混匀，必要时过滤备用。

② 测定。吸取0.5～5.0mL上述样品处理液于25mL带塞比色管中。另吸取0.00mL、0.20mL、0.40mL、0.60mL、0.80mL、1.00mL、1.50mL、2.00mL二氧化硫标准使用液（相当于$0.0\mu g$、$0.4\mu g$、$0.8\mu g$、$1.2\mu g$、$1.6\mu g$、$2.0\mu g$、$3.0\mu g$、$4.0\mu g$二氧化硫）分别置于25mL带塞比色管中。于样品及标准管中各加入四氯汞钠吸收液至10mL，然后再加入1mL氨基磺酸铵溶液（12g/L）、1mL甲醛溶液（2g/L）及1mL盐酸副玫瑰苯胺溶液摇匀，放置20min。用1cm比色杯，以零管调节零点，于波长550nm处测吸光度，绘制标准曲线比较。

（5）结果计算

$$X = \frac{A_1 \times 1000}{m_1 \times \dfrac{V}{100} \times 1000 \times 1000}$$

式中 X ——样品中二氧化硫的含量，g/kg；

A_1 ——测定用样液中二氧化硫的含量，μg；

m_1 ——样品质量，g；

V ——测定用样液的体积，mL。

2. 蒸馏法

（1）测定原理 在密闭容器中对样品进行酸化并加热蒸馏，释放出其中的二氧化硫，释放物用乙酸铅溶液吸收。吸收后用浓盐酸酸化，再以碘标准溶液滴定，由消耗的碘标准溶液的量计算样品中二氧化硫含量。

（2）试剂

① 盐酸：1+1。浓盐酸用水稀释1倍。

② 乙酸铅溶液：20g/L。称取2g乙酸铅，溶于少量水中并稀释至100mL。

③ 碘标准溶液。

④ 淀粉指示液：10g/L。称取1g可溶性淀粉，用少许水调成糊状，缓缓倾入100mL沸水中，随加随搅拌，煮沸2min，放冷，备用。此溶液应临用时配制。

（3）仪器 全玻璃蒸馏器；碘量瓶；酸式滴定管。

（4）操作方法

① 样品处理。固体样品用刀切或剪刀剪成碎末后混匀，称取约 5.00g 均匀样品（样品量可视含量高低而定）。液体样品可直接吸取 5.0～10.0mL 样品，置于 500mL 圆底蒸馏烧瓶中。

② 测定。

a. 蒸馏。将称好的样品置入圆底烧瓶中，加入 250mL 水，装入冷凝装置，冷凝管下端应插入碘量瓶中的 25mL 乙酸铅（20g/L）吸收液中，然后，在蒸馏瓶中加入 10mL 盐酸（1+1），立即盖塞加热蒸馏。当蒸馏液约 200mL 时，使冷凝管下端离开液面，再蒸馏 1min。用少量蒸馏水冲洗插入乙酸铅溶液中的装置部分。在检测样品的同时要做空白试验。

b. 滴定。在取下的碘量瓶中依次加入 10mL 浓盐酸、1mL 淀粉指示液（10g/L）。摇匀之后用碘标准滴定溶液（0.005mol/L）滴定至变蓝且在 30s 内不退色为止。

（5）结果计算

$$X = \frac{(V_1 - V_2) \times 0.01 \times 0.032 \times 1000}{m}$$

式中　X——样品中二氧化硫总含量，g/kg；

　　　V_1——滴定样品所用碘标准滴定溶液（0.01mol/L）的体积，mL；

　　　V_2——滴定试剂空白所用碘标准滴定溶液（0.01mol/L）的体积，mL；

　　　m——样品质量，g；

　　0.032——1mL 碘标准溶液 $\left[c\left(\frac{1}{2}I_2 \right) = 1.0 \text{mol/L} \right]$ 相当的二氧化硫的质量，g/mmol；

　　0.01——碘标准溶液浓度，mol/L。

第六节　着色剂的测定

一、概述

着色剂是使食品着色和改善食品色泽的物质，或称食用色素。食用色素按其来源可分为食用天然色素和食用合成色素两大类：

1. 食用天然色素

食用天然色素是从有色的动、植物体内提取，经进一步分离精制而成，但其有效成分含量低，且因原料来源困难，故价格很高。目前，国内外使用的食用色素绝大多数都是食用合成色素。

2. 食用合成色素

合成色素因其着色力强，易于调色，在食品加工过程中稳定性能好，价格低廉，在食用色素中占主要地位。合成色素多以煤焦油为起始原料，且在合成过程中可能受铅、砷等有害物质所污染，因此在使用的安全性上，对其的争论要比其他类的食品添加剂更为突出和尖锐。各国对合成色素的研究、开发和使用都极为谨慎。中国许可使用的合成色素有 9 种：苋菜红、胭脂红、诱惑红、新红、柠檬黄、日落黄、靛蓝、亮蓝、赤藓红。前 6 种为偶氮类化合物，使用中占绝大多数。表 5-3 列举了几种常用的食品着色剂。

二、食用合成着色剂的测定——高效液相色谱法

（1）原理 食品中人工合成着色剂用聚酰胺吸附法或液-液分配法提取，制成水溶液，注入高效液相色谱仪，经反相色谱分离，根据保留时间定性，与峰面积比较进行定量。

表 5-3 常用食品着色剂的使用卫生标准

名 称	使用范围	最大使用量/(g/kg)
苋菜红	果汁(味)饮料类、碳酸饮料、配制酒、糖果、糕点上彩装、青梅、山楂制品、渍制小菜	0.05
胭脂红	豆奶饮料	0.025
	红肠肠衣	0.025
	虾(味)片	0.05
	糖果包衣	0.10
	冰激凌	0.025
赤藓红	调味酱	0.05
新红	果汁(味)饮料类、碳酸饮料、配制酒、糖果、糕点上彩装、青梅	0.05
柠檬黄	果汁(味)饮料类、碳酸饮料、配制酒、糖果、糕点上彩装、西瓜酱罐头、青梅、虾(味)片、渍制小菜、红绿丝	0.10
日落黄	果汁(味)饮料类、碳酸饮料、配制酒、糖果、糕点上彩装、西瓜酱罐头、青梅、乳酸菌饮料、植物蛋白饮料、虾(味)片	0.10
亮蓝	果汁(味)饮料类、碳酸饮料、配制酒、糖果、糕点上彩装、染色樱桃罐头(系装饰用)、青梅、虾(味)片、冰激凌	0.025
靛蓝	渍制小菜	0.01
红花黄	果汁(味)饮料类、碳酸饮料、配制酒、糖果、糕点上彩装、红绿丝、罐头、青梅、冰激凌、冰棍、果冻、蜜饯	0.20
紫胶红(虫胶红)	果蔬汁饮料类、碳酸饮料、配制酒、糖果、果酱、调味酱	0.50
叶绿素铜钠盐	配制酒、糖果、青豌豆罐头、果冻、冰棍、冰激凌、糕点上彩装、雪糕、饼干	0.50
越橘红	果汁(味)饮料类、冰激凌	正常生产需要

（2）试剂

① 正己烷。

② 盐酸。

③ 乙酸。

④ 甲醇：经滤膜（0.5μm）过滤。

⑤ 聚酰胺粉（尼龙6）：过200目筛。

⑥ 乙酸铵溶液：0.02mol/L。称取1.54g乙酸铵，加水至1000mL溶解，经滤膜（0.45μm）过滤。

⑦ 氨水：取2mL氨水，加水至100mL混匀。

⑧ 氨水-乙酸铵溶液：0.02mol/L。取氨水0.5mL加乙酸铵溶液（0.02mol/L）至1000mL混匀。

⑨ 甲醇-甲酸溶液：6+4。取甲醇60mL，甲酸40mL混匀。

⑩ 柠檬酸溶液：取20g柠檬酸（$C_6H_8O_7 \cdot H_2O$）加水至100mL，溶解混匀。

⑪ 无水乙醇-氨水-水溶液：7+2+1。取无水乙醇70mL、氨水20mL、水10mL混匀。

⑫ 三正辛胺正丁醇溶液：5%。取三正辛胺5mL，加正丁醇至100mL混匀。

⑬ 饱和硫酸钠溶液。

⑭ 硫酸钠溶液：2g/L。

⑮ pH＝6 的水：水加柠檬酸溶液调 pH＝6。

⑯ 合成着色剂标准溶液。准确称取按其纯度折算为 100％ 质量的柠檬黄、日落黄、苋菜红、胭脂红、新红、赤藓红、亮蓝、靛蓝各 0.100g，置于 100mL 容量瓶中，加 pH＝6 的水到刻度，配成水溶液（1.00mg/mL）。

⑰ 合成着色剂标准使用液。临用时上述溶液加水稀释 20 倍，经 0.45μm 滤膜过滤。配成每毫升相当 50.0μg 的合成着色剂。

（3）仪器　高效液相色谱仪，带紫外检测器，254nm 波长。

（4）操作方法

① 样品处理。

a. 橘子汁、果味水、果子露汽水等。称取 20.0～40.0g 放入 100mL 烧杯中。含二氧化碳样品加热驱除二氧化碳。

b. 配制酒类。称取 20.0～40.0g 放入 100mL 烧杯中，加入小碎瓷片数片，加热驱除乙醇。

c. 硬糖、蜜饯类、淀粉软糖等。称取 5.00～10.00g，粉碎样品，放入 100mL 小烧杯中，加水 30mL，温热溶解，若样品溶液 pH 较高，用柠檬酸溶液调 pH 至 6 左右。

d. 巧克力豆及着色糖衣制品。称取 5.00～10.00g，放入 100mL 小烧杯中，用水反复洗涤色素，至巧克力豆无色素为止，合并色素漂洗液为样品溶液。

② 色素提取。

a. 聚酰胺吸附法。样品溶液加柠檬酸溶液调 pH＝6，加热至 60℃，将 1g 聚酰胺粉加少许水调成粥状，倒入样品溶液中，搅拌片刻，以 G₃ 垂熔漏斗抽滤，用 60℃ pH＝4 的水洗涤 3～5 次，然后用甲醇-甲酸混合溶液洗涤 3～5 次（含赤藓红的样品用 b 法处理），再用水洗至中性，用乙醇-氨水-水混合溶液解吸 3～5 次，每次 5mL，收集解吸液，加乙酸中和，蒸发至近干，加水溶解，定容至 5mL。经滤膜（0.45μm）过滤，取 10μL 进高效液相色谱仪。

b. 液-液分配法（适用于含赤藓红的样品）。将制备好的样品溶液放入分液漏斗中，加 2mL 盐酸、三正辛胺正丁醇溶液（5％）10～20mL，振摇提取，分取有机相，重复提取，直到有机相无色，合并有迹象，用饱和硫酸钠溶液洗两次，每次 10mL，分取有机相，放蒸发皿中，水浴加热浓缩至 10mL，转移至分液漏斗中，加 60mL 正己烷，混匀，加氨水提取 2～3 次，每次 5mL，合并氨水溶液层（含水溶性酸性色素），用正己烷洗两次，氨水层加乙酸调成中性，水浴加热蒸发至近干，加水定容至 5mL。经滤膜（0.45μm）过滤，取 10μL 进高效液相色谱仪。

③ 高效液相色谱参考条件：

柱　　　　　YWG-C18 10μm 不锈钢柱 4.6mm（内径）×250mm

流动相　　　甲醇-0.02mol/L 乙酸铵溶液（pH＝4）

梯度洗脱　　甲醇 20％～35％，3％/min；35％～98％，9％/min；98％继续 6min

流速　　　　1mL/min

紫外检测器　254nm 波长

④ 测定。取相同体积样液和合成着色剂标准使用液分别注入高效液相色谱仪，根据保留时间定性，外标峰面积法定量。

（5）结果计算

$$X = \frac{m' \times 1000}{m(V_2/V_1) \times 1000 \times 1000}$$

式中　X——样品中着色剂的含量，g/kg；

　　　　m'——样液中着色剂的质量，μg；

　　　　V_1——样品稀释总体积，mL；

　　　　V_2——进样体积，mL；

　　　　m——样品质量，g。

第七节　抗氧化剂的测定

一、概述

日常生活中常遇到这样的情形：含油脂的食品会酸败、褐变、变味儿，而导致食品不能食用。其原因是食品在贮存过程中，发生了一系列化学、生物变化，尤其是氧化反应。即在酶或某些金属的催化作用下，食品中所含易于氧化的成分与空气中的氧反应，生成醛、酮、醛酸、酮酸等一系列哈败物质。因此为防止或延缓食品成分的氧化变质，在其加工过程中加入一定的抗氧化剂以保护食品的质量。

抗氧化剂可按其溶解性和来源分类。按溶解性有油溶性与水溶性两类：油溶性的如叔丁基羟基茴香醚（BHA）、二丁基羟基甲苯（BHT）、叔丁基对苯二酚（TBHQ）、没食子酸丙酯（PG）等；水溶性的有异抗坏血酸及其盐类等。按来源可分为天然与人工合成两类。天然的如 DL-α-生育酚、茶多酚等；人工合成的有叔丁基羟基茴香醚等。近年来由于人们对化学合成品的疑虑，使得天然抗氧化剂受到越来越多的重视。如经由微生物发酵制成的异抗坏血酸的用量上升很快。茶多酚是我国近年开发的天然抗氧化剂，在国内外颇受欢迎，其抗氧活性约比维生素 E 高 20 倍，且具一定的抑菌作用。但目前而言天然抗氧化剂仍处于研发阶段，真正应用不多。无论是天然还是人工抗氧化剂都不是十全十美，因食品的性质、加工方法不同一种抗氧化剂很难适合各种各样的食品要求。

各国允许使用的抗氧化剂的品种有所不同，美国 24 种，德国 12 种，日本、英国各 11 种，中国 15 种。表 5-4 列出了部分抗氧化剂的使用标准（GB 2760—1996）。

表 5-4　抗氧化剂的使用标准

名　称	使用范围	最大使用量/(g/kg)
丁基羟基茴香醚（叔丁基-4-羟基茴香醚）（BHA）	食用油脂、油炸食品、干鱼制品、饼干、方便面、速煮米、果仁罐头、腌腊肉制品	0.2
二丁基羟基甲苯（2,6-二叔丁基对甲酚）（BHT）		
没食子酸丙酯（PG）		0.1
D-异抗坏血酸钠	果蔬罐头、肉类罐头、果酱、冷冻鱼	1.0
	啤酒	0.04
	葡萄酒、果蔬汁饮料类	0.15
	肉制品	0.50

二、叔丁基羟基茴香醚和 2,6-二叔丁基对甲酚的测定

1. 气相色谱法

（1）测定原理　样品中的叔丁基羟基茴香醚（BHA）和 2,6-二叔丁基对甲酚（BHT）用石油醚提取，通过色谱柱使 BHA 与 BHT 净化、浓缩后，经气相色谱分离后用氢火焰离子化检测器检测，根据样品峰高与标准峰高比较定量。

（2）试剂

① 石油醚：沸程 30～60℃。

② 二氯甲烷。

③ 二硫化碳。

④ 无水硫酸钠。

⑤ 硅胶：60～80 目于 120℃活化 4h 放于干燥器备用。

⑥ 弗罗里硅土（Florisil）：60～80 目，于 120℃活化 4h 放于干燥器备用。

⑦ BHA、BHT 混合标准贮备液。准确称取 BHA、BHT 各 0.1000g 混合后用二硫化碳溶解，定容至 100mL，此溶液分别为每毫升含 1.0mg BHA、BHT。置冰箱保存。

⑧ BHA、BHT 混合标准使用液。吸取标准贮备液 4.0mL 于 100mL 容量瓶中，用二硫化碳定容至刻度，此溶液分别为每毫升含 0.040mg BHA、BHT。置冰箱中保存。

（3）仪器

① 气相色谱仪：附 FID 检测器。

② 蒸发器：容积 200mL。

③ 振荡器。

④ 色谱柱：1cm×30cm 玻璃柱，带活塞。

⑤ 气相色谱柱：长 1.5m，内径 3mm 玻璃柱，于 Gas Chrom Q（80～100 目）担体上涂 10%（质量分数）QF-1。

（4）样品处理

① 试样的制备。取 0.5kg 油脂较多的样品，1kg 含油脂少的样品，用对角线取 2/4 或 2/6 或根据样品情况取有代表性样品，在玻璃乳钵中研碎，混合均匀后放置广口瓶内保存于冰箱中。

② 脂肪的提取。

a. 含油脂高的样品（桃酥等）。称取 50.0g，混合均匀，置于 250mL 具塞锥形瓶中，加 50mL 石油醚（沸程为 30～60℃），放置过夜，用快速滤纸过滤后，减压回收溶剂，残留脂肪备用。

b. 含油脂中等的样品（蛋糕、江米条等）。称取 100g 左右，混合均匀，置于 500mL 具塞锥形瓶中，加 100～200mL 石油醚（沸程 30～60℃），放置过夜，用快速滤纸过滤后，减压回收溶剂，残留脂肪备用。

c. 含油脂少的样品（面包、饼干等）。称取 250～300g 混合均匀后，于 500mL 具塞锥形瓶中，加入适量石油醚浸泡样品，放置过夜，用快速滤纸过滤后，减压回收溶剂，残留脂肪备用。

（5）操作方法

① 试样的制备。

a. 色谱柱的制备。于色谱柱的底部加入少量玻璃棉，少量无水硫酸钠，将硅胶-弗罗里

硅土（6+4）共 10g，用石油醚湿法混合装柱，柱顶部再加入少量无水硫酸钠。

b. 试样制备。称取（4）②制备的脂肪 0.50～1.00g 用 25mL 石油醚溶解移入制备好的色谱柱上，再以 100mL 二氯甲烷分 5 次淋洗，合并淋洗液，减压浓缩近干时，用二硫化碳定容至 2mL，该溶液为待测溶液。

c. 植物油试料的制备。称取混合均匀样品 2.00g 放入 50mL 烧杯中，加 30mL 石油醚溶解转移到（5）①a 色谱柱上，再用 10mL 石油醚分数次洗涤烧杯并转移到色谱柱，用 100mL 二氯甲烷分 5 次淋洗，合并淋洗液，减压浓缩近干，用二硫化碳定容至 2mL，该溶液为待测溶液。

② 测定。将 3μL 标准使用液注入气相色谱仪，绘制色谱图，分别量取各组分峰高或峰面积，进 3μL 样品待测溶液（应视样品含量而定）绘制色谱图，分别量取峰高或峰面积，与标准峰高或峰面积比较计算含量。

（6）结果计算

$$m_1 = \frac{h_i}{h_s} \times \frac{V_m}{V_i} \times V_s c_s$$

式中　m_1——待测溶液 BHA（或 BHT）的质量，mg；

　　　h_i——注入色谱样品中 BHA（或 BHT）的峰高或峰面积；

　　　h_s——标准使用液中 BHA（或 BHT）的峰高或峰面积；

　　　V_i——注入色谱样品溶液的体积，mL；

　　　V_m——待测样品定容的体积，mL；

　　　V_s——注入色谱中标准使用液的体积，mL；

　　　c_s——标准使用液的浓度，mg/mL。

食品中以脂肪计 BHA（或 BHT）的含量按下式计算：

$$X_1 = \frac{m_1 \times 1000}{m_2 \times 1000}$$

式中　X_1——食品中以脂肪计 BHA（或 BHT）的含量，g/kg；

　　　m_1——待测溶液中 BHA（或 BHT）的质量，mg；

　　　m_2——油脂（或食品中脂肪）的质量，g。

2. 分光光度法

（1）测定原理　样品通过水蒸气蒸馏，使 BHT 分离，用甲醇吸收，遇邻联二茴香胺与亚硝酸钠溶液生成橙红色，用三氯甲烷提取，与标准比较定量。

（2）试剂

① 无水氯化钙。

② 甲醇。

③ 三氯甲烷。

④ 亚硝酸钠溶液：3g/L，避光保存。

⑤ 邻联二茴香胺溶液。称取 125mg 邻联二茴香胺于 50mL 棕色容量瓶中，加 25mL 甲醇，振摇使全部溶解，加 50mg 活性炭，振摇 5min，过滤，取 20mL 滤液，置于另一 50mL 棕色容量瓶中，加盐酸（1+11）至刻度。临用时现配并避光保存。

⑥ BHT 标准溶液。准确称取 0.050g BHT，用少量甲醇溶解，移入 100mL 棕色容量瓶中，并稀释至刻度，避光保存。此溶液每毫升相当于 0.50mg BHT。

⑦ BHT 标准使用液。临用时吸取 1.0mL BHT 标准溶液，置于 50mL 棕色容量瓶中，

用甲醇至刻度，混匀，避光保存。此溶液每毫升相当于 $10.0\mu g$ BHT。

（3）仪器　水蒸气蒸馏装置；甘油浴；分光光度计。

（4）操作方法

① 样品处理。称取 2~5g 样品（约含 0.40mg BHT）于 100mL 蒸馏瓶中，加 16g 无水氯化钙粉末及 10mL 水，当甘油浴温度达到 165℃恒温时，将蒸馏瓶浸入甘油浴中，连接好水蒸气发生装置及冷凝管，冷凝管下端浸入盛有 50mL 甲醇的 200mL 容量瓶中，进行蒸馏，蒸馏速度每分钟 1.5~2mL，在 50~60min 内收集约 100mL 馏出液（连同原盛有的甲醇共约 150mL，蒸气压不可太高，以免油滴带出）以温热的甲醇分次洗涤冷凝管，洗液并入容量瓶中并稀释至刻度。

② 测定。准确吸取 25mL 上述处理后的样品溶液，移入用黑纸（布）包扎的 100mL 分液漏斗中，另准确吸取 0.0mL、1.0mL、2.0mL、3.0mL、4.0mL、5.0mL BHT 标准使用液（相当于 $0\mu g$、$10\mu g$、$20\mu g$、$30\mu g$、$40\mu g$、$50\mu g$ BHT），分别置于黑纸（布）包扎的 60mL 分液漏斗，加入甲醇（50%）至 25mL。分别加入 5mL 邻联二茴香胺溶液，混匀，再各加 2mL 亚硝酸钠溶液（3g/L），振摇 1min，放置 10min，再各加 10mL 三氯甲烷，剧烈振摇 1min，静置 3min 后，将三氯甲烷层分入黑纸（布）包扎的 10mL 比色管中，管中预先放入 2mL 甲醇，混匀。用 1cm 比色杯，以三氯甲烷调节零点，于波长 520nm 处测吸光度，绘制标准曲线比较。

（5）结果计算

$$X = \frac{m_2 \times 1000}{m_1 \frac{V_2}{V_1} \times 1000 \times 1000}$$

式中　X——样品中 BHT 的含量，g/kg；

　　　m_1——样品质量，g；

　　　m_2——测定用样液中 BHT 的质量，μg；

　　　V_1——蒸馏后样液总体积，mL；

　　　V_2——测定用吸取样液的体积，mL。

 **阅读材料**

复合食品添加剂——市场的宠儿

中国是一个文明古国，使用食品添加剂的历史悠久，但中国食品添加剂产业的形成，至今却仅有二十几年的时间。

改革开放前，中国食品工业落后、食品匮乏、食品添加剂的市场份额极低，人们对食品添加剂认识也较为模糊。20 年改革开放和市场经济的发展，使中国食品工业迅速崛起，成为国民经济的重要支柱产业。与食品紧密相关的食品添加剂也获得了广泛的开发、生产和应用，食品添加剂工业驶入了快车道。与此同时，由于市场的需要，人们也开始了对食品添加剂复合的研究、开发和应用。复合食品添加剂工业在神州大地悄然兴起，复合食品添加剂产品也在市场上崭露头角。

首先研究和开发复合食品添加剂的企业，主要集中在沿海经济相对发达的地区。目前已经有一批企业初具规模。但就总体来说，复合食品添加剂企业大都规模小，产品少，产量低。已经形成规模化生产、产品已形成系列、质量较稳定、品牌知名度较高的，少数几家企业。它们不断地学习和借鉴国外的先进经验和技术，使中国复合食品添加剂的生产和应用有了迅速的发展。资料显示：中国的液态奶、蛋糕及冰激凌乳化稳定剂，饮料悬浮剂，保鲜护色剂，米面制品改良剂，甜味剂，营养强化剂，食用香精香料，合成色素等以复合形式上市的日益普及。复合产品受到了广大应用企业的普遍欢迎，产生了明显的经济效益和社会效益。复合食品添加剂很快成为食品添加剂市场的亮点，成为充满生机和活力的市场宠儿。

　　人们对食品添加剂的认识，直接影响到食品添加剂发展。二十几年来，中国人对食品添加剂的认识，经历了从感性到理性的不断深化的过程。在初始阶段，食品添加剂的功能被人为地夸大，对其用量和使用范围也存在着不同程度的盲目性，甚至导致有些人一度谈食品添加剂色变，要求食品中"不含任何食品添加剂"几成时尚。但随着市场对丰富多彩的食品的追求，随着人们添加使用食品添加剂的理性化，食品添加剂对食品工业的发展的重要性也日益为人们所认知。21世纪初提出的"没有食品添加剂就没有现代食品工业"的口号，标志着人们对食品添加剂的认识有了一次质的飞跃。认识的飞跃促进了食品添加剂工业的迅猛发展。

　　开始，人们对复合食品添加剂的认识更其模糊。多数业内人士大都忽视复合食品添加剂的存在；有的人则视复合食品添加剂为另类，甚至视为"假冒伪劣"，不屑研究、开发、生产和使用复合食品添加剂。但是，随着人们对食品品种多样化、营养保健化、质量高档化日益增长的需求，复合食品添加剂的应用日趋广泛，复合食品添加剂的研究和生产逐步发展成为一个崭新的门类。通过实践和市场分析，使人们越来越认识到复合食品添加剂的重要作用。近来，食品界有远见卓识的专家称复合食品添加剂是"食品添加剂工业的发展方向和潮流"，把复合食品添加剂的重要性提高到很高的高度。这标志着人们对食品添加剂的认识又将有一次新的质的飞跃。它必将促使复合食品添加剂蓬勃发展的春天的来临。

➡ 思考题

1. 什么是食品添加剂？中国允许使用的食品添加剂有几种？本章主要介绍了几种？
2. 常用的甜味剂有哪些？如何用紫外分光光度法测糖精钠？
3. 甜蜜素的化学名称是什么？怎样用气相色谱法测其含量？
4. 常用的防腐剂有哪些？如何用气相色谱法测苯甲酸的含量？
5. 常用的漂白剂有哪些？硫酸盐的测定可采用哪些方法？
6. 怎样用高效液相色谱法完成合成色素的测定？

第六章
食品中微量元素的测定

学习指南

本章介绍了食品中铁、锌、铅、汞、铜、铝、镉、锰、铬、镍、砷、硒、氟及碘等微量元素的测定方法。通过本章学习，应达到如下要求：

(1) 了解食品中微量元素的分类和作用；

(2) 了解铁、锌、铅、汞、铜、铝、镉、锰、铬、镍、砷、硒、氟及碘等微量元素的测定原理和方法；

(3) 通过食品中微量元素的测定，进一步熟悉分光光度法、原子吸收光谱法、极谱分析法、离子选择性电极分析法及荧光光度法等分析方法的原理和仪器使用。

第一节　概　　述

一、食品中微量元素的分类及作用

食品中所包含的金属和非金属元素大约有 80 种，它们可分为两类：一类是组成人体生命主要、必需的，食品中含量很高的常量元素，如碳、氢、氧等；另一类为营养必需的微量元素。目前已被确证是动物或人类生理所必需的微量元素有 14 种，它们是铁、碘、铜、锌、锰、钴、钼、硒、铬、镍、锡、硅、氟和钒等。其他一些元素尚未证实其生理功能。

正常情况下，人体仅需要极少量或只能耐受极小剂量的微量元素，否则将出现毒性作用。为了保障人体健康、确保饮食安全，对食品中微量元素进行监测是十分必要的。

二、食品中微量元素测定的方法

1. 食品中微量元素的分离与浓缩

食品中的微量元素常与有机物质结合在一起，在测定其含量之前，必须先采用灰化、消化等办法破坏有机物质，释放出被测组分及其他共存元素。一方面，这些共存元素常常干扰测定；另一方面，待测的微量元素含量通常很低。因此，在样品分析中，进行分离和浓缩，以除去干扰元素、富集待测元素是非常必要的。通常采用离子交换及螯合溶剂萃取的方法进行分离和浓缩。

离子交换法是利用离子交换树脂与溶液中的离子之间所发生的交换反应来进行分离的方

法，适用于带相反电荷的离子之间和带相同电荷或性质相近的离子之间的分离，在食品分析中，可对微量元素进行富集和纯化。

螯合溶剂萃取法是将金属离子先与螯合剂生成金属螯合物，然后利用与水不相溶的有机溶剂同试液一起振荡，金属螯合物进入有机相，另一些组分仍留在水相中，从而达到分离、浓缩的目的。

2. 食品中微量元素测定的方法

食品中微量元素的测定方法，主要有可见分光光度法、原子吸收分光光度法、极谱法、离子选择电极法和荧光分光光度法等。

可见分光光度法因设备简单、价廉、灵敏度较高而得到广泛应用。

原子吸收分光光度法由于选择性好、灵敏度高、测定简便快速，可同时测定多种元素，因而得到了迅速发展和推广应用，现可分析70种以上元素。

凡在滴汞电极上可起氧化还原反应的物质，包括金属离子、金属配合物、阴离子和有机化合物，都可用极谱法测定。某些不起氧化还原反应的物质，也可设法应用间接法测定，因而极谱法的应用范围很广。该法最适宜的测定浓度是 $10^{-2} \sim 10^{-4} \, \text{mol/L}$，相对误差一般为 $\pm 2\%$，可同时测定 $4 \sim 5$ 种物质（如 Cu，Cd，Ni，Zn，Mn 等），分析所需样品量也很少。

离子选择性电极对微量元素进行测定的优点是简便快速。因为电极对欲测离子有一定选择性，一般常可避免烦琐的分离步骤。对有颜色液体、混浊液和黏稠液，也可直接进行测量。电极响应快，测定所需试样量少。与其他仪器分析比较起来，所需仪器设备较为简单。对于一些用其他方法难以测定的某些离子，如氟离子等，用此法可以得到满意的结果。

原子荧光光谱分析是 20 世纪 60 年代提出并发展起来的新型光谱分析技术。它具有原子吸收和原子发射光谱两种技术的优势，并克服了它们某些方面的缺点，具有分析灵敏度高、干扰少、线性范围宽、可多元素同时分析等特点，是一种优良的痕量分析技术。

第二节　微量金属元素的测定

一、铁的测定

1. 分光光度法（邻二氮菲法）

（1）原理　在 pH 为 2～9 的溶液中，二价铁离子能与邻二氮菲生成稳定的橙红色配合物，在 510nm 处有最大吸收，其吸光度与铁的含量成正比，故可比色测定。

（2）试剂

① 盐酸羟胺（$NH_2OH \cdot HCl$）溶液：10%。

② 邻二氮菲水溶液（新鲜配制）：0.12%。

③ 醋酸钠溶液：10%。

④ 盐酸：1mol/L。

⑤ 铁标准溶液：准确称取 0.4979g 硫酸亚铁（$FeSO_4 \cdot 7H_2O$）溶于 100mL 水中，加入 5mL 浓硫酸微热，溶解即滴加 2% 高锰酸钾溶液，至最后一滴红色不退色为止，用水定容至 1000mL，摇匀，得标准贮备液，此液每毫升含 Fe^{3+} 100μg；取铁标准贮备液 10mL 于 100mL 容量瓶中，加水至刻度，混匀，得标准使用液，此液每毫升含 Fe^{3+} 10μg。

（3）测定方法

① 样品处理。称取均匀样品 10.0g，干法灰化后，加入 2mL 1:1 盐酸，在水浴上蒸

干，再加入 5mL 蒸馏水，加热煮沸后移入 100mL 容量瓶中，以水定容，混匀。

② 标准曲线绘制。吸取 $10\mu g/mL$ 铁标准溶液（标准溶液吸取量可根据样品含铁量高低来确定）0.0mL、1.0mL、2.0mL、3.0mL、4.0mL、5.0mL，分别置于 50mL 容量瓶中，加入 1mol/L 盐酸溶液 1mL、10% 盐酸羟胺 1mL、0.12% 邻二氮菲 1mL。然后加入 10% 醋酸钠 5mL，用水稀释至刻度，摇匀，以不加铁的试剂空白溶液作参比液，在 510nm 波长处，用 1cm 比色皿测吸光度，绘制标准曲线。

③ 样品测定。准确吸取样液 5～10mL（视含铁量高低而定）于 50mL 容量瓶中，以下按标准曲线绘制操作，测定吸光度，在标准曲线上查出相对应的含铁量（μg）。

（4）结果计算

$$Fe\ 含量(\mu g/100g) = \frac{A}{m \times \dfrac{V_1}{V_2}} \times 100$$

式中　A——从标准曲线上查得测定用样液相当的铁含量，μg；

　　　V_1——测定用样液体积，mL；

　　　V_2——样液总体积，mL；

　　　m——样品质量，g。

2. 原子吸收光谱法

（1）原理　样品经消化后，导入原子吸收分光光度计中，经火焰原子化后，吸收波长 248.3nm 的共振线，其吸收量与铁含量成正比，与标准系列比较定量。

（2）试剂

① 混合酸：硝酸＋高氯酸（4＋1）。

② 硝酸：0.5mol/L。

③ 铁标准贮备液。精确称取 1.000g 金属铁（纯度大于 99.99%）或含 1.000g 铁相对应的氧化物，加硝酸使之溶解，移入 1000mL 容量瓶中，用 0.5mol/L 硝酸定容至刻度，贮存于聚乙烯瓶内，冰箱内保存。此溶液每毫升相当于 1mg 铁。

④ 铁标准使用液。吸取铁标准贮备液 10.0mL 置于 100mL 的容量瓶中，用 0.5mol/L 硝酸溶液稀释至刻度，该溶液每毫升相当于 $100\mu g$ 铁。贮存于聚乙烯瓶内，4℃ 保存。

（3）仪器

① 原子吸收分光光度计，铁空心阴极灯。

② 电热板或电砂浴。

（4）操作步骤

① 样品湿法消化。精确称取均匀样品适量（按样品含铁量定，如干样 1.0g，湿样 3.0g，液体样品 5～10g）于 150mL 锥形瓶中，放入几粒玻璃珠，加入混合酸 20～30mL，盖一玻璃片，放置过夜。次日于电热板上逐渐升温加热，溶液变成棕红色，应注意防止炭化。如发现消化液颜色变深，再滴加浓硝酸，继续加热消化至冒白色烟雾，取下冷却后，加入约 10mL 水继续加热赶酸至冒白烟为止。放冷后用去离子水洗至 25mL 的刻度试管中。同时做试剂空白。

② 标准曲线制备。吸取 0.5mL、1.0mL、2.0mL、3.0mL、4.0mL 铁标准使用液，分别置于 100mL 容量瓶中，以硝酸（0.5mol/L）稀释至刻度，混匀，此标准系列含锌分别为 $0.5\mu g$、$1.0\mu g$、$2.0\mu g$、$3.0\mu g$、$4.0\mu g$ 的铁。

③ 仪器条件。波长 248.3nm，灯电流、狭缝、空气乙炔流量及灯头高度均按仪器说明

调至最佳状态。

④ 样品测定。将处理好的样品溶液、试剂空白液和铁标准溶液分别导入火焰原子化器进行测定。记录其相应的吸光度值，与标准曲线比较定量。

（5）结果计算

$$X = \frac{(A_1 - A_2)V \times 1000}{m \times 1000}$$

式中　X——样品中铁的含量，mg/kg；

　　　A_1——测定用样品液中铁的含量，$\mu g/mL$；

　　　A_2——试剂空白液中铁的含量，$\mu g/mL$；

　　　V——样品处理液的总体积，mL；

　　　m——样品质量，g。

二、锌的测定

1. 原子吸收光谱法

（1）原理　样品经消化后，导入原子吸收分光光度计中，经火焰原子化后，吸收波长213.8nm 的共振线，其吸收量与锌含量成正比，与标准系列比较定量。

（2）试剂

① 混合酸：硝酸＋高氯酸（5＋1）。

② 盐酸：1＋11。

③ 磷酸：1＋10。

④ 盐酸：0.1mol/L。

⑤ 锌标准贮备液。精确称取 0.500g 金属锌（纯度大于 99.99％）或含 0.500g 锌相对应的氧化物，加盐酸使之溶解，移入 1000mL 容量瓶中，用 0.1mol/L 盐酸定容至刻度，贮存于聚乙烯瓶内，冰箱内保存。此溶液每毫升相当于 500μg 锌。

⑥ 锌标准使用液。吸取锌标准贮备液 10.0mL 置于 50mL 的容量瓶中，用 0.1mol/L 盐酸溶液稀释至刻度。该溶液每毫升相当于 100μg 锌。

（3）仪器　原子吸收分光光度计，带锌空心阴极灯。

（4）操作步骤

① 样品湿法消化。样品经湿法消化放冷后，用 0.1mol/L 的盐酸代替去离子水洗至25mL 的刻度试管中。同时做试剂空白。

② 样品干法灰化。称取制备好的均匀样品 5.0～10.0g 置于瓷坩埚中，于电炉上小火炭化至无烟后移入马弗炉中，500℃灰化约 8h 后取出，放冷后再加入少量混合酸，小火加热至无炭粒，待坩埚稍凉，加 10mL（1＋11）的盐酸，溶解残渣并移入 50mL 的容量瓶中，再用盐酸（1＋11）反复洗涤坩埚，洗液并入容量瓶中，并稀释至刻度，混匀备用。

③ 标准曲线制备。吸取 0.0mL、0.10mL、0.20mL、0.40mL、0.80mL 锌标准使用液，分别置于 50mL 容量瓶中，以盐酸（0.1mol/L）稀释至刻度，混匀，此标准系列每毫升含锌分别为 0.0μg、0.2μg、0.4μg、0.8μg、1.6μg 的锌。

④ 仪器条件。波长 213.8nm，灯电流、狭缝、空气乙炔流量及灯头高度均按仪器说明调至最佳状态。

⑤ 样品测定。将处理好的样品溶液、试剂空白液和锌标准溶液分别导入火焰原子化器进行测定。记录其对应的吸光度值，与标准曲线比较定量。

（5）结果计算

$$X = \frac{(A_1 - A_2)V \times 1000}{m \times 1000}$$

式中　X——样品中锌的含量，mg/kg；

　　　A_1——测定用样品液中锌的含量，$\mu g/mL$；

　　　A_2——试剂空白液中锌的含量，$\mu g/mL$；

　　　V——样品处理液的总体积，mL；

　　　m——样品质量，g。

2. 分光光度法（二硫腙比色法）

（1）原理　样品经消化后，在 pH 为 4.0～5.5 时，锌离子与二硫腙形成紫红色配合物，溶于四氯化碳，加入硫代硫酸钠，可防止铜、汞、铅、铋、银和镉等离子干扰，与标准系列比较定量。

（2）试剂

① 乙酸-乙酸钠缓冲溶液。取等量 2mol/L 浓度的乙酸溶液和乙酸钠溶液混合，此溶液的 pH 为 4.7 左右。用 0.01% 双硫腙-四氯化碳溶液提取数次，每次 10mL，除去其中的锌，直至四氯化碳层绿色不变为止。弃去四氯化碳层，再用四氯化碳提取缓冲溶液中的双硫腙，至溶剂层无色，弃去四氯化碳。

② 硫代硫酸钠溶液：25%。用 2mol/L 乙酸调节 pH 为 4.0～5.5，以下按试剂①步骤用 0.01% 双硫腙-四氯化碳溶液处理。

③ 双硫腙-四氯化碳溶液：0.001%。

④ 锌标准溶液：精密称取 0.1000g 锌，加 10mL 2mol/L 盐酸，溶解后移入 1000mL 容量瓶中，加水至刻度；吸取此溶液 1.0mL 于 100mL 容量瓶中，加 1mL 2mol/L 盐酸，以水稀释至刻度，即每毫升相当于 $1\mu g$ 锌。

（3）仪器　分光光度计。

（4）测定步骤　准确吸取 5.0～10.0mL 定容的消化液和相同量的试剂空白液，分别置于 125mL 分液漏斗中，加水至 10mL。吸取 0.0mL、1.0mL、2.0mL、3.0mL、4.0mL、5.0mL 锌标准溶液（相当 $0\mu g$、$1\mu g$、$2\mu g$、$3\mu g$、$4\mu g$、$5\mu g$ 锌），分别置于 125mL 分液漏斗中，各加水至 10mL。

于上述各分液漏斗中各加 1 滴甲基橙指示液，用氨水调至由红色变黄色，再各加 5mL 乙酸-乙酸钠缓冲溶液及 1mL 25% 硫代硫酸钠溶液，混匀后，加 10.0mL 0.001% 双硫腙-四氯化碳溶液，剧烈振摇 4min，静置分层。收集溶剂相层于 1cm 比色杯中，以零管调节零点，于 530nm 处测吸光度，绘制标准曲线，查出样品消化液及试剂空白液中锌含量。

（5）结果计算

$$X = \frac{(m_1 - m_2) \times 1000}{m \times \dfrac{V_2}{V_1} \times 1000}$$

式中　X——样品中锌的含量，mg/kg（或 mg/L）；

　　　V_1——样品消化液总体积，mL；

　　　V_2——测定用样品消化液体积，mL；

　　　m——样品的质量（或体积），g（或 mL）；

　　　m_1——测定用样品消化液中锌的质量，μg；

m_2——试剂空白液中锌的质量，μg。

三、铅的测定

1. 原子吸收光谱法

（1）原理 样品经消化后，导入原子吸收分光光度计中，经火焰原子化后，吸收波长283.3nm 的共振线，其吸收量与铅含量成正比，与标准系列比较定量。

（2）试剂

① 混合酸：硝酸＋高氯酸（5＋1）。

② 硝酸：0.5mol/L。

③ 铅标准贮备液。精确称取 1.000g 金属铅（纯度大于 99.99％）或 1.598g 的硝酸铅（优级纯），加适量硝酸（1＋1）使之溶解，移入 1000mL 容量瓶中，用 0.5mol/L 盐酸定容至刻度，贮存于聚乙烯瓶内，冰箱内保存。此溶液每毫升相当于 1mg 铅。

④ 铅标准使用液。吸取铅标准贮备液 10.0mL 置于 100mL 的容量瓶中，用 0.5mol/L 硝酸溶液稀释至刻度。该溶液每毫升相当于 100μg 铅。

（3）仪器 原子吸收分光光度计，带铅空心阴极灯。

（4）操作步骤

① 样品湿法消化。

a. 固体样品。如前所述。

b. 液体样品。吸取均匀样品 10～20mL 于 150mL 的锥形瓶中，放入几粒玻璃珠。酒类和碳酸类饮品先于电热板上小火加热除去酒精和二氧化碳，然后加入 20mL 的混合酸，于电热板上加热至颜色由深变浅，至无色透明冒白烟时取下，放冷后加入 10mL 水继续加热赶酸至冒白烟为止。冷却后用去离子水洗至 25mL 的刻度试管中。同时做试剂空白。

② 样品干法灰化。同本节［二、1.（4）②］，用 0.5mol/L 的硝酸代替（1＋11）的盐酸。

③ 标准曲线制备。吸取 0.0mL、0.5mL、1.0mL、2.5mL、5.0mL 铅标准使用液，分别置于 50mL 容量瓶中，以硝酸（0.5mol/L）稀释至刻度，混匀，此标准系列每毫升含铅分别为 0.0μg、1.0μg、2.0μg、5.0μg、10.0μg 的锌。

④ 仪器条件。波长 283.3nm，灯电流、狭缝、空气乙炔流量及灯头高度均按仪器说明调至最佳状态。

⑤ 样品测定。将铅标准溶液、试剂空白液和处理好的样品溶液分别导入火焰原子化器进行测定。记录其对应的吸光度值，与标准曲线比较定量。

（5）结果计算

$$X = \frac{(A_1 - A_2)V \times 1000}{m \times 1000}$$

式中 X——样品中铅的含量，mg/kg（或 mg/L）；

A_1——测定用样品液中铅的含量，$\mu g/mL$；

A_2——试剂空白液中铅的含量，$\mu g/mL$；

V——样品处理液的总体积，mL；

m——样品质量（或体积），g（或 mL）。

2. 分光光度法（二硫腙比色法）

（1）原理 样品经消化后，在 pH 为 8.5～9.0 时，铅离子与二硫腙生成红色配合物，溶于三氯甲烷。加入柠檬酸铵、氰化钾和盐酸羟胺等，防止铜、铁、锌等离子干扰，与标准系列比较定量。

（2）试剂

① 氨水：1+1。

② 盐酸：1+1。

③ 酚红指示液：1g/L。

④ 盐酸羟胺溶液：200g/L。称取 20g 盐酸羟胺，加水溶解至 50mL，加 2 滴酚红指示液，加氨水（1+1），调 pH 为 8.5～9.0（由黄变红，再多加 2 滴），用二硫腙-三氯甲烷溶液提取至三氯甲烷层绿色不变为止，再用三氯甲烷洗两次，弃去三氯甲烷层，水层加盐酸（1+1）呈酸性，加水至 100mL。

⑤ 柠檬酸铵溶液：200g/L。称取 50g 柠檬酸铵，溶于 100mL 水中，加 2 滴酚红指示液，加氨水（1+1），调 pH 为 8.5～9.0，用二硫腙-三氯甲烷溶液提取数次，每次 10～20mL，至三氯甲烷层绿色不变为止，弃去三氯甲烷层，再用三氯甲烷洗两次，每次 5mL，弃去三氯甲烷层，加水稀释至 250mL。

⑥ 氰化钾溶液：100g/L。

⑦ 三氯甲烷：不应含氧化物。

⑧ 淀粉指示液。称取 0.5g 可溶性淀粉，加 5mL 水摇匀后，慢慢倒入 100mL 沸水中，随倒随搅拌，煮沸，放冷备用。临用时配制。

⑨ 硝酸：1+99。

⑩ 二硫腙三氯甲烷溶液：0.5g/L。称取精制过的二硫腙 0.5g，加 1L 三氯甲烷溶解，保存于冰箱中。

⑪ 二硫腙使用液。吸取 1.0mL 二硫腙溶液，加三氯甲烷至 10mL 混匀。用 1cm 比色杯，以三氯甲烷调节零点，于波长 510nm 处测吸光度（A），用下式算出配制 100mL 二硫腙使用液（70%透光度）所需二硫腙溶液的体积（V）：

$$V = \frac{10 \times (2 - \lg 70)}{A} = \frac{1.55}{A}$$

⑫ 硝酸-硫酸混合液：4+1。

⑬ 铅标准溶液。精密称取 0.1598g 硝酸铅，加 10mL 硝酸（1+99），全部溶解后，移入 100mL 容量瓶中，加水稀释至刻度。此溶液每毫升相当于 1.0mg 铅。

⑭ 铅标准使用液。吸取 1.0mL 铅标准溶液，置于 100mL 容量瓶中，加水稀释至刻度。此溶液每毫升相当于 10.0μg 铅。

（3）仪器 分光光度计。

（4）分析步骤

① 样品预处理。在采样和制备过程中，应注意不使样品污染。

粮食、豆类去杂物后，磨碎，过 20 目筛，贮于塑料瓶中，保存备用。

蔬菜、水果、鱼类、肉类及蛋类等水分含量高的鲜样，用食品加工机或匀浆机打成匀浆，贮于塑料瓶中，保存备用。

② 样品消化（灰化法）。

a. 粮食及其他含水分少的食品。称取 5.00g 样品，置于石英或瓷坩埚中；加热至炭化，然后移入马弗炉中，500℃灰化 3h，放冷，取出坩埚，加硝酸（1+1），润湿灰分，用小火蒸干，在 500℃灼烧 1h，放冷，取出坩埚。加 1mL 硝酸（1+1），加热，使灰分溶解，移入 50mL 容量瓶中，用水洗涤坩埚，洗液并入容量瓶中，加水至刻度，混匀备用。

b. 含水分多的食品或液体样品。称取 5.0g 或吸取 5.00mL 样品，置于蒸发皿中，先在水浴上蒸干，再按 a 自"加热至炭化"起依法操作。

③ 测定。吸取 10.0mL 消化后的定容溶液和同量的试剂空白液，分别置于 125mL 分液漏斗中，各加水至 20mL。

吸取 0.00mL、0.10mL、0.20mL、0.30mL、0.40mL、0.50mL 铅标准使用液（相当于 $0\mu g$、$1\mu g$、$2\mu g$、$3\mu g$、$4\mu g$、$5\mu g$ 铅），分别置于 125mL 分液漏斗中，各加硝酸（1＋99）至 20mL。

于样品消化液、试剂空白液和铅标准液中各加 2mL 柠檬酸铵溶液（20g/L），1mL 盐酸羟胺溶液（200g/L）和 2 滴酚红指示液，用氨水（1＋1）调至红色，再各加 2mL 氰化钾溶液（100g/L），混匀。各加 5.0mL 二硫腙使用液，剧烈振摇 1min，静置分层后，三氯甲烷层经脱脂棉滤入 1cm 比色杯中，以三氯甲烷调节零点，于波长 510nm 处测吸光度，各点减去零管吸收值后，绘制标准曲线或计算一元回归方程，样品与曲线比较。

（5）结果计算

$$X = \frac{(m_1 - m_2) \times 1000}{m \times \dfrac{V_2}{V_1} \times 1000}$$

式中　X——样品中铅的含量，mg/kg（或 mg/L）；

　　　m——样品质量（或体积），g（或 mL）；

　　　m_1——测定用样品消化液中铅的质量，μg；

　　　m_2——试剂空白液中铅的质量，μg；

　　　V_1——样品消化液的总体积，mL；

　　　V_2——测定用样品消化液体积，mL。

四、汞的测定

1. 冷原子吸收光谱法

（1）原理　样品经消化处理后，有机汞转化为无机汞。在强酸强氧化剂条件下，无机汞以 Hg^{2+} 形态存在，当加入足够的氯化亚锡时，Hg^{2+} 被还原为汞原子，用冷原子吸收测定生成的汞蒸气。

（2）试剂

① 高锰酸钾溶液：50g/L。

② 盐酸羟胺溶液：100g/L。

③ 氯化亚锡溶液：100g/L。

④ 硝酸-重铬酸钾溶液。称取 0.5g 重铬酸钾溶于去离子水中，加入 50mL 硝酸，用去离子水稀释并定容至 1000mL。

⑤ 汞标准贮备液。精确称取 0.1354g 氯化汞（$HgCl_2$，A.R.），溶于 1000mL 的硝酸-重铬酸钾溶液中，此溶液 1mL 含汞 0.1mg。贮存于聚乙烯瓶内，冰箱内保存。

⑥ 汞标准使用液。吸取汞标准贮备液 1.0mL 置于 1000mL 的容量瓶中，用硝酸-重铬酸钾溶液稀释至刻度。该溶液每毫升相当于 $0.1\mu g$ 汞。

⑦ 五氧化二矾（G.R.）。

⑧ 浓硝酸（G.R.）。

⑨ 浓盐酸（G. R.）。

⑩ 浓硫酸（G. R.）。

（3）仪器　冷原子吸收测汞仪，汞反应瓶；凯氏瓶。

（4）操作步骤

① 样品处理。将样品于70℃鼓风干燥箱内烧干，用粉碎机磨碎，准确称取1~5g置于100mL的凯氏瓶内，加入50mg五氧化二矾、10mL硝酸，瓶口放一只弯颈漏斗，漏斗内放一只玻璃球，静置浸泡过夜。第2天，加入5mL硫酸，在通风柜内用可调电炉控温消化，保持微沸，直至棕色气体消失、凯氏瓶内液体变清冒白烟为止。否则可再加5mL硝酸，继续消化。当瓶内容物变清后，冷却，用2mL 0.5mol/L的硫酸溶液冲洗瓶壁，再煮沸10min。

冷却后将凯氏瓶内容物全部转入50mL容量瓶中，加入5mL高锰酸钾溶液，摇匀，放置几小时，高锰酸钾紫色不退为止。否则补加2mL高锰酸钾溶液，保持紫色不退。然后滴加盐酸羟胺溶液使紫色消退，用去离子水定容，作为待测溶液。同时做试剂空白。

② 汞标准曲线制备。吸取0.0mL、0.5mL、1.0mL、2.0mL、3.0mL、4.0mL汞标准使用液，分别置于50mL容量瓶中，分别加硫酸溶液（1＋1）1.0mL、高锰酸钾溶液1.0mL，加水20mL。摇匀后滴加盐酸羟胺溶液使紫色消退，用去离子水定容。此标准系列含汞分别为0.0ng/mL、1.0ng/mL、2.0ng/mL、4.0ng/mL、6.0ng/mL、8.0ng/mL。

③ 样品及标准的测定。取10~30mL处理好的样品溶液、试剂空白溶液和汞标准系列溶液于50mL汞反应瓶中，依次加入1mL氯化亚锡溶液，立即接到冷原子吸收测汞仪上测定吸收值，绘制吸收值与标准溶液汞含量的标准曲线，样品吸收值与标准曲线比较定量。

（5）结果计算

$$X = \frac{(m_1 - m_2)V_1 \times 1000}{mV_2 \times 1000}$$

式中　X ——样品中汞的含量，$\mu g/kg$（或 $\mu g/L$）；

　　　m_1 ——测定用样品液中汞的质量，ng；

　　　m_2 ——试剂空白液中汞的质量，ng；

　　　V_1 ——样品处理液的总体积，mL；

　　　V_2 ——测定时加到汞反应瓶内的待测溶液体积，mL；

　　　m ——样品质量（或体积），g（或 mL）。

2. 分光光度法（二硫腙比色法）

（1）原理　样品经消化后，汞离子在酸性溶液中可与二硫腙生成橙红配合物，溶于三氯甲烷，与标准系列比较定量。

（2）试剂

① 硝酸；硫酸；氨水。

② 三氯甲烷：不应含有氧化物。

③ 硫酸（1＋35）；硫酸（1＋19）。

④ 盐酸羟胺溶液：200g/L，吹清洁空气，除去溶液中含有的微量汞。

⑤ 溴麝香草酚蓝-乙醇指示液：1g/L。

⑥ 二硫腙三氯甲烷溶液：0.5g/L。

⑦ 二硫腙使用液。

⑧ 汞标准溶液。准确称取 0.1354g 经干燥器干燥过二氯化汞，加硫酸（1+35）使其溶解后，移入 100mL 容量瓶中，加水稀释至刻度。此溶液每毫升相当于 1.0mg 汞。

⑨ 汞标准使用液。吸取 1.0mL 汞标准溶液，置于 100mL 容量瓶中，加硫酸（1+35）稀释至刻度，此溶液每毫升相当于 10.0μg 汞；再吸取此液 5.0mL 于 50mL 容量瓶中，加硫酸（1+35）稀释至刻度，此溶液每毫升相当于 1.0μg 汞。

（3）仪器　可见分光光度计；消化装置。

（4）分析步骤

① 样品消化。

a. 粮食或水分少的食品。称取 20.00g 样品，置于消化装置锥形瓶中，加玻璃珠数粒及 80mL 硝酸、15mL 硫酸，转动锥形瓶，防止局部炭化。装上冷凝管后，小火加热，待开始发泡即停止加热，发泡停止后加热回流 2h。如加热过程中溶液变棕色，再加 5mL 硝酸，继续回流 2h，放冷，用适量水洗涤冷凝管，洗液并入消化液中，取下锥形瓶，加水至总体积为 150mL。按同一方法做试剂空白实验。

b. 植物油及动物油脂。称取 10.00g 样品，置于消化装置锥形瓶中，加玻璃珠数粒及 15mL 硫酸，小心混匀至溶液变棕色，然后加入 45mL 硝酸，装上冷凝管后，以下按 a 自"小火加热"起依法操作。

c. 蔬菜、水果、薯类、豆制品。称取 50.00g 捣碎、混匀的样品（豆制品直接取样，其他样品取可食部分洗净、晒干），置于消化装置锥形瓶中，加玻璃珠数粒及 45mL 硝酸、15mL 硫酸，转动锥形瓶，防止局部炭化。装上冷凝管后，以下按 a 自"小火加热"起依法操作。

d. 肉、蛋、水产品。称取 20.00g 捣碎混匀的样品，置于消化装置锥形瓶中，加玻璃珠数粒及 45mL 硝酸、15mL 硫酸，转动锥形瓶，防止局部炭化。装上冷凝管后，以下按 a 自"小火加热"起依法操作。

e. 牛乳及乳制品。称取 50.00g 牛乳、酸牛乳，或相当于 50.00g 牛乳的乳制品（6g 全脂乳粉，20g 甜炼乳，12.5g 淡炼乳），置于消化装置锥形瓶中，加玻璃珠数粒及 45mL 硝酸，牛乳、酸牛乳加 15mL 硫酸，乳制品加 10mL 硫酸，装上冷凝管，以下按 a 自"小火加热"起依法操作。

② 测定。取消化液（全量），加 20mL 水，在电炉上煮沸 10min，除去二氧化氮等，放冷。

于样品消化液及试剂空白液中各加高锰酸钾溶液（50g/L）至溶液呈紫色，然后再加盐酸羟胺溶液（200g/L）使紫色退去，加 2 滴麝香草酚蓝指示液，用氨水调节 pH，使橙红色变为橙黄色（pH 为 1~2）。定量转移至 125mL 分液漏斗中。

吸取 0.0mL、0.5mL、1.0mL、2.0mL、3.0mL、4.0mL、5.0mL、6.0mL 汞标准使用液（相当于 0.0μg、0.5μg、1.0μg、2.0μg、3.0μg、4.0μg、5.0μg、6.0μg 汞），分别置于 125mL 分液漏斗中，加 10mL 硫酸（1+19），再加水至 40mL，混匀。再各加 1mL 盐酸羟胺溶液（200g/L），放置 20min，并时时振摇。

于样品消化液、试剂空白液及标准液振摇放冷后的分液漏斗中加 5.0mL 二硫腙使用液，剧烈振摇 2min，静置分层后，经脱脂棉将三氯甲烷层滤入 1cm 比色杯中，以三氯甲烷调节零点，在波长 490nm 处测吸光度，标准管吸光度减去零管吸光度，绘制标准曲线。

（5）结果计算

$$X = \frac{(m_1 - m_2) \times 1000}{m \times 1000}$$

式中　X——样品中汞的含量，mg/kg（或 mg/L）；

　　　m——样品质量（或体积），g（或 mL）；

　　　m_1——测定用样品消化液中汞的质量，μg；

　　　m_2——试剂空白液中汞的质量，μg。

五、铜的测定

1. 原子吸收光谱法

（1）原理　样品经消化后，导入原子吸收分光光度计中，经火焰原子化后，吸收波长 324.8nm 的共振线，其吸收量与铜含量成正比，与标准系列比较定量。

（2）试剂

① 混合酸：硝酸＋高氯酸（5＋1）。

② 硝酸：0.5mol/L。

③ 铜标准贮备液。精确称取 1.000g 金属铜（纯度大于 99.99%），加适量硝酸（1＋1）使之溶解，移入 1000mL 容量瓶中，用去离子水定容至刻度，贮存于聚乙烯瓶内，冰箱内保存。此溶液每毫升相当于 1mg 铜。

④ 铜标准使用液。吸取铜标准贮备液 10.0mL 置于 100mL 的容量瓶中，用 0.5mol/L 硝酸溶液稀释至刻度，该溶液每毫升相当于 100μg 铜。如此再继续稀释至每毫升含 10.0μg 铜。

（3）仪器　原子吸收分光光度计。

（4）操作步骤

① 样品湿法消化。

a. 固体样品。同本节 ［一、2.（4）①］。

b. 液体样品。同本节 ［三、1.（4）①b］。

② 样品干法灰化。称取制备好的均匀样品 2.0～5.0g 置于 50mL 瓷坩埚中，加 5mL 硝酸，放置 0.5h 后，于电炉上小火蒸干，继续炭化至无烟后移入马弗炉中，500℃灰化约 1h 后取出，放冷后再加入 1mL 硝酸湿润灰分小火蒸干。再移入马弗炉 500℃灰化约 0.5h 冷却后取出，加 0.5mol/L 的硝酸，溶解残渣并移入 25mL 的刻度试管中，用 0.5mol/L 的硝酸反复洗涤坩埚，洗液并入容量瓶中，并稀释至刻度，混匀备用。同时做试剂空白。

③ 标准曲线制备。吸取 0.0mL、0.5mL、1.0mL、2.0mL、3.0mL、4.0mL、5.0mL 铜标准使用液，分别置于 50mL 容量瓶中，以硝酸（0.5mol/L）稀释至刻度，混匀，此标准系列含铜分别为 0.00μg/mL、0.10μg/mL、0.20μg/mL、0.40μg/mL、0.60μg/mL、0.80μg/mL、1.00μg/mL。

④ 仪器条件。波长 324.8nm，灯电流、狭缝、空气乙炔流量及灯头高度均按仪器说明调至最佳状态。

⑤ 样品测定。将铜标准溶液、试剂空白液和处理好的样品溶液分别导入火焰原子化器进行测定。记录其对应的吸光度值，与标准曲线比较定量。

（5）结果计算

$$X = \frac{(A_1 - A_2)V \times 1000}{m \times 1000}$$

式中 X——样品中铜的含量，mg/kg（或 mg/L）；

  A_1——测定用样品液中铜的含量，$\mu g/mL$；

  A_2——试剂空白液中铜的含量，$\mu g/mL$；

  V——样品处理液的总体积，mL；

  m——样品质量（或体积），g（或 mL）。

2. 分光光度法

（1）原理 样品经消化后，在碱性溶液中铜离子与二乙基二硫代氨基甲酸钠生成棕黄色配合物，溶于四氯化碳，与标准系列比较定量。

（2）试剂

① 四氯化碳。

② 柠檬酸铵-乙二胺四乙酸二钠溶液：称取 20g 柠檬酸铵及 5g 乙二胺四乙酸二钠溶于水中，加水稀释至 100mL。

③ 硫酸：1+17。

④ 氨水：1+1。

⑤ 酚红指示液：1g/L。称取 0.1g 酚红，用乙醇溶解至 100mL。

⑥ 铜试剂溶液：二乙基二硫代氨基甲酸钠[$(C_2H_5)_2NOS_2Na \cdot 3H_2O$]溶液（1g/L），必要时可过滤，贮存于冰箱中。

⑦ 硝酸：3+8。

⑧ 铜标准溶液。准确称取 1.0000g 金属铜（99.99%），分次加入硝酸（4+6）溶解，总量不超过 37mL，移入 1000mL 容量瓶中，用水稀释至刻度。此溶液每毫升相当于 1.0mg 铜。

⑨ 铜标准使用液。吸取 10.0mL 铜标准溶液，置于 100mL 容量瓶中，用 0.5% 硝酸溶液稀释至刻度，摇匀，如此多次稀释至每毫升相当于 1.0μg 铜。

（3）仪器 分光光度计。

（4）分析步骤

① 样品消化。同本节〔一、2.（4）①〕，放冷后加入 5mL 碘化钾-抗坏血酸溶液，用水洗至 50mL 的刻度试管中。同时做试剂空白。

② 测定。吸取定容后的 10.0mL 溶液和同量的试剂空白液，分别置于 125mL 分液漏斗中，加水稀释至 20mL。

吸取 0.00mL、0.50mL、1.00mL、1.50mL、2.00mL、2.50mL 铜标准使用液（相当于 0.0μg、5.0μg、10.0μg、15.0μg、20.0μg、25.0μg 铜），分别置于 125mL 分液漏斗中，各加硫酸（1+17）至 20mL。

于样品消化液、试剂空白液及标准液中，各加 5mL 柠檬酸铵、乙二胺四乙酸二钠溶液和 3 滴酚红指示液，混匀，用氨水（1+1）调至红色。各加 2mL 铜试剂溶液和 10.0mL 四氯化碳，剧烈振摇 2min，静置分层后，四氯化碳层经脱脂棉滤入 2cm 比色杯中。以四氯化碳调节零点，在波长 440nm 处测吸光度，标准各点吸光度减去零管吸光度后，绘制标准曲线或计算直线回归方程，样品吸光度与曲线比较，或代入方程求得含量。

（5）结果计算

$$X = \frac{(m_1 - m_2)V_1 \times 1000}{m \times \dfrac{V_2}{V_1} \times 1000}$$

式中　X——样品中铜的含量，mg/kg（或 mg/L）；

　　m——样品质量（或体积），g（或 mL）；

　　m_1——测定用样品消化液中铜的质量，μg；

　　m_2——试剂空白液中铜的质量，μg；

　　V_1——样品消化液的总体积，mL；

　　V_2——测定用样品消化液体积，mL。

六、铝的测定

1. 原子吸收光谱法

（1）原理　样品经消化后，导入原子吸收分光光度计中，经火焰原子化后，吸收波长 309.3nm 的共振线，其吸收量与铝含量成正比，与标准系列比较定量。

（2）试剂

① 混合酸：硝酸＋高氯酸（5＋1）。

② 硝酸：0.5mol/L。

③ 铝标准贮备液。精确称取 1.000g 金属铝（纯度大于 99.99％），加硝酸使之溶解，移入 1000mL 容量瓶中，用 0.5mol/L 硝酸定容至刻度，贮存于聚乙烯瓶内，冰箱内保存。此溶液每毫升相当于 1mg 铝。

（3）仪器　原子吸收分光光度计，带铝空心阴极灯。

（4）操作步骤

① 样品湿法消化。同本节 ［一、2.（4）①］，放冷后用 0.5mol/L 硝酸代替去离子水洗至 25mL 的刻度试管中。同时做试剂空白。

② 样品干法灰化。同本节 ［二、1.（4）②］，称取样品量改为 1.0～5.0g，用 0.5mol/L 的硝酸代替盐酸（1＋11）。

③ 标准曲线制备。吸取 2.5mL、5.0mL、7.5mL、10.0mL 铝标准使用液，分别置于 50mL 容量瓶中，以硝酸（0.5mol/L）稀释至刻度，混匀，此标准系列含铝分别为 50μg/mL、100μg/mL、150μg/mL、200μg/mL。

④ 仪器条件。波长 309.3nm，灯电流、狭缝、空气乙炔流量及灯头高度均按仪器说明调至最佳状态。

⑤ 样品测定。将铝标准溶液、试剂空白液和处理好的样品溶液分别导入火焰原子化器进行测定。记录其对应的吸光度值，与标准曲线比较定量。

（5）结果计算

$$X = \frac{(A_1 - A_2)V \times 1000}{m \times 1000}$$

式中　X——样品中铝的含量，mg/kg（或 mg/L）；

　　A_1——测定用样品液中铝的含量，μg/mL；

　　A_2——试剂空白液中铝的含量，μg/mL；

　　V——样品处理液的总体积，mL；

　　m——样品质量（或体积），g（或 mL）。

2. 分光光度法

（1）原理　样品经处理后，三价铝离子在乙酸-乙酸钠缓冲介质中，与铬天青 S 及 CT-MAB（溴化十六烷基三甲苯铵）形成绿色三元配合物，于 640nm 波长处测定吸光度并与标准比较定量。

（2）试剂

① 硝酸（优级纯）。

② 高氯酸（分析纯）。

③ 硫酸（优级纯）。

④ 盐酸（优级纯）。

⑤ 乙酸-乙酸钠缓冲溶液：称取 34g 乙酸钠（$CH_3COONa \cdot 3H_2O$），溶于 450mL 水中，加 2.6mL 冰乙酸，调 pH 至 5.5，用水稀释至 500mL。

⑥ 铬天青 S 溶液：0.5g/L。

⑦ CTMAB 溶液：0.2g/L。

⑧ 抗坏血酸（维生素 C）溶液：10g/L。

⑨ 铝标准贮备液：精密称取 1.0000g 金属铝（99.99%），加 50mL 6mol/L 盐酸溶液，加热溶解，冷却后，移入 1000mL 容量瓶中，用水稀释至刻度，此溶液每毫升相当于 1.0mg 铝。

⑩ 铝标准使用液：吸取 1.00mL 铝标准贮备液，置于 100mL 容量瓶中，用水稀释至刻度，再从中吸取 5.00mL 于 50mL 容量瓶中，用水稀释至刻度，该溶液每毫升相当于 1μg 铝。

（3）仪器　分光光度计。

（4）分析步骤

① 样品处理。将样品（不包括夹心、夹馅部分）粉碎均匀，取约 30g，置于 85℃ 烘箱中干燥 4h 后，称取 1.00～2.00g，置于 150mL 锥形瓶中，各加 10～15mL 硝酸-高氯酸（5+1）混合液，加玻璃珠，盖好玻璃片盖。放置片刻，置电热板上缓缓加热，至消化液无色透明，并出现大量高氯酸烟雾时，取下冷却。各加 0.5mL 硫酸，再置电热板上加大热度以除去高氯酸，高氯酸除尽时取下冷却后加 10～15mL 水，加热至沸。冷后用水定容 50mL 容量瓶中。同时做空白实验。

② 测定。吸取 0.00mL、0.50mL、1.00mL、2.00mL、4.00mL、6.00mL 铝标准使用液（分别相当于 0.0μg、0.5μg、1.0μg、2.0μg、4.0μg、6.0μg 铝），分别置于 25mL 比色管中，依次向各管中加入 1mL 硫酸溶液（1+99）。

吸取 1.0mL 样品消化液和空白液，各置于 25mL 比色管中。

向标准管、样品管、试剂空白管中各加入 8.0mL 乙酸-乙酸钠缓冲液、1.0mL 10g/L 抗坏血酸溶液，混匀，然后各加入 2.0mL 0.2g/L 的 CTMAB 溶液和 2.0mL 0.5g/L 的 CAS 溶液，轻轻混匀后，用水稀释至刻度。室温（20℃左右）放置 20min 后，用 1cm 比色杯于 640nm 波长测其吸光度，以零管调零点。绘制标准曲线比较。

（5）结果计算

$$X = \frac{(m_1 - m_2) \times 1000}{m \times \dfrac{V_2}{V_1} \times 1000}$$

式中　X——样品中铝的含量，mg/kg（或 mg/L）；

　　　m——样品质量（或体积），g（或 mL）；

　　　m_1——测定用样品消化液中铝的质量，μg；

　　　m_2——试剂空白液中铝的质量，μg；

　　　V_1——样品消化液的总体积，mL；

V_2——测定用样品消化液体积，mL。

七、镉的测定

1. 原子吸收光谱法

（1）原理　样品经处理后，在 pH 为 6 左右的溶液中镉离子与二硫腙形成配合物，并经乙酸丁酯萃取分离，导入原子吸收分光光度计中，经火焰原子化后，吸收波长 228.8nm 的共振线，其吸收值与镉含量成正比，与标准系列比较定量。

（2）试剂

① 混合酸：硝酸＋高氯酸（5＋1）。

② 氨水。

③ 柠檬酸钠缓冲液：2mol/L。称取 226.3g 柠檬酸钠及 48.46g 柠檬酸，用水溶解，必要时加温助溶，冷却后用水定容至 500mL。临用前用二硫腙-乙酸丁酯（1g/L）处理以降低空白值。

④ 二硫腙-乙酸丁酯：1g/L。称取 0.1g 二硫腙，加 10mL 三氯甲烷溶解后，再加乙酸丁酯稀释至 100mL。临用时现配。

⑤ 镉标准贮备液。精确称取 1.000g 金属镉（纯度大于 99.99%），溶于 20mL 盐酸（5＋7）中，加入 2 滴硝酸后，移入 1000mL 容量瓶中，用去离子水定容至刻度，贮存于聚乙烯瓶内，冰箱内保存。此溶液每毫升相当于 1mg 镉。

⑥ 镉标准使用液。吸取镉标准贮备液 10.0mL 置于 100mL 的容量瓶中，用盐酸（1＋11）稀释至刻度，混匀。如此多次稀释至每毫升含 0.2μg 镉。

（3）仪器　原子吸收分光光度计。

（4）样品处理

① 样品消化。

a. 固体样品。同本节 ［一、2.（4）①］。

b. 液体样品。同本节 ［三、1.（4）①b］，用 125mL 分液漏斗代替刻度管。

② 萃取分离。吸取 0.00mL、0.25mL、0.50mL、1.50mL、2.50mL、3.50mL、5.00mL 镉标准使用液（相当于 0.00μg、0.05μg、0.10μg、0.30μg、0.50μg、0.70μg、1.00μg 镉）。分别置于 125mL 分液漏斗中，各加盐酸（1＋1）至 25mL。于样品处理液、试剂空白液和镉标准溶液各分液漏斗中加 5mL 柠檬酸钠缓冲液，以氨水调 pH 为 5～6.4，然后各加水至 50mL，混匀。再各加 5mL 二硫腙-乙酸丁酯溶液，振摇 2min，静置分层，弃去下层水相，将有机相放入具塞试管中，备用。

③ 仪器条件。测定波长 228.8nm，灯电流、狭缝、空气乙炔流量及灯头高度均按仪器说明调至最佳状态。

（5）样品测定。将镉标准溶液、试剂空白液和处理好的样品溶液分别导入火焰原子化器进行测定。记录其对应的吸光度值，与标准曲线比较定量。

（6）结果计算

$$X = \frac{(A_1 - A_2)V \times 1000}{m \times 1000}$$

式中　X——样品中镉的含量，mg/kg（或 mg/L）；

　　　A_1——测定用样品液中镉的含量，μg/mL；

　　　A_2——试剂空白液中镉的含量，μg/mL；

V——样品处理液的总体积，mL；

m——样品质量（或体积），g（或 mL）。

2. 分光光度法

（1）原理 样品经消化后，在碱性溶液中，镉离子与 6-溴苯并噻唑偶氮萘酚形成红色配合物，溶于三氯甲烷，与标准系列比较定量。

（2）试剂

① 三氯甲烷。

② 二甲基甲酰胺。

③ 混合酸：硝酸-高氯酸（3+1）。

④ 酒石酸钾钠溶液：400g/L。

⑤ 氢氧化钠溶液：200g/L。

⑥ 柠檬酸钠溶液：250g/L。

⑦ 镉试剂：称取 38.4mg 6-溴苯并噻唑偶氮萘酚，溶于 50mL 二甲基甲酰胺，贮于棕色瓶中。

⑧ 镉标准溶液：准确称取 1.0000g 金属镉（99.99%），溶于 20mL 盐酸（5+7）中，加入 2 滴硝酸后，移入 1000mL 容量瓶中，以水稀释至刻度，混匀，贮于聚乙烯瓶中。此溶液每毫升相当于 1.0mg 镉。

⑨ 镉标准使用液：吸取 10.0mL 镉标准溶液，置于 100mL 容量瓶中，以盐酸（1+11）稀释至刻度，混匀。如此多次稀释至每毫升相当于 1.0μg 镉。

（3）仪器 分光光度计。

（4）分析步骤

① 样品消化。称取 5.00～10.00g 样品，置于 150mL 锥形瓶中，加入 15～20mL 混合酸（如在室温放置过夜，则次日易于消化），小火加热，待泡沫消失后，可慢慢加大火力，必要时再加少量硝酸，直至溶液澄清无色或微带黄色，冷却至室温。

取与消化样品相同量的混合酸、硝酸按同一操作方法做试剂空白实验。

② 测定。将消化好的样液及试剂空白液用 20mL 水分数次洗入 125mL 分液漏斗中，以氢氧化钠溶液（200g/L）调节 pH 为 7 左右。

吸取 0.0mL、0.5mL、1.0mL、3.0mL、5.0mL、7.0mL、10.0mL 镉标准使用液（相当于 0.0μg、0.5μg、1.0μg、3.0μg、5.0μg、7.0μg、10.0μg 镉），分别置于 125mL 分液漏斗中，再各加水至 20mL。用氢氧化钠溶液（200g/L）调节 pH 为 7 左右。

于样品消化液、试剂空白液及标准液中依次加入 3mL 柠檬酸钠溶液（250g/L）、4mL 酒石酸钾钠溶液（400g/L）及 1mL 氢氧化钠溶液（200g/L），混匀。再各加 5.0mL 三氯甲烷及 0.2mL 镉试剂，立即振摇 2min，静置分层后，将三氯甲烷层经脱脂棉滤于试管中，以三氯甲烷调节零点，于 1cm 比色杯在波长 585nm 处测吸光度。

（5）结果计算

$$X = \frac{(m_1 - m_2) \times 1000}{m \times 1000}$$

式中 X——样品中镉的含量，mg/kg；

m_1——测定用样品液中镉的质量，μg；

m_2——试剂空白液中镉的质量，μg；

　m——样品质量，g。

八、锰的测定

1. 原子吸收光谱法

（1）原理　样品经消化后，导入原子吸收分光光度计中，经火焰原子化后，吸收波长 279.5nm 的共振线，其吸收值与锰含量成正比，与标准系列比较定量。

（2）试剂

① 混合酸：硝酸＋高氯酸（5＋1）。

② 硝酸：0.5mol/L。

③ 锰标准贮备液。精确称取 1.000g 金属锰（纯度大于 99.99%）或含 1.000g 锰的相对应的氧化物，加硝酸使之溶解，移入 1000mL 容量瓶中，用 0.5mol/L 硝酸定容至刻度，贮存于聚乙烯瓶内，冰箱内保存。此溶液每毫升相当于 1mg 锰。

④ 锰标准使用液。吸取锰标准贮备液 10.0mL 置于 100mL 的容量瓶中，用 0.5mol/L 硝酸溶液稀释至刻度，该溶液每毫升相当于 100μg 锰。

（3）仪器　原子吸收分光光度计，带锰空心阴极灯。

（4）操作步骤

① 样品消化。同本节［六、1.（4）①］。

② 标准曲线制备。吸取 0.25mL、0.50mL、1.00mL、1.50mL、2.00mL 锰标准使用液，分别置于 100mL 容量瓶中，以硝酸（0.5mol/L）稀释至刻度，混匀，此标准系列含锰分别为 0.25μg、0.50μg、1.00μg、1.50μg、2.00μg。

③ 仪器条件。波长 279.5nm，灯电流、狭缝、空气乙炔流量及灯头高度均按仪器说明调至最佳状态。

④ 样品测定。将锰标准溶液、试剂空白液和处理好的样品溶液分别导入火焰原子化器进行测定。记录其对应的吸光度值，与标准曲线比较定量。

（5）结果计算

$$X = \frac{(A_1 - A_2)V \times 1000}{m \times 1000}$$

式中　X——样品中锰的含量，mg/kg（或 mg/L）；

　　A_1——测定用样品液中锰的含量，$\mu g/mL$；

　　A_2——试剂空白液中锰的含量，$\mu g/mL$；

　　V——样品处理液的总体积，mL；

　　m——样品质量（或体积），g（或 mL）。

2. 分光光度法

（1）原理　样品经消化后，在酸性条件下二价锰被过碘酸钾氧化成七价锰呈紫红色，与标准比较定量。反应式如下：

$$2Mn^{2+} + 5KIO_4 + 3H_2O \xrightarrow{H^+} 2MnO_4^- + 5KIO_3 + 6H^+$$

（2）试剂

① 硫酸。

② 磷酸。

③ 过碘酸钾；硝酸。

④ 锰标准溶液。精密称取 0.2746g 经 400～700℃灼烧至恒重的硫酸锰或精密称取0.3073g 含 1 分子水的硫酸锰（$MnSO_4 \cdot H_2O$）或 0.4055g 含 4 分子水的硫酸锰（$MnSO_4 \cdot 4H_2O$），加水溶解后移入 100mL 容量瓶中，加入 3 滴硫酸，再加入水稀释至刻度。此溶液每毫升相当于 1mg 锰。

⑤ 锰标准使用液。吸取 1.0mL 锰标准溶液，置于 100mL 容量瓶中，加水稀释至刻度。此溶液每毫升相当于 10μg 锰。临用前配制。

（3）仪器　分光光度计。

（4）操作方法

① 样品消化。同本节 [一、2.（4）①]。

② 测定。吸取 10.0mL 样品消化液于 100mL 锥形瓶中，加水至总体积为 22mL，混匀（样品消化液中含 2mL 硫酸液量，如不足 2mL，应加到 2mL）。

吸取 0.0mL、1.0mL、2.0mL、3.0mL、4.0mL、5.0mL 锰标准使用液（相当于 0μg、10μg、20μg、30μg、40μg、50μg 锰），分别置于 100mL 锥形瓶中，加水至总体积 20mL，再加 2mL 硫酸，混匀。

于样品及标准溶液锥形瓶中加入 1.5mL 磷酸及 0.3g 过碘酸钾，混匀。于小火煮沸 5min，然后移入 25mL 比色管中，以少量水洗涤锥形瓶，洗液一并移入比色管中，加水至刻度，混匀。用 3cm 比色杯，以标准零管调节零点，于波长 530nm 处测吸光度，绘制标准曲线比较，或与标准系列目测比较定量。

（5）结果计算

$$X = \frac{m \times 1000}{V_1 \times \dfrac{V_3}{V_2} \times 1000}$$

式中　X——样品中锰的含量，mg/L；

　　　m——测定样品消化液中锰的质量，μg；

　　　V_1——样品体积，mL；

　　　V_2——样品消化液总体积，mL；

　　　V_3——测定用消化液体积，mL。

九、铬的测定

1. 原子吸收光谱法

（1）原理　样品经高压消解后，用去离子水定容至一定体积，取一定量的消解液于石墨炉原子化器中原子化后，铬吸收波长 357.9nm 的共振线，其吸收值与铬含量成正比，与标准系列比较定量。

（2）试剂

① 硝酸。

② 过氧化氢。

③ 硝酸：1.00mol/L。

④ 铬标准贮备液：精确称取 1.4135g 优级纯重铬酸钾（110℃烘干 2h），溶于去离子水中并稀释至 500mL 容量瓶中，贮存于聚乙烯瓶内，冰箱内保存。此溶液每毫升相当于 1mg 铬。

⑤ 铬标准使用液：将铬标准贮备液，用 1.00mol/L 硝酸稀释至含铬 100ng/mL 的标准使用液，临用时现配。

（3）仪器　原子吸收分光光度计，带石墨炉自动进样系统。

（4）操作步骤

① 样品的预处理。将待测的粮食、蔬菜、水果类样品洗净晒干，在105℃烘干至恒重，计算出样品水分含量。粉碎，过30目筛，混匀备用。禽蛋、水产等洗净晒干，取可食部分，混匀备用。

② 样品消解。

a. 高压消解罐法。称取制备好的均匀样品0.30～0.50g置于高压消解罐中，加入1mL的优级纯硝酸、4.0mL过氧化氢溶液，轻轻摇匀，盖紧上盖，放入恒温箱中，从温度升到140℃时开始计时，保持恒温1h，同时做试剂空白。取出消解罐待自然冷却后，打开上盖，将消解液移入10mL容量瓶中，将消解罐用水洗净，合并洗液于容量瓶中，用水稀释至刻度，混匀，待测。同时做试剂空白。

b. 干式消解法。称取食物样品0.5～1.0g于瓷坩埚中，加入1～2mL硝酸，浸泡1h以上，将坩埚置于电热板上，小心蒸干，炭化至不冒烟为止。转移至高温炉中，550℃恒温2h，取出冷却后，加数滴浓硝酸于灰分中，再转入550℃高温炉中继续灰化1～2h，到样品呈白灰状，取出放冷后，用1％硝酸溶解灰分，并定量转移至10mL容量瓶中，定容至刻度，混匀。同时做试剂空白。

③ 标准系列制备。吸取0.00mL、0.10mL、0.30mL、0.50mL、0.70mL、1.00mL、1.50mL铬标准使用液，分别置于10mL容量瓶中，以硝酸（1.0mol/L）稀释至刻度，混匀。

④ 仪器条件。波长357.9nm，灯电流、狭缝、氩气流量均按仪器说明调至最佳状态。塞曼背景校正。

石墨炉温度参数为：干燥110℃，40s；灰化1000℃，30s；原子化2800℃，5s。

⑤ 样品测定。将铬标准溶液、试剂空白液和处理好的样品溶液分别于石墨炉原子化器进行测定。记录其对应的吸光度值，与标准曲线比较定量。

（5）结果计算

$$X = \frac{(A_1 - A_2)V \times 1000}{m \times 1000}$$

式中　X——样品中铬的含量，mg/kg（或mg/L）；

　　A_1——测定用样品液中铬的含量，μg/mL；

　　A_2——试剂空白液中铬的含量，μg/mL；

　　V——样品处理液的总体积，mL；

　　m——样品质量（或体积），g（或mL）。

2. 分光光度法

（1）原理　样品在碱性条件下高温灰化后，灰分溶液中的铬离子被高锰酸钾氧化为六价铬离子，它与二苯碳酰二肼作用生成紫红色配合物，比色法测定。

（2）试剂

① 碳酸钠溶液：20％。

② 高锰酸钾溶液：2％。

③ 二苯碳酰二肼溶液。称取0.1g二苯碳酰二肼，溶于50mL 95％乙醇中，再加入1:9硫酸溶液200mL。此试剂应为无色的液体，贮于冰箱中，变色后不应使用。

（3）测定步骤　称取样品5.00g于瓷坩埚中，加入20％碳酸钠溶液10mL，在水浴上蒸干，于微火上炭化，再于600℃高温炉中灰化。冷却后用50mL水洗入150mL锥形瓶中，加2％高锰酸钾溶液数滴至溶液呈紫色，煮沸5～10min，煮沸过程中保持溶液呈紫红色，否则补加高锰酸钾溶液。然后沿瓶壁加入95％乙醇2mL，继续加热至溶液变为棕色。冷却，先用5mol/L浓度硫酸，继之用0.5mol/L硫酸调整溶液至中性。摇匀并过滤，滤液置于50mL比色管中，用水洗涤锥形瓶和滤纸，合并滤液于50mL比色管中。

另取6只150mL锥形瓶，依次加入每毫升相当于1μg铬的标准溶液0.0mL、1.0mL、2.0mL、3.0mL、4.0mL、5.0mL，各加2％碳酸钠溶液10mL，加水至50mL，加2％高锰酸钾数滴至溶液呈紫红色，以下操作同样品处理，同样收集滤液于50mL比色管中。

于以上各比色管中加入2.5mL二苯碳酰二肼溶液，摇匀，加水至刻度。10min后将样品管与标准管进行目视比色，或用3cm比色皿于波长540nm测吸光度，制作标准曲线。

（4）结果计算

$$X = \frac{m'}{m}$$

式中　X——样品中铬的含量，mg/kg；

　　　m'——样品管中铬的质量，μg；

　　　m——样品质量，g。

十、镍的测定

1. 原子吸收光谱法

（1）原理　样品经消化处理后，用去离子水定容至一定体积，取一定量的消解液于石墨炉原子化器中原子化，镍吸收波长232.0nm的共振线，其吸收量与镍含量成正比，与标准系列比较定量。

（2）试剂

① 硝酸：1+1。

② 过氧化氢。

③ 硝酸：0.5mol/L。

④ 镍标准贮备液。精确称取1.000g镍粉（纯度大于99.99％），溶于30mL热硝酸（1+1）中，冷却后移入1000mL容量瓶中，用水定容至刻度，贮存于聚乙烯瓶内，冰箱内保存。此溶液每毫升相当于1mg镍。

⑤ 镍标准使用液。临用前将镍标准贮备液用0.5mol/L硝酸溶液逐渐稀释，配成每毫升相当于200ng镍。

（3）仪器　原子吸收分光光度计，带石墨炉自动进样系统。

（4）操作步骤

① 样品湿法消解。精确称取均匀样品适量（按样品含镍量定，如干样1.0g，湿样3.0g，液体样品5～10g）于150mL的锥形瓶中，加入硝酸20mL及几粒玻璃珠，盖一玻璃片，放置过夜。次日于电热板上逐渐升温加热，待剧烈反应后，取下放冷，缓慢加入2mL过氧化氢，继续加热消化，并继续添加过氧化氢和硝酸，直至不再产生棕色气体为止。然后加20mL去离子水，煮沸除去多余的硝酸，如此处理两次，待液体体积接近1～2mL为止，冷却后移入25mL刻度试管中，用去离子水定容至刻度。同时做试剂空白。

② 高压消解。称取制备好的均匀样品1.0～2.0g置于高压消解罐中，加入5mL硝酸，与样品混匀，加盖放置过夜。再加过氧化氢7.0mL，盖好内盖，置于压力消解罐中，旋紧外盖，放入恒温箱。于120～140℃保持2～3h，自然冷却后，将消解液移入10mL或25mL的容量瓶中，再用水反复洗涤罐，洗液并入容量瓶中，并稀释至刻度，混匀备用。同时做试

剂空白。

③ 标准曲线制备。吸取 0.00mL、0.50mL、1.00mL、2.00mL、3.00mL、4.00mL 镍标准使用液，分别置于 100mL 容量瓶中，以硝酸（0.5mol/L）稀释至刻度，混匀。此标准系列含镍分别为 0.0ng/mL、10.0ng/mL、20.0ng/mL、40.0ng/mL、60.0ng/mL、80.0ng/mL。

④ 仪器条件。波长 232.0nm，灯电流、狭缝、氩气流量及灯头高度均按仪器说明调至最佳状态。氘灯背景校正。

仪器原子化条件为：干燥 150℃，20s；灰化 1050℃，20s；原子化 2650℃，4s。

⑤ 样品测定。将镍标准溶液、试剂空白液和处理好的样品溶液分别于石墨炉原子化器进行测定。记录其对应的吸光度值，与标准曲线比较定量。

（5）结果计算

$$X = \frac{(A_1 - A_2)V \times 1000}{m \times 1000}$$

式中 X——样品中镍的含量，mg/kg（或 mg/L）；

A_1——测定用样品液中镍的含量，μg/mL；

A_2——试剂空白液中镍的含量，μg/mL；

V——样品处理液的总体积，mL；

m——样品质量（或体积），g（或 mL）。

2. 分光光度法

（1）原理 样品中的镍用稀酸提取后，在强碱性溶液中以过硫酸铵为氧化剂，镍与丁二酮肟形成红褐色配合物，与标准系列比较定量。

（2）试剂

① 盐酸：1+23。

② 石油醚：沸程 30～60℃。

③ 柠檬酸钠溶液：10%。

④ 酚红指示液：0.1%。

⑤ 乙酸溶液：20%。

⑥ 氨水。

⑦ 丁二酮肟（$C_4H_8N_2O_2$）乙酸溶液：1%。

⑧ 三氯甲烷。

⑨ 氨水：1：10。

⑩ 酒石酸钾钠溶液：50%。

⑪ 氢氧化钠溶液：10%。

⑫ 过硫酸铵溶液：6%，临用现配。

⑬ 镍标准溶液。精密称取 0.1000g 镍粉或 0.4954g 硝酸镍［$Ni(NO_3)_2 \cdot 6H_2O$］溶于 0.5mol/L 硝酸，移入 1000mL 容量瓶中，并稀释至刻度。此溶液每毫升相当于 100μg 镍。

⑭ 镍标准使用液。吸取 1.0mL 镍标准溶液置于 100mL 容量瓶中，以 0.5mol/L 硝酸稀释至刻度。此溶液每毫升相当于 1μg 镍。

（3）仪器 分光光度计。

（4）操作方法

① 样品处理。称取 50g 经水浴上加热融化的样品，置于 125mL 具塞锥形瓶中，加盐酸（1+23）30mL，置 80℃ 水浴中，加热 10min。趁热置于振荡器上振荡 30min，再置于水浴

中待油层与水层分离后，倒入 125mL 分液漏斗中，静置分层。水层放入第二只分液漏斗中，油层再倒入原锥形瓶中，再加盐酸（1＋23）10mL，置 80℃ 水浴中，加热 5min，再振荡 10min，再置水浴中分层，仍倒入第一只分液漏斗中静置分层。水层并入第二只分液漏斗中，弃去油层。

② 去脂。第二分液漏斗中样品提取液冷却后，加 15mL 石油醚，振荡 1min，分层后弃去石油醚。

③ 提纯。于提取液中加 3 滴酚红指示液，10％柠檬酸钠溶液 5mL，滴加氨水，使溶液由红变黄再变红后，再滴加 2～4 滴，使溶液 pH 为 8.5～10。再加 1％丁二酮肟乙醇溶液 2mL，振摇 1min，用三氯甲烷提取 3 次，每次 5mL，振摇 2min。合并三氯甲烷提取液，置于 50mL 分液漏斗中，加 1∶10 氨水 10mL，振摇 1min，静置分层后弃去氨水。将三氯甲烷液层加入另一分液漏斗中，用盐酸（1＋23）提取 2 次，每次 2.5mL，振摇 2min，使三氯甲烷液层中的镍转入酸液中。弃去三氯甲烷，收集酸液于 10mL 具塞比色管中。

④ 测定。吸取 0.0mL、0.5mL、1.0mL、2.0mL、3.0mL、4.0mL、5.0mL 镍标准使用液（相当于 0.0μg、0.5μg、1.0μg、2.0μg、3.0μg、4.0μg、5.0μg 镍），分别置于 10mL 具塞比色管中，分别加盐酸（1＋23）至 5mL。

于样品及标准管中分别依次加入 50％酒石酸钾钠溶液 0.5mL、10％氢氧化钠溶液 1.5mL、6％过硫酸铵溶液 0.5mL，混匀，放置 3min。再各加 1％丁二酮肟乙醇溶液 0.2mL，加水至 10mL，混匀。放置 15min 后，用 3cm 比色杯，以水调节零点，于波长 470nm 处测吸光度。绘制标准曲线比较。

（5）结果计算

$$X = \frac{m' \times 1000}{m \times 1000}$$

式中　X ——样品中镍的含量，mg/kg；

　　　m' ——测定样品镍的质量，μg；

　　　m ——样品质量，g。

第三节　微量非金属元素的测定

一、砷的测定

1. 原子吸收光谱法

（1）原理　样品经消化处理后，加入还原剂碘化钾和抗坏血酸使五价砷还原为三价砷，在酸性溶液中三价砷原子和硼氢化钾（钠）反应形成砷化氢，随载气进入原子化炉，在高温下砷化氢分解成原子砷和氢气，原子砷吸收波长 193.7nm 的能量，其吸收量与砷含量成正比，与标准曲线比较定量。

（2）试剂

① 混合酸：硝酸＋高氯酸（5＋1）。

② 硝酸：0.5mol/L。

③ 硼氢化钾溶液：5g/L。取 1.0g 硼氢化钾溶于 200mL 0.5％氢氧化钾溶液中，临用现配。

④ 碘化钾-维生素 C 溶液。称取 20g 碘化钾和 3g 维生素 C 溶于 100mL 水中。

⑤ 砷标准贮备液。精确称取预先在硫酸干燥器中干燥好的三氧化二砷 0.1320g，溶于 10mL 的 1mol/L 氢氧化钠溶液中，加 0.5mol/L 硝酸溶液 10mL，移入 1000mL 容量瓶中，用水稀释至刻度，此液 1mL 含砷 0.1mg。贮存于聚乙烯瓶内，冰箱内保存。

⑥ 砷标准使用液。吸取砷标准贮备液 1.0mL 置于 100mL 的容量瓶中，用水稀释至刻度。该溶液每毫升相当于 1.0μg 砷。

（3）仪器 原子吸收分光光度计，带砷空心阴极灯，氢化物发生装置。

（4）操作步骤

① 样品湿法消化。同本章第二节 [一、2. （4）①]，放冷后加入 5mL 碘化钾-抗坏血酸溶液，用水洗至 50mL 的刻度试管中。同时做试剂空白。

② 样品干法灰化。称取制备好的均匀样品 1.0～2.0g 置于 50mL 瓷坩埚中，加入 1.0g 硝酸镁固体混匀，再覆盖 1.0g 氧化镁。于电炉上小火炭化至无烟后移入马弗炉中，500℃灰化约 5h 后取出，再加入 20mL （1+1） 的盐酸，溶解残渣并移入 50mL 的刻度试管中，再加 5mL 碘化钾-抗坏血酸溶液，定容至 50mL，混匀备用。同时做试剂空白。

③ 标准曲线制备。吸取 0.0mL、0.5mL、1.0mL、2.0mL、4.0mL 砷标准使用液，分别置于 50mL 容量瓶中，加盐酸 （1+1） 10mL，加 5.0mL 碘化钾-维生素 C 溶液，加水定容至 50mL。此标准系列含砷分别为 0ng/mL、10ng/mL、20ng/mL、40ng/mL、80ng/mL。

④ 样品及标准的测定。将砷标准系列溶液、试剂空白液和处理好的样品溶液于反应瓶中，加入硼氢化钾溶液，通入载气后测定其吸光度，绘制标准曲线，以样品扣除空白的吸光度与标准曲线比较定量。

（5）分析结果的表述

$$X = \frac{(m_1 - m_0)V \times 1000}{m \times 1000}$$

式中 X ——样品中砷的含量，mg/kg（或 mg/L）；

$\quad\ m$ ——样品质量（或体积），g（或 mL）；

$\quad\ m_1$ ——测定用样品液中砷的含量，μg/mL；

$\quad\ m_0$ ——试剂空白液中砷的含量，μg/mL；

$\quad\ V$ ——样品处理液的总体积，mL。

2. 分光光度法——硼氢化物还原比色法

（1）原理 样品经消化，其中砷以五价形式存在。当溶液氢离子浓度大于 1.0mol/L 时，加入碘化钾-硫脲并结合加热，能将五价砷还原为三价砷。在酸性条件下，硼氢化钾将三价砷还原为负三价，形成砷化氢气体，导入吸收液中呈黄色，黄色深浅与溶液中砷含量成正比。与标准系列比较定量。

（2）试剂

① 碘化钾 （500g/L） ＋硫脲溶液 （50g/L）：1+1。

② 氢氧化钠溶液：400g/L 和 100g/L。

③ 硫酸：1+1。

④ 吸收液。

a. 硝酸银溶液：8g/L。称取 4.07g 硝酸银于 500mL 烧杯中，加入适量水溶解后加入 30mL 硝酸，加水至 500mL，贮于棕色瓶中。

b. 聚乙烯醇溶液：4g/L。称取 0.4g 聚乙烯醇（聚合度 1500～1800）于小烧杯中，加入 100mL 水，沸水浴中加热，搅拌至溶解，保温 10min，取出放冷备用。

c. 取 a 液和 b 液各一份，加入二份体积的乙醇（95%），混匀作为吸收液。使用时现配。

⑤ 硼氢化钾片。将硼氢化钾与氯化钠按 1∶4 质量比混合磨细，充分混匀后在压片机上制成直径 10mm、厚 4mm 的片剂，每片为 0.5g。避免在潮湿天气时压片。

⑥ 乙酸铅（100g/L）棉花。将脱脂棉泡于乙酸铅溶液（100g/L）中，数分钟后挤去多余溶液，摊开棉花，80℃烘干后贮于广口玻璃瓶中。

⑦ 柠檬酸（1.0mol/L)-柠檬酸铵（1.0mol/L)。称取 192g 柠檬酸、243g 柠檬酸铵，加水溶解后稀释至 1000mL。

⑧ 砷标准贮备液。精确称取经 105℃干燥 1h 并置于干燥器中冷却至室温的三氧化二砷 0.1320g 于 100mL 烧杯中，加入 10mL 氢氧化钠溶液（2.5mol/L），待溶解后加入 5mL 高氯酸、5mL 硫酸，置电热板上加热至冒白烟，冷却后，转入 1000mL 容量瓶中，用水稀释定容至刻度。此液每毫升含砷（五价）0.100mg。

⑨ 砷标准应用液。吸取砷标准贮备液 1.00mL 置于 100mL 的容量瓶中，用水稀释至刻度，该溶液每毫升含砷（五价）1.00μg。

⑩ 甲基红指示剂：2g/L。称取 0.1g 甲基红溶解于 50mL 乙醇（95%）中。

（3）仪器　可见分光光度计，砷化氢装置。

（4）操作步骤

① 样品处理。

a. 粮食类食品。称取 5.00g 样品于 250mL 的锥形瓶中，放入 5.0mL 高氯酸、20mL 硝酸、2.5mL 硫酸（1+1），放置数小时后（或过夜），置电热板上加热。若溶液变成棕色，应补加硝酸使有机物分解完全。取下放冷，加 15mL 水，再加热至冒白烟，取下，以 20mL 水分数次将消化液定量转入 100mL 砷化氢发生瓶中。同时做空白消化。

b. 蔬菜、水果类。称取 10.00～20.00g 样品于 250mL 的锥形瓶中，放入 3.0mL 高氯酸、20mL 硝酸、2.5mL 硫酸（1+1）。以下按 a. 操作。

c. 动物性食品（海产品除外）。称取 5.00～10.00g 样品于 250mL 的锥形瓶中，以下按 a 操作。

d. 海产品。称取 0.100～1.00g 样品于 250mL 的锥形瓶中，放入 2.0mL 高氯酸、10mL 硝酸、2.5mL 硫酸（1+1）。以下按 a 操作。

e. 含乙二醇或二氧化碳的饮料。吸取 10mL 样品于 250mL 的锥形瓶中，低温加热除去乙醇或二氧化碳后加入 2.0mL 高氯酸、10mL 硝酸、2.5mL 硫酸（1+1）。以下按 a 操作。

f. 酱油类食品。吸取 5.0～10.0mL 代表性样品于 250mL 的锥形瓶中，加入 5mL 高氯酸、20mL 硝酸、2.5mL 硫酸（1+1）。以下按 a 操作。

② 标准系列的制备。于 6 支 100mL 砷化氢发生瓶中，依次加入砷标准使用液 0.00mL、0.25mL、0.50mL、1.00mL、2.00mL、3.00mL（相当于砷 0.00μg、0.25μg、0.50μg、1.00μg、2.00μg、3.00μg），分别加水至 3mL，再加 2.0mL 硫酸（1+1）。

③ 样品及标准的测定。于样品及标准砷化氢发生瓶中，分别加入 0.1g 抗坏血酸、2.0mL 碘化钾（500g/L)-硫脲溶液（50g/L），置沸水浴中加热 5min（此时瓶内温度不得超过 80℃），取出放冷，加入甲基红指示剂（2g/L）1 滴，加入约 3.5mL 氢氧化钠溶液（400g/L），以氢氧化钠溶液（100g/L）调至溶液刚呈黄色，加入 1.5mL 柠檬酸

（1.0mol/L）-柠檬酸铵（1.0mol/L），加水至40mL。加入一粒硼氢化钾片剂，立即通过塞有乙酸铅棉花的导管与盛有4.0mL吸收液的吸收管相连接，不时摇动砷化氢发生瓶，反应5min后再加入一粒硼氢化钾片剂，继续反应5min。取下吸收管，用1cm比色杯，在400nm波长，以标准管零管调吸光度为零，测定各管吸光度。将标准系列各管砷含量对吸光度绘制标准曲线或计算回归方程。

（5）结果计算

$$X = \frac{m_1 \times 1000}{m \times 1000}$$

式中　X——样品中砷的含量，mg/kg（或 mg/L）；

m_1——测定用消化液从标准曲线查得的质量，μg；

m——样品质量（或体积），g（或 mL）。

二、硒的测定

1. 氢化物原子荧光光谱法

（1）原理　样品经酸加热消化后，在6mol/L盐酸介质中，将样品中的六价硒还原成四价硒，用硼氢化钠或硼氢化钾作还原剂，与四价硒在盐酸介质中生成硒化氢，由载气氩气带入原子化器中进行原子化，在硒特制空心阴极灯照射下，基态硒原子被激发至高能态；在去活化回到基态时，发射出特征波长的荧光，其荧光强度与硒含量成正比。与标准系列比较定量。

（2）试剂

① 硝酸（优级纯）。

② 高氯酸（优级纯）。

③ 盐酸（优级纯）。

④ 混合酸：硝酸＋高氯酸（4＋1）混合酸。

⑤ 氢氧化钠（优级纯）。

⑥ 硼氢化钠溶液：8g/L。称取8.0g硼氢化钠，溶于氢氧化钠溶液（5g/L）中，然后定容至1000mL。

⑦ 铁氰化钾：100g/L。称取10.0g铁氰化钾，溶于100mL蒸馏水中，混匀。

⑧ 硒标准贮备液：精确称取100.0mg硒（光谱纯），溶于少量硝酸中，加2mL高氯酸，置沸水浴中加热3~4h，冷却后再加8.4mL盐酸，再置沸水浴中煮2min，准确稀释至1000mL，其盐酸浓度为0.1mol/L。此贮备液浓度为每毫升相当于100μg硒。

⑨ 硒标准使用液：取100μg/mL硒标准溶液1.0mL，定容至100mL，此应用液浓度为1μg/mL。

（3）仪器　AFS双道原子荧光光度计或同类仪器；电热板；自动控温消化炉。

（4）操作步骤

① 样品处理及消化。

a. 粮食。样品用水洗3次，60℃烘干，用不锈钢磨粉碎，贮于塑料瓶内，备用。

b. 蔬菜及其他植物性食物。取可食部分用水洗净后用纱布吸去水滴，打成匀浆后备用。

c. 称取0.5~2.0g样品于150mL高筒烧杯中，加10.0mL混合酸及几粒玻璃珠，盖上表面皿冷消化过夜。次日于电热板上加热，并及时补加混酸。当溶液变为清亮无色并伴有白烟时，再继续加热至剩余体积2mL左右，切不可蒸干。冷却，再加5mL盐酸（6mol/L），继续加热至溶液变为清亮无色并伴有白烟出现，已完全将六价硒还原成四价硒。冷却，转移定容至 50mL 容量瓶中。同时做空白实验。

d. 吸取 10mL 样品消化液于 15mL 离心管中，加浓盐酸 2mL、铁氰化钾溶液 1mL，混匀待测。

② 标准曲线的配制。分别取 0.00mL、0.10mL、0.20mL、0.30mL、0.40mL、0.50mL 标准应用液于 15mL 的离心管中，用去离子水定容至 10mL，再分别加浓盐酸 2mL、铁氰化钾 1mL，混匀，制成标准工作曲线。

③ 测定。

a. 仪器参考条件：

负高压	340V
灯电流	100mA
原子化温度	800℃
炉高	8mm
载气流速	500mL/min
屏蔽气流速	1000mL/min
测量方式	标准曲线法
读数方式	峰面积
延迟时间	1s
读数时间	15s
加液时间	8s
进样体积	2mL

b. 测定。根据实验情况任选以下一种方法：

（ⅰ）浓度测定方式测量。设定好仪器最佳条件，逐步将炉温升至所需温度后，稳定 10～20min 后开始测量。连续用标准系列的零管进样，待读数稳定以后，转入标准系列测量，绘制标准曲线。转入样品测量，分别测定样品空白和样品消化液，每测不同的样品前都应清洗进样器。

（ⅱ）仪器自动计算结果方式测量。设定好仪器最佳条件，在样品参数画面，输入样品质量或体积（g 或 mL）、稀释体积（mL），并选择结果的浓度单位。逐步将炉温升至所需温度后，稳定 10～20min 后开始测量。连续用标准系列的零管进样，待读数稳定之后，转入标准系列测量，绘制标准曲线。在转入样品测量之前，再进入空白值测量状态，用样品空白消化液进样，让仪器取其均值作为扣除的空白值。随后即可依次测定样品。测定完毕后，选择"打印报告"即可将测定结果自动打印。

（5）结果计算

$$X = \frac{(c - c_0)V \times 1000}{m \times 1000 \times 1000}$$

式中　X ——样品中硒的含量，mg/kg（或 mg/L）；

　　　c ——样品消化液测定浓度，ng/mL；

　　　c_0 ——试剂空白消化液测定浓度，ng/mL；

　　　V ——样品消化液总体积，mL；

　　　m ——样品质量（或体积），g（或 mL）。

2. 分光光度法

（1）原理　在微酸条件下，硒与二氨基联苯胺形成黄色配合物，在中性溶液中可被甲苯萃取，比色定量。

（2）主要试剂

① 3,3-二氨基联苯胺盐酸溶液：0.5%，临用时配制。

② EDTA·2Na 溶液：5%。

③ 硒标准溶液：精确称取 0.1000g 硒，置于 50mL 小烧杯中，加入 1∶1 盐酸 10mL，加热溶解，冷却并移至 100mL 容量瓶中，用 10%硝酸溶液洗小烧杯并合并洗液于容量瓶中，然后用 10%盐酸稀释成每毫升含 1μg 硒。

④ 混合消化液：发烟硝酸∶高氯酸∶硝酸＝1∶4∶5。

（3）测定步骤　称取适量样品于圆底烧瓶中，加入 20mL 混合消化液回流煮沸消化至无色透明，冷却后加入 2mL 5%EDTA·2Na 溶液，作为样品测定液。同时做试剂空白。

准确吸取适量消化液，同量试剂空白液，硒标准溶液 0.0mL、2.0mL、4.0mL、6.0mL、8.0mL、10.0mL（相当于 0μg、2μg、4μg、6μg、8μg、10μg 硒），分别置于分液漏斗中，加水至 35mL。各加入 5% EDTA·2Na 溶液 1mL，摇匀。用 1∶1 盐酸调节 pH 为 2～3，各加 0.5% 3,3-二氨基联苯胺溶液 4mL，摇匀，置于暗处 30min，再用 5%氢氧化钠溶液调节至中性，加入 10mL 甲苯振摇 2min，静置分层，弃去水层，甲苯层通过棉花栓过滤于比色皿中，于 420nm 波长处测吸光度。绘制标准曲线。

（4）结果计算

$$X = \frac{(m_1 - m_2) \times 1000}{m \times 1000}$$

式中　X ——样品中硒的含量，mg/kg（或 mg/L）；

　　　m ——样品质量（或体积），g（或 mL）；

　　　m_1 —— 测定用样品液中硒的质量，μg；

　　　m_2 ——试剂空白液中硒的质量，μg。

三、氟的测定

1. 扩散-氟试剂比色法

（1）原理　食品中氟化物在扩散盒内与酸作用，产生氟化氢气体，经扩散被氢氧化钠吸收。氟离子与镧（Ⅲ）、氟试剂（茜素氨羧配合剂）在适宜的 pH 下生成蓝色三元配合物，颜色随氟离子浓度的增大而加深，用或不用含胺类有机溶剂提取，与标准系列比较定量。

（2）试剂

① 硫酸银-硫酸溶液：2%。称取 2g 硫酸银，溶于 100mL（3∶1）硫酸中。

② 氢氧化钠-乙醇溶液：1mol/L。称取 4g 氢氧化钠，溶于乙醇并稀释至 100mL。

③ 茜素氨羧配合剂溶液。称取 0.19g 茜素氨羧配合剂，加少量水及 1mol/L 氢氧化钠溶液使其溶解，加 0.125g 乙酸钠，用 1mol/L 乙酸调节 pH 为 5.0（红色），加水稀释至 500mL，置冰箱内保存。

④ 硝酸镧溶液。称取 0.22g 硝酸镧，用少量 1mol/L 乙酸溶解，加水至约 450mL，用 25%乙酸钠溶液调节 pH 为 5.0，再加水稀释至 500mL，置冰箱内保存。

⑤ pH＝4.7 乙酸-乙酸钠缓冲溶液。称取 30g 无水乙酸钠，溶于 400mL 水中，加 22mL 冰乙酸，再缓缓加冰乙酸调节 pH 为 4.7，然后加水稀释至 500mL。

⑥ 二乙基苯胺-异戊醇（5∶100）溶液。

⑦ 氟标准溶液。精密称取 0.2210g 经 100℃干燥 4h 冷的氟化钠，溶于水，移入 100mL 容量瓶中，加水至刻度，混匀。此溶液每毫升相当于 1.0mg 氟。临用时，吸取 1.0mL 此氟

标准溶液置于200mL容量瓶中，加水至刻度，混匀，此溶液每毫升相当于5μg氟。

（3）测定步骤

① 扩散单色法。对于谷物、蔬菜、水果等样品，称取可食部分干燥，粉碎，过筛（40目）。对于含脂肪高，不易粉碎过筛的样品，如花生、肥肉、含糖分高的果实等，需碱化后（固定氟）灰化。

取塑料扩散盒若干个，分别于盒盖中央加0.2mL 0.5mol/L氢氧化钠乙醇溶液，在圈内均匀涂布，于55℃恒温箱中烘干，形成一层薄膜取出备用。

称取1.0g处理后的样品（或相当同样样品的灰分）于塑料盒内，加4mL水使呈均匀分布状。另取6个塑料盒分别加0.0mL、0.4mL、0.8mL、1.2mL、1.6mL、2.0mL氟标准溶液（相当于0μg、2μg、4μg、6μg、8μg、10μg氟），补加水至4mL。分别于各盒内加入2%硫酸银-硫酸溶液4mL，立即盖紧，轻轻摇匀（切勿将酸溅在盖上），置55℃恒温箱内保温20h。

将盖取出，取下盖盒，分别用20mL水少量多次将盒盖内氢氧化钠薄膜溶解，并转移入100mL分液漏斗中。

分别于分液漏斗中加3.0mL茜素氨羧配合剂溶液、3.0mL pH=4.7缓冲溶液、8.0mL丙酮、3.0mL硝酸镧溶液、13.0mL水，混匀，放置10min。各加入10.0mL 15%二乙基苯胺-异戊醇溶液，振摇2min，待分层后弃去水层，将有机层过滤于10mL带塞比色管中。用1cm比色杯于580nm波长处测吸光度，绘制标准曲线。

② 扩散复色法。样品处理，以及氟的扩散、吸收同①法。保温20h后，将盒取出，取下盒盖，分别用10mL水分次将盒盖内氢氧化钠薄膜溶解并定量转移入25mL带塞比色管中。

分别于比色管中加2.0mL茜素氨羧配合剂溶液、3.0mL缓冲溶液、6.0mL丙酮、2.0mL硝酸镧溶液，再加水至刻度，混匀，放置20min。以3cm比色杯于580nm波长处测吸光度，绘制标准曲线。

（4）结果计算

$$X = \frac{m' \times 1000}{m \times 1000}$$

式中　X——样品中氟的含量，mg/kg；

　　　m'——测定用样品中氟的质量，μg；

　　　m——样品质量，g。

2. 氟离子选择电极法

（1）原理　氟离子选择电极的氟化镧单晶膜对氟离子产生选择性的对数响应，氟电极和饱和甘汞电极在被测试液中，电位差可随溶液中氟离子的活度的变化而改变，电位变化规律符合能斯特方程式。

氟电极与甘汞电极在溶液中组成一对电化学电池。利用电动势与离子活度的线性关系可直接求出样品溶液中的氟离子浓度。

（2）试剂

① 总离子强度调节缓冲液。

a. 称取204g乙酸钠（$CH_3COONa \cdot 3H_2O$），溶于300mL水中，加1mol/L乙酸调节pH至7.0，加水稀释至500mL，此为3mol/L乙酸钠溶液。

b. 称取110g柠檬酸钠（$Na_3C_6H_5O_7 \cdot 2H_2O$）溶于300mL水中，加14mL高氯酸，再加水稀释至500mL，此为0.75mol/L柠檬酸钠溶液。

c. 取3mol/L乙酸钠溶液与0.75mol/L柠檬酸钠溶液等量混合，即为总离子强度调节缓冲液。临用时配制。

② 氟标准溶液：1μg 氟/mL。取 1.（2）⑦试剂 10.0mL 置于 100mL 容量瓶中，加水稀释至刻度。如此反复稀释至此溶液每毫升相当于 1μg 氟。

（3）测定步骤　称取 1.00g 粉碎过 40 目筛的样品，置于 50mL 容量瓶中，加 10mL 1mol/L 盐酸，密闭浸泡提取 1h（不时轻轻摇动），应尽量避免样品粘于瓶壁上，提取后加 25mL 总离子强度调节缓冲溶液，加水至刻度，混匀备用。

吸取 0.0mL、1.0mL、2.0mL、5.0mL、10.0mL 氟标准使用液（相当 0μg、1μg、2μg、5μg、10μg 氟），分别置于 50mL 容量瓶中，于各容量瓶中分别加入 25mL 总离子强度调节缓冲溶液、10mL 1mol/L 盐酸，加水至刻度，混匀备用。

将氟电极和甘汞电极与测量仪器的负端和正端相连接。电极插入盛有水的 25mL 塑料杯中，在电磁搅拌下读取平衡电位值，更换 2～3 次水，待电位值平衡后，即可进行样液与氟标准液的电位测定。

以电极电位为纵坐标、氟离子浓度为横坐标，在半对数坐标纸上绘制标准曲线。

（4）结果计算

$$X = \frac{AV \times 1000}{m \times 1000}$$

式中　X ——样品中氟的含量，mg/kg；

　　　A ——测定用样品氟的浓度，μg/mL；

　　　m ——样品质量，g；

　　　V ——样液总体积，mL。

四、碘的测定

1. 氯仿萃取比色法

（1）原理　样品在碱性条件下灰化，碘被有机物还原成 I^-，I^- 与碱金属离子结合成碘化物，碘化物在酸性条件下与重铬酸钾作用，定量析出碘。当用氯仿萃取时，碘溶于氯仿中呈粉红色，当碘含量低时，颜色深浅与碘含量成正比，故可以比色测定。反应式如下：

$$Cr_2O_7^{2-} + 6I^- + 14H^+ \longrightarrow 2Cr^{3+} + 3I_2 + 7H_2O$$

（2）试剂

① KOH 溶液：10mol/L。

② $K_2Cr_2O_7$ 溶液：0.02mol/L。

③ 氯仿。

④ 浓硫酸。

⑤ 碘标准溶液。称取 0.1308g 经 105℃ 烘 1h 的碘化钾于烧杯中，加少量水溶解，移入 100mL 容量瓶中，加水定容。此溶液每毫升含碘 100μg，使用时稀释成 10μg/mL。

（3）测定步骤

① 样品处理。准确称取样品 2～3g 于坩埚中，加入 5mL 10mol/L 氢氧化钾溶液，烘干，电炉上炭化，然后移入高温炉中，在 460～500℃ 下灰化至呈白色灰烬。取出冷却后加水 10mL，加热溶解，并过滤到 50mL 容量瓶中，用 30mL 热水分次洗涤坩埚和滤纸，洗液并入容量瓶中，以水定容至刻度。

② 标准曲线绘制。准确吸取 10μg/mL 碘标准液 0.0mL、2.0mL、4.0mL、6.0mL、8.0mL、10.0mL 分别置于 125mL 分液漏斗中，加水至总体积为 40mL，加入浓硫酸 2mL、0.02mol/L 重铬酸钾 15mL，摇匀后静置 30min，加入氯仿 10mL，振摇 1min。静置分层后

通过棉花将氯仿层过滤至 1cm 比色皿中，在 510nm 波长处测定吸光度，绘制标准曲线。

③ 样品测定。根据样品含碘量高低，吸取数毫升样液置于 125mL 分液漏斗中，以下步骤按标准曲线制作进行，测定样吸光度，在标准曲线上查出相应的碘含量（μg）。

（4）结果计算

$$含碘量（\mu g/100g）= \frac{X}{m \times \dfrac{V}{V_0}} \times 100$$

式中　X ——在标准曲线中查得测定用样液中碘含量，μg；

　　　m ——样品质量，g；

　　　V ——测定时吸取样液的体积，mL；

　　　V_0 ——样液总体积，mL。

2. 硫酸铈接触法

（1）原理　在酸性条件下，亚砷酸与硫酸铈在室温下进行氧化还原反应速度很慢。

$$2Ce^{4+} + H_3AsO_3 + H_2O \longrightarrow 2Ce^{3+} + H_3AsO_4 + 2H^+$$

当有碘离子时，碘首先与铈离子起反应被氧化，接着又重新被三价砷离子还原：

$$2Ce^{4+} + 2I^- \longrightarrow 2Ce^{3+} + I_2$$
$$I_2 + As^{3+} \longrightarrow 2I^- + As^{5+}$$

当反应进行至一定时间后，加入亚铁盐以终止砷、铈离子氧化还原反应的进行，使余下的高铈离子与亚铁离子作用，把亚铁离子氧化成铁离子。这个反应是与高铈离子浓度成正比的。生成的铁离子再与加入的硫氰酸钾溶液起配合反应，生成红色的硫氰酸铁，据此可进行比色测定。

同时，上述生成物的浓度与溶液中碘离子的浓度成反比，生成红色的硫氰酸铁愈多，则碘离子愈少，与标准曲线比较求出样品中碘离子含量。

（2）试剂

① 无碘水。取蒸馏水 2000mL，加入 0.5g K_2CO_3、0.2g $KMnO_4$，蒸馏即得。

② KI 标准溶液。称取 6.540g KI，用水溶解后移入 500mL 容量瓶中，加水稀释至刻度，摇匀。此溶液碘浓度为 10μg/mL，作为贮备液，于 4℃下保存。

③ KI 标准使用溶液。取 KI 贮备液 1mL，加水定容至 100mL，得浓度为 0.1μg/mL 碘标准使用液，用作测定高浓度碘用；取 0.1μg/mL 碘标准液 10mL 加水定容至 100mL，得 0.01μg/mL 碘标准液，作低浓度碘测定用。

（3）测定

① 样品制备。称取研细的干燥样品 2～3g，置于蒸发皿中，加无碘水 2mL、2mol/L KOH 溶液，调成糊状，在 80～100℃烘箱中烘 1h，再在电炉上低温炭化。为防止很快烧焦，待全部成炭粒后，加入无碘水 0.5mL 并蒸干，移入高温电炉内在 550～600℃下灰化 4～6h，灰分成灰白色即可。

灰分用热无碘水少量多次用定量滤纸过滤至 500mL 容量瓶中，冷却后，加入 2～3 滴浓硫酸调节至 pH 为 7.0 左右，加水定容至刻度，摇匀，供测定用。

② 标准曲线绘制。

a. 低浓度范围（0.01μg/mL 碘以下）标准曲线绘制。取试管 11 支，按下列顺序加入标准溶液 0.0mL、1.0mL、2.0mL、3.0mL、4.0mL、5.0mL、6.0mL、7.0mL、8.0mL、9.0mL、10.0mL，各加入 26% NaCl 溶液 1mL、0.025mol/L As_2O_3 0.5mL、5mol/L

H_2SO_4 溶液 0.5mL，用无碘水补足至 12mL，摇匀后置恒温水浴 30℃±0.2℃中 10min，使试管溶液温度一致。依次向每管精确加入 0.02mol/L 硫酸铈溶液 0.5mL，立即摇匀，放入 30℃恒温水浴中，准确记录每管反应时间为 20min。然后取出试管，依次加入 1.5%硫酸亚铁铵溶液 1mL，立即摇匀，此时硫酸铈中高价铈离子的黄色消失。20min 后依次向每管加入 4%硫氰化钾溶液 1mL，摇匀，全部加完后，放入 30℃恒温水浴中，放置 45min，依次取出，在 480nm 波长下，用 1cm 比色皿，测定吸光度，绘制标准曲线。

b. 高浓度范围（标准碘液浓度 0.1～1.0μg/mL）标准曲线绘制。所用标准 KI 液浓度为 0.1μg/mL 碘，置于恒温水浴中的时间均为 8min，温度为 20℃±2℃，其余操作与上述相同。

③ 样品测定。取样液 5mL，置于 25mL 奈氏比色管中，用无碘水稀释至 10mL（作平行样品）。另为排除样品中可能含有的氧化还原反应的杂质，在测定中要作一支不加样液及亚砷酸的空白管，同时每个试样均需作一支不加亚砷酸的对照管。其余步骤同标准曲线绘制。

 阅读材料

铅中毒会妨碍儿童智力发育

随着生活环境的改变，铅作为一种隐形杀手已经悄悄地潜入每一个家庭。铅作用于人体后能产生神经毒性，对中枢和周围神经系统均有明显的损害作用。

铅与人体中的巯基紧密结合，从而对含巯基的各种酶的活性产生严重影响。首先是乙酰胆碱的合成和释放减少，而乙酰胆碱是和学习、记忆等过程密切相关的，是正常智力发育所必需的一种神经递质。铅还可抑制血红素代谢过程中的氨基乙酰丙酸脱水酶，使氨基乙酰丙酸转化成卟啉的过程受阻，从而使本身具有假性神经递质作用的氨基乙酰丙酸大量堆积，长期增多可引起思维改变和智力缺陷。

实验研究表明，血铅水平在 100μg/L 以上时即对智力发育产生不可逆的损害，即使是轻度的铅中毒，早期也可引起儿童注意力涣散、记忆力减退、理解力降低与学习困难，或者导致儿童多动症或儿童抽动症。前者表现为注意力不集中、自制力差、多动过度、冲动任性、难管教、缺乏时间和任务观念、学习困难等，常因心理缺陷导致智力发育不平衡；后者表现为交替出现的眨眼、咧嘴、耸鼻、摇头、扭脖子、耸肩、甩胳膊、踢腿、喉部异常发音等，常因继发性精神异常、强迫症、恐惧等妨碍智力发育。严重的铅中毒会使孩子成为低能儿或死亡。

中国儿童铅中毒的原因主要有：含铅废气对环境的污染、铅作业工人对家庭环境的污染、学习用品及玩具的污染、住房采用含铅量较高的涂料、常食含铅食物、儿童饮用罐头饮料的频率高以及父母大量吸烟等。因此可从以下几方面预防铅中毒：

① 减少儿童在马路上的时间，特别是汽车流量高时；

② 父母为铅作业工人者，应尽可能减少通过工作服、手、头发等将铅带入家中；

③ 住房装修应尽可能用无铅涂料，特别是儿童的卧室；

④ 少食或少饮用罐头食品或饮料，少吃爆米花、含铅皮蛋等食品；

⑤ 父母尽可能少吸或不吸烟以改善环境；

⑥ 及时发现可疑的临床症状，及时治疗，将其危害降低到最低程度。

对于多动症和抽动症患儿更需尽早治疗，以免由于心理障碍的加重而给治疗带来困难。

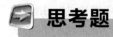 **思考题**

1. 为什么食品中微量矿物质元素测定前要进行分离与浓缩？怎样进行？

2. 说明双硫腙比色测定食品中微量元素的原理，测定中会有哪些干扰？如何消除？

3. 为什么用原子吸收分光光度法测定食品中的微量矿物质元素时，一般都要做空白实验？

4. 在原子吸收测定微量矿物质元素中，如何减少误差，提高分析结果的准确度？

5. 简述氟离子选择性电极法测氟含量的原理和操作要点。

6. 简述荧光光度法测定硒的原理和操作要点。

7. 说明铜试剂比色法测定食品中铜含量的简要过程。

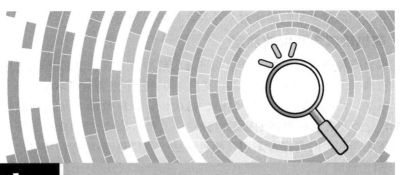

第七章
食品中农药及药物(兽药)残留的测定

🔔学习指南

本章介绍了食品中常见农药及药物（兽药）残留的测定方法。通过本章学习，应达到如下要求：

(1) 了解食品中农药及药物（兽药）残留的影响和危害；

(2) 掌握食品中各类常见农药、药物（兽药）的测定原理及其具体测定方法。

其中有机磷农药残留、有机氯农药残留、抗生素残留的测定是本章重点内容，应予以重视。

第一节　食品中农药残留的测定

在农业生产中使用的各种药剂统称为农药。农药在防治农作物病虫害、提高农作物产量等方面起着重要作用。另一方面，大量广泛地使用农药也会造成食品的污染，从而危害人畜健康。

食品中普遍存在农药残留，其种类很多，常见的有有机氯农药和有机磷农药两类。此外，在食品中拟除虫菊酯类、氨基甲酸酯类、沙蚕毒素类农药残留也占有一定的比例。

农药对食品的污染有直接污染和间接污染两种途径：直接污染是在农田施用农药时，直接污染农作物；间接污染有多种形式，例如，因水质污染而污染水产品、土壤沉积的农药污染、大气飘浮的农药污染、饲料残留农药的污染等。

由于农药的毒性都很大，有些甚至可以在人体内蓄积，严重危害人体健康。因此为提高食品的卫生质量，保证食品的安全及人类的健康，应该对食品中的农药残留进行准确测定。目前许多国家和组织对食品中农药残留的允许量都有了相关的规定，中国对有机氯农药六六六、滴滴涕（DDT）及有机磷农药等在食品中的允许残留量都作出了相关规定。

食品中农药残留量的分析，早期曾使用比色法、分光光度法和电化学分析法进行测定，但由于这些方法的灵敏度很低且选择性不强，所以现在已经很少使用这些方法。后来，色谱法（尤其是气相色谱法）被广泛地用于测定食品中农药残留量，这大大地提高了测定的灵敏度和专一性。而高效液相色谱法对非挥发性或热不稳定性农药残留有很好的分析效果。

一、有机磷农药残留的测定

有机磷农药种类很多,按照其结构可分为磷酸酯和硫化磷酸酯两大类,常见的有机磷农药有:内吸磷(又名 1059)、对硫磷(又名 1605)、甲拌磷(又名 3911)、敌敌畏(DDVP)、敌百虫、乐果、马拉硫磷(又名 4049)、倍硫磷、杀螟硫磷(又名杀螟松)、稻瘟净(又名 EBP)等,此外还有毒性很高的甲基对硫磷、乙基对硫磷(E-1605)、甲胺磷等。

有机磷农药残留的测定常采用气相色谱法、薄层色谱-酶抑制法等。

1. 气相色谱法

该法是将食品中含有残留有机磷农药的样品经提取、净化、浓缩后,注入气相色谱仪,气化后于色谱柱内分离,其中的有机磷在火焰光度检测器中的富氢焰上燃烧,以 HPO 碎片的形式放射出波长 526nm 的特征辐射,通过滤光片选择后,由光电倍增管接收,转换成电信号,经微电流放大器放达后记录下色谱流出曲线。通过比较样品与标准品的峰面积或峰高,计算出样品中有机磷农药残留量。该法的最低检出量为 $0.1 \sim 0.25$ng。

取粮食样品先经粉碎机粉碎,过 20 目筛制成粮食试样;对于水果、蔬菜样品应先洗净、晾干、去掉非可食部分后制成待分析试样。然后称取一定质量的试样,置于烧杯中,加入一定体积的水和丙酮,用组织捣碎机提取 $1 \sim 2$min。匀浆液经铺有两层滤纸和 Celite545 的布氏漏斗减压抽滤。从滤液中取出一定体积移至分液漏斗中。

向样品提取的滤液中加入一定量的氯化钠使溶液处于饱和状态,猛烈振摇 $2 \sim 3$min,静置 10min,使丙酮从水相中盐析出来,水相用二氯甲烷振摇 2min,再静置分层。

将丙酮与二氯甲烷提取液合并经装有无水硫酸钠的玻璃漏斗脱水滤入圆底烧瓶中,再以一定体积的二氯甲烷分数次洗涤容器和无水硫酸钠。洗涤液也并入烧瓶中,用旋转蒸发器浓缩后,样液定量转移至容量瓶中,以二氯甲烷定容。

吸取 $2 \sim 5 \mu L$ 标准溶液及样品净化液注入气相色谱仪中,以保留时间定性,以试样的峰高或峰面积与标准品谱图比较定量。

气相色谱测定时的参考条件如下。

色谱柱:①玻璃柱 2.6mm×3mm,装填涂有 4.5%DC-200+2.5%OV-17 的 Chromosorb W AW DMCS(80~100 目)的担体;②玻璃柱 2.6mm×3mm,装填涂有 1.5% DCOE-1 的 Chromosorb W AW DMCS(60~80 目)。

气流速度:载气为氮气 50mL/min;空气 50mL/min;氢气 100mL/min(氮气和空气、氢气之比按各仪器型号不同选择各自的最佳比例条件)。

温度:柱箱 240℃,汽化室 260℃,检测器 270℃。

按下式计算组分中有机磷农药的含量:

$$X_i = \frac{A_i V_1 V_3 E_{si}}{A_{si} V_2 V_4 m}$$

式中 X_i——i 组分中有机磷农药的含量,$\mu g/kg$;

A_i——试样中 i 组分的峰面积,积分单位;

A_{si}——混合标准液中 i 组分的峰面积,积分单位;

V_1——试样提取液的总体积,mL;

V_2——净化用提取液的总体积,mL;

V_3——浓缩后定容的体积,mL;

V_4——进样体积,mL;

　　E_{si}——注入色谱仪中 i 标准组分的质量，ng；

　　m——样品的质量，g。

　　2. 应用实例——柑橘中水胺硫磷残留量的测定

　　（1）原理　柑橘样品经硅藻土 545（Celite545）、丙酮和活性炭捣碎提取，过滤，滤液用二氯甲烷萃取，浓缩，进入带有 526nm 滤光片和火焰光度检测器的气相色谱仪中测定。

　　本法利用含有机磷的样品在富氢焰上燃烧，以 HPO 碎片的形式放射出波长 526nm 的特征光。这种特征光通过滤光片选择后，由光电倍增管接收，转换成电信号，经微电流放大器放大后，被记录下来，样品的峰高与标准品的峰高相比，计算出样品相当的含量。

　　（2）试剂

　　① 丙酮：分析纯。

　　② 二氯甲烷：分析纯。

　　③ 无水硫酸钠：分析纯。

　　④ 助滤剂 Celite545：分析纯。

　　⑤ 氯化钠：分析纯。

　　⑥ 酸性活性炭：300g 活性炭，用 1L 1mol/L 盐酸煮沸 4h 后，用水洗至洗涤水中无氯离子，烘干备用。

　　⑦ 弗罗里硅土：60～100 目，在 650℃下烘干 3h，加 5％水混匀，贮于干燥器中，用前在 130℃下烘 2h。

　　⑧ 水胺硫磷标准品：纯度为 99％。

　　（3）仪器

　　① 气相色谱仪，附火焰光度检测器（FPD）和 526nm 滤光片。

　　② 组织捣碎机。

　　③ 旋转蒸发仪。

　　④ K-D 浓缩器。

　　⑤ 真空泵：30L/min。

　　⑥ 分液漏斗：250mL。

　　⑦ 内径 0.5cm 的微型色谱柱。

　　（4）操作

　　① 样品的提取。取有代表性的柑橘样品切碎后充分混匀，称取 50.0g 于组织捣碎机中，加 5g Celite545 和 100mL 丙酮。捣碎 30s 后，转移至布氏漏斗抽滤，然后用丙酮洗涤残渣和滤器两次，每次 20mL，合并滤液和洗涤液。

　　② 液-液萃取。取上述滤液 1/2 于 250mL 分液漏斗中，加氯化钠 5g，允分振摇便其溶解，然后用 30mL、15mL 二氯甲烷分别振荡萃取，静置分层后，收集有机相。合并两次有机相萃取液于 100mL 具塞锥形瓶中，加 10g 无水硫酸钠振荡脱水，然后再经 ϕ8mm×120mm 无水硫酸钠色谱柱进一步脱水，最后用旋转蒸发仪在 60℃水浴浓缩至 2mL 待净化使用。

　　③ 净化。用 ϕ8mm×120mm 色谱柱，由下至上紧密均匀地装填玻璃棉少许、1cm 无水硫酸钠、3.5cm 弗罗里硅土、2.5cm 酸洗活性炭、1cm 无水硫酸钠。用少量二氯甲烷预淋色谱柱后，将 2mL 样品浓缩液倒入柱内，待液面进入无水硫酸钠层，用二氯甲烷少量多次洗涤浓缩瓶，并倒入色谱柱内，收集 10mL 洗脱液，用 K-D 浓缩器浓缩至 2～5mL，供气相色谱测定用。

　　④ 气相色谱测定。

a. 色谱条件。

（ⅰ）色谱柱。

柱1：3mm（内径）×1100mm 玻璃柱，装填键合固定相-D（固定相 DEGS 键合于 410 担体 60～80 目）。

柱2：3mm（内径）×1600mm 玻璃柱，装填 1.5% OV-17 ＋ 1.98% QF-1 涂渍于 Chromosorb W AW OMCS 80～100 目。

（ⅱ）气体速度。

柱1：载气（氮气）85mL/min；氢气 60mL/min；空气 60mL/min。

柱2：载气（氮气）60mL/min；氢气 60mL/min；空气 60mL/min。

（ⅲ）温度。

柱1：汽化室与检测器温度 275℃；柱温 225℃。

柱2：汽化室与检测器温度 280℃；柱温 230℃。

b. 测定：采用外标法定性定量。

（5）结果计算

$$X = \frac{A}{m \times 1000}$$

式中　X ——样品中水胺硫磷的含量，mg/kg；

　　　A ——进样体积中水胺硫磷的质量，ng；

　　　m ——进样体积（μL）相当于样品的质量，g。

二、有机氯农药残留的测定

有机氯农药是农药中一类有机氯化合物，一般分为两类：一类为 DDT（氯化苯及其衍生物），包括滴滴涕和六六六等；另一类为氯化亚甲基萘类，如七氯、氯丹、艾氏剂、狄氏剂与异狄氏剂、毒杀酚等。滴滴涕、六六六和氯丹均为高毒农药，目前已停止生产和使用。

1. 气相色谱法

应用实例：气相色谱法测定食品中六六六、滴滴涕（DDT）残留量（GB/T 5009.19—1996）。

（1）原理　六六六、滴滴涕属含氯化合物，电负性较强。电子捕获检测器对于电负性强的化合物具有较高的灵敏度，利用这一特点，可将样品经提取净化后用气相色谱法测定，与标准比较定量。在适合的色谱条件下，不同异构体和代谢物可同时分别测定。

（2）试剂

① 丙酮。

② 乙醚。

③ 乙醇：95%。

④ 石油醚：沸程 30～60℃。

⑤ 苯。

⑥ 无水硫酸钠。

⑦ 草酸钾。

⑧ 硫酸。

⑨ 硫酸钠溶液：20g/L。

⑩ 过氯酸＋冰乙酸混合液：1＋1。

⑪ 六六六、滴滴涕标准溶液。

⑫ 六六六、滴滴涕标准使用液。

⑬ 载体：硅藻土，80～100目，气相色谱用。

⑭ 固定液：OV-17及QF-1。

（3）仪器。小型粉碎机，小型绞肉机，分样筛，组织捣碎机，电动振荡器，恒温水浴锅，气相色谱仪（具有电子捕获检测器）。

（4）操作

① 提取。

a. 粮食。称取20g粉碎后并通过20目筛的样品，置于250mL具塞锥形瓶中，加100mL石油醚，于电动振荡器上振荡30min，滤入150mL分液漏斗中，以20～30mL石油醚分数次洗涤残渣。洗液并入分液漏斗中，以石油醚稀释至100mL。

b. 蔬菜、水果。称取200g样品，置于捣碎机中捣碎1～2min（若样品含水分少，可加一定量的水）。称取相当于原样50g的匀浆，加100mL丙酮，振荡1min，浸泡1h，过滤。残渣用丙酮洗涤3次，每次10mL，洗液并入滤液，置于500mL分液漏斗中，加80mL石油醚振摇1min，加200mL 20g/L硫酸钠溶液振摇1min，静置分层，弃去下层。将上层石油醚经盛有约15g无水硫酸钠的漏斗滤入另一分液漏斗中，再以石油醚少量数次洗涤漏斗及其内容物，洗液并入滤液中，并以石油醚稀释至100mL。

c. 动物油。称取5g炼过的样品，溶于250mL石油醚，移入500mL分液漏斗中。

d. 植物油。称取10g样品，以250mL石油醚溶解，移入500mL分液漏斗中。

e. 乳与乳制品。称取100g鲜乳（乳制品取样量按鲜乳折算），移入500mL分液漏斗中。加100mL乙醇、1g草酸钾，猛烈摇动1min，加100mL乙醚，摇匀。加100mL石油醚，猛摇2min。静置10min，弃去下层。将有机溶剂经盛20g无水硫酸钠的漏斗小心缓慢滴滤入250mL锥形瓶中，再用石油醚少量数次洗涤漏斗及其内容物，洗液并入滤液中。以脂肪提取器或浓缩器蒸除有机溶剂，残渣为黄色透明油状物。再以石油醚溶解，移入150mL分液漏斗中，以石油醚稀释至100mL。

f. 蛋与蛋制品。取鲜蛋10个，去壳全部混匀。称取10g（蛋制品取样量按鲜蛋折算），置于250mL具塞锥形瓶中，加100mL丙酮，在电动振荡器上振荡30min，过滤。用丙酮洗残渣数次，洗液并入滤液中，用脂肪提取器或浓缩器将丙酮蒸除，在浓缩过程中，溶液变黏稠，常出现泡沫，应小心注意不使其溢出。将残渣用50mL石油醚移入分液漏斗中，振摇，静置分层。将下层残渣放于另一分液漏斗中，加20mL石油醚，振摇，静置分层，弃去残渣，合并石油醚，经盛约15g无水硫酸钠的漏斗滤入分液漏斗中，再用石油醚少量数次洗涤漏斗及其内容物，洗液并入滤液中，以石油醚稀释至100mL。

g. 各种肉类及其他动物组织。

方法一。称取绞碎混匀的20g样品，置于乳钵中，加约80g无水硫酸钠研磨，无水硫酸钠用量以样品研磨后呈干粉状为度。将研磨后的样品和硫酸钠一并移入250mL具塞锥形瓶中，加100mL石油醚，于电动振荡器上振摇30min。抽滤，残渣用约100mL石油醚分数次洗涤，洗液并入滤液中。将全部滤液用脂肪提取器或浓缩器蒸除石油醚，残渣为油状物。以石油醚溶解残渣，移入150mL分液漏斗中，以石油醚稀释至100mL。

方法二。称取绞碎混匀的20g样品，置于烧杯中，加40mL（1+1）过氯酸-冰醋酸混合液，上面盖表面皿，于80℃的水浴上消化4～5h。

将上述消化液移入500mL分液漏斗中，以40mL水洗烧杯，洗液并入分液漏斗。以30mL、20mL、20mL、20mL石油醚（或环己烷）分四次从消化液中提取农药。合并石油醚（或环己烷）并使之通过一高约 4～5cm 的无水硫酸钠小柱，滤入 100mL 容量瓶，以少量石油醚（或环己烷）洗小柱，洗液并入容量瓶中，然后稀释至刻度，混匀。

② 净化。于 100mL 样品石油醚提取液（动植物油样品除外）中加入 10mL 硫酸（提取液与硫酸体积比为 10：1）。振摇数下后，将分液漏斗倒置，打开活塞放气，然后振摇 30s，静置分层。弃去下层溶液，上层溶液出分液漏斗上口倒至另一 250mL 分液漏斗中，用少许石油醚洗原分液漏斗后，并入 250mL 分液漏斗中，加 100mL 20g/L 硫酸钠溶液，振摇后静置分层。弃去下层水溶液，用滤纸吸除分液漏斗颈内外的水。然后将石油醚经盛有约 15g 无水硫酸钠的漏斗过滤，并以石油醚洗涤盛有无水硫酸钠的漏斗数次。洗液并入滤液中，以石油醚稀释至一定体积供气相色谱法用，或将全部溶液浓缩至 1mL，进行薄层色谱测定。经上述净化步骤处理过的样液，如在测定时出现干扰，可再以硫酸处理。

于 250mL 动植物油样品石油醚提取液中加入 25mL 硫酸。振摇数下后，将分液漏斗倒置，打开活塞放气，然后振摇 30s，静置分层，弃去下层溶液。再加 25mL 硫酸，振摇 30s，静置分层，弃去下层溶液。上层溶液由分液漏斗上口倒于另一 500mL 分液漏斗中，用少许石油醚洗原分液漏斗，洗液并入分液漏斗中，加 250mL 20g/L 硫酸钠溶液，摇匀，静置分层。弃去下层水溶液，用滤纸吸除分液漏斗颈内外的水。然后将石油醚经盛有约 15g 无水硫酸钠的漏斗过滤，并以石油醚洗涤盛有无水硫酸钠的漏斗数次。洗液并入滤液中，以石油醚稀释至一定体积供气相色谱法用，或将全部溶液浓缩至 1mL，进行薄层色谱测定。经上述净化步骤处理过的样液，如在测定时出现干扰，可再以硫酸处理。

③ 色谱条件。

氚源电子捕获检测器：汽化室温度 190℃，色谱柱温度 160℃，检测器温度 165℃，载气（氮气）流速 60mL/min，极化电压 30V。

Ni^{63}-电子捕获检测器：汽化室温度 215℃，色谱柱温度 195℃，检测器温度 225℃，载气（氮气）流速 90mL/min。

色谱柱：内径 3～4mm，长 1.2～2m 的玻璃柱，内装涂以 1.5% OV-17 和 2% QF-1 混合固定液的 80～100 目硅藻土。

④ 测定。电子捕获检测器的线性范围狭窄，为便于定量，选择样品进样量使之适合各组分的线性范围。根据样品中六六六、滴滴涕存在形式，相应地制备各组分不同浓度的标准溶液，绘制标准曲线，从而计算样品中的含量。

（5）结果计算　六六六、滴滴涕及其异构体或代谢物含量按下式计算：

$$X = \frac{m'}{m \times \dfrac{V_2}{V_1}}$$

式中　X——样品中六六六、滴滴涕及其异构体或代谢物的单一含量，mg/kg；

m'——被测定用样液中六六六、滴滴涕及其异构体或代谢物的单一质量，ng；

m——样品的质量，g；

V_1——样品净化液体积，mL；

V_2——样液进样体积，μL。

2. 薄层色谱法

该法是将样品中六六六、滴滴涕经用有机溶剂提取，并经硫酸处理，除去干扰物质，浓缩。点样展开后，用硝酸银显色，经紫外线照射生成棕黑色斑点，与标准比较，进行概略定量的一种方法。

（1）操作

① 提取、净化步骤同气相色谱法。

② 薄层板的制备。称取氧化铝 4.5g，加 1mL 10g/L 硝酸银溶液及 6mL 水，研磨至成糊状，立即涂在三块 5cm×20cm 的薄层板上，涂层厚度 0.25mm，于 100℃烘烤 0.5h，置于干燥器中，避光保存。

③ 点样。距离薄层板底端 2cm 处，用针划一标记。在薄层板上点 10μL 样液和六六六、滴滴涕标准溶液，一块板可点 3～4 个点。中间点标准溶液，两边点样液。也可用滤纸移样法点样。

④ 展开。在展开槽中预先倒入 10mL 丙酮＋己烷（1＋99）或丙酮＋石油醚（1＋99）溶液。将经过点样的薄层板放入槽内。当溶剂前沿距离原点 10～12cm 时取出，自然干燥。

⑤ 显色。将展开后的薄层板喷以 10mL 硝酸银显色液，干燥后距紫外光灯 8cm 处照 10～20min，六六六、滴滴涕等全部显现棕黑色斑点。

（2）结果计算

$$X = \frac{m' \times 1000}{m \times \frac{V_1}{V}}$$

式中　X——样品中六六六、滴滴涕及其异构体或代谢物的单一含量，mg/kg；

m'——点板样液中六六六、滴滴涕及其异构体或代谢物的单一质量，μg；

m——样品的质量，g；

V_1——点板样液的体积，μL；

V——样品浓缩液总体积，mL。

三、氨基甲酸酯类农药残留的测定

氨基甲酸酯农药在六六六禁用之后已成为我国大量使用的一类农药。目前在我国登记的 87 种农药品种中，氨基甲酸酯农药占 11 种之多，且产量较大。氨基甲酸酯农药主要用于杀虫、杀螨、杀线虫、杀菌、除草等方面。

此类农药主要包括 N-甲基氨基甲酸酯类和 N,N-二甲基氨基甲酸酯类，其中杀虫作用以前者为强。按照氨基甲酰部分连接的基团不同，N-甲基氨基甲酸酯类又可分为芳基氨基甲酸酯和肟基 N-甲基氨基甲酸酯两类，前者主要有甲萘威（西维因）、速灭威、残杀威等，后者有涕灭威等。

氨基甲酸酯农药的毒性一般选择性很强，多数品种对高等动物毒性较低，除克百威（呋喃丹）、涕灭威属高毒，甲萘威、异丙威（叶蝉散）、速灭威属中等毒性外，其余常用品种均属低毒。其毒性作用表现为抑制乙酰胆碱酯酶，其中毒症状同有机磷中毒相同，但较有机磷中毒恢复为快，因为此类毒素在生物休和环境中易降解，其抑制作用具有可逆性。

目前，气相色谱法是检测此类农药的主要手段，但由于此类化合物中大多数在高温条件下不稳定，因而这种方法并不理想。此法一般选用高灵敏的氮磷检测器直接测定，选用低极性固定液如 SE-30、DC-200、OV-101、OV-17 等，柱子应尽可能短，工作温度 140～190℃。在很多情况下，都是先将其衍生为适用于 ECD 的衍生物后再进行测定。此外，高效液相色谱法和比色法也可用于多种此类农药残留的测定。

下面介绍两种主要氨基甲酸酯类农药残留的测定方法：

1. 食品中甲萘威残留量的测定——高效液相色谱法

本法先将含有甲萘威的样品提取、以弗罗里硅土净化后浓缩，定容，作为被测溶液。取一定量注入高效液相色谱仪，用紫外检测器检测，与标准系列比较定量。

(1) 操作

① 提取。称取 20.00g 经粉碎过 20 目筛的粮食试样于 250mL 具塞锥形瓶中，准确加入 50mL 苯，浸泡过夜，次日振荡提取 1h，提取液过滤。取滤液作下一步净化。

② 净化。取直径 1.5cm 色谱柱，先装脱脂棉少许（柱两头装 2cm 高无水硫酸钠，中间装 6g 弗罗里硅土），装好的柱先用 20mL 二氯甲烷预淋，弃去预淋液。然后将 5～10mL 样品提取液倒入色谱柱，用 70mL 二氯甲烷少量多次淋洗，收集全部淋洗液，用 K-D 浓缩器进行浓缩至近干（水浴温度 30℃），然后用甲醇溶解残余物，并定容至 5mL。然后用 0.5μm 滤纸借助于注射器过滤，取 10μL 滤液注入高效液相色谱仪分离，测定。

③ 测定。吸取 10μL 标准使用液及样品注入色谱仪，以保留时间定性，标准曲线法定量。

色谱参考条件：

色谱柱	μbondapak C$_{18}$ 3.9mm×30cm
检测器	紫外检测器
流动相	乙腈＋水（55＋45）
流速	1mL/min
波长	280nm

(2) 结果计算

$$X = \frac{m_1 \times 1000}{m_2 \times \frac{V_2}{V_1} \times 1000}$$

式中　X——粮食中甲萘威的含量，mg/kg；

　　　m_1——从标准曲线求出样液中甲萘威的质量，μg；

　　　m_2——样品的质量，g；

　　　V_1——样品溶液定容体积，mL；

　　　V_2——注入色谱仪的体积，mL。

2. 食品中克百威残留量的测定——气相色谱法

克百威又称呋喃丹。据中国农药毒性分级标准，克百威属高毒杀虫剂，对鱼类毒性较高，对蜜蜂无毒害，但对鸟类有毒。克百威的毒理机制为抑制胆碱酯酶，但与其他氨基甲酸酯类杀虫剂不同的是，它与胆碱酯酶的结合反应不可逆，因此毒性高。

食品中克百威的测定常采用气相色谱法，本法是将样品提取、净化、浓缩后，在一定色谱条件下，采用对氮磷有特殊响应的火焰热离子检测器进行气相色谱测定的一种方法。

(1) 操作

① 对于粮食样品应先粉碎，再称取 40g，然后在 250mL 具塞锥形瓶中依样品的含水量，加入 20～40g 的无水硫酸钠和 100mL 无水甲醇，摇匀后于电动振荡器上振荡 30min，然后过滤于量筒中，收集 50mL 滤液（提取溶剂甲醇用量的一半）于 250mL 分液漏斗中。量筒用 50mL 50g/L 氯化钠溶液洗涤后一并加入分液漏斗中。

净化时先在盛有样品提取液的分液漏斗中加入 50mL 石油醚，振摇 1min 后，静置分层，将下层的甲醇氯化钠溶液放入另一 250mL 分液漏斗中，再加 25mL 甲醇氯化钠溶液于原分液漏斗中，振摇 30s，静置分层后，将下层溶液一并放入另一分液漏斗中，得到净化液。

然后进行净化液的浓缩。在上述盛有净化液的分液漏斗中用一定体积的二氯甲烷提取三次（每次体积为 50mL、25mL、25mL），振摇 1min，静置分层后，将三氯甲烷层经过铺有无水硫酸钠（由玻璃棉支撑）的三角漏斗（以三氯甲烷预洗）过滤于 250mL 蒸馏瓶中。然后在 50℃水浴上于旋转蒸发器减压浓缩至 1mL 左右，将残余物移入 10mL 刻度离心管中，吹入氮气，除尽二氯甲烷溶剂，用丙酮溶解残渣，定容至 2.0mL，进行色谱分析。

② 蔬菜样品粉碎后，称取 20g 于具塞锥形瓶中，加入 40mL 无水甲醇，摇匀后于电动振荡器上振荡 30min，然后由布氏漏斗抽滤于 250mL 抽滤瓶中，用 50mL 无水甲醇反复洗涤提取瓶及过滤器。将滤液转入 500mL 分液漏斗中，用 100mL 50g/L 的氯化钠水溶液反复洗涤滤器，并入分液漏斗。向此分液漏斗中加入 50mL 石油醚，振摇 1min，静置分层后，将下层溶液放入另一 500mL 分液漏斗中，再加 50mL 石油醚，振摇 1min，静置分层后，将下层溶液放入第三个 500mL 分液漏斗。然后用 25mL 甲醇氯化钠溶液依次反复洗涤第一、第二分液漏斗中的石油醚层，每次振摇 30s。最后将甲醇氯化钠溶液并入第三个分液漏斗中，得到净化液。下面按照粮食样品的浓缩方法浓缩、测定。

③ 利用气相色谱法测定时的色谱条件如下：氮气 65mL/min，空气 150mL/min，氢气 3.2mL/min；柱温 190℃，进样口和检测器温度 240℃。

色谱柱：玻璃柱，2.1m×3.2mm，内装涂有 2% OV-101＋6% OV-201 混合固定液的 Chromosorb W（HP）（80～100 目）担体。

（2）结果计算

$$X = \frac{F_i \times \dfrac{A_i}{A_E} \times 2.0 \times 1000}{m \times 1000}$$

式中　X——被测样品中克百威的含量，mg/kg；

A_i——被测试样中克百威的峰面积或峰高；

A_E——标准样品中克百威的峰面积或峰高；

F_i——标准样品中克百威的质量，μg；

m——样品质量，g（粮食样品和蔬菜样品均为 20g）；

2.0——进样液的定容体积为 2.0mL。

四、拟除虫菊酯类农药残留的测定

拟除虫菊酯农药由于具有高效、低毒、适用范围广等特点，目前在我国已广泛使用。据统计，在已登记的 87 种杀虫剂中拟除虫菊酯农药有 19 种之多。这类农药都具有一定毒性，尤其对鱼类毒性很高，且有一定的蓄积性。其主要中毒症状表现为对神经系统及皮肤的刺激作用。

食品中拟除虫菊酯农药主要包括溴氰菊酯、氰戊菊酯、二氯苯醚菊酯三类。我国和世界食品卫生组织对拟除虫菊酯农药残留的允许量都作出了相关规定。

目前用于检测此类农药的方法有薄层色谱法和气相色谱法。气相色谱法常用电子捕获检测器或火焰离子化检测器。

1. 拟除虫菊酯类农药残留量的测定——气相色谱法

本法是根据样品中的氯氰菊酯、氰戊菊酯和溴氰菊酯经提取、净化、浓缩后用气相色谱法（电子捕获检测器）测定。三种组分经色谱柱分离后进入到电子捕获检测器，经放大电信号，用记录仪记下峰高或峰面积，再与标准品比较，便可分别测其含量。

（1）操作

① 提取。对于谷类样品，应先粉碎，然后称取 10g 于 100mL 具塞锥形瓶中，加 20mL 石油醚，摇匀，振荡 30min 或浸泡过夜，取出上层清液 2～4mL（相当于 1～2g 样品）待净化。

蔬菜类样品应先经匀浆处理，再称取 20g 于 250mL 具塞锥形瓶中，加 40mL 丙酮，摇匀，振荡 30min 后分层，取出上层清液 4mL（相当于 2g 样品）待净化。

② 净化。对于谷物中的大米样品提取液，应先用内径 1.5cm、长 25～30cm 的玻璃色谱柱，底端塞以处理过的脱脂棉，再依次从下至上加入 1cm 的无水硫酸钠、3cm 的中性氧化铝（色谱用）、2cm 的无水硫酸钠。然后以 10mL 石油醚淋洗柱子，弃去淋洗液，待石油醚层下降至无水硫酸钠层时，迅速加入样品提取液，待其下降至无水硫酸钠层时加入 25～30mL 石油醚淋洗液淋洗，收集滤液，浓缩定容至 1mL，供气相色谱分析用。

对于面粉、玉米粉样品提取液，所用净化柱与大米的基本相同，只是需在中性氧化铝层上再加 0.01g 色谱活性炭粉末，以进行脱色净化。

蔬菜类样品提取液的净化，需在中性氧化铝层上再加 0.02～0.03g 色谱活性炭粉末，以进行脱色。石油醚淋洗液用量为 30～35mL。其余操作与大米样品提取液的净化方法相同。

③ 测定。用附有电子捕获检测器的气相色谱仪测定。

色谱操作条件如下：

色谱柱 3mm×1.5m，内装填 3% OV-101/Chromosorb W AW DMCS 80～100 目；

柱温 245℃，进样口和检测器温度 260℃；

载气（氮气）140mL/min（GC-5A 型色谱仪），其他仪器自选流速。

（2）结果计算　以外标法定量，按下式计算：

$$X = \frac{h_x c_s Q_s V_x}{h_s m Q_x}$$

式中　X——样品中拟除虫菊酯农药残留的含量，mg/kg；

$\quad\quad h_x$——样品溶液峰高，mm；

$\quad\quad h_s$——标准溶液峰高，mm；

$\quad\quad c_s$——标准溶液的浓度，μg/mL；

$\quad\quad V_x$——样品的定容体积，mL；

$\quad\quad m$——样品质量，g；

$\quad\quad Q_s$——标准溶液进样量，μL；

$\quad\quad Q_x$——样品溶液进样量，μL。

2. 溴氰菊酯残留量的测定——气相色谱法

含有溴氰菊酯的样品经丙酮或苯等有机溶剂提取，色谱柱净化后，利用电子捕获检测器进行测定。

（1）操作

① 提取、净化。水果样品应先切碎，再称取 50g，加入 90mL 丙酮后捣碎提取 10min，抽滤，残渣再用 60mL 丙酮重新提取，合并抽滤液，浓缩至 20～30mL 后转移入分液漏斗中。加入 150mL 2% 硫酸钠溶液和 10mL 饱和氯化钠水溶液，用石油醚萃取 3 次，每次体积为 50mL、25mL、25mL，石油醚层经无水硫酸钠滤入浓缩瓶中，在旋转蒸发器上浓缩至约 3mL。在长 30cm、内径 1.5cm 的色谱柱中自下而上依次装填 2cm 无水硫酸钠、4g 弗罗里硅土、2cm 无水硫酸钠。移入待净化的浓缩提取液，再用 70mL 石油醚＋乙酸乙酯（体积比 98＋2）混合淋洗液淋洗，收集淋洗液，浓缩定容。

蔬菜样品应先称取 50g 匀浆，加入 150mL 苯振荡提取 1h。抽滤后用 90mL 苯分 3 次洗提残渣，提取液经无水硫酸钠脱水滤入浓缩瓶中，在旋转蒸发器上浓缩至约 3mL，在长 17cm、内径 1.5cm 的色谱柱中自上而下依次装填 2cm 无水硫酸钠、7g 中性氧化铝、5g 弗罗里硅土、2cm 无水硫酸钠。再用 40mL 石油醚预淋洗，移入待净化的浓缩提取液，用 70mL 苯＋乙酸乙酯（20＋1，体积比）混合淋洗液淋洗，收集淋洗液，浓缩定容。

② 气相色谱分析测定。本法所选用的色谱条件如下：

色谱柱：玻璃柱，长 1m，内径 3mm，内装填 20g/L OV-101/Chromosorb W AW DMCS（80～100 目）。

温度：柱温 230℃，汽化室和检测器温度 275℃。

载气：氮气 70mL/min。

测定后，以溴氰菊酯的保留时间定性、标准曲线法定量。

（2）结果计算

$$X = \frac{A_2 cV}{A_1 m}$$

式中　X——样品中溴氰菊酯农药残留的含量，mg/kg；

　　　A_1——标准峰高或峰面积；

　　　A_2——样品峰高或峰面积；

　　　c——溴氰菊酯标准溶液的浓度，μg/mL；

　　　V——样品的定容体积，mL；

　　　m——样品质量，g。

五、除草剂草甘膦残留的测定

草甘膦，又名镇草宁、农达，由美国孟山都公司开发，是一种广泛使用的非选择性、无残留灭生性低毒除草剂，对多年生根杂草非常有效。有研究指出草甘膦本身是致癌物质，对人体有害，所以有必要对残留草甘膦含量进行检测。

草甘膦残留的测定方法有紫外分光光度法、液相色谱法、气相色谱-质谱法等。

1. 紫外分光光度法

（1）原理　试样溶于水后，在酸性介质中与亚硝酸钠作用生成草甘膦亚硝基衍生物。该化合物在 243nm 处有最大吸收峰，通过测定吸光度即可定量。

（2）试剂和溶液

① 硫酸溶液：50％（体积分数）。

② 硝酸溶液：50％（体积分数）。

③ 溴化钾溶液：250g/L。

④ 亚硝酸钠溶液（14g/L）：称取约 0.28g 亚硝酸钠（精确至 0.001g），溶于 20mL 水中，该溶液使用时现配。

⑤ 草甘膦标准样品：≥99.8％。

（3）仪器

① 紫外分光光度计。

② 石英比色皿：1cm。

③ 刻度吸量管：1mL、2mL、5mL。

④ 容量瓶：100mL、250mL。

（4）分析步骤

① 标准曲线的绘制

a. 标准样品溶液的配制。称取约 0.30g 草甘膦标准样品（精确至 0.0002g）。置于 200mL 烧杯中，加 60mL 水，缓缓加热溶解，冷至室温，定量转移至 250mL 容量瓶中，稀释至刻度，摇匀。此溶液使用时间不得超过 20d。

b. 亚硝基化。精确吸取草甘膦标准样品溶液 0.8mL、1.1mL、1.4mL、1.7mL、2.0mL 于 5

个 100mL 容量瓶中，同时另取 1 个 100mL 容量瓶作试剂空白。

在上述各容量瓶中分别加入 5mL 蒸馏水、0.5mL 硫酸溶液、0.1mL 溴化钾溶液、0.5mL 亚硝酸钠溶液。加入亚硝酸钠溶液后应立即将塞子塞紧，充分摇匀。放置 20min。然后用水稀释至刻度，摇匀，最后将塞子打开，放置 15min。注意亚硝基化反应温度不能低于 15℃。

c. 分光光度测定。接通紫外分光光度计的电源，打开氘灯预热 20min，调整波长在 243nm 处，以试剂空白作参比，用石英比色皿进行吸光度测量。

d. 绘制标准曲线。以吸光度为纵坐标，相应的标准样品溶液的体积为横坐标，确定各点连成直线。

② 草甘膦原药的分析。称取约 0.20g 试样（精确至 0.0002g），置于 200mL 烧杯中，加 60mL 水，缓缓加热溶解，趁热用快速滤纸过滤，仔细冲洗滤纸，将滤液接至 250mL 容量瓶中，冷至室温，稀释至刻度，摇匀。

精确吸取 2.0mL 试样溶液于 100mL 容量瓶中，下面操作按（4）①b～c 的有关规定进行。

③ 分析结果的计算。草甘膦百分含量（X_1）按下式计算：

$$X_1 = c_1 \frac{V_1}{c_2} V_2 \times 100\%$$

式中　c_1——标样溶液中草甘膦浓度，mg/mL；

　　　V_1——标准曲线上与试样吸光度相对应的标样溶液的体积，mL；

　　　c_2——试样溶液的浓度，mg/mL；

　　　V_2——吸取试样溶液的体积，mL。

2. 液相色谱法

（1）原理　试样用流动相溶解，用强阴离子交换柱和紫外检测器对试样进行分离和测定。

（2）试剂。甲醇：经重蒸或优级纯；水：二次蒸馏水；磷酸二氢钾；85% 磷酸；草甘膦标样：已知含量，称量前在 105℃ 干燥 2h。

（3）仪器

液相色谱仪：带可调波长紫外检测器。

色谱柱：长 25cm，内径 4.6mm 不锈钢柱，内装 Partisil SAX 10μm（或相当的强阴离子交换树脂）填充物。

记录仪：5mV（或数字微处理机）。

微量注射器：25μL。

（4）色谱操作条件

柱温：环境温度。

流速：1.0mL/min。

检测波长：195nm。

检测器灵敏度：0.10AUFS。

进样量：20.0μL。

保留时间：草甘膦约 7.6min。

保护柱：Partisil SAX 10μm 长 5cm。

（5）操作步骤

① 流动相的配制。称取 0.73～0.74g 磷酸二氢钾于 1000mL 容量瓶中，加入适量水使

其完全溶解，然后加入 160mL 甲醇，用水稀释至刻度、混匀，用 85％磷酸调 pH 至 1.9。流动相使用前过滤、脱气。

② 标样溶液的配制。称取草甘膦标准品 0.1g（精确至 0.2mg）于 50mL 容量瓶中，用流动相溶解并稀释至刻度，摇匀。

③ 试样溶液的配制。称取含草甘膦约 0.1g（精确至 0.2mg）水剂试样于 50mL 容量瓶中，用流动相稀释至刻度，摇匀。

④ 测定。在上述色谱操作条件下，待仪器稳定后，先注入数针标样溶液，直至相邻两针峰高或峰面积之差小于 1.5％后，按下列顺序进样分析：标样溶液、试样溶液、标样溶液。

⑤ 计算。试样中草甘膦的质量分数 X_1 按下式计算：

$$X_1 = \frac{\overline{h_2} m_1 w}{\overline{h_1} m}$$

式中　$\overline{h_1}$——前后两次进样测得的同一标样溶液中草甘膦峰高或峰面积的平均值；

　　　$\overline{h_2}$——前后两次进样测得的同一试样溶液中草甘膦峰高或峰面积的平均值；

　　　m_1——草甘膦标样的称样量，g；

　　　m——草甘膦水剂的称样量，g；

　　　w——标样中草甘膦的质量分数。

3. 气相色谱-质谱法

（1）原理　样品用水提取，经阳离子交换柱（CAX）净化，与七氟丁醇（HFB）和三氟乙酸酐（TFAA）衍生化反应后，用气相色谱-质谱联用仪测定，外标法定量。

（2）试剂和材料

① 乙酸乙酯：色谱纯。

② 甲醇：色谱纯。

③ 二氯甲烷。

④ 盐酸。

⑤ 磷酸二氢钾（KH_2PO_4）。

⑥ 三氟乙酸酐（TFAA）：纯度≥99％。

⑦ 七氟丁醇（HFB）：纯度≥98％。

⑧ 柠檬醛：纯度≥95％，色泽呈深棕色时弃用。

⑨ 酸度调节剂：称取 16g 磷酸二氢钾溶于 160mL 水中，加入 13.4mL 盐酸和 40mL 甲醇，混匀。

⑩ CAX 洗脱液：分别量取 160mL 水、2.7mL 盐酸和 40mL 甲醇，混匀。

⑪ 0.2％柠檬醛乙酸乙酯溶液：100mL 乙酸乙酯中加入 200μL 柠檬醛，混匀，避光冷藏，有效期为 1 个月。

⑫ 衍生试剂：三氟乙酸酐（TFAA）-七氟丁醇（HFB）（2∶1，体积比），临用前配制，并于 −40℃ 以下的低温冰箱中冷冻保存。

⑬ 草甘膦标准品：纯度≥98.0％。

⑭ 氨甲基膦酸标准品：纯度≥98.0％。

⑮ 草甘膦、氨甲基膦酸标准储备溶液：分别准确称取适量的草甘膦、氨甲基膦酸标准品于聚乙烯或聚丙烯塑料瓶中，用水溶解，加 2 滴盐酸，充分振摇，确保其全部溶解，配制成浓度为 1.0mg/mL 的标准储备溶液，0～4℃保存，有效期为 1 年。

⑯ 草甘膦、氨甲基膦酸混合标准中间溶液：用水将标准储备溶液分别稀释成 1.0μg/mL、10.0μg/mL、100μg/mL 的混合中间溶液，存放于聚乙烯或聚丙烯塑料瓶中，0～4℃保存，有效期为 6 个月。

⑰ 草甘膦、氨甲基膦酸混合标准工作溶液：用 CAX 洗脱液稀释混合标准中间溶液，分别配制成 2.5ng/mL、5ng/mL、25ng/mL、50ng/mL、100ng/mL、200ng/mL、400ng/mL 各级混合标准工作溶液，存放于聚乙烯或聚丙烯塑料管中，0～4℃保存，有效期为 3 个月，但出现谱峰异常时应考虑重新配制。

⑱ CAX 交换柱：AG 50W-X8（200～400 目），H^+，0.8cm×4cm。使用时不采用真空泵抽气，且不得使其干涸。

注：可采用商品化的 CAX 小柱 [Bio-Rad Poly-Prep No.731-6214 CA 94547，USA]，或同等性能的其他小柱。

（3）仪器和设备

① 气相色谱-质谱仪：四极杆质谱仪，配有 EI 源并具有选择离子功能。

② 分析天平：感量 0.1mg 和 0.01g 各一台。

③ 旋涡振荡器。

④ 均质器。

⑤ 旋转蒸发器。

⑥ 恒温箱或其他恒温加热器。

⑦ 固相萃取装置。

⑧ 离心机：转速≥4000r/min，配有 50mL 聚乙烯或聚丙烯离心管、150mL 或 250mL 聚乙烯或聚丙烯离心瓶。

⑨ 氮气吹干仪。

⑩ 聚乙烯或聚丙烯具塞刻度试管：15mL。

⑪ 玻璃衍生瓶：4mL，瓶盖内衬聚四氟乙烯垫。

（4）测定步骤

① 试样制备

a. 大豆、小麦。将样品按四分法缩分出约 1kg，全部磨碎并通过 20 目筛，混匀，均分成两份试样，装入洁净的容器内，密封，标明标记，常温保存。

b. 甘蔗。去皮、切成小段，称取 500g，速冻后取出切成细末，混匀，均分成两份试样，装入洁净的容器内，密封，标明标记，0～4℃保存。

c. 柑橙类。去皮或核，取可食部分 500g，匀浆，均分成两份试样，装入洁净的容器内，密封，标明标记，0～4℃保存。

d. 水分测定。以上制备后的试样先按 GB/T 5009.3—2003 直接干燥法进行水分测定，并记录水分含量。

② 试样提取　称取 25g 试样（精确至 0.01g）于 150mL 或 250mL 聚乙烯或聚丙烯塑料离心瓶中，加水至含水量达到 125mL。混匀后浸泡 0.5h，高速均质 5min，于 3500r/min 离心 10min。取上清液 20mL 至 50mL 聚乙烯或聚丙烯离心管中（高蛋白质样品，如大豆，加入 100μL 盐酸，旋涡振荡 1min，于 3500r/min 离心 5min，取上清液 15mL 至另一 50mL 聚乙烯或聚丙烯离心管中），加入 15mL 二氯甲烷，旋涡振荡 2min，于 3500r/min 离心 5min（高脂肪样品再用二氯甲烷重复 1～2 次），取上清液 4.5mL 置于 15mL 聚乙烯塑料具塞刻度试管中，加入 0.5mL 酸度调节剂，混匀，待净化。

③ 净化 CAX 小柱经 10mL 水活化后，加入 1.0mL 提取液，用 0.7mL CAX 洗脱液淋洗两次，再用 13mL CAX 洗脱液洗脱并收集，洗脱液于 40℃ 旋转浓缩至约 1mL 后用 CAX 洗脱液定容至 2.0mL，待衍生。

④ 衍生化 取 1.6mL 衍生试剂于 4mL 衍生瓶中，加盖后放入 −40℃ 以下的低温冰箱中冷冻 0.5h 后取出，用移液枪在衍生剂液面下缓慢加入 50μL 净化提取液（混合标准工作溶液进行同步同体积衍生），加盖小心混匀后于 90℃ 衍生 1h（每 15min 小心振摇一次）。取出冷却至室温，用氮气吹干，并继续氮吹 0.5h，加 250μL 0.2% 柠檬醛乙酸乙酯溶液溶解残渣，混匀后供 GC-MS 分析。

⑤ 气相色谱-质谱测定

a. 气相色谱-质谱条件

（ⅰ）色谱柱：DB-5MS，30m×0.25mm（内径）×0.25μm（膜厚），或相当者。

（ⅱ）升温程序：80℃ 保持 1.5min，以 30℃/min 升至 260℃，保持 1min，再以 30℃/min 升至 300℃。

（ⅲ）载气：氦气，纯度 ≥99.999%，流速 1.0mL/min。

（ⅳ）进样口温度：200℃。

（ⅴ）进样方式：无分流进样，0.75min 后开阀。

（ⅵ）进样量：2μL。

（ⅶ）电离方式：EI，70eV。

（ⅷ）接口温度：270℃。

（ⅸ）离子源温度：250℃。

（ⅹ）溶剂延迟：3.5min。

（ⅺ）调谐方式：用 PFTBA 在 $m/z350\sim650$ 范围，对 $m/z414$、$m/z502$、$m/z614$ 进行手动调谐，使 1.0ng/mL 标准溶液的色谱信噪比 ≥10：1。

（ⅻ）测定方式：选择离子监测方式（SIM）。

（ⅹⅲ）监测离子：见表 7-1。

表 7-1 草甘膦和氨甲基膦酸的监测离子及其丰度比

名称	监测离子（m/z）	监测离子丰度比/%
草甘膦（PMG）	612（定量离子）、611、584、460	100：92：66：34
氨甲基膦酸（AMPA）	446（定量离子）、372、502	100：45：38

b. 气相色谱-质谱测定。根据样液中被测组分的含量，选定浓度相近的标准工作溶液，其响应值均应在仪器检测的线性范围内。对标准工作溶液与样液等体积参插进样测定，外标法定量。在上述色谱条件下，草甘膦和氨甲基膦酸标准品对应的衍生物选择离子色谱图见图 7-1。

定性测定，样液如果检出色谱峰的保留时间与标准溶液相一致，并且被测样品与标准品的质谱图相似，所选择的全部监测离子均出现；而且之间的丰度比也相一致，相似度在 ±20% 之内时，则可确证此待测物。在上述气相色谱-质谱条件下，氨甲基膦酸的保留时间约为 4.5min，草甘膦的保留时间约为 5.2min，质谱图参见图 7-2 和图 7-3。

⑥ 空白试验 除不加试样外，其余均按上述测定步骤进行。

⑦ 结果计算

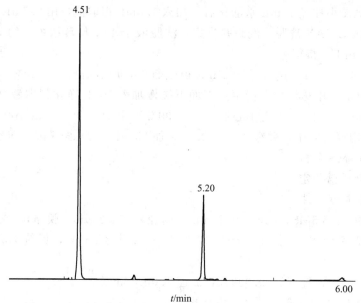

图 7-1　氨甲基膦酸、草甘膦标准品衍生物的选择离子色谱图

4.51min—氨甲基膦酸；5.20min—草甘膦

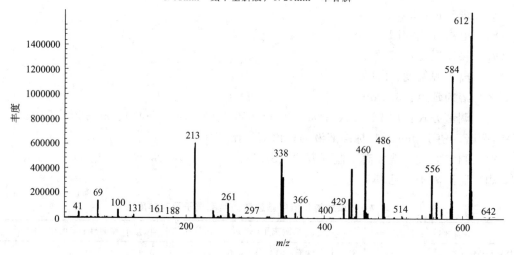

图 7-2　草甘膦标准品衍生物的全扫描质谱图

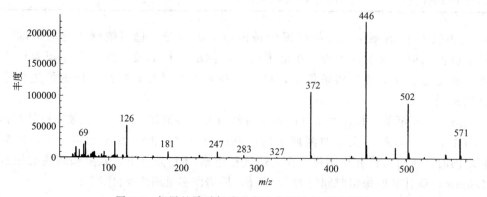

图 7-3　氨甲基膦酸标准品衍生物的全扫描质谱图

$$X_i = \frac{A_i c_s}{A_s c \times 1000}$$

式中　X_i——试样中草甘膦或氨甲基膦酸的残留含量（计算结果需扣除空白值），mg/kg；

　　　A_i——样液的选择离子色谱图中草甘膦或氨甲基膦酸的峰面积；

　　　c_s——标准工作溶液中草甘膦或氨甲基膦酸的浓度，ng/mL；

　　　A_s——标准工作溶液的选择离子色谱图中草甘膦或氨甲基膦酸的峰面积；

　　　c——最终样液中所代表样品的量，g/mL。

最终样液中所代表样品的量按下式计算：

$$c = \frac{m \times 4.5 V_1 V_2}{125 \times 5.0 V_3 V_4}$$

式中　m——样品的取样质量，g；

　　　V_1——提取液中取出进行 CAX 柱净化的溶液体积，mL；

　　　V_2——CAX 柱净化后取出进行衍生的溶液体积，mL；

　　　V_3——CAX 柱净化后的定容体积，mL；

　　　V_4——衍生化后最终的定容体积，mL。

测定结果以草甘膦和氨甲基膦酸之和表示，保留两位有效数字。

第二节　食品中药物（兽药）残留的测定

兽药残留是指给动物使用药物后蓄积和贮存在细胞、组织和器官内的药物原形、代谢产物和药物杂质。兽药残留包括兽药在生态环境中的残留和兽药在动物性食品中的残留。动物性食品是指肉（包括肝、肾等内脏）、蛋和乳及其制品的总称。随着经济的发展，动物性食品在人们食物总量中的比重越来越大，其卫生安全也备受关注。

残留毒理学意义较重的兽药，按其用途分类主要包括：抗生素类、化学合成抗生素类、抗寄生虫药、生长促进剂和杀虫剂。抗生素和化学合成抗生素统称抗微生物药物，是最主要的兽药添加剂和兽药残留，约占药物添加剂的 60%。

兽药残留超标的原因主要是不遵守休药期的规定、非法使用违禁药物、不合理用药等。休药期是指从停止给药到允许动物或其产品上市的间隔时间。据美国食品药品管理局（FDA）调查，未能正确遵守休药期是兽药残留超标的主要原因。非法使用违禁药物是指：受经济利益驱使，为使畜禽增重、增加瘦肉率而使用 β-兴奋剂如盐酸克伦特罗等，即"瘦肉精"；为促进畜禽生长的活动而使用性激素类同化激素；为减少畜禽的活动，达到增重的目的而使用安眠镇静类药物等。不合理用药是指滥用药物及兽药添加剂；一旦出现症状，在未确诊的情况下，重复、超量使用兽药，制剂无效就直接使用原料药；不管什么药，都作为药物添加剂而长期使用；随意改变兽药的给药途径和给药对象等。以上是兽药的主要来源和途径。

兽药（包括兽药添加剂）在畜牧业中的广泛使用，对降低牲畜发病率与死亡率、提高饲料利用率、促生长和改善产品品质方面起到十分显著的作用，已成为现代畜牧业不可缺少的物质基础。但是，由于科学知识的缺乏和经济利益的驱使，畜牧业中滥用兽药和超标使用兽药的现象普遍存在。其后果，一方面是导致动物性食品中兽药残留，摄入人体后影响人类的健康；另一方面，各种养殖场大量排泄物（包括粪便、尿等）向周围环境排放，兽药又成为环境污染物，给生态环境带来不利影响。兽药残留的危害体现在以下几方面：

1. 引起急性中毒

β_2-肾上腺素受体激动剂（β-兴奋剂），俗称"瘦肉精"，其中克伦特罗、马布特罗应用较多。β-兴奋剂在肝、肺和眼部组织中残留较高，浓度达到 $100\sim500ng/g$，人一次食用 $100\sim200g$ 这样的组织就可能出现中毒反应。在国内外已有多起食用含 β-兴奋剂残留的动物肝脏和肺组织发生中毒的报道，出现头痛、心动过速、狂躁不安、血压下降。如 1997 年发生在中国香港的数人吃了含有盐酸克伦特罗的猪肺而发生急性中毒的事件。中国一些运动员在运动会上尿检时呈阳性，被怀疑是服用了兴奋剂，追根寻源，是长期食用含有盐酸克伦特罗的猪肉的缘故。

2. 引起慢性中毒

兽药残留的浓度通常很低，发生急性中毒的可能性较小，但是长期食用常会引起慢性中毒和蓄积毒性。例如，氯霉素在组织中的残留浓度达到 $1mg/kg$ 以上，能导致严重的再生障碍性贫血，对食用者威胁很大。人体对氯霉素较动物更敏感，婴幼儿的代谢和排泄机能尚不完善，对氯霉素很敏感，会出现致命的"灰婴综合征"。据报道，已有儿童因服用 $1mg$ 氯霉素和老年妇女使用氯霉素眼膏后死亡。所以，氯霉素已禁止用于食品动物。

又如，四环素类药物能够与骨骼中的钙结合，抑制骨骼和牙齿的发育。大环内酯类的红霉素、庆大霉素和卡那霉素主要损害前庭和耳蜗神经，导致眩晕和听力减退。磺胺类药物能够破坏人体造血机能。长期借助有这些药物残留的动物性食品，可能有害健康，引起慢性中毒。

3. 引起致癌、致畸、致突变的"三致"作用

例如，苯丙咪唑类药物，本身是一种广谱抗寄生虫药物，通过抑制细胞活性，可杀灭蠕虫及虫卵。这类药物干扰细胞的有丝分裂，具有明显的致畸作用和潜在的致癌、致突变效应。又如，雌激素、砷制剂、喹恶啉类、硝基呋喃类和硝基咪唑类药物等都已证明有"三致"作用，许多国家都禁止用于食品动物，一般要求在食品中不得检出。再如，磺胺二甲嘧啶等一些磺胺类药物在连续给药中能够诱发啮齿动物甲状腺增生，并具有致肿瘤倾向。链霉素具有潜在的致畸作用。这些药物的残留超标，将严重影响人类的健康。

4. 变态反应

一些抗菌药物如青霉素、磺胺类、氨基糖苷类和四环素类能引起变态反应。青霉素药物使用广泛，其代谢和降解产物具有很强的致敏作用。喹诺酮类药物也可引起变态反应和光敏反应。轻度的变态反应仅引起荨麻疹、皮炎、发热等，严重的导致休克，甚至危及生命。

5. 对胃肠道微生物的影响

在正常情况下，人体的胃肠道存在大量菌群，且互相拮抗、制约而平衡。如果长期接触有抗微生物药物残留的动物性食品，部分敏感菌群受到抑制或杀死，耐药菌或条件性致病菌大量繁殖，微生物平衡遭到破坏，引起疾病的发生，损害人类健康。

近年来，兽药残留在国内外已经成为社会关注的公共卫生问题，与人类的健康息息相关。中国加入 WTO 后，国际贸易中的非贸易性技术堡垒现象，使中国畜禽产品的出口面临更加激烈的竞争环境。如不能很好地控制兽药残留，将直接影响畜禽产品的出口贸易。

由此可见，药物（兽药）残留的测定具有特殊重要的意义。食品中兽药残留主要分抗生素残留、硝基呋喃类药物残留、生长促进剂残留 3 种。

一、抗生素残留量的测定

1. 牛奶中抗生素残留量的测定

　　牛奶中抗生素残留的主要来源是在牛饲料中掺入饲料添加剂而引入的。牛奶中若含有抗生素，会发生过敏反应，还会影响奶制品的品质。其测定方法有：微生物检测法、理化检测法、免疫法等。

　　（1）微生物法　是基于抗生素对微生物的生理机能、代谢的抑制作用，进行测定的一类方法。包括 PD 法和 TTC 法。

　　① PD 法，即纸片法，是利用特定的菌种（枯草杆菌或嗜热脂肪杆菌）来检测牛奶中的 β-内酰胺类抗生素。其操作过程基本相同，将一吸满受检乳样的滤纸圆片放入一接种枯草杆菌的琼脂平皿上，并放入一含有标准抗生素的阳性对照圆片。将培养皿在 32℃ 下培养 17～24h，然后观察有无抑菌圈。若要判定结果是否为真阳性，则需将乳样在 82℃ 下加热 2～3min，冷却，再重复试验。该方法对奶样中青霉素残留的检测限可达 0.01IU/mL。而嗜热脂肪杆菌纸片检测法不但可用于检测奶样中 β-内酰胺类抗生素，并能暗示是否还存在其他抑菌物质，检测限可达 0.008IU/mL 以下。一般在 4h 内即可获得有关乳中是否还存在 β-内酰胺抗生素残留的结果。

　　② TTC 法，即氯化三苯基四氮唑法，是目前我国食品卫生标准中规定的检查牛乳中抗生素残留的检测方法（GB 5409—85）。如果牛乳中有抗生素存在，当乳中加入菌种（嗜热链球菌）经培养后，菌种不增殖，此时加入的 TTC 指示剂不发生还原反应，所以仍呈无色状态；如果没有抗生素存在，则加入菌种即行增殖，TTC 还原变成红色，使样品染成红色。

　　微生物检测法的测定时间长且结果误差较大。目前趋向灵敏、准确、简便、快速的微生物检测方法研究，如酶标抗体检测法等。

　　（2）理化检测法　该方法是利用抗生素分子中的基团所具有的特殊反应或性质来测定其含量的，如高效液相色谱法、气相色谱法、比色法、荧光分光光度法等。该法能进行定性、定量和药物鉴定，敏感性较高，但有的检测程序较复杂，有的检测费用较高。

　　① 高效液相色谱法。是目前应用最为广泛的一种理化检测方法。该法分离速度快、效率高且操作自动化。测定中先对样品进行提取、脱蛋白、离心、色谱柱净化、衍生化等处理过程，再进行残留药物的分离和检测。

　　样品的提取一般使用水和酸化有机溶剂，两者可以同时达到脱蛋白和萃取残留的目的。另外也可使用钨酸钠、硫酸和水从组织中提取青霉素并脱掉蛋白质。这种方法对牛奶中的青霉素效果非常好。样品经提取后要进行蛋白质沉淀。脱蛋白的常用有机溶剂有甲醇、乙腈和 2-丙醇；无机酸有硫酸和钨酸钠、酸化乙腈（pH 为 4.0～4.4）。也可使用超滤法等。

　　通常，得到的水提取液或有机提取液，需要对目标分析物进行净化与浓缩。常用的净化和浓缩方法有离子交换（IE）、固相萃取（SPE）和免疫亲和色谱法（IAC）等。

　　残留组分的分离方式包括正相、反相和离子交换等几种分离手段。近几年来常用反相色谱法，最常用的分析柱填料为 ODS-C$_{18}$。反相 HPLC 具有高效、短时，并在含水系统中完成分析等特点。某些含有立体异构体的药物，如氨苄青霉素、苯氧乙基青霉素以及羧苄青霉素等，也可用离子对反相（RP）HPLC 来改善其分离效果。但对强极性的青霉素类药物，如头孢三嗪，分离效果不甚理想。可在流动相中加入离子对试剂，以改善其分离的选择性。青霉素药物被分离后，最常用的检测方式为浓度型的紫外检测器和荧光检测器。

　　用高效液相色谱法（HPLC）检测牛奶中氯霉素的残留量，采用乙酸乙酯提取牛奶中残留的氯霉素，用正烷-氯仿（1∶1，体积比）溶解残渣，以乙腈-0.005mol/L 磷酸氢二铵（1∶82，体积比）作为流动相，用高效液相色谱仪紫外检测器在 278nm 检测。该法样品前处理简单、回收率高、实用性强、检疫灵敏度高、重视性好、检测数据准确可靠，可作为牛奶中氯霉素残留检测的确证方法。

目前，随着接口技术的显著改进，质谱作为一种质量流速型检测器，正广泛应用于残留分析的检测中。电化学检测器也已用于检测邻氯青霉素、头孢菌素和青霉素。

由于其固有的高灵敏度，荧光检测法在多数 LC 分析中要优于紫外检测法。

② 联用法。该法实现了高效色谱分离和检测联机，可用微电脑控制色谱条件、程序和数据处理，其特异性、灵敏度和重复性均好，并可一次同时完成同一样本中多种药物及其代谢物检测。对牛奶中青霉素类抗生素的分析，质谱作为一种专一检测器已获得广泛应用。其分析方式有直接探头分析法、直接液体导入法、GC-MS、LC-MS 联用法等。

利用热喷质谱技术鉴别牛奶中的青霉素 G，使用苯氧甲基青霉素作内标，牛奶样品用钨酸钠沉淀蛋白后，上层清液用 Bond Elut C$_{18}$ SPE 固相柱净化，用乙腈-0.0125mol/L 醋酸铵（60∶40）洗脱青霉素。洗脱液直接用 TSP-MS 测定。测定低限为 0.005mg/kg。也可使用连接紫外检测器的 LC-TSP-MS 确证牛奶中的青霉素 G。

随着电喷雾接口技术的成熟，LC-ESI-MS 技术已广泛用于测定牛奶中的青霉素类抗生素。由于采用选择离子检测方式，故不仅提高了该测定方法的灵敏度，同时也使得方法的选择性得到很大改善。目前，使用电喷雾离子化串联离子阱质谱技术可以测定牛奶中低至 5μg/L（苄青霉素）与 10μg/L（头孢噻呋、头孢匹林、头孢唑啉、氨苄青霉素、羟氯青霉素和邻氯青霉素）水平的 7 种青霉素类抗生素残留。

③ 其他理化检测方法。除以上方法外，测定牛奶中的抗生素残留还可以采用气相色谱法、高效薄层色谱法、超临界流体色谱法、毛细管区域电泳法等。这些方法各有各的特性，如气相色谱法中可以使用多种高灵敏、高选择性、通用性强的检测器；高效薄层色谱法简便、快速、样品容量大、分辨率高（几乎可与高效液相色谱法相当）；超临界流体色谱法可以弥补气相色谱和液相色谱的不足，方便地连接各种检测器；毛细管电泳法具有高速、高分辨、灵活、高效等优点。以上这些方法尽管在残留检测上并不常用，但能弥补各种常用方法的不足。

（3）免疫法　抗生素残留监测中的免疫测定法只能作为筛选方法，其定量效果还有待进一步研究。目前药物残留免疫分析技术主要分为两大类：一为相对独立的分析方法，即免疫测定法，如 RIA、ELISA、固相免疫传感器等；二是将免疫分析技术与常规理化分析技术联用，如利用免疫分析的高选择性作为理化测定技术中的净化手段，典型的方式为免疫亲和色谱。

牛奶中氯霉素的免疫亲和色谱（IAC）净化法是将样品经离心、过滤和稀释（固体样品首先用水提取）后，用 IAC 柱净化，HPLC-UVD 测定，回收率 70%～99%。牛奶样品的检测限最低可达 20ng/L。在线亲和色谱-HPLC-UVD 测定法，能直接分析液体样品或提取液。

荧光免疫法可测定牛奶中的 6 种 β-内酰胺类抗生素。检测分析系统组成为：一个内含 4 个毛细管的测定管、一个带有 4 个用来干燥试剂的凹面试剂盘和一个毛细管反应器。反应在毛细管反应器内进行，并通过毛细管反应器识别荧光显示结果，然后输出测定结果。牛奶中 β-内酰胺类抗生素的最低检测限为：青霉素 G 3.2μg/kg，氨苄青霉素 2.9μg/kg，羟氨苄青霉素 3.6μg/kg，邻氯青霉素 7.4μg/kg，头孢匹林 16.3μg/kg，头孢噻呋 33.7μg/kg。

综上所述，鉴于牛奶中抗生素残留是涉及人类健康的公共卫生问题，应重视和加强检测工作，并且努力研究一些简便、快速、敏感、准确的检测方法，保证消费者的健康。

2. 动物组织中抗生素残留量的测定——高效液相色谱法

本法采用 EDTA＋磷酸（1＋1）-三氯乙酸提取，应用 C_{18} 固相柱富集、净化，以取得较好的分离效果。然后以保留时间定性，以峰面积定量。具体操作方法如下：

（1）样品的提取

① 四环素、土霉素的提取。称取 10.0g 样品于 100mL 比色管中，加入 0.01mol/L EDTA二钠-0.04mol/L 磷酸（1∶1）混合液 30mL，摇匀，再加入 50％三氯乙酸 2mL，摇匀，用 EDTA-磷酸混合液定容至 50mL，样品液全部转移至匀浆瓶中，用组织匀浆机高速匀浆 1min，匀浆液于 45℃以下水浴保温 15min，待静置分层后，离心 10min（2500r/min），上层清液过滤，收集滤液 25mL 备用。用 2mL 甲醇润湿 Sep-Pak C_{18} 柱，再用 10mL 蒸馏水置换，然后依次用 5％ EDTA 二钠水溶液 5mL、10mL 蒸馏水流过。将滤液通过 Sep-Pak C_{18} 柱（保持 70～100 滴/min 的流速），分 4 次用 10mL 蒸馏水冲洗，加 10mL 甲醇溶出，溶出液用于高效液相色谱分析。

② 氯霉素的提取。称取 10.0g 样品于 100mL 比色管中，加入磷酸盐缓冲液（pH＝6.0）30mL，摇匀，慢慢加入 50％三氯乙酸溶液（边加边摇，避免局部过酸），用磷酸盐缓冲溶液定容至 50mL，样品液全部转移至匀浆瓶，用组织匀浆机高速匀浆 1min，室温下放置 15min，过滤，收集滤液，经 0.45μm 滤膜再过滤，取滤液进行高效液相色谱分析。

（2）测定　分别进样品液和标准液于高效液相色谱仪，比较其峰面积，利用外标法定量。

高效液相色谱参考条件如下：

色谱柱：Nucleosil C_{18}。

流动相：0.01mol/L 磷酸氢二钠（pH＝2.5，含 0.001mol/L EDTA 二钠）＋乙腈（75＋25）；0.05mol/L 磷酸二氢钠（pH＝2.5）＋乙腈（65＋35）。

流速：0.5mL/min。

测定波长：265nm。

（3）结果计算

$$X = \frac{A_1 c V}{A_2 m}$$

式中　X——样品中抗生素的含量，mg/kg；

　　　A_1——样品的峰面积；

　　　A_2——四环素、土霉素、氯霉素标准品峰面积；

　　　c——四环素、土霉素、氯霉素标准溶液的浓度，μg/L；

　　　V——样品溶液稀释体积，L；

　　　m——样品质量，g。

3. 畜禽肉中抗生素残留量的测定

利用高效液相色谱法分析禽肉中抗生素（土霉素、四环素、金霉素）残留，是将样品经提取、微孔滤膜过滤后直接进样，用反相色谱分离，紫外检测器检测，再与标准比较定量的一种方法。

（1）操作

① 工作曲线的绘制。分别称取 7 份切碎的肉样，每份 5.00g（±0.01g），置于 50mL 锥

形烧瓶中，分别加入混合标准溶液 $0\mu L$、$25\mu L$、$50\mu L$、$100\mu L$、$150\mu L$、$200\mu L$、$250\mu L$（含土霉素、四环素各为 $0.0\mu g$、$2.5\mu g$、$5.0\mu g$、$10.0\mu g$、$15.0\mu g$、$20.0\mu g$、$25.0\mu g$，含金霉素 $0.0\mu g$、$5.0\mu g$、$10.0\mu g$、$20.0\mu g$、$30.0\mu g$、$40.0\mu g$、$50.0\mu g$）。加入高氯酸（1＋20）$25.0mL$，于振荡器上振荡提取 10min，移入离心管中，以 2000r/min 离心 3min，取上层清液经 $0.45\mu m$ 滤膜过滤，取 $10\mu L$ 滤液进样，记录峰高。以峰高为纵坐标、抗生素含量为横坐标，绘制工作曲线。

② 样品的测定。称取 5.00g（±0.01g）切碎的肉样（小于 5mm）于 50mL 锥形瓶中，加入高氯酸（1＋20）$25.0mL$，以下按照绘制工作曲线的方法操作，记录峰高。

③ 从工作曲线上查得抗生素含量。

（2）结果计算

$$X = \frac{m'}{m}$$

式中　X——样品中抗生素的含量，mg/kg；

　　　m'——样品溶液测得抗生素的质量，μg；

　　　m——样品质量，g。

二、其他药物残留量的测定

1. 磺胺类药物残留量的测定——高效液相色谱法

本法用于检测可食性动物组织中七种常见的磺胺类药物残留。可食性组织样品经乙腈提取，正己烷分配，再经碱性氧化铝 SPE 柱净化，用反相高效液相色谱-紫外检测器在 270nm 检测。检测下限为 0.05mg/kg，样品处理过程简单，快速，灵敏，易于掌握。具体操作方法如下：

（1）操作

① 提取。准确称取 5.00g 组织样品匀浆物，置于 50mL 聚丙烯离心管中，加无水硫酸钠 4.0g 和乙腈 25mL，匀浆后，以 3000r/min 的速度离心 5min。分离后的残渣再加入 25mL 乙腈，振荡 10min 后，以 3000r/min 的速度离心 5min。合并两次得到的上层清液，加入 30mL 正己烷，振荡 10min 后，以 3000r/min 的速度离心 5min。取下层液体置于鸡心瓶中，加入 10mL 正丙醇，混合后于 50℃下减压干燥，用 3mL 乙腈-水（95：5，体积比）溶解残留物。

② 净化。上述样品通过碱性氧化铝 SPE 柱，不收集，用 5mL 乙腈-水（95：5，体积比）洗涤鸡心瓶，经过 SPE 柱，吹去柱内滞留的液体。用 10mL 乙腈-水（70：30，体积比）洗脱后，洗脱液中加入 5mL 正丙醇，在 50℃下减压干燥后，残留物用 2.0mL 流动相溶解，以备高效液相色谱仪进行检测。

③ 样品测定。分别取适量的标准溶液和试样溶液，做单点或多点校准，以色谱峰面积定量。标准溶液和试样溶液中磺胺类药物的响应值均应在仪器检测的线性范围之内，以便准确定量。

高效液相色谱检测条件如下：

色谱柱　　　　C_{18} 柱，250mm×4.6mm（内径）

流动相　　　　乙腈-甲醇-水-乙酸（2：2：9：0.2）

流速　　　　　1.0mL/min

检测波长　　　270nm

进样量　　　　20mL

④ 空白实验。除不加试样外，均按上述测定步骤进行。

（2）结果计算　按下式计算试样中 SAs 类药物残留量：

$$X = \frac{cV}{m}$$

式中　X ——试样中 SAs 残留量，mg/g；

　　　c ——试样液中对应的 SAs 浓度，mg/mL；

　　　V ——试样总体积，mL；

　　　m ——组织样品质量，g。

2. 硝基呋喃类药物残留量的测定

硝基呋喃类药物主要包括呋喃唑酮、呋喃他酮、呋喃苯烯酸钠及制剂等几种。下面简要介绍鸡肉组织中和鱼肉中呋喃唑酮残留量的高效液相色谱测定方法。

该法是将被测样品加 C_{18} 混匀后装柱，用正己烷冲洗，真空抽干后，用乙酸乙酯洗脱，洗脱液减压浓缩至干后的残渣用流动相溶解，过氧化铝柱后供高效液相色谱仪（配紫外检测器）检测。本方法在动物可食性组织中的检测限为 $0.01\mu g/g$。

（1）操作

① 提取和纯化。称取组织 2g，加 C_{18} 约 3g，置玻璃研钵中，用研杵混匀，混匀时应保持轻微压力沿同一方面划圆，直至组织与 C_{18} 成一均匀物质。将其装入玻璃色谱柱中，色谱柱置于抽气瓶上，用 20mL 正己烷冲洗色谱柱，洗液弃去，用真空泵抽气至干，再用 30mL 乙酸乙酯洗脱（用真空泵抽气，使流速约为 2mL/min）。收集洗脱液置 50mL 蒸馏瓶中，用旋转蒸发器减压浓缩至干，温度在 55～60℃。残渣加流动相 0.5～1.0mL 涡流振荡溶解，过氧化铝小柱，所制样液供反相高效液相色谱仪测定。

② 测定。取 $20\mu L$ 注入高效液相色谱仪，色谱条件如下：

色谱柱　　　　RP-C_{18}柱,300mm×3.9mm(内径)

流动相　　　　乙腈-磷酸溶液(2∶8)

流动相流速　　0.7mL/min

检测波长　　　367nm

（2）结果计算

$$X = \frac{Ac_s}{A_s c}$$

式中　X ——试样中呋喃唑酮残留量，$\mu g/g$；

　　　A ——试样液中呋喃唑酮的峰面积，mm^2；

　　　A_s ——标准工作液中呋喃唑酮的峰面积，mm^2；

　　　c_s ——标准工作液中呋喃唑酮的浓度，$\mu g/mL$；

　　　c ——最终试样液所代表的试样的浓度，g/mL。

3. 苯并咪唑类药物残留量的测定

苯并咪唑类药物是兽医临床上广泛应用的一类广谱抗蠕虫药，主要持久残留于动物肝脏内及其他机体组织器官，食用有其残留的动物性食品，将对消费者形成潜在的致畸作用和致突变作用。

苯并咪唑类药物残留的测定常采用高效液相色谱等方法。例如：牛肉中苯并咪唑类药物残留的测定方法如下：

（1）测定原理　将样品用碳酸钠碱化，再用乙酸乙酯抽提、溶剂分配和微型硅胶柱净化，浓缩后，溶于甲醇-磷酸铵缓冲溶液中。用反相高效液相色谱分离，紫外检测器检测，与标准比较定量，求出样品中的苯并咪唑药物残留。这些残留物包括噻苯达唑（TBZ）及其代谢物 5-羟基噻苯达唑（5-OH-TBZ）、奥芬达唑（OFZ）、甲苯咪唑（MBZ）及芬苯达唑（FBZ）。

（2）试剂

① 标准溶液。称取各药物标准品 10mg，分别溶于 10mL 二甲基亚砜（FBZ，MBZ，OFZ）或 10mL 甲醇（FBZ，5-OH-TBZ）中，制得单个的 1mg/mL 的标准贮备液。再取 1mL 贮备液用 100mL 甲醇稀释，制得 10μg/mL 的 FBZ、OFZ 和 MBZ、5-OH-TBZ、TBZ 标准溶液。再将 10μg/mL 的各标准溶液用甲醇稀释成 1μg/mL 的各种标准溶液。

② 混合标准溶液。吸取 10μg/mL 的 FBZ、OFZ、MBZ、5-OH-TBZ、TBZ 标准溶液各 10mL，用甲醇稀释至 100mL，制得含 FBZ、OFZ、MBZ、5-OH-TBZ 和 TBZ 各 1μg/mL 的混合标准溶液。

（3）色谱条件

检测器	UV 检测器，0.02AFUS
色谱柱	C_{18}，5μm，25cm×0.46cm（内径）
保护柱	C_{18}，5μm，3cm×0.46cm（内径）
流动相	甲醇-磷酸铵缓冲液
流速	1mL/min

（4）操作方法

① 提取。称取 10g 有代表性的肌肉样品，放入 250mL 离心瓶中，加 5mL 1.0mol/L 碳酸钠和 150mL 乙酸乙酯，高速匀浆 5min，再加 80g 无水硫酸钠，低速匀浆 1min。将离心瓶于 2500r/min 离心 1min，用滤纸将乙酸乙酯层滤入旋转蒸发瓶中。用 150mL 丙酮洗涤并入离心瓶中，低速匀浆提取 2～3min。将丙酮提取液再通过滤纸滤入旋转蒸发瓶中，再用 10mL 无水乙醇润湿滤纸，将全部提取液旋转浓缩至近干。

② 溶剂分配净化。加 10mL 己烷到样品瓶中溶解残渣，将其转移到 125mL 分液漏斗中，用 10mL 己烷清洗样品瓶，洗液并入分液漏斗中，然后用 10mL 1.0mol/L 磷酸溶液润洗样品瓶两次，洗液全部并入分液漏斗中。盖上分液漏斗，剧烈振摇提取 2min，静置 10min，分层，将下层磷酸相转入第二个 125mL 分液漏斗中。再用 10mL 1.0mol/L 磷酸溶液提取己烷层两次，磷酸相全部并入第二个 125mL 分液漏斗中。加 10mL 己烷到磷酸提取液中，振摇洗涤 30s。将磷酸提取液放入 100mL 的烧杯中。用约 9mL 1.0mol/L 氢氧化钾溶液小心地调节 pH 到 8.5，进行中和时，应将烧杯置于冰或冷水浴中。将烧杯中的溶液转入 250mL 分液漏斗中，用总量为 50mL 的乙酸乙酯分次洗涤烧杯，洗液全部转入分液漏斗中，剧烈振摇 2min，静置分层，将水层放入 100mL 烧杯中，乙酸乙酯层通过约 40g 无水硫酸钠滤入 250mL 旋转蒸发瓶中。再将 100mL 烧杯中的水相倒入分液漏斗中，用 50mL 乙酸乙酯提取一次，分层，弃去下层水相，将乙酸乙酯层通过无水硫酸钠并入 250mL 旋转蒸发瓶中，用 25mL 乙酸乙酯洗涤无水硫酸钠，洗液并入旋转蒸发瓶。置旋转蒸发器上将提取液挥发至近干。

③ 硅胶柱净化。加 3mL 三氯甲烷溶解旋转蒸发瓶中的残渣。用 2mL 三氯甲烷预洗硅胶柱。将样品三氯甲烷溶液加到硅胶柱上，用 3mL 三氯甲烷洗涤蒸发瓶两次，洗液并入硅胶柱中，加 5mL 三氯甲烷洗涤硅胶柱，弃去洗涤液。用 5mL 25%甲醇-三氯甲烷洗脱苯并咪唑残留物，收集洗脱液于试管。通氮气将洗脱液挥发至干，残渣溶解于 1.0mL 流动相中。置快速混匀器上将残渣完全溶解，溶液通过 0.2μm 过滤器过滤，供高效液相

色谱进样。

④ 高效液相色谱测定。吸取标准溶液和上述样品处理液各 $50\mu L$ 注入色谱仪中。FBZ 用甲醇-磷酸铵缓冲溶液（70∶30）作流动相，TBZ、OFZ 和 MBZ 用甲醇-磷酸铵缓冲溶液（53∶47）作流动相，5-OH-TBZ 用甲醇-磷酸铵缓冲溶液（40∶60）作流动相。FBZ、OFZ、TBZ 及 MBZ 在波长为 298nm，5-OH-TBZ 在波长为 318nm 进行测定。测量样品保留时间及峰高，与标准对照进行定性、定量分析。

（5）结果计算

$$残留量(\mu g/mL)=100\times HPLC\ 样液中苯并咪唑的含量(\mu g/mL)$$

 阅读材料

兽药残留的现状与危害

　　前些年，中国畜禽产品开始进入国际市场，但由于药残超标而被某些国家退货、销毁，甚至中断贸易往来。1990 年出口日本的 1 万吨肉鸡，由于检测出抗球虫药氯羟吡啶的残留量超标，要求中国政府销毁所有产品，给中国造成巨大经济损失。同年，出口到德国的蜂蜜由于农药"杀虫脒"残留超标而被退货，接着欧共体、美国、日本也相继拒绝进口中国蜂蜜，使中国蜂蜜在世界市场上的销售发生严重困难。1998 年 4 月，从内地出口到香港地区的生猪，其内脏食后导致 17 人中毒。其原因是内脏中含有违禁药"盐酸克伦特罗"。此外，中国出口的畜禽产品还多次出现含安眠酮类、雌性激素、抗生素等药物残留超标而被取消出口的事件。去年以来，"瘦肉精"（盐酸克伦特罗）中毒事件时有发生，也引起了国人的普遍担心。

　　随着人们对动物性食品需求量的增加，动物性食品中的兽药残留也越来越成为全社会共同关注的公共卫生问题。兽药残留不但影响着人们的身体健康，而且不利于养殖业的健康发展和走向国际市场。必须在畜牧生产实践中规范用药，同时建立起一套药物残留监控体系，制订违规的相应处罚手段，才能真正有效地控制药物残留的发生。

　　值得欣慰的是，虽然中国兽药残留的研究工作起步较晚，但有关部门已开始重视动物性食品中的兽药残留问题，制订了各种监控兽药残留的法规，修订了《动物性食品中兽药残留最高限量标准》，并开始建立全国范围的兽药残留监控体系。

 思考题

1. 气相色谱法测定食品中有机氯和有机磷农药的原理分别是什么？二者有何不同？

2. 氨基甲酸酯类农药有几种类型？利用色谱法测定呋喃丹和甲萘威残留量的原理各是什么？

3. 拟除虫菊酯类农药残留的测定原理和步骤是什么？

4. 食品中兽药残留超标的主要原因是什么？非法使用违禁药物包括哪些形式？兽药残留的危害有哪些？

5. 牛奶中抗生素残留的测定方法有几种？

6. 高效液相色谱法测定食品中抗生素残留的步骤是什么？

7. 磺胺类药物残留的测定步骤是什么？

第八章

食品中毒素（天然毒素）和激素的测定

🔖 学习指南

本章介绍了食品中几种常见天然毒素和激素的测定方法。通过本章学习，应达到如下要求：

（1） 了解食品中几种常见毒素、激素的种类和危害；

（2） 掌握食品中几种常见毒素、激素的测定原理和具体测定方法。

其中河豚毒素、贝类毒素、生物碱的测定是本章重点内容，在学习时应予以重视。

食品中的天然毒素主要是指某些动、植物中所含有的有毒天然成分，如河豚中含有河豚毒素；苦杏仁中存在氰化物；毒蕈中含有毒肽或毒蝇碱等。有些动植物食品是由于贮存不当而形成某些有毒物质，例如马铃薯发芽后可产生龙葵素。此外，由于某些特殊原因而引入的有毒物质，例如蜂蜜本身并无毒性，但蜜源植物含有毒素会酿成有毒蜂蜜，食用后也可引起中毒。

天然毒素可存在于动物性食品或植物性食品中。

1. 动物性食品毒素

动物性食品有毒者多为海产品，主要包括以下两类：

（1）鱼类的内源性毒素　这主要是指河豚毒素，由于该毒素在结构上含有氨基和伯醇基，容易与体内酶作用。另外，由于氮原子的共用电子对产生的氢键作用，使其严重干扰体内代谢而引起中毒。主要体现在麻痹神经末梢和神经中枢，最后由于呼吸和血管神经中枢麻痹而造成死亡。除河豚外，其他鱼类有些也会引起中毒，一般症状为恶心、呕吐、腹泻、呼吸困难甚至昏迷等，这些生物毒素来源不详。

（2）贝类毒素　此类主要是指麻痹性贝类毒素，它存在于贝类的食物——双鞭甲藻中，是一种神经毒素。主要症状是食用后迅速发生口、舌、唇、指尖麻木，然后延及双臂、大腿、颈项，最后导致全身肌肉失调而死亡。

2. 植物性食品毒素

植物性食物中的毒素种类较多，主要包括以下几种：

（1）有毒植物蛋白、氨基酸

① 凝聚素。存在于豆类及一些豆状种子（如蓖麻）中的一种能使红细胞凝聚的蛋白质。中毒症状主要有恶心、呕吐，严重者甚至会死亡。属于这一类的主要有大豆凝聚素、菜豆属豆类凝聚素、蓖麻毒蛋白三类。

② 蛋白酶抑制剂。存在于豆类、谷物及马铃薯等植物性食品中的一种毒蛋白，其中比较重要的有胰蛋白酶抑制剂和淀粉酶抑制剂两种。前者会引起蛋白质消化率下降，且胰腺肿大；后者造成淀粉的消化不良。

③ 毒肽。一般存在于蕈类中，主要包括鹅膏菌毒素和鬼笔菌毒素两类。前者的毒性较大，一个重50g的毒蕈所含毒素足以使一个成年人死亡。

④ 有毒氨基酸及其衍生物。主要有山黎豆毒素原、β-氰基丙氨酸、刀豆氨酸三类。此类一般都是神经毒素，中毒症状是肌肉无力、腿脚长时间的麻痹，甚至死亡。

（2）毒苷 主要有三类：氰苷类、致甲状腺肿素和皂苷。氰苷存在于某些豆类、核果和仁果的种仁中。在酸或酶的作用下可水解成氢氰酸，被有机体吸收时，氰离子与细胞色素氧化酶的铁结合，从而破坏细胞色素氧化酶递送氧的作用，最终造成不能正常呼吸，甚至窒息；致甲状腺肿素在血碘低时会妨碍甲状腺对碘的吸入，从而抑制甲状腺素的合成，造成甲状腺代谢性肿大。皂苷破坏红细胞的溶血作用，对冷血动物毒性较大，而对人、畜多数没有毒性。

（3）生物碱 主要是指存在于植物中的含氮碱性化合物。大多数都有毒性。包括以下几种：毒蝇伞菌碱、裸盖菇素剂及脱磷酸裸盖菇、蟾蜍碱、马鞍菌碱、秋水仙碱等。主要症状为恶心、呕吐、上腹不适、腹痛、腹泻、头昏等。

第一节 食品中毒素（天然毒素）的测定

一、动物类食品中（天然）毒素的测定

1. 组胺的测定

动物类食品（例如鱼肉）中组胺的测定是利用其与重氮试剂反应生成红色化合物的现象予以鉴定的。

重氮试剂一般称取0.1g对硝基苯胺，置于100mL 0.1mol/L HCl溶液中。取5mL移至冰箱中冷却，加入5%亚硝酸钠溶液0.1mL，混合，冷却。

具体测定方法如下：取已去皮、去骨、去内脏的鱼肉样品，置于烧杯中，加入相当于取样量约9倍的水，用玻璃棒将鱼肉打碎，再加入等量的5%三氯乙酸溶液，搅拌均匀，过滤。取滤液2mL，滴加0.5% NaOH溶液中和，加入1mL 4% Na_2CO_3溶液，移入冰箱中冷却5min，加入1mL重氮化试剂，静置5min后，加入乙酸乙酯10mL，振摇30s，静置。如乙酸乙酯层呈现红色，则表示鱼肉中有组胺存在。

2. 河豚毒素的测定

河豚中河豚毒素的测定方法有：生物试验法和呈色反应法，现分别介绍如下：

（1）生物试验法 取怀疑含有河豚毒素的样品置于烧杯中，加入适量甲醇，再加入1%乙酸溶液至呈微酸性，在水浴中回流浸出20min，取下，离心分离后收集上层清液。重复回流提取一次，收集离心后的上层清液，移入蒸发皿中，在水浴上蒸发至呈糖浆状，用乙醚分数次洗涤去除脂肪后，加少量水溶解浆状物，过滤。取滤液0.5mL，注入小白鼠腹腔内，观察15～30min。小白鼠最初出现不安，突然旋动，继之走路蹒跚，呼吸急促，最后突然跳

起，翻身，四肢痉挛而死。

（2）呈色反应法 取怀疑含有河豚毒素的样品置于烧杯中，加入适量甲醇，再加入1％乙酸溶液至呈微酸性，于水浴中回流浸出20min，取下，离心分离后收集上层清液。重复回流提取一次，收集离心后的上层清液，移入蒸发皿中，在水浴上蒸发至呈糖浆状，用乙醚分数次洗涤去除脂肪。将所提取浆状物溶于浓硫酸后，再加少量重铬酸钾后呈现绿色，说明样品中有河豚毒素存在。

3. 贝类毒素的测定

（1）样品的制备 生鲜带壳样品，用刀切开闭壳肌开壳取出贝肉。不得以加热及加药物的方法开壳。注意不要破坏闭壳肌以外的组织，尤其是中肠腺（又称消化盲囊，组织呈暗绿色或褐绿色）。将去壳贝肉放在孔径约2mm的金属网上，控水5min，制备样品。

冷冻的带壳样品，使其在室温下呈半冷冻状态后，以前述方法开壳取肉，这时的贝肉仍呈冷冻状态。经除去贝肉外部附着的冰片，轻轻抹去水分后，制备样品。

事先已去除水分的冷冻去壳贝肉，可直接制备。

扇贝、贻贝、牡蛎等可以切取中肠腺的去壳贝肉，称200g贝肉后，仔细切取全部中肠腺，将中肠腺称重后细切混合作为检样。同时，注意不要使中肠腺内容物污染案板。

对不便切取中肠腺的去壳贝肉样品，可将全部贝肉细切、混合、作为检样。

（2）提取 将检样置于均质杯内，加3倍量丙酮，均质2min以上。如为小均质杯，可分两次操作。再用布氏漏斗抽滤并收集提取液。对残渣以检样两倍量丙酮再抽滤两次，合并抽滤液。

（3）浓缩 将抽提液移入旋转蒸发瓶内，减压浓缩，去除丙酮直至在液体表面分离出油状物。将浓缩物移入分液漏斗内，以100～200mL乙醚和少量的水洗下粘壁部分，以不生成乳浊液的程度轻轻振荡，静置分层后除去水层。再用相当乙醚量一半的蒸馏水，洗醚层两次，再将醚层移入300～500mL的茄形瓶中，减压浓缩去除乙醚。以少量乙醚将浓缩物移入50mL或100mL茄形瓶中，再次减压浓缩去除乙醚。

（4）稀释 以1％吐温-60生理盐水将全部浓缩物在刻度试管中稀释到10mL。此时1mL液量相当于预先测定的20g去壳贝肉的质量，以此悬浮液作为试验溶液。

如必要时，对试验溶液可作进一步稀释，稀释前，应先以振荡器使试液成均一悬浮液，再取其部分以1％吐温-60生理盐水稀释成4倍或16倍的试液。

（5）小白鼠试验 以振荡器使试液或其稀释液成为均一的悬浮液。分别将1mL试液注射到三只体重16～20g的健康ICR系雄性小白鼠腹腔中。按上述方法，注射1％吐温-60生理盐水，作为阴性对照。观察自注射开始到24h后的小白鼠存活情况，求出一组3只中死亡2只以上的最小注射量。

（6）结果计算

① 毒力的计算。使体重16～20g的小白鼠在24h死亡的毒力为1个小白鼠单位（MU），实际小白鼠单位的计算，从一组3只中2只以上在24h内死亡的最小注射量及最大稀释倍数进行计算。

② 注射量与毒力的关系（见表8-1）。

注意事项：

① 为避免毒素的危害，应戴手套进行检验操作。移液管等用过的器材应在5％的次氯酸钠溶液中浸泡1h以上，以使毒素分解。同样，废弃的提取液等也应以上述溶液处理。

表 8-1 注射量与毒力的关系

试 验 液	注射量/mL	检样量/g	毒力/(MU/g)
原液	1.0	20	0.05
原液	0.5	10	0.1
4 倍稀释液	1.0	5	0.2
4 倍稀释液	0.5	2.5	0.4
16 倍稀释液	1.0	1.25	0.8
16 倍稀释液	0.5	0.625	1.6

② 小白鼠注射腹泻性贝毒后的症状为运动不活泼，大多呼吸异常，致死时间长（也有 24h 以上的）。

二、植物类食品中（天然）毒素的测定

（一）硫代葡萄糖苷的测定——氯化钯分光光度法

硫代葡萄糖苷一般存在于油菜子（饼）中，氯化钯分光光度法是测定油菜子（饼）中硫代葡萄糖苷的一种简便、快速的方法。

（1）方法原理 硫代葡萄糖苷在酸性条件下与氯化钯生成有色复合体沉淀。当加入一定量的分散剂——羧甲基纤维素钠溶液时，沉淀消失，溶液变为清亮，适宜比色测定。在 540nm 处测定其吸光度可定量。

（2）仪器、设备 分析天平（感量 0.0001g）；721 型分光光度计；粉碎机；水浴锅；10mL 具塞刻度试管；刻度吸管（1mL、2mL）。

（3）试剂

① 氯化钯显色溶液。称取 177mg 氯化钯置于 200mL 烧杯中，加入 2mol/L 盐酸溶液 2mL 和蒸馏水 20mL，加热溶解后以蒸馏水稀释至 250mL。

② 羧甲基纤维素钠溶液：0.1%。1g 羧甲基纤维素钠于少量水中，加热至完全溶解后，以蒸馏水稀释至 1L，放置过夜后取清液备用。

（4）测定

① 样品中硫苷的提取。准确称取经粉碎的油菜子或菜饼 100mg 置于 10mL 试管中，在沸水浴中蒸 10min，加入约 90℃的热蒸馏水 8～10mL，再置于沸水浴中 20min 以上，取出静置冷却后，用蒸馏水稀释至刻度，混匀。

② 测定。取上层清液（样液如果混浊需过滤或离心）0.5mL 于 10mL 有塞试管中，加 0.1% 羧甲基纤维素钠溶液 2mL，充分摇匀，再加 1mL 氯化钯显色溶液，盖上玻璃塞，充分摇匀，并放置 1h。在 540nm 下，以 1cm 比色皿（试剂空白溶液为参比）测定有色配合物的吸光度，与标准曲线对照，求出硫苷的含量。

③ 标准曲线的绘制。称取 100mg 含量分别为 0.10%、0.50%、1.0%、1.5%、1.8% 含硫苷的油菜子（预先粉碎），装入 10mL 试管中（以下步骤同上），将测得各管的吸光度值与对应的硫苷含量作出一条标准曲线。

（二）氰苷的测定

氰化物是一类剧毒物，种类很多，常见的有氰化氢、氰化钠、氰化钾、氯化氰、氰化钙以及溴化氰等无机类和乙腈、丙腈、丙烯腈、正丁腈等有机类。含氰化物的食物如苦杏仁、木薯、枇杷仁、桃仁和樱桃仁等都含有氰苷。氰苷易水解而产生羟腈，后者很不稳定，可迅速分解为醛和氢氰酸。误食过量含氰苷的果仁，或长时间处在生产氰化物的环境中，均可引起中毒。也有自杀或谋杀所引起的中毒。氰化物的中毒机理是氰化物可通过消化道、呼吸道

及皮肤进入人体内,迅速与氧化型细胞色素氧化酸的三价铁结合,抑制了细胞色素氧化酶的活性,导致组织细胞生物氧化受阻,产生"细胞内窒息",从而使中枢神经系统及全身各脏器组织缺氧。吸入高浓度氰化氢或吞服大量氰化物者,可在 2～3min 内呼吸停止,呈"电击样"死亡。

食品中氰化物的快速检测方法如下:

(1) 方法原理　氰离子与对硝基苯甲醛能够缩合为苯偶姻。在碱性条件下,苯偶姻使邻二硝基苯还原,产生典型的紫色反应。

(2) 试剂

① 对-邻试纸:取 1.5g 对硝基苯甲醛和 1.7g 邻二硝基苯溶于 100mL 95％乙醇中,用普通定性滤纸浸泡 5min 后取出晾干,剪成条备用。

② 醋酸铅棉花:用 10％醋酸铅溶液将脱脂棉浸透后,压除多余水分,100℃以下干燥备用。

③ 碳酸钠饱和溶液:取无水碳酸钠试剂少许,用少量水溶解成饱和状态,临用时配制。

④ 酒石酸固体试剂。

(3) 测定　在检氰玻璃管下方松软地塞入醋酸铅棉花。实验中,如果醋酸铅棉花变为黑色,说明样品中含有硫化物,应重新试验加大醋酸铅棉花的放入量,排除硫化氢的干扰。本方法的灵敏度高,在 10g 样品中。对-邻试纸对氰化物的检出限为 0.02mg,相当于 2mg/kg。氰化物的含量越高,试纸显色的时间越快,颜色越深,色泽保留的时间也越长。

(三) 生物碱的测定

样品中的生物碱,在弱碱性或碱性条件下,用有机溶剂提取后,提取物用各种沉淀剂及显示剂进行试验,呈现各种颜色反应,可据此对常见生物碱作一般定性。

测定时,取适量检样,加入 50％乙醇 200mL,以 10％酒石酸酸化,于回流装置中回流 2h,过滤,滤液在水浴上蒸发至糖浆状。再加 50mL 乙醇溶解,过滤。向滤液中加入 10％氢氧化钠溶液至呈碱性,移入分液漏斗中。加入乙醚振摇提取,分出乙醚层,置于蒸发皿中,水层移入另一分液漏斗中。将乙醚挥发得残渣,用 20mL 水及 1 滴 HCl 溶解残渣,得检液甲。将上述分出的水层在分液漏斗中加入固体氯化铵产生氨臭。加入氯仿-无水乙醇混合液(9+1),振摇提取,分出氯仿层移入蒸发皿中,使氯仿挥发得到残渣。溶解残渣于 20mL 水中,加 1 滴 HCl,得检液乙。

然后各取检液甲、乙 3 滴,分别置于白磁反应板凹孔内,然后分别加入以下 7 种沉淀剂:碘化钾试剂、碘化汞钾试剂、磷钨酸试剂、碘化铋钾试剂、磷钼酸试剂、5％硅钨酸试剂、10％鞣酸溶液,1～2 滴,观察现象。如果加入 4 种以上沉淀剂均能产生沉淀,即可认为样品中有生物碱存在。

各取上述检样的乙醚或氯仿提取液 4mL,置于小蒸发皿内,于水浴上蒸发至干,分别滴加显色剂、浓硫酸、浓硝酸或 10％钼酸铵硫酸溶液、1％钒酸铵硫酸溶液、甲醛硫酸溶液,观察颜色反应,由表 8-2 可定性查出一些常见的生物碱。

(四) 棉酚的测定

棉酚是棉籽中的一种萘的衍生物。其测定方法有多种,其中氯化锡试验用于定性鉴定,三氯化锑法可以测定总棉酚的含量,苯胺法或紫外分光光度法可以测定游离棉酚的含量,高效液相色谱法是常用的用于测定游离棉酚的方法。

1. 氯化锡试验法定性鉴定棉酚

该法是利用棉酚与氯化锡作用,可以生成暗红色化合物的原理。鉴定时先取样品棉籽油 5mL，加入 95％乙醇溶液 10mL，充分振摇后待检验。再取氯化锡粉末置于试管中，加入上述待检验溶液约 5 滴，用玻璃棒搅匀后观察。以出现暗红色作为油样中有棉酚存在的确证。

该法反应快、灵敏、专属性强，是一种简便、快速、有效的鉴定棉酚的方法。

表 8-2　常见生物碱的颜色反应

名　称	浓硫酸	浓硝酸	硫酸＋硝酸	钼硫酸	钒硫酸	甲醛硫酸
乌头碱	无色→微红	无色→棕红色	无色→紫色	无色→黄色→棕色	淡棕色→橙色	无色
马钱子碱	无色加热变黄色	血红→橙黄色	红色→黄色	红色→黄色	黄色→橙色	淡红色
阿托品	无色	无色	无色	无色	红色→黄色	棕色加热变绿色
可卡因	无色	无色	无色	无色	无色	无色
可待因	无色加热变蓝色	黄色→红色	无色加热变蓝色	绿色→蓝色→淡黄	绿色→蓝色	红色→紫色→黄棕色
秋水仙碱	加热变黄色	紫色→棕红色	蓝色加碱变红色	黄色→黄绿色	蓝绿色→棕色	黄色
毒芹碱	无色	微黄色→无色	无色	无色→黄色	无色	无色→蓝色
箭毒碱	蓝色→红色	紫红色	紫色→红色	紫色	紫色	—
吐根碱	无色加热变棕色	橙黄色	绿色→黄色	无色→绿色	棕色	棕色
东莨菪碱	无色加热变蓝色	微黄色加碱变紫色	—	无色	无色	黄色→橙色加热变棕色
莨菪碱	无色	无色	无色	无色	无色	—
吗啡	无色加热变紫色	橙红色→红黄色	棕红色→暗棕色	紫色的→棕色→黑色	微红色→蓝紫色	红色→紫红色
罂粟碱	无色→暗紫色	黄色→红色	绿蓝色→暗红色	加热→绿色→蓝色→紫色	蓝绿色→蓝色	红色→紫色
毛果芸香碱	无色	—	无色	无色	黄色→淡绿色→蓝色	无色→微黄色→红色
毒扁豆碱	无色→黄色	黄色→橄榄绿色	黄色→红色	—	绿黄色加热棕红色	无色
奎宁	无色加热变棕色	无色	无色	无色	无色	无色
士的宁	无色加热变橙色	无色加热变黄色	无色	无色	紫黑色→红色	无色加热变绿棕色
藜芦碱	加热→黄色→紫色	黄色	黄色→橙色→樱红色	黄色→橙色→樱红色	黄色→樱红色→紫色	黄棕色加热变红色
钩吻碱	无色，黄绿色	无色，黄绿色	—	黄棕色→紫红色	紫色→紫红色	—

2. 三氯化锑法测定总棉酚含量

本法是一种比色分析法。利用样品中的棉酚与三氯化锑在氯仿中能生成红色化合物，其颜色深浅与棉酚含量成正比，由此可求出棉酚的含量。测定步骤如下：

（1）绘制标准曲线　准确吸取 10μg/mL 的棉酚标准溶液 0.0mL、0.5mL、1.0mL、1.5mL、2.0mL、2.5mL，移入 10mL 比色管中，加入醋酸酐 5 滴，再加 5mL 饱和三氯化锑溶液，加入氯仿至刻度，混匀，放置 10min 后，于分光光度计 510nm 处测定吸光度。再利用测得吸光度数值对溶液浓度绘制标准曲线。

（2）样品的测定　准确称取棉籽油 0.50g，或称取经氯仿提取的鸡蛋脂肪溶液 2mL，用 30mL 氯仿溶解后，移入分液漏斗中，加入 HCl 约 2～5mL（视样品脂肪量而定），充分振摇，放置过夜，弃去酸液（若脂肪未能除尽，可再次加入 HCl 溶液直至充分除去脂肪）。将氯仿通过无水硫酸钠柱收集于 50mL 容量瓶中，并用氯仿洗涤分液漏斗及无水硫酸钠柱，集中于容量瓶中，用氯仿定容。然后吸取 1mL 氯仿提取液，置于 10mL 比色管中，按照①的步骤测定其吸光度，从标准曲线中求得棉酚含量。

（3）结果计算

$$总棉酚的含量(mg/kg) = \frac{标准曲线中查得棉酚量(\mu g)}{测定时相当的样品量(g)}$$

3. 高效液相色谱法测定游离棉酚的含量

本法利用棉酚易溶于丙酮而不溶于水的特性，用 70％的丙酮水溶液提取，经 C$_{18}$ 柱将棉酚与溶剂及杂质分开，于 235nm 处测定，根据保留时间和峰面积进行定性定量测定。具体测定方法如下：

（1）样品处理　准确称取 1.0g 样品，加入 20mL 70％丙酮水溶液，数滴玻璃珠，在混匀器上振荡混匀提取 5min，置于冰箱中冷冻过夜，过滤。滤液过 0.45μm 微孔滤膜过滤后，待分析。

（2）绘制校正曲线　准确吸取 0.0mL、0.1mL、0.2mL、0.4mL、0.8mL、1.6mL、2.4mL 棉酚标准溶液（50μg/mL），分别置于 10mL 容量瓶中，用 70％丙酮定容，混匀。分别注入高效液相色谱仪测定，进样 20μL，绘制标准曲线。

（3）样品测定　取 20μL 样品溶液，注入高效液相色谱仪测定。色谱参考条件如下：

色谱柱　　　　　C_{18} 250mm×4.6mm，前置小预柱 C_{18}

流动相　　　　　甲醇-2％磷酸溶液（90∶10）

检测波长　　　　235nm

流速　　　　　　1.0mL/min

（4）结果计算

$$X = \frac{m_1 \times 100}{m_2 \times \dfrac{V_2}{V_1}}$$

式中　　X——样品中棉酚的含量，g/100g；

　　　　m_1——进样体积中棉酚的质量，g；

　　　　V_1——样品稀释总体积，mL；

　　　　V_2——进样体积，mL；

　　　　m_2——样品的质量，g。

第二节　食品中激素的测定

一、概述

激素是指由内分泌腺或内分泌细胞分泌的具有传递信息作用的高效能生物活性物质。

激素有动物激素和植物激素之分。前者一般存在于动物组织中，虽然含量很少，但影响极大。食品中动物激素主要有甲状腺素（T4）、肾上腺素（E）、去甲肾上腺素（NE）、胰岛素、胰高血糖素、前列腺素（PG）、皮质醇、醛固酮、雌二醇等几种。对于动物激素，最初曾采用生物法、比色法、荧光光度法、气相色谱法等方法测定其含量，但由于这些方法普遍复杂费时，干扰因素多，且特异性较差，测定结果并不精确，因此已逐步为放射性免疫分析法和酶免疫分析法等取代。目前常用的多为放射性免疫分析法。该法操作简便、选择性好、灵敏度高、应用范围广泛，检测限可达 $10^{-9} \sim 10^{-12}$ g/mL。

植物激素包括生长素（吲哚乙酸、IAA）、细胞分裂素（CTK）、赤霉素（GA）、脱落酸（ABA）和乙烯共五大类。在五大激素之外，油菜素被认为是第 6 类激素，这是一类以甾醇为骨架的植物内源甾体类生理活性物质，又称芸薹素。

在食品中，植物类激素含量也很低，一般只占鲜重的 $10^{-7} \sim 10^{-9}$。其性质很不稳定，易发生酶促变化，易受光、热、酸等因素的影响。因此植物激素的测定较为困难，主要测定方法有生物法、气相色谱法、高效液相色谱法、气-质联用法和免疫法等。其中生物法测定周期长，干扰因素多，误差大，只是一种定性或半定量的方法。而色谱法的灵敏性和准确性都较高，是目前公认最有效、最可靠的激素测定法。免疫法选择性强，灵敏度高，样品用量少，但精密度不如色谱法，且本身尚有许多缺陷，也不理想。

二、食品中激素的测定

食品中激素含量的测定——高效液相色谱法：样品中的激素经提取分离后，以高效液相色谱分离测定。利用保留时间定性，峰高或峰面积与标准比较定量。

（1）样品的处理

① 鱼、肉、蛋、禽等食品。取可食部分，捣成匀浆，称取 50g 左右，置于 250mL 具塞锥形瓶中。加入内标物安眠酮 20.00μg/mL 贮备液 1.0mL，再加甲醇-丙酮（1∶1）混合溶液 150mL，在振荡器上振摇提取 30min，过滤，残渣用少量甲醇-丙酮（1∶1）混合液洗涤数次，洗液并入滤液中，于旋转蒸发器或 K-D 浓缩器中将溶剂蒸除。残渣用 20mL 甲醇溶解，经盛有无水硫酸钠的漏斗滤入 250mL 分液漏斗中，再用 10mL 甲醇分数次洗涤漏斗及内容物，洗液并入滤液中。加 pH 5.2 的醋酸钠缓冲溶液 80mL 左右，混匀后分三次用二氯甲烷（50mL、30mL、30mL）振摇提取，合并提取液，并用无水硫酸钠脱水，在水浴上挥干溶剂。残渣用甲醇溶解并定容至 10.0mL，混匀后，以 3000r/min 速度离心 5min，取上层清液供色谱分析用。

② 口服营养液等液体样品。取 100mL 左右于 250mL 分液漏斗中，加入内标物安眠酮 20.00μg/mL 贮备液 1.0mL，混匀后，用 50%醋酸钠溶液调 pH 为 5.2 左右，分三次用乙醚（50mL、30mL、30mL）振摇提取，合并提取液，在水浴上挥干溶剂，残渣用 20mL 甲醇溶解。以下按照处理①中"经盛有无水硫酸钠的漏斗滤入 250mL 分液漏斗中"起操作。

（2）测定　取供色谱用的样品溶液 10μL，注入液相色谱仪，以内标法定量。

高效液相色谱参考分析条件如下：

色谱柱　　　HP-ODS 4.6mm×200mm

流动相　　　乙腈-甲醇-四氢呋喃-0.01mol/L 醋酸钠溶液（20∶20∶10∶50）

流速　　　　1.0mL/min

测定波长　　270nm

进样体积　　10μL

（3）结果计算

$$X = \frac{h_1 c V}{h_2 m}$$

式中　X——样品中激素的含量，mg/kg；

　　　h_1——样品中激素的峰高与安眠酮峰高之比；

　　　h_2——标准液中激素的峰高与安眠酮峰高之比；

　　　c——标准溶液中激素的浓度，μg/mL；

　　　V——样品定容体积，mL；

　　　m——样品的质量，g。

（4）说明

① 本法适用于各类食品中雌三醇、雌二醇、雌酮、睾酮、孕酮五种激素含量的测定。

② 安眠酮内标使用液浓度为 20.00μg/mL。

③ 激素标准使用液应配两种：

溶液 A：激素 10.00μg/mL，安眠酮 2.00μg/mL。

溶液 B：激素 2.00μg/mL，安眠酮 2.00μg/mL。

④ 其他固体食品可称取 25g 左右，置于 250mL 具塞锥形瓶中，加少量水润湿。

阅读材料

河豚毒素的神奇止痛功效

河豚被称为死亡美味，做这道菜只能由经过特殊训练并取得许可的厨师料理。只要刀刃不小心将河豚的肝脏、肾脏或卵巢划破一点，释放出的毒素就会带来惨重的后果。吃了河豚的人，一旦感到不舒服、眩晕、嘴有刺痛感，症状很快就会加剧，然后倒地、抽搐、气喘，直至死亡。

在正常情况下，极微量的河豚毒素在几分钟内就足够使人瘫痪。但是，据加拿大研发治疗毒瘾与疼痛药物的 International Wex Technologies 公司研究人员称，他们早些时候的分子试验表明比氰化物还要厉害的河豚毒素有着非常好的止痛功效。目前，一家加拿大公司正在用从这种毒素中分解出来的一种分子，用来帮助癌症患者止痛，并准备将它作为一种新的止痛剂投入生产。

这种由河豚毒素中提取的药物已经经过了两个阶段的临床试验。指导这项试验的医生说，这种药物对晚期癌症患者的止痛非常有效，目前还没有发现其他药品能够有类似的功效。研究者给患者每天两次注射这种药物，持续 4 天，发现 70% 的病人减轻了疼痛。止痛作用一般始于治疗开始后的第 3 天，持续到最后一次注射，在有些情况下，止痛效果可以持续长达 15 天。

这种药物阻止神经将疼痛信号发送至大脑，从而起到止痛作用。公司说这种药物不同于其他止痛剂（比如吗啡）的地方是它不会产生副作用，也不与其他药物相结合，并且不会成瘾。它的止痛效果是吗啡的 3200 倍。

并不是一开始就想用它来止痛，公司的创始人先后受教于俄罗斯、中国，最初的时候只是想用它来减轻吗啡带来的副作用。但是后来的研究发现这种毒素具有出人意料的止痛作用，公司遂决定用它来开发一种新的止痛剂。这种新的止痛剂的发明，将使吗啡疗法成为历史，并且会震动止痛剂产业。

但是，这种药由于直接与死亡相关，所以还要接受若干多例患者的临床试验。

 ## 思考题

1. 食品中天然毒素主要有哪些种类？其特点各是什么？
2. 食品中组胺的测定过程是什么？
3. 河豚毒素的测定过程是什么？
4. 贝类毒素采用什么方法测定？
5. 生物碱有哪些种类？如何测定？
6. 棉酚的测定方法是什么？
7. 什么是激素？食品中激素有哪些种类？
8. 食品中激素测定的方法是什么？

第九章

食品中安全热点物质的测定

学习指南

本章以近几年所发生的食品安全事件所涉及的有害成分为背景，结合卫生部公布的第一批食品中可能违法添加的非食用物质名单和食品加工过程中易滥用的食品添加剂品种名单，对二噁英、三聚氰胺、苏丹红、吊白块、瘦肉精及罂粟壳等食品安全热点物质的测定方法进行了介绍。通过本章学习，应达到如下要求：

(1) 了解二噁英、三聚氰胺、苏丹红、吊白块、瘦肉精及罂粟壳等物质的危害；

(2) 掌握食品中二噁英、三聚氰胺、苏丹红、吊白块、瘦肉精及罂粟壳等食品安全热点物质的测定方法。

近几年来，随着人们食品安全意识的警醒，对食品中有害物质的存在给予了前所未有的关注，经过媒体的曝光，苏丹红事件、奶粉事件、瘦肉精事件等食品安全事件频发。为了遏制添加非食用物质和滥用食品添加剂的违法犯罪行为，卫生部公布了第一批食品中可能违法添加的非食用物质名单和食品加工过程中易滥用的食品添加剂品种名单（如表 9-1、表 9-2 所示）。

表 9-1　食品中可能违法添加的非食用物质名单（第一批）

序号	名　称	主要成分	可能添加的主要食品类型	可能的主要作用	检测方法
1	吊白块	甲醛次硫酸氢钠	腐竹、粉丝、面粉、竹笋	增白、保鲜、增加口感、防腐	GB/T 21126—2007 小麦粉与大米粉及其制品中甲醛次硫酸氢钠含量的测定；卫生部《关于印发面粉、油脂中过氧化苯甲酰测定等检验方法的通知》（卫监发[2001]159 号）附件 2 食品中甲醛次硫酸氢钠的测定方法
2	苏丹红	苏丹红Ⅰ	辣椒粉	着色	GB/T 19681—2005 食品中苏丹红染料的检测方法高效液相色谱法
3	王金黄、块黄	碱性橙Ⅱ	腐皮	着色	
4	蛋白精、三聚氰胺		乳及乳制品	虚高蛋白含量	GB/T 22388—2008 原料乳与乳制品中三聚氰胺检测方法　GB/T 22400—2008 原料乳中三聚氰胺快速检测液相色谱法

续表

序号	名　称	主要成分	可能添加的主要食品类型	可能的主要作用	检 测 方 法
5	硼酸与硼砂		腐竹、肉丸、凉粉、凉皮、面条、饺子皮	增筋	
6	硫氰酸钠		乳及乳制品	保鲜	
7	玫瑰红 B	罗丹明 B	调味品	着色	
8	美术绿	铅铬绿	茶叶	着色	
9	碱性嫩黄		豆制品	着色	
10	酸性橙		卤制熟食	着色	
11	工业用甲醛		海参、鱿鱼等干水产品	改善外观和质地	SC/T 3025—2006 水产品中甲醛的测定
12	工业用火碱		海参、鱿鱼等干水产品	改善外观和质地	
13	一氧化碳		水产品	改善色泽	
14	硫化钠		味精		
15	工业硫黄		白砂糖、辣椒、蜜饯、银耳	漂白,防腐	
16	工业染料		小米、玉米粉、熟肉制品等	着色	
17	罂粟壳		火锅		

表 9-2　食品加工过程中易滥用的食品添加剂品种名单（第一批）

序号	食品类别	可能易滥用的添加剂品种或行为	检 测 方 法
1	渍菜(泡菜等)	着色剂(胭脂红、柠檬黄等)超量或超范围(诱惑红、日落黄等)使用	GB/T 5009.35—2003 食品中合成着色剂的测定 GB/T 5009.141—2003 食品中诱惑红的测定
2	水果冻、蛋白冻类	着色剂、防腐剂的超量或超范围使用,酸度调节剂(己二酸等)的超量使用	
3	腌菜	着色剂、防腐剂、甜味剂(糖精钠、甜蜜素等)超量或超范围使用	
4	面点、月饼	馅中乳化剂的超量使用(蔗糖脂肪酸酯等),或超范围使用(乙酰化脂肪酸单甘油酯等);防腐剂,违规使用着色剂超量或超范围使用甜味剂	
5	面条、饺子皮	面粉处理剂超量	
6	糕点	使用膨松剂过量(硫酸铝钾、硫酸铝铵等),造成铝的残留量超标准;超量使用水分保持剂磷酸盐类(磷酸钙、焦磷酸二氢二钠等);超量使用增稠剂(黄原胶、黄蜀葵胶等);超量使用甜味剂(糖精钠、甜蜜素等)	GB/T 5009.182—2003 面制食品中铝的测定
7	馒头	违法使用漂白剂硫黄熏蒸	
8	油条	使用膨松剂(硫酸铝钾、硫酸铝铵)过量,造成铝的残留量超标准	
9	肉制品和卤制熟食	使用护色剂(硝酸盐、亚硝酸盐),易出现超过使用量和成品中的残留量超过标准问题	GB/T 5009.33—2003 食品中亚硝酸盐、硝酸盐的测定
10	小麦粉	违规使用二氧化钛,超量使用过氧化苯甲酰、硫酸铝钾	

　　本章主要对二噁英、三聚氰胺、苏丹红、吊白块、瘦肉精及罂粟壳等食品安全热点物质的测定方法进行适当的介绍。

第一节　二噁英的测定

　　二噁英是指多氯代二苯并-对-二噁英和多氯代二苯并呋喃类物质的总称，属于氯代含氧三环芳烃类化合物。二噁英具有极强的致癌性、免疫毒性和生殖毒性等多种毒性作用。其化学性质非常稳定，难以生物降解，并能在食物链中富集。食品的二噁英污染主要源于生物富集、食品加工与包装及意外事故等。防止二噁英污染食品的最根本的方法就是"断源"。

二噁英的检测方法很多，主要集中于色谱法、免疫法和生物法这三类检测方法，其中色谱方法是目前国际公认的检测二噁英类化学物质的标准方法，尤其是高效毛细管色谱加高分辨率质谱形成的气相色谱-质谱法为最常使用，其优点在于可以分离该类物质的每种成分，并进行准确的定量。

一、提取

由于二噁英难溶于水，溶于有机溶剂和脂肪，所以食品脂肪中二噁英的浓度较高。提取的目的在于使待测物游离，并萃取进入用于抽提的溶剂中。提取对于检测的重复性非常重要，主要涉及溶剂的选择和提取方法的选择，且不同的样本需采用不同的提取方法。

二噁英主要有以下几种提取方法：

1. 碱分解法

对于蛋白质或脂肪含量高的样品，可称取 $50\sim100g$，加 $1mol/L$ KOH 的乙醇溶液 $300mL$，在室温下振荡 2h，再加入 1∶1 正己烷饱和水 正己烷 $300mL$ 提取 10min，分离水相后，于水相中再加入 $150mL$ 正己烷提取，有机层用硫酸钠脱水。

2. 丙酮-正己烷振荡提取法

蔬菜类样品，搅碎后取 100g 加入 $200mL$ 1∶1 丙酮-正己烷振荡提取 1h，经过滤后的残渣再加 1∶1 丙酮-正己烷 $100mL$ 提取，合并正己烷层加入正乙烷饱和水再振荡 10min，弃去水层，正己烷层用无水硫酸钠脱水。

3. 草酸钠-乙醇-乙醚-正己烷提取法

对于牛奶样品，采用草酸钠-乙醇-乙醚-正己烷提取法。在牛奶中可加入饱和草酸钠溶液 $50mL$、乙醇 $100mL$ 和乙酸 $100mL$，搅拌均匀后，加入正己烷 $200mL$，振荡 10min。将下层再用 $200mL$ 正己烷提取两次，合并正己烷层，加入 2% NaCl 振摇，弃去水相。正己烷相用无水硫酸钠脱水。

二、净化

经过提取，氯代二苯并二噁英/呋喃等绝大部分进入了提取液中，但同时进入的还包括有机农药、脂肪物质、多环芳烃、叶绿素等，这些物质的存在会干扰二噁英类物质的检测，因此必须进行净化去除干扰物质。

常用的净化方法有：

1. 浓硫酸与多层硅胶柱处理

在提取样液中加入浓硫酸，分解提取液中共存的有机成分及有色物质，然后将有机相用多层硅胶柱净化。这种色谱柱从下至上分别装填 0.9g 硅胶、3g 2% KOH 硅胶、0.9g 硅胶、4.5g 44% 硫酸/硅胶、6g 22% 硫酸/硅胶、0.9g 硅胶、3g 10% 硝酸银/硅胶，最上层为 6g 无水硫酸钠。本法净化效果较好，但费时、烦琐。

2. 硅胶柱色谱法处理

130g 活化硅胶充填柱吸附试样，用正己烷或苯洗脱二噁英类化合物。

另外，用氧化铝柱或活性炭柱也能将多氯联苯和其他二噁英类化合物分开。半透膜技术和聚酰胺色谱分离方法在净化过程中效果也令人满意。

三、测定

虽然二噁英类化学物质的测定采用过高效液相色谱、高效薄层色谱和气相色谱等方法，但其中气相色谱技术远优于另外两者。近年来，以熔融石英为材料的毛细管柱，以高分辨的质谱仪为检测器的气相色谱-质谱方法得到了广泛使用。进样采取不分流方式和选择离子检测方式，用内标法定量。

下面以奶制品中二噁英含量测定说明其应用。

以 ^{13}C 标记的 PCDD/Fs 为内标，用 GC-MS 对二噁英可进行定性和定量分析，最低检测限为 3pg。

1. GC-MS 条件

色谱柱温度 130℃ 下 1min，20℃/min 升温到 220℃，再以 1℃/min 升到 245℃ 保持 2min；电离室、连接器温度分别为 250℃ 和 150℃。电离电压 70eV，各标记物选两个 m/e 的单离子检测。

2. 样品处理和检测

取 50g 样品加入用 ^{13}C 标记的多氯二苯代二噁英（PCDD）和多氯代呋喃（PCDF）混合液各 2μL，加入无水硫酸钠 20g 左右，混匀后相继加入 100mL、50mL、30mL 1∶1 二氯甲烷和正己烷溶液，超声提取 30min，共 3 次。离心后分出提取液放置过夜。将溶液取出，旋转蒸发至干，加 120mL 正己烷溶解样品，再加入 40% 硫酸硅胶 40~80g，在 70~80℃ 下回流 20min，冷却后分出正己烷溶液，以 10mL/min 的速度流过装有二氧化硅和氧化铝口径为 3cm 的净化柱，分别用 2∶98 和 1∶1 二氯甲烷和正庚烷混合液各 100mL 洗脱。收集 1∶1 洗脱液经旋转蒸发器浓缩至干。加 20μL 甲苯定容，进样 2μL 用 GC-MS 分析。保留时间与标记化合物完全一致，且所选的两个单离子信号比的范围在 0.5~0.8 之间，则认为待测物与标记物一致，可作为定性分析的依据。

用每个 ^{13}C 标记化合物作为内标进行直接定量：

$$二噁英的浓度(pg/g) = \frac{h_2 c V K}{h_1 W}$$

式中　h_2——样品二噁英在单离子检测中的信号值；

　　h_1——标记二噁英在单离子检测中的信号值；

　　c——^{13}C 标记化合物的浓度，12.5pg/μL；

　　V——向样品中加入 ^{13}C 标记化合物溶液的体积，40μL；

　　W——样品质量，50g；

　　K——标准与样品进样比。

第二节　苏丹红的测定

苏丹红（此处主要指苏丹红 1 号）俗称油溶黄，化学名 1-苯基偶氮-2-萘酚，其结构式见图 9-1，由于含有萘环的化学结构，决定了它具有致癌性，对人体的肝肾器官具有明显的毒性作用。"苏丹红"并非食品添加剂，而是一种人工合成的化学染色剂，被广泛用于溶剂、油、蜡、汽油的增色以及鞋、地板等增光方面。

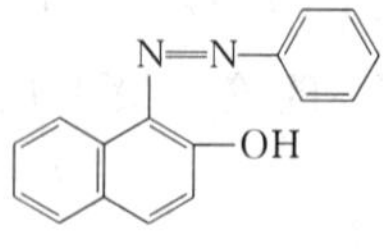

图 9-1　苏丹红 1 号结构式

我国明文禁止将苏丹红作为色素在食品中进行添加，但由于其染色鲜艳，故一些食品生产企业在辣椒粉、香肠、泡面、熟肉、馅饼、调味酱等产品中违法加入苏丹红。

食品中苏丹红可采用高效液相色谱法进行测定。方法如下：

（1）方法要点

样品经溶剂提取、固相萃取净化后，用反相高效液相色谱-紫外可见光检测器进行色谱分析，采用外标法定量。

（2）试剂与标准品

① 乙腈：色谱纯。

② 丙酮：色谱纯、分析纯。

③ 甲酸：分析纯。

④ 乙醚：分析纯。

⑤ 正己烷：分析纯。

⑥ 无水硫酸钠：分析纯。

⑦ 色谱柱管　1cm（内径）×5cm（高）的注射器管。

⑧ 色谱用氧化铝（中性 100～200 目）　105℃干燥 2h，于干燥器中冷至室温，每 100g 中加入 2mL 水降低活度，混匀后密封，放置 12h 后使用。

⑨ 氧化铝色谱柱　在色谱柱管底部塞入一薄层脱脂棉，干法装入处理过的氧化铝至 3cm 高，轻敲实后加一薄层脱脂棉，用 10mL 正己烷预淋洗，洗净柱中杂质后，备用。

⑩ 5％丙酮的正己烷液　吸取 50mL 丙酮用正己烷定容至 1L。

⑪ 标准物质　苏丹红Ⅰ、苏丹红Ⅱ、苏丹红Ⅲ、苏丹红Ⅳ；纯度≥95％。

⑫ 标准贮备液　分别称取苏丹红Ⅰ、苏丹红Ⅱ、苏丹红Ⅲ及苏丹红Ⅳ各 10.0mg（按实际含量折用乙醚溶解后以正己烷定容至 250mL）。

（3）仪器与设备

高效液相色谱仪；旋转蒸发仪；均匀机；离心机；0.45μm 有机滤膜。

（4）样品制备　将液体、浆状样品混合均匀，固体样品需磨细。

（5）操作方法

① 样品处理。

a. 红辣椒粉等粉状样品。称取 1～5g（准确至 0.001g）样品于锥形瓶中，加入 10～30mL 正己烷，超声 5min，过滤，用 10mL 正己烷洗涤残渣数次，至洗出液无色，合并正己烷液，用旋转蒸发仪浓缩至 5mL 以下，慢慢加入氧化铝色谱柱中［（2）⑨］，为保证色谱效果，在柱中保持正己烷液面为 2mm 左右时上样，在全程的色谱过程中不应使柱干涸，用正己烷少量多次淋洗浓缩瓶，一并注入色谱柱。控制氧化铝表层吸附的色素带宽宜小于 0.5cm，待样液完全流出后，视样品中含油类杂质的多少用 10～30mL 正己烷洗柱，直至流出液无色，弃去全部正己烷淋洗液，用含 5％丙酮的正己烷液 60mL 洗脱，收集、浓缩后，用丙酮转移并定容至 5mL，经 0.45μm 有机滤膜过滤后待测。

b. 红辣椒油、火锅料、奶油等油状样品。称取 0.5～2g（准确至 0.001g）样品于小烧杯中，加入适量正己烷溶解（1～10mL），难溶解的样品可于正己烷中加温溶解。按 a 中"慢慢加入到氧化铝色谱柱……过滤后待测"操作。

c. 辣椒酱、番茄沙司等含水量较大的样品。称取 10～20g（准确至 0.01g）样品于离心管中，加 10～20mL 水将其分散成糊状，含增稠剂的样品多加水，加入 30mL 正己烷-丙酮（3∶1），匀浆 5min，3000r/min 离心 10min，吸出正己烷层。于下层再加入 20mL×2 次正己烷匀浆，离心。合并 3 次正己烷，加入无水硫酸钠 5g 脱水，过滤后于旋转蒸发仪上蒸干并保持 5min，用 5mL 正己烷溶解残渣后，按 a 中"慢慢加入到氧化铝色谱柱……过滤后待测"操作。

d. 香肠等肉制品。称取粉碎样品 10～20g（准确至 0.01g）于锥形瓶中，加入 60mL 正己烷充分匀浆 5min，滤出清液，再以 20mL×2 次正己烷匀浆，过滤。合并 3 次滤液，加入 5g 无水硫酸钠脱水，过滤后于旋转蒸发仪上蒸至 5mL 以下，按 a 中"慢慢加入到氧化铝色谱柱中……过滤后待测"操作。

② 推荐色谱条件。

a. 仪器条件。

（ⅰ）色谱柱。Zorbax SB-C$_{18}$，3.5μm，4.6mm×150mm（或相当型号色谱柱）。

（ⅱ）流动相。

溶剂 A：0.1％甲酸的水溶液：乙腈＝85：15。

溶剂 B：0.1％甲酸的乙腈溶液：丙酮＝80：20。

（ⅲ）梯度洗脱。流速 1mL/min，柱温 30℃。检测波长：苏丹红Ⅰ 478nm；苏丹红Ⅱ、苏丹红Ⅲ、苏丹红Ⅳ 520nm（见图 9-2）；于苏丹红Ⅰ出峰后切换。进样量 10μL。梯度条件见表 9-3。

表 9-3　梯度条件

时间/min	流　动　相		曲　线
	A/％	B/％	
0	25	75	线性
10.0	25	75	线性
25.0	0	100	线性
32.0	0	100	线性
35.0	25	75	线性
40.0	25	75	线性

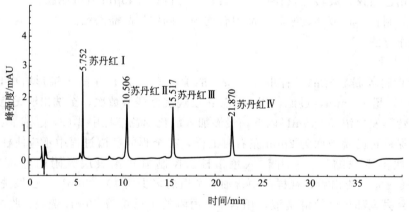

图 9-2　苏丹红标准色谱图

b. 标准曲线。

吸取标准储备液 0mL、0.1mL、0.2mL、0.4mL、0.8mL、1.6mL，用正己烷定容至 25mL，此标准系列浓度为 0μg/mL、0.16μg/mL、0.32μg/mL、0.64μg/mL、1.28μg/mL、2.56μg/mL，绘制标准曲线。

（6）计算

按下式计算苏丹红含量：

$$R = c \times \frac{V}{M}$$

式中 *R*——样品中苏丹红含量，mg/kg；

   c——由标准曲线得出的样液中苏丹红的浓度，μg/mL；

   V——样液定容体积，mL；

   M——样品质量，g。

第三节 吊白块的测定

  吊白块又称雕白粉，化学名称为二水合次硫酸氢钠甲醛或二水甲醛合次硫酸氢钠，为半透明白色结晶或小块，易溶于水。高温下具有极强的还原性，有漂白作用。遇酸即分解，120℃下分解产生甲醛、二氧化硫和硫化氢等有毒气体。吊白块水溶液在60℃以上就开始分解出有害物质。吊白块在印染工业用作拔染剂和还原剂，生产靛蓝染料、还原染料等。还用于合成橡胶，制糖以及乙烯化合物的聚合反应。

  吊白块的毒性与其分解时产生的甲醛有关。口服甲醛溶液 10～20mL，可致人死亡。因甲醛易从消化道吸收，所以其危害不能低估。甲醛急性中毒时可表现为喷嚏、咳嗽、视物模糊、头晕、头痛、乏力、口腔黏膜糜烂、上腹部痛、呕吐等。随着病情加重，出现声音嘶哑、胸痛、呼吸困难等表现，严重者出现喉水肿及窒息、肺水肿、昏迷、休克。长期皮肤接触可引起接触性皮炎。口服中毒者表现为胃肠道黏膜损伤、出血、穿孔，还可出现脑水肿、代谢性酸中毒等。对进食含甲醛食品引起不适者，应立即饮 300mL 清水或牛奶或立即到附近医院治疗。甲醛中毒目前尚无特效解毒药。

  吊白块不得作食品漂白添加剂用，严禁入口。上述甲醛急性中毒症状均可由食用了用吊白块漂白过的白糖、单晶冰糖、粉丝、米线（粉）、面粉、腐竹等所致。吊白块也是致癌物质之一，国际癌症研究组织（IARC）1995 年将甲醛列为对人体（鼻咽部）可能的致癌物。

  食品中吊白块的测定方法主要采用高效液相色谱法、分光光度法等。通过测定吊白块在使用过程中分解产生的甲醛、二氧化硫在食品中的残留量，经过换算即可测得吊白块的含量。

一、高效液相色谱法

  （1）原理 在酸性溶液中，样品中残留的甲醛次硫酸氢钠分解释放出的甲醛被水提取，提取后的甲醛与 2,4-二硝基苯肼发生加成反应，生成黄色的 2,4-二硝基苯腙，用正己烷萃取后，经高效液相色谱仪分离，与标准甲醛衍生物的保留时间对照定性，用标准曲线法定量。

  （2）试剂 所用化学试剂中，正己烷为色谱纯，其余均为分析纯。配溶液所用水均为经高锰酸钾处理后的重蒸水。

  ① 盐酸-氯化钠溶液。称取 20g 氯化钠于 1000mL 容量瓶中，用少量水溶解，加 60mL 37%盐酸，加水至刻度。

  ② 甲醛标准储备液。取 1mL 36%～38%甲醛溶液，用水定容至 500mL，使用前按 GB/T 2912.1—1998 中的亚硫酸钠法标定甲醛浓度。或者用甲醛标准溶液配制成 40μg/mL 的标准储备液，此溶液放置于 4℃冰箱中可保存 1 个月。

  ③ 甲醛标准使用液。准确量取一定量经标定的甲醛标准储备液，配制成 2μg/mL 的甲醛标准使用液，此标准使用液必须使用当天配制。

  ④ 磷酸氢二钠溶液。称取 18g $Na_2HPO_4 \cdot 12H_2O$，加水溶解并定容至 100mL。

  ⑤ 2,4-二硝基苯肼（DNPH）纯化。称取约 20g 2,4-二硝基苯肼（DNPH）于烧杯中，

加 167mL 乙腈和 500mL 水，搅拌至完全溶解，放置过夜。用定性滤纸过滤结晶，分别用水和乙醇反复洗涤 5～6 次后置于干燥器中备用。

⑥ 衍生剂。称取经过纯化处理的 2,4-二硝基苯肼（DNPH）200mg，用乙腈溶解并定容至 100mL。

⑦ 流动相。乙腈＋水混合溶液（70＋30，体积比）用 0.45μm 孔径的滤膜过滤，备用。

⑧ 正己烷。

（3）仪器

① 具塞锥形瓶：150mL、250mL。

② 比色管：25mL。

③ 振荡机。

④ 高速组织捣碎机。

⑤ 高速离心机：最大转速 10000r/min。

⑥ 恒温水浴锅：50℃。

⑦ 高效液相色谱仪：带紫外-可见波长检测器。

（4）分析步骤

① 色谱分析条件。

色谱柱　　　化学键合 C_{18} 柱，4.6mm×250mm

流动相　　　乙腈＋水，流速 0.8mL/min

紫外检测器　检测器波长 355nm

② 样品前处理。精确称取小麦粉、大米粉样品约 5g 于 150mL 具塞锥形瓶中，加入 50mL 盐酸-氯化钠溶液，置于振荡机上振荡提取 40min。对于小麦粉或大米粉制品，称取 20g 于组织捣碎机中，加 200mL 盐酸-氯化钠溶液，2000r/min 捣碎 5min，转入 250mL 具塞锥形瓶中，置于振荡机上振荡提取 40min。将提取液倒入 20mL 离心管中，于 10000r/min 离心 15min（或 4000r/min 离心 30min），上清液备用。

③ 标准工作曲线绘制。分别量取 0.00mL、0.25mL、0.50mL、1.00mL、2.00mL、4.00mL 甲醛标准使用液于 25mL 比色管中（相当于 0.0μg、0.5μg、1.0μg、2.0μg、4.0μg、8.0μg 甲醛），分别加入 2mL 盐酸-氯化钠溶液、1mL 磷酸氢二钠溶液、0.5mL 衍生剂，然后补加水至 10mL，盖上塞子，摇匀。置于 50℃ 水溶液中加热 40min 后，取出用流水冷却至室温。准确加入 5.0mL 正己烷，将比色管横置，水平方向轻轻振摇 3～5 次后，将比色管倾斜放置，增加正己烷与水溶液的接触面积。在 1h 内，每隔 5min 轻轻振摇 3～5 次，然后再静置 30min，取 10μL 正己烷萃取液进样。以所取甲醛标准使用液中甲醛的质量（以 μg 为单位）为横坐标、甲醛衍生物苯腙的峰面积为纵坐标，绘制标准工作曲线。

④ 样品测定。取 2.0mL 样品处理所得上清液于 25mL 比色管中，加入 1mL 磷酸氢二钠溶液、0.5mL 衍生剂，补加水至 10mL，盖上塞子，摇匀。以下按③自"置于 50℃ 水浴中加热 40min 后"起依法操作，并与标准曲线比较定量。注意振摇时不宜剧烈，以免发生乳化。如果出现乳化现象，滴加 1～2 滴无水乙醇。

（5）结果计算　样品中甲醛次硫酸氢钠含量（以甲醛计）按下式计算：

$$c = \frac{m_1 \times 50}{m \times 2}$$

式中　c——样品中甲醛含量，μg/g；

50——样品加提取液体积，mL；

2——测定用样品提取液体积，mL；

m_1——按甲醛衍生物苯腙峰面积，从标准工作曲线查得甲醛的质量，µg；

m——样品质量，g。

二、分光光度法

（1）原理 甲醛吸收于水中，在过量铵盐存在下，与乙酰丙酮作用，生成黄色的 3,5-二乙酰基-1,4-二氢卢剔啶，该有色化合物在波长 410nm 处有最大吸收，用分光光度法测定甲醛含量。

$$
\underset{H}{\overset{O}{\underset{\|}{C}}}\!\!-\!H + NH_3 + 2(CH_3\!-\!\overset{O}{\overset{\|}{C}}\!-\!CH_2\!-\!\overset{O}{\overset{\|}{C}}\!-\!CH_3) \longrightarrow CH_3\!-\!\overset{O}{\overset{\|}{C}}\!-\!CH_2\!-\!C\!\!\cdots\!\!C\!-\!CH_2\!-\!\overset{O}{\overset{\|}{C}}\!-\!CH_3 + 3H_2O
$$

（2）仪器

① 紫外可见分光光度计。

② 恒温水浴振荡器。

（3）试剂

① 乙酰丙酮溶液。在 100mL 蒸馏水中加入乙酸铵 25g、冰醋酸 3mL、乙酰丙酮 0.4mL，储于棕色瓶中。

② 乙酸锌溶液。称取 22g 乙酸锌溶于少量水中，加入 3mL 冰醋酸，加水稀释至 100mL。

③ 亚铁氰化钾溶液。称取 10.6g 亚铁氰化钾，加水稀释至 100mL。

④ 0.1mol/L 碘溶液。

⑤ 0.1mol/L 硫代硫酸钠标准溶液。

⑥ 氢氧化钠溶液：40g/L。

⑦ 硫酸：1+35。

⑧ 盐酸：1+1。

⑨ 甲醛标准溶液。

a. 配制与标定。吸取甲醛（38%～40%水溶液）10.0mL 于 500mL 容量瓶中，加入 0.5mL H_2SO_4（1+35），加水稀释至刻度，混匀。吸取此液 5.0mL 置于 250mL 碘量瓶中，加入 40.0mL 碘标准溶液（0.1mol/L）、15mL NaOH 溶液（40g/L），摇匀，放置 10min，加入 3mL HCl（1+1）酸化，再放置 10～15min，加入 100mL 水，摇匀。用 $Na_2S_2O_3$ 标准滴定溶液（0.1mol/L）滴定至草黄色，加入 1mL 淀粉指示液（0.1%），继续滴定至蓝色消失为终点，同时做试剂空白。

b. 计算

$$
X = \frac{(V_0 - V)c \times 15.0}{5.0}
$$

式中 X——甲醛标准溶液的浓度，mg/mL；

V_0——试剂空白消耗 $Na_2S_2O_3$ 标准滴定溶液的体积，mL；

V——甲醛溶液消耗 $Na_2S_2O_3$ 标准滴定溶液的体积，mL；

c——$Na_2S_2O_3$ 标准滴定溶液的浓度，mol/L；

15.0——甲醛$\left(\frac{1}{2}HCHO\right)$的摩尔质量，g/mol；

5.0——甲醛溶液的体积，mL。

⑩ 甲醛标准使用液。将标定后的甲醛标准溶液用水稀释至 $10\mu g/mL$ 左右，备用。

（4）操作步骤

① 样品处理。

a. 米粉、粉丝。精确称取经粉碎的样品 5g，置于 100mL 容量瓶中，加入 60mL 蒸馏水，混匀。放入恒温水浴振荡器中 60℃振荡 1h，取出，冷却至室温，用水稀释至 100mL，混匀，过滤后备用。

b. 腐竹。精确称取经粉碎的样品 5g，置于 100mL 容量瓶中，加入 60mL 水，混匀。放入恒温水浴振荡器中 60℃振荡 1h，取出，冷却至室温，加入乙酸锌溶液及亚铁氰化钾溶液各 2.5mL，用水稀释至 100mL 刻度，混匀，过滤后备用。

② 测定。吸取 5.0mL 样品处理液于 25mL 具塞比色管中。

另吸取甲醛标准使用液 0mL、0.25mL、0.50mL、1.00mL、1.50mL、2.50mL、3.50mL，分别置于 25mL 具塞比色管中。于样品及标准管中各加入蒸馏水至 10mL，加入乙酰丙酮溶液 1mL，混匀。置沸水浴中沸腾 3min，取出放置冷却后，用 1cm 比色皿，以零管调节零点，于波长 414nm 处测吸光度，绘制标准曲线。

（5）计算

$$X = \frac{A \times 100 \times 1000}{Vm \times 1000} \times 5.133$$

式中 X——样品中吊白块的含量，mg/kg；

A——样品中甲醛的质量，μg；

V——移取样品溶液的体积，mL；

m——样品质量，g；

5.133——甲醛换算为吊白块的系数。

第四节　三聚氰胺的测定

三聚氰胺俗称蜜胺、蛋白精，IUPAC 命名为"1,3,5-三嗪-2,4,6-三氨基"，是一种三嗪类含氮杂环有机化合物，用作化工原料。它是白色单斜晶体，几乎无味，微溶于水（3.1g/L，常温），可溶于甲醇、甲醛、乙酸、热乙二醇、甘油、吡啶等，对身体有害，不可用于食品加工或食品添加物。

三聚氰胺常被不法商人掺杂进食品或饲料中，以提升食品或饲料检测中的蛋白质含量指标，因此三聚氰胺也被作假的人称为"蛋白精"。

在食品工业中，常常需要测定食品的蛋白质含量。由于直接测量蛋白质技术上比较复杂，所以常采用"凯氏定氮法"估测的方法，估算蛋白质含量，即通过测定氮原子的含量来间接推算食品中蛋白质的含量。由于三聚氰胺（含氮量 66%）与蛋白质（平均含氮量 16%）相比含有更高比例的氮原子，所以被一些造假者利用，添加在食品中以造成食品蛋白质含量较高的假象，从而造成诸如 2007 年美国宠物食品污染事件和 2008 年中国毒奶粉事件等严重的食物安全事故。

由于三聚氰胺微溶于水，经常饮水的成年人体内不易形成三聚氰胺结石，但饮水较少且肾脏狭小的婴幼儿，则较易形成泌尿系统结石。

采用高效液相色谱法对原料乳中三聚氰胺进行快速检测的方法如下。

（1）方法原理　用乙腈作为原料乳中的蛋白质沉淀剂和三聚氰胺提取剂，强阳离子交换色谱柱分离，高效液相色谱-紫外检测器/二极管阵列检测器检测，外标法定量。

（2）试剂和材料

① 乙腈（CH_3CN）：色谱纯。

② 三聚氰胺标准物质（$C_3H_6N_6$）：纯度≥99%。

③ 三聚氰胺标准贮备溶液：1.00×10^3 mg/L。称取100mg三聚氰胺标准物质（准确至0.1mg），用水完全溶解后，100mL容量瓶中定容至刻度，混匀，4℃条件下避光保存，有效期为1个月。

④ 标准工作溶液：使用时配制。

标准溶液A：2.00×10^2 mg/L。准确移取20.0mL三聚氰胺标准贮备溶液，置于100mL容量瓶中，用水稀释至刻度，混匀。

标准溶液B：0.50mg/L。准确移取0.25mL标准溶液A，置于100mL容量瓶中，用水稀释至刻度，混匀。

按表9-4分别移取不同体积的标准溶液A于容量瓶中，用水稀释至刻度，混匀。按表9-5分别移取不同体积的标准溶液B于容量瓶中，用水稀释至刻度，混匀。

表9-4　标准工作溶液配制（高浓度）

标准溶液A体积/mL	定容体积/mL	标准工作溶液浓度/(mg/L)	标准溶液A体积/mL	定容体积/mL	标准工作溶液浓度/(mg/L)
0.10	100	0.20	1.25	50.0	5.00
0.25	100	0.50	5.00	50.0	20.0
1.00	100	2.00	12.5	50.0	50.0

表9-5　标准工作溶液配制（低浓度）

标准溶液B体积/mL	定容体积/mL	标准工作溶液浓度/(mg/L)	标准溶液B体积/mL	定容体积/mL	标准工作溶液浓度/(mg/L)
1.00	100	0.005	20.0	100	0.10
2.00	100	0.01	40.0	100	0.20
4.00	100	0.02			

⑤ 磷酸盐缓冲液：0.05mol/L。称取6.8g磷酸二氢钾（准确至0.01g），加水800mL完全溶解后，用磷酸调节pH至3.0，用水稀释至1L，用滤膜过滤后备用。

⑥ 一次性注射器：2mL。

⑦ 滤膜：水相，0.45μm。

⑧ 针式过滤器，有机相，0.45μm。

⑨ 具塞刻度试管：50mL。

（3）仪器

① 液相色谱仪：配有紫外检测器/二极管阵列检测器。

② 分析天平：感量0.0001g和0.01g。

③ pH计：测量精度±0.02。

④ 溶剂过滤器。

（4）测定步骤

① 试样的制备。称取混合均匀的15g原料乳样品（准确至0.01g），置于50mL具塞刻

度试管中，加入 30mL 乙腈，剧烈振荡 6min，加水定容至满刻度，充分混匀后静置 3min，用一次性注射器吸取上清液用针式过滤器过滤后，作为高效液相色谱分析用试样。

② 高效液相色谱测定

a. 色谱条件。

色谱柱[1]　　强阳离子交换色谱柱，SCX，250mm×4.6mm(i.d.)，5μm，或性能相当者

流动相　　　磷酸盐缓冲溶液-乙腈（70∶30，体积比），混匀

流速　　　　1.5mL/min

柱温　　　　室温

检测波长　　240nm

进样量　　　20μL

b. 液相色谱分析测定。

（a）仪器的准备。开机，用流动相平衡色谱柱，待基线稳定后开始进样。

（b）定性分析。依据保留时间一致性进行定性识别的方法。根据三聚氰胺标准物质的保留时间，确定样品中三聚氰胺的色谱峰见图 9-3 和图 9-4。必要时应采用其他方法进一步定性确证。

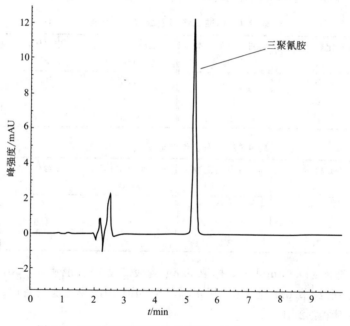

图 9-3　三聚氰胺标准样品色谱图（浓度 5.00mg/kg）

（c）定量分析。校准方法为外标法。

● 校准曲线制作。根据检测需要，使用标准工作溶液分别进样，以标准工作溶液浓度为横坐标、峰面积为纵坐标，绘制校准曲线。

● 试样测定。使用试样分别进样，获得目标峰面积。根据校准曲线计算被测试样中三聚氰胺的含量（mg/kg）。试样中待测三聚氰胺的响应值均应在方法线性范围内。

注：当试样中三聚氰胺的响应值超出方法的线性范围的上限时，可减少称样量再进行提取与测定。

---

[1]　宜在色谱柱前加保护柱（或预柱），以延长色谱柱使用寿命。

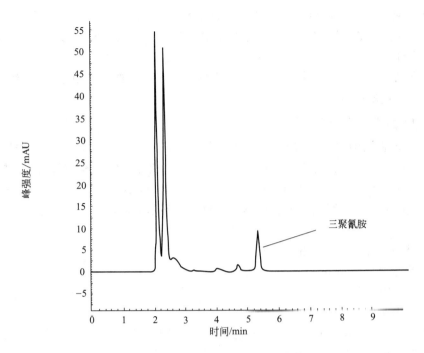

图 9-4 原料乳中添加三聚氰胺的色谱图 （浓度 4.00mg/kg）

（5）结果计算

$$X = \frac{cV \times 1000}{m \times 1000}$$

式中 X——原料乳中三聚氰胺的含量，mg/kg；

   c——从校准曲线得到的三聚氰胺溶液的浓度，mg/L；

   V——试样定容体积，mL；

   m——样品称量质量，g。

第五节 瘦肉精的测定

瘦肉精，学名盐酸克伦特罗，是一种白色或类白色的结晶粉末，无臭、味苦，溶于水、乙醇，微溶于丙酮，不溶于乙醚。

克伦特罗是一种平喘药。该药物既不是兽药，也不是饲料添加剂，而是肾上腺类神经兴奋剂。将克伦特罗添加丁饲料中能提高猪等几种家畜的瘦肉率，故称为瘦肉精。为了使猪肉不长肥膘，一些养猪户在饲料中掺入瘦肉精，猪食用后在代谢过程中促进蛋白质合成，加速脂肪的转化和分解，因此提高了猪肉的瘦肉率。

克伦特罗在家畜和人体内吸收好，生物利用度高，以致人食用了含有克伦特罗的猪肉、猪肝或猪肺出现中毒症状。

其临床表现主要有：

① 急性中毒有心悸，面颈、四肢肌肉颤动，手抖甚至不能站立，头晕，乏力，原有心律失常的患者更容易发生反应，心动过速，室性早搏，心电图示 S-T 段压低与 T 波倒置。

② 原有交感神经功能亢进的患者，如有高血压、冠心病、甲状腺功能亢进者，上述症状更易发生。

③ 与糖皮质激素合用可引起低血钾，从而导致心律失常。

④ 反复使用会产生耐受性，对支气管扩张作用减弱及持续时间缩短。

世界没有任何正规机构批准克伦特罗作为饲料添加剂用于动物的促生长。

动物性食品中克伦特罗（瘦肉精）残留量的测定方法主要有气相色谱-质谱法、高效液相色谱法及酶联免疫法等。

一、气相色谱-质谱法

（1）**方法原理**　固体试样剪碎，用高氯酸溶液匀浆。液体试样加入高氯酸溶液，进行超声加热提取，用异丙醇＋乙酸乙酯（40＋60）萃取，有机相浓缩，经弱阳离子交换柱进行分离，用乙醇＋浓氨水（98＋2）溶液洗脱，洗脱液浓缩，经 N,O-双三甲基硅烷三氟乙酰胺（BSTFA）衍生后于气-质联用仪上进行测定。以美托洛尔为内标，定量。

（2）**试剂**

① 克伦特罗（clenbuterol hydrochloride）：纯度≥99.5%。

② 美托洛尔（metoprolol）：纯度≥99%。

③ 甲醇：HPLC 级。

④ 甲苯：色谱纯。

⑤ 衍生剂：N,O-双三甲基硅烷三氟乙酰胺（BSTFA）。

⑥ 高氯酸溶液（0.1mol/L）。

⑦ 磷酸二氢钠缓冲溶液（0.1mol/L，pH＝6.0）。

⑧ 异丙醇＋乙酸乙酯（40＋60）。

⑨ 乙醇＋浓氨水（98＋2）。

⑩ 美托洛尔内标标准溶液。准确称取美托洛尔标准品，用甲醇溶解配成浓度为240mg/L的内标储备液，储存于冰箱中，使用时用甲醇稀释成 2.4mg/L 的内标使用液。

⑪ 克伦特罗标准溶液。准确称取克伦特罗标准品，用甲醇溶解配成浓度为 250mg/L 的标准储备液，储存于冰箱中，使用时用甲醇稀释成 0.5mg/L 的克伦特罗标准使用液。

⑫ 弱阳离子交换柱（LC-WCX）（3mL）。

⑬ 针筒式微孔过滤膜（0.45μm，水相）。

（3）**仪器**

① 气相色谱-质谱联用仪（GC/MS）。

② 磨口玻璃离心管：11.5cm（长）×3.5cm（内径），具塞。

③ 5mL 玻璃离心管。

④ 超声波清洗器。

⑤ 酸度计。

⑥ 离心机。

⑦ 振荡器。

⑧ 旋转蒸发器。

⑨ 涡旋式混合器。

⑩ 恒温加热器。

⑪ N_2-蒸发器。

⑫ 匀浆器。

（4）**分析步骤**

① 提取。

a. 肌肉、肝脏、肾脏试样。称取肌肉、肝脏或肾脏试样 10g（精确到 0.01g），用 20mL 0.1mol/L 高氯酸溶液匀浆，置于磨口玻璃离心管中，然后置于超声波清洗器中超声 20min，取出置于 80℃ 水浴中加热 30min。取出冷却后离心（4500r/min）15min。倾出上清液，沉淀用 5mL 0.1mol/L 高氯酸溶液洗涤，再离心，将两次的上清液合并。用 1mol/L 氢氧化钠溶液调 pH 至 9.5±0.1，若有沉淀产生，再离心（4500r/min）10min，将上清液转移至磨口玻璃离心管中，加入 8g 氯化钠，混匀，加入 25mL 异丙醇+乙酸乙酯（40+60），置于振荡器上振荡提取 20min。提取完毕，放置 5min（若有乳化层稍离心一下）。用吸管小心将上层有机相移至旋转蒸发瓶中，用 20mL 异丙醇+乙酸乙酯（40+60）再重复萃取一次，合并有机相，于 60℃ 在旋转蒸发器上浓缩至近干。用 1mL 0.1mol/L 磷酸二氢钠缓冲溶液（pH 6.0）充分溶解残留物，经针筒式微孔过滤膜过滤，洗涤三次后完全转移至 5mL 玻璃离心管中，并用 0.1mol/L 磷酸二氢钠缓冲溶液（pH6.0）定容至刻度。

b. 尿液试样。用移液管量取尿液 5mL，加入 20mL 0.1mol/L 高氯酸溶液，超声 20min 混匀。置于 80℃ 水浴中加热 30min。以下按①从"用 1mol/L 氢氧化钠溶液调 pH 至 9.5±0.1"起开始操作。

c. 血液试样。将血液于 4500r/min 离心，用移液管量取上层血清 1mL 置于 5mL 玻璃离心管中，加入 2mL 0.1mol/L 高氯酸溶液，混匀，置于超声波清洗器中超声 20min，取出置于 80℃ 水浴中加热 30min。取出冷却后离心（4500r/min）15min。倾出上清液，沉淀用 1mL 0.1mol/L 高氯酸溶液洗涤，离心（4500r/min）10min，合并上清液，再重复一遍洗涤步骤，合并上清液。向上清液中加入约 1g 氯化钠，加入 2mL 异丙醇+乙酸乙酯（40+60），在涡旋式混合器上振荡萃取 5min，放置 5min（若有乳化层稍离心一下），小心移出有机相于 5mL 玻璃离心管中，按以上萃取步骤重复萃取两次，合并有机相。将有机相在 N₂-蒸发器上吹干。用 1mL 0.1mol/L 磷酸二氢钠缓冲溶液（pH 6.0）充分溶解残留物，经筒式微孔过滤膜过滤完全转移至 5mL 玻璃离心管中，并用 0.1mol/L 磷酸二氢钠缓冲溶液（pH 6.0）定容至刻度。

② 净化。依次用 10mL 乙醇、3mL 水、3mL 0.1mol/L 磷酸二氢钠缓冲溶液（pH 6.0），3mL 水冲洗弱阳离子交换柱，取适量①a、b、c 的提取液至弱阳离子交换柱上，弃去流出液，分别用 4mL 水和 4mL 乙醇冲洗柱子，弃去流出液，用 6mL 乙醇+浓氨水（98+2）冲洗柱子，收集流出液。将流出液在 N₂-蒸发器上浓缩至干。

③ 衍生化。于净化、吹干的试样残渣中加入 100~500μL 甲醇、50μL 2.4mg/L 内标工作液，在 N₂-蒸发器上浓缩至干，迅速加入 40μL 衍生剂（BSTFA），盖紧塞子，在涡旋式混合器上混匀 1min，置于 75℃ 的恒温加热器中衍生 90min。衍生反应完成后取出冷却至室温，在涡旋式混合器上混匀 30s，置于 N₂-蒸发器上浓缩至干。加入 200μL 甲苯，在涡旋式混合器上充分混匀，待气-质联用仪进样。同时用克伦特罗标准使用液做系列同步衍生。

④ 气相色谱-质谱法测定。

a. 气相色谱-质谱法测定参数设定

（ⅰ）色谱条件

气相色谱柱	DB-5MS 柱，30m×0.25mm×0.25μm
载气	He，柱前压：8psi
进样口温度	240℃
进样量	1μL，不分流

（ⅱ）柱温程序。70℃保持1min，以18℃/min速度升至200℃，以5℃/min的速度再升至245℃，再以25℃/min升至280℃并保持2min。

（ⅲ）EI源。

电子轰击能	70eV
离子源温度	200℃
接口温度	285℃
溶剂延迟	12min

（ⅳ）EI源检测特征质谱峰：克伦特罗 m/z 86、187、243、262；美托洛尔 m/z 72、223。

b. 测定。吸取 1μL 衍生的试样液或标准液注入气质联用仪中，以试样峰（m/z 86，187，243，262，264，277，333）与内标峰（m/z 72，223）的相对保留时间定性，要求试样峰中至少有3对选择离子相对强度（与基峰的比例）不超过标准相应选择离子相对强度平均值的±20%或3倍标准差。以试样峰（m/z 86）与内标峰（m/z 72）的峰面积比单点或多点校准定量。

c. 克伦特罗标准与内标衍生后的选择性离子的总离子流图及质谱图见图9-5～图9-7。

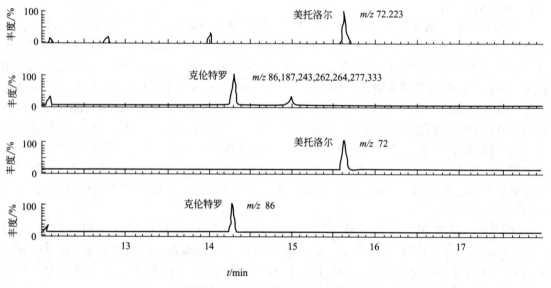

图9-5　克伦特罗与内标衍生物的选择性离子总离子流图

（5）结果计算　按内标法单点或多点校准计算试样中克伦特罗的含量。计算公式为：

$$X = \frac{Af}{m}$$

式中　X——试样中克伦特罗的含量，μg/kg（或 μg/L）；

A——试样色谱峰与内标色谱峰的峰面积比值对应的克伦特罗质量，ng；

f——试样稀释倍数；

m——试样的取样量，g（或 mL）。

计算结果表示到小数点后两位。

二、高效液相色谱法

（1）方法原理　固体试样剪碎，用高氯酸溶液匀浆，液体试样加入高氯酸溶液，进行超声加热提取后，用异丙醇＋乙酸乙酯（40＋60）萃取，有机相浓缩，经弱阳离子交换柱进行

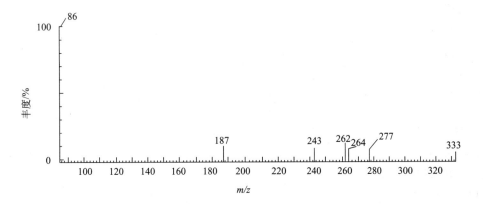

图 9-6 克伦特罗衍生物的选择离子质谱图

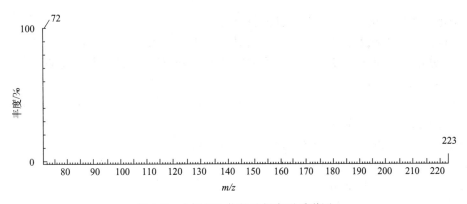

图 9-7 内标衍生物的选择离子质谱图

分离，用乙醇＋氨（98＋2）溶液洗脱，洗脱液经浓缩，流动相定容后在高效液相色谱仪上进行测定，外标法定量。

（2）试剂与材料

① 克伦特罗（clenbuterol hydrochloride）：纯度≥99.5%。

② 甲醇：HPLC 级。

③ 高氯酸溶液（0.1mol/L）。

④ 磷酸二氢钠缓冲液（0.1mol/L，pH＝6.0）。

⑤ 异丙醇＋乙酸乙酯（40＋60）。

⑥ 乙醇＋浓氨水（98＋2）。

⑦ 甲醇＋水（45＋55）。

⑧ 克伦特罗标准溶液的配制：准确称取克伦特罗标准品用甲醇配成浓度为 250mg/L 的标准储备液，储存于冰箱中；使用时用甲醇稀释成 0.5mg/L 的克伦特罗标准使用液，进一步用甲醇＋水（45＋55）适当稀释。

⑨ 弱阳离子交换柱（LC-WCX）（3mL）。

（3）仪器

① 水浴超声清洗器。

② 磨口玻璃离心管：11.5cm（长）×3.5cm（内径），具塞。

③ 5mL 玻璃离心管。

④ 酸度计。

⑤ 离心机。

⑥ 振荡器。

⑦ 旋转蒸发器。

⑧ 涡旋式混合器。

⑨ 针筒式微孔过滤膜（0.45μm，水相）。

⑩ N₂-蒸发器。

⑪ 匀浆器。

⑫ 高效液相色谱仪。

（4）分析步骤

① 提取。肌肉、肝脏、肾脏试样、尿液试样及血液试样的提取方法与气相色谱-质谱法相同。

② 净化。净化方法与气相色谱-质谱法相同。

③ 试样测定前的准备。于净化、吹干的试样残渣中加入 100～500μL 流动相，在涡旋式混合器上充分振摇，使残渣溶解，液体浑浊时用 0.45μm 的针筒式微孔过滤膜过滤，上清液待进行液相色谱测定。

④ 测定

a. 液相色谱测定参考条件

色谱柱	BDS 或 ODS 柱，250mm×4.6mm，5μm
流动相	甲醇＋水（45＋55）
流速	1mL/min
进样量	20μL～50μL
柱箱温度	25℃
紫外检测器	244nm

b. 测定。吸取 20～50μL 标准校正溶液及试样液注入液相色谱仪，以保留时间定性，用外标法单点或多点校准法定量。

c. 克伦特罗标准的液相色谱图（见图9-8）。

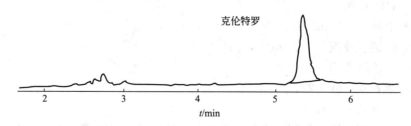

图 9-8　克伦特罗标准（100μg/L）的高效液相色谱图

（5）结果计算　按外标法计算试样中克伦特罗的含量。

$$X=\frac{Af}{m}$$

式中　X——试样中克伦特罗的含量，μg/kg（或 μg/L）；

A——试样色谱峰与标准色谱峰的峰面积比值对应的克伦特罗的质量，ng；

f——试样稀释倍数；

m——试样的取样量，g（或 mL）。

三、酶联免疫法

（1）方法原理　基于抗原抗体反应进行竞争性抑制测定。微孔板包被有针对克伦特罗 IgG 的包被抗体。克伦特罗抗体被加入，经过孵育及洗涤步骤后，加入竞争性酶标记物、标准或试样溶液。克伦特罗与竞争性酶标记物竞争克伦特罗抗体，没有与抗体连接的克伦特罗标记酶在洗涤步骤中被除去。将底物（过氧化尿素）和发色剂（四甲基联苯胺）加入到孔中孵育，结合的标记酶将无色的发色剂转化为蓝色的产物。加入反应停止液后使颜色由蓝转变为黄色。在 450nm 处测量吸光度，吸光度比值与克伦特罗浓度的自然对数成反比。

（2）试剂

① 高氯酸溶液（0.1mol/L）。

② 磷酸二氢钠缓冲溶液（0.1mol/L，pH＝6.0）。

③ 异丙醇＋乙酸乙酯（40＋60）。

④ 针筒式微孔过滤膜（0.45μm，水相）。

⑤ 克伦特罗酶联免疫试剂盒。

a. 96 孔板（12 条×8 孔）包被有针对克伦特罗 IgG 的包被抗抗体。

b. 克伦特罗系列标准液（至少有 5 个倍比稀释浓度水平，外加 1 个空白）。

c. 过氧化物酶标记物（浓缩液）。

d. 克伦特罗抗体（浓缩液）。

e. 酶底物：过氧化尿素。

f. 发色剂：四甲基联苯胺。

g. 反应停止液：1mol/L 硫酸。

h. 缓冲液：酶标记物及抗体浓缩液稀释用。

（3）仪器

① 超声波清洗器。

② 磨口玻璃离心管：11.5cm(长)×3.5cm（内径），具塞。

③ 酸度计。

④ 离心机。

⑤ 振荡器。

⑥ 旋转蒸发器。

⑦ 涡旋式混合器。

⑧ 匀浆器。

⑨ 酶标仪（配备 450nm 滤光片）。

⑩ 微量移液器：单道 20μL、50μL、100μL 和多道 50～250μL 可调。

（4）试样测定

① 提取。

a. 肌肉、肝脏及肾脏试样。提取方法与气相色谱、质谱法相同。

b. 尿液试样。若尿液浑浊先离心（3000r/min）10min，将上清液适当稀释后上酶标板进行酶联免疫法筛选实验。

c. 血液试样。将血清或血浆离心（3000r/min）10min，取血清适当稀释后上酶标板进行酶联免疫法筛选实验。

② 测定。

a. 试剂的准备。

（ⅰ）竞争酶标记物。提供的竞争酶标记物为浓缩液。由于稀释的酶标记物稳定性不好，仅稀释实际需用量的酶标记物。在吸取浓缩液之前，要仔细振摇。用缓冲溶液以 1∶10 的比例稀释酶标记物浓缩液（如 $400\mu L$ 浓缩液＋4.0mL 缓冲溶液，足够 4 个微孔板条 32 孔用）。

（ⅱ）克伦特罗抗体。提供的克伦特罗抗体为浓缩液，由于稀释的克伦特罗抗体稳定性变差，仅稀释实际需用量的克伦特罗抗体。在吸取浓缩液之前，要仔细振摇。用缓冲溶液以 1∶10 的比例稀释抗体浓缩液（如 $400\mu L$ 浓缩液＋4.0mL 缓冲溶液，足够 4 个微孔板条 32 孔用）。

（ⅲ）包被有抗抗体的微孔板条。将锡箔袋沿横向边压皱外沿剪开，取出需用数量的微孔板及框架，将不用的微孔板放进原锡箔袋中并且与提供的干燥剂一起重新密封，保存于 $2\sim 8℃$。

b. 试样准备。将①的提取物取 $20\mu L$ 进行分析。高残留的试样用蒸馏水进一步稀释。

c. 测定。使用前将试剂盒在室温（19～25℃）下放置 1～2h。

（ⅰ）将标准和试样（至少按双平行实验计算）所用数量的孔条插入微孔架，记录标准和试样的位置。

（ⅱ）加入 $100\mu L$ 稀释后的抗体溶液到每一个微孔中。充分混合并在室温孵育 15min。

（ⅲ）倒出孔中的液体，将微孔架倒置在吸水纸上拍打（每行拍打 3 次）以保证完全除去孔中的液体。用 $250\mu L$ 蒸馏水充入孔中，再次倒掉微孔中液体，再重复操作两遍以上。

（ⅳ）加入 $20\mu L$ 的标准或处理好的试样到各自的微孔中。标准和试样至少做两个平行实验。

（ⅴ）加入 $100\mu L$ 稀释的酶标记物，室温孵育 30min。

（ⅵ）倒出孔中的液体，将微孔架倒置在吸水纸上拍打（每行拍打 3 次）以保证完全除去孔中的液体，用 $250\mu L$ 蒸馏水充入孔中，再次倒掉微孔中液体，再重复操作两次以上。

（ⅶ）加入 $50\mu L$ 酶底物和 $50\mu L$ 发色试剂到微孔中，充分混合并在室温暗处孵育 15min。

（ⅷ）加入 $100\mu L$ 反应停止液到微孔中。混合好尽快在 450nm 波长处测量吸光度。

（5）结果计算　用所获得的标准溶液和试样溶液吸光度与空白溶液的比值进行计算。

$$相对吸光度（\%）=\frac{B}{B_0}\times 100\%$$

式中　B——标准（或试样）溶液的吸光度；

B_0——空白（浓度为 0 的标准溶液）的吸光度。

将计算的相对吸光度值（%）对应克伦特罗浓度（ng/L）的自然对数作半对数坐标系统曲线图，校正曲线在 0.004～0.054ng（200～2000ng/L 范围内）呈线性，对应的试样浓度可从校正曲线算出。

$$X=\frac{Af}{m\times 1000}$$

式中　X——试样中克伦特罗的含量，$\mu g/kg$（或 $\mu g/L$）；

A——试样的相对吸光度（%）对应的克伦特罗质量，ng；

f——试样稀释倍数；

m——试样的取样量，g（或 mL）。

第六节 罂粟壳的测定

罂粟壳别名罂子粟壳、鸦片烟果壳，如图 9-9 所示，为罂粟干燥成熟之果壳。秋季将已割取浆汁后的成熟果实摘下，破开，除去种子及枝梗，干燥即得。

罂粟壳呈椭圆形或瓶状卵形，多已破碎成片状，直径 1.5～5cm，长 3～7cm。外表面黄白色、浅棕色至淡紫色，平滑，略有光泽，有纵向或横向的割痕。顶端有 6～14 条放射状排列呈圆盘状的残留柱头；基部有短柄。体轻，质脆。内表面淡黄色，微有光泽，有纵向排列的假隔膜，棕黄色，上面密布略突起的棕褐色小点。气微清香，味微苦。

罂粟壳对人体肝脏、心脏均有一定的毒害作用，容易使人产生依赖性甚至瘾癖。我国将罂粟壳归类为

图 9-9 罂粟壳

毒品，而将使用罂粟壳（籽）加工食品的现象归为毒品犯罪。但是，近年来一些食品加工经营业户无视国家法律法规，在食品中使用罂粟壳且违法行为更加隐蔽，有的地方在菜肴、熟肉制品、风味小吃加工过程中不同程度地使用，特别是在火锅底料中添加罂粟壳，有的地方农贸市场的个别摊贩甚至半公开出售这种"特制"调味品。

食品中罂粟壳残留量的测定一般是通过对罂粟壳中所含吗啡、可待因或罂粟碱等生物碱的检测以间接测定罂粟壳含量的，目前测定方法主要有色谱法、分光光度法、示波极谱法及免疫分析法等。

下面主要介绍火锅汤料中罂粟壳残留量的一般检测方法。

一、气相色谱法

（1）方法原理 样品经酸化、浓缩、碱化、有机溶剂提取，经气相色谱分离，同时定性、定量测定掺入食品中罂粟壳残留量。

出峰顺序：溶剂、可待因、吗啡、罂粟碱。

注：由于罂粟壳中吗啡、罂粟碱远不及可待因含量高，所以以可待因定量。

（2）仪器 气相色谱仪，FID 检测器。

（3）试剂

① 溶剂：氯仿-甲醇（3+1）。A.R.。

② 可待因标准溶液。精密称取磷酸可待因（中国药品生物制品检定所）0.0050g，用溶剂溶解并定容至 5mL 容量瓶中。此溶液 1mL 相当于 1.0mg。

③ 可待因标准使用液。吸取 0.1mL 可待因标准溶液，于 5mL 容量瓶中，加溶剂定容至刻度。此溶液 1mL 相当于 0.02mg。

④ 罂粟壳标准溶液。精密称取 1.0000g 经粉碎过的罂粟壳（中药房购买）于 50mL 容量瓶中，加水 30mL，加盐酸调至强酸性 pH1～2，放置过夜，用氨水调至碱性 pH9～10，用水稀释定容到刻度。此溶液 1mL 相当于 0.02g 罂粟壳。

⑤ 罂粟壳标准使用液。取 1.00mL 罂粟壳标准溶液于 12mL 具塞离心管中，加 1.00mL 溶剂，轻轻振摇 160 次，静置。此溶液 1mL 相当于 0.02g 罂粟壳。

（4）测定方法

① 样品测定。称取样品 5～20g，液体样品 200mL，于烧杯中，固体样品加水 150mL，用 HCl 调至强酸性 pH 1～2，电炉上加热煮沸至体积 30mL，取下，放冷，用氨水调至 pH 9～10，转移到 50mL 比色管中，用水定容到刻度，过滤。取滤液 10.0mL 于 12mL 具塞离心管中，加 0.50mL 溶剂，轻轻振摇 160 次，静置分层。用微量注射器抽取溶剂层直接进样 0.5～2μL。

② 色谱条件

a. 色谱柱：3.2mm×2.1mm 玻璃柱，内装涂有 5% SE-30 的 Shimalite W AW DMCS 担体。

b. FID 检测器。

c. 操作温度：柱温 260℃，汽化室及检测器 290℃。

d. 气体流速：氮气 60mL/min，氢气 50mL/min，空气 500mL/min。

e. 量程 10^1，衰减 8mV/全刻度，纸速 4mm/min。

③ 标准曲线绘制。分别取可待因标准使用液 0.50μL、1.00μL、1.50μL、2.00μL、2.50μL，相当于 10ng、20ng、30ng、40ng、50ng 可待因；罂粟壳标准使用液 0.50μL、1.00μL、1.50μL、2.00μL、2.50μL，相当于 10μg、20μg、30μg、40μg、50μg 罂粟壳，进样。

二、高效液相色谱法

（1）方法原理　呈游离态的生物碱，多不溶于或难溶于水，而易溶于有机溶剂。生物碱可与酸结合生成盐，易溶于水，而不溶于有机溶剂中，生物碱的盐类在碱性溶液中，生物碱又会游离出来。

（2）仪器　CLASS-VP 高效液相色谱仪；C_{18} 不锈钢柱（VP-ODS）150L×4.6；SPD-10 AVP 紫外检测器。

（3）试剂　吗啡、可待因、那可丁、蒂巴因、罂粟碱标准品，硅钨酸、三氯乙酸、石油醚、乙醚、甲醇、氨水均为分析纯。

（4）测定方法

① 标准品的测定。取少量罂粟碱、吗啡、可待因、那可丁、蒂巴因标准品，分别加入 1mL 甲醇溶液，待检。

② 罂粟壳的前处理。取适量罂粟壳加 200mL 水煮沸 10min，过滤，滤液待检。

③ 色谱条件

柱温　　　30℃

流动相　甲醇：水＝98：2

流速　　　1.3mL/min

UV 检测波长　216nm

④ 样品的检测　取 50mL 汤料及 50mL 加有罂粟壳的滤液，分别用 10% HCl 调节 pH 1.8～2.0，用 50mL 石油醚分离样品中脂肪，去掉醚层，将去除脂肪后的样液中加入 20% 三氯乙酸 10mL 沉淀蛋白质，离心分离（4500r/min）20min 后，取上清液，加 5% 硅钨酸 5mL 摇匀，使沉淀作用完全，置沸水浴中加热 5min，放冷，离心分离（3000r/min）使之沉淀完全。取沉淀加浓氨水至沉淀完全溶解，然后将溶液转入分液漏斗中，取 5mL 乙醚分别振摇提取 3 次，合并提取醚层，蒸干醚层，然后放入 60℃ 烘箱中挥蒸 2h，取出冷却后加入甲醇定容至 2mL，供色谱分析用。

第七节 塑化剂的测定

塑化剂即增塑剂，是一种高分子材料助剂，在塑料加工、建筑材料等方面应用广泛。塑化剂产品种类很多，但使用得最普遍的是一群称为邻苯二甲酸酯类的化合物，其中邻苯二甲酸二（2-乙基己）酯（DEHP）为最常见品种。

因其价格低廉，非法替代作为"起云剂"用于食品而成为食品安全热点问题，长期服用含塑化剂的食品、饮料，将使人类产生生殖能力下降、心血管疾病风险增大、儿童性别错乱及导致肝癌发生等风险。

食品中邻苯二甲酸酯类化合物的测定采用气相色谱-质谱联用（GC-MS）测定方法。

（1）方法原理　各类食品提取、净化后经气相色谱-质谱联用仪进行测定。采用特征选择离子监测扫描模式（SIM），以碎片的丰度比定性，标准样品定量以离子外标法定量。

（2）试剂

① 正己烷。

② 乙酸乙酯。

③ 环己烷。

④ 石油醚：沸程 30～60℃。

⑤ 丙酮。

⑥ 无水硫酸钠：优级纯，于 650℃灼烧 4h，冷却后储于密闭干燥器中备用。

⑦ 16 种邻苯二甲酸酯标准样品：邻苯二甲酸二甲酯（DMP）、邻苯二甲酸二乙酯（DEP）、邻苯二甲酸二异丁酯（DIBP）、邻苯二甲酸二丁酯（DBP）、邻苯二甲酸二（2-甲氧基）乙酯（DMEP）、邻苯二甲酸二（4-甲基-2-戊基）酯（BMPP）、邻苯二甲酸二（2-乙氧基）乙酯（DEEP）、邻苯二甲酸二戊酯（DPP）、邻苯二甲酸二己酯（DHXP）、邻苯二甲酸丁基苄基酯（BBP）、邻苯二甲酸二（2-丁氧基）乙酯（DBEP）、邻苯二甲酸二环己酯（DCHP）、邻苯二甲酸二（2-乙基）己酯（DEHP）、邻苯二甲酸二苯酯、邻苯二甲酸二正辛酯（DNOP）、邻苯二甲酸二壬酯（DNP），纯度均在 95% 以上。

⑧ 标准储备液：称取上述各种标准样品（精确至 0.1mg），用正己烷配制成 1000mg/L 的储备液，于 4℃冰箱中避光保存。

⑨ 标准使用液：将标准储备液用正己烷稀释至浓度为 0.5mg/L、1.0mg/L、2.0mg/L、4.0mg/L、8.0mg/L 的标准系列溶液待用。

（3）仪器

① 气相色谱-质谱联用仪（GC-MS）。

② 凝胶渗透色谱分离系统（GPC）：玉米油与邻苯二甲酸二（2-乙基）己酯的分离度不低于 85%（或可进行脱脂的等效分离装置）。

③ 分析天平：感量 0.1mg 和 0.01g。

④ 离心机：转速不低于 4000r/min。

⑤ 旋转蒸发器。

⑥ 振荡器：CtrB～21911-2008。

⑦ 涡旋混合器。

⑧ 粉碎机。

⑨ 玻璃器皿。

注：所用玻璃器皿洗净后，用重蒸水淋洗 3 次，丙酮浸泡 2h，在 200℃下烘烤 2h，冷却至室温备用。

（4）分析步骤

① 试样制备　取同一批次 3 个完整独立包装样品（固体样品不少于 500g，液体样品不少于 500mL），置于硬质全玻璃器皿中，固体或半固体样品粉碎混匀，液体样品混合均匀，待用。

② 试样处理

a. 不含油脂试样。量取混合均匀液体试样 5.0mL（含有二氧化碳气的试样需先除去二氧化碳），加入正己烷 2.0mL，振荡 1min，静置分层（如有必要时盐析或于 4000r/min 离心 5min），取上层清液进行 GC-MS 分析。

称取混合均匀固体或半固体试样 5.00g，加适量水（视试样水分含量加水，总水量约 50mL），振荡 30min，摇匀。静置过滤，取滤液 25.0mL，加入正己烷 5.0mL，振荡 1min，静置分层（如有必要时盐析或于 4000r/min 离心 5min），取上层清液进行 GC-MS 分析。

b. 含油脂试样。称取混合均匀纯油脂试样 0.50g（精确至 0.1mg），用乙酸乙酯：环己烷（体积比 1∶1）定容至 10.0mL，涡旋混合 2min，0.45μm 滤膜过滤，滤液经凝胶渗透色谱装置净化，收集流出液，减压浓缩至 2.0mL，进行 GC-MS 分析。

（5）空白试验　试验中使用的试剂按（4）所述方法处理后，进行 GC-MS 分析。

（6）测定

① 色谱条件　色谱柱：HP-5MS 石英毛细管柱［30m×0.25mm（内径）×0.25μm］或相当型号色谱柱。

进样口温度：250℃。

升温程序：初始柱温 60℃，保持 1min，以 20℃/min 升温至 220℃，保持 1min，再以 5℃/min 升温至 280℃，保持 4min。

载气：氦气（纯度≥99.999%），流速 1mL/min。

进样方式：不分流进样。

进样量：1μL。

② 质谱条件　色谱与质谱接口温度：280℃。

电离方式：电子轰击源（EI）。

监测方式：选择离子扫描模式（SIM）。

电离能量：70eV。

溶剂延迟：5min。

（7）定性确证　在上述（6）仪器条件下，试样待测液和标准品的选择离子色谱峰在相同保留时间处（±0.5%）出现，并且对应质谱碎片离子的质荷比与标准品一致，其丰度比与标准品相比应符合：相对丰度大于 50% 时，允许 ±10% 偏差；相对丰度 20%～50% 时，允许 ±15% 偏差；相对丰度 10%～20% 时，允许 ±20% 偏差；相对丰度≤10% 时，允许 ±50% 偏差，此时可定性确证目标分析物。

（8）定量分析　采用外标校准曲线法定量测定。以各邻苯二甲酸酯化合物的标准溶液浓度为横坐标，各自的定量离子的峰面积为纵坐标，作标准曲线线性回归方程，以试样的峰面积与标准曲线比较定量。

（9）结果计算　邻苯二甲酸酯化合物的含量按下式计算：

$$X = \frac{(c_i - c_0)VK}{m}$$

式中　　X——试样中某种邻苯二甲酸酯含量，mg/kg（或 mg/L）；

　　　　c_i——试样中某种邻苯二甲酸酯峰面积对应的浓度，mg/L；

　　　　c_0——空白试样中某种邻苯二甲酸酯的浓度，mL/L；

　　　　V——试样定容体积，mL；

　　　　K——稀释倍数；

　　　　m——试样质量，g 或 mL。

 阅读材料

二噁英

二噁英（dioxin），也称二噁因。属于氯代三环芳烃类化合物，是由 200 多种异构体、同系物等组成的混合体，它实际上包括了当今世界上两类最危险的环境污染物——多氯代二苯并二噁英（poly-*o*-chlorinated dibenzodioxin，PCDD）和多氯代二苯并呋喃（poly-*o*-chlorinated dibenzofuran，PCDF）。

二噁英的发生源主要有两个：一是在制造包括农药在内的化学物质，尤其是氯系化学物质（如杀虫剂、除草剂、木材防腐剂、落叶剂、多氯联苯等产品）的过程中派生；二是来自对垃圾的焚烧。焚烧温度低于 800℃，塑料之类的含氯垃圾不完全燃烧，极易生成二噁英。

二噁英随烟雾扩散到大气中，通过呼吸进入人体的是极小部分，更多的则是通过食品被人体吸收。以鱼类为例，二噁英粒子随雨落到江湖河海被水中的浮游生物吞食，浮游生物被小鱼吃掉，小鱼又被大鱼吃掉，二噁英在食物链全程中慢慢积淀浓缩。有资料表明，大鱼体内二噁英的浓度已是水中的 3000 多倍，而处于食物链末端的人类，当食用了被二噁英污染的禽畜肉、蛋、奶及其制成品，如黄油、奶酪、香肠、火腿等，二噁英也就进入了人体并且将会有更多的聚集。可怕的是，一旦摄入二噁英就很难排出体外，积累到一定程度，它就引起一系列严重疾病。

二噁英使人体中毒后先出现非特异症状，如眼睛、鼻子和喉咙等部位有刺激感，头晕，不适感和呕吐。接着在裸露的皮肤上（如脸部、颈部）出现红肿，数周后出现"氯痤疮"等皮肤受损症状，有 1mm~1cm 的囊肿，中间有深色的粉刺，周边皮肤有色素沉着，有时伴有毛发增生。氯痤疮可持续数月乃至数年。

此外，二噁英急性中毒症状还有肝肿，肝组织受损，肝功能改变，血脂和胆固醇增高，消化不良，腹泻，呕吐等。精神-神经系统症状主要为失眠，头痛，烦躁不安，易激动，视力和听力减退以及四肢无力，感觉丧失，性格变化，意志消沉等。

最令人注目的是二噁英的致癌性和致畸性。动物实验已证实二噁英的致癌性。观察表明，长期接触二噁英的人，其癌症发病率明显提高。

国际组织已把二噁英从可疑致癌物重新划分为人类一级致癌物。

思考题

1. 近几年所发生的食品安全事件主要有哪些？所使用违法添加的非食用物质与食品添加剂有何区别？

2. 吊白块是什么物质？为什么不能作为食品漂白添加剂使用？

3. 三聚氰胺为什么又被称为"蛋白精"？如何检测？

4. 食用含瘦肉精肉品中毒的主要临床表现有哪些？如何检测？

第十章
食品中食品卫生微生物的测定

 学习指南

本章讲述了食品卫生微生物检验指标，主要包括菌落总数的测定、大肠菌群的测定及常见致病菌和真菌的检验方法。通过本章学习，应达到如下要求：

(1) 了解食品卫生微生物检验的意义；

(2) 了解食品卫生微生物检验的种类和一般程序；

(3) 了解检样的处理及培养基的制备方法；

(4) 学会菌落总数、人肠菌群及常见致病菌和真菌的检验方法。

第一节 概 述

食品卫生微生物测定是应用微生物学的理论和实验方法，根据卫生学的观点研究食品中微生物的有无、种类、性质、活动规律等以判断食品的卫生质量。

一、食品卫生微生物检验的意义

食品中丰富的营养成分为微生物的生长、繁殖提供了充足的物质基础，食品在微生物的作用下，会腐败变质，失去其应有的营养成分。更重要的是，一旦人们食用了被有害微生物污染的食品，会发生各种中毒现象，如各类细菌性食物中毒、真菌性食物中毒，严重的会危及生命。因此，在食用之前对食品进行食品卫生微生物检验，是鉴定食品质量、确保安全的一项重要工作，也是食品卫生标准中的一个重要内容。

二、食品卫生微生物检验的种类

(1) 感官检验 通过观察食品表面有无霉斑、霉状物、粒状、粉状、毛状物；色泽是否变灰、变黄等；有无霉味及其他异味；食品内部是否生霉变质，从而确定食品的霉变程度。

(2) 直接镜检 对送检样品在显微镜下进行菌体测定计数。

(3) 培养检验 根据食品的特点和分析目的选择适宜的培养方法求得带菌量。

三、食品卫生微生物检验中样品的采集

与理化指标的检验一样，微生物学检验的第一步是样品的采集。采样前要了解所采样品

的来源、加工、贮藏、包装、运输等情况，采样时必须做到：使用的器械和容器须经灭菌，严格进行无菌操作；不得加防腐剂；液体样品应搅拌均匀后采取，固体样品应在不同部位采取以使样品具代表性；取样后及时送检，最多不得超过 4h，特殊情况可冷藏。常见样品的采集方法如下：

1. 固体样品

（1）肉及肉制品

① 生肉及脏器。如系屠宰后的畜肉，可在开腔后用无菌刀割去两腿内侧肌肉 50g；如系冷藏或市售肉，可用无菌刀割去腿肉或其他部位肉 50g；如系内脏，可用无菌刀根据需要割取适宜检验的脏器。所采样品应及时放入灭菌容器内。

② 熟肉及灌肠类肉制品。用无菌刀割取不同部位的样品，放入灭菌容器内。

（2）乳和乳制品　如是散装或大包装，用无菌刀、勺取样，采取不同部位具有代表性的样品；如是小包装则取原包装品。

（3）蛋制品

① 鲜蛋：用无菌方法取完整的鲜蛋。

② 鸡全蛋粉、巴氏消毒鸡全蛋粉、鸡蛋黄粉、鸡蛋白片：在包装铁箱开口处用 75% 酒精消毒，然后用灭菌的取样探子斜角插入箱底，使样品填满取样器后提出箱外，再用灭菌小匙自上、中、下部采样 100～200g，装入灭菌广口瓶中。

③ 冰全蛋、巴士消毒的冰全蛋、冰蛋黄、冰蛋白：先将铁听开口处的外部用 75% 酒精消毒，而后开盖，用灭菌的电钻由顶到底斜角插入，取出电钻后由电钻中取样，放入灭菌瓶中。

2. 液体样品

原包装瓶样品取整瓶，散装样品可用无菌吸管或匙采取。如是冷冻液食品，采取原包装放入隔热容器内。

3. 罐头

根据厂别、商标、品种来源、生产时间分类进行采取，视具体情况确定数量。采取原包装放入隔热容器内。

四、食品卫生微生物检验的样品处理

1. 固体样品

用灭菌刀、剪或镊子称取不同部位的样品 10g，剪碎放入灭菌容器内，加一定量的水（不易剪碎的可加海沙研磨）混匀，制成 1∶10 混悬液，进行检验。在处理蛋制品时，加入约 30 个玻璃球，以便振荡均匀。生肉及内脏，先进行表面消毒，再剪去表面样品采集深层样品。

2. 液体样品

（1）原包装样品　用点燃的酒精棉球消毒瓶口，再用经石炭酸或来苏尔消毒液消毒过的纱布将瓶口盖上，用经火焰消毒的开罐器开启。摇匀后用无菌吸管吸取。

（2）含有二氧化碳的液体样品　按上述方法开启瓶盖后，将样品倒入无菌磨口瓶中，盖上消毒纱布，将盖开一缝，轻轻摇动，使气体逸出后进行检验。

（3）冷冻食品　将冷冻食品放入无菌容器内，溶化后检验。

3. 罐头

（1）密闭试验　将被检验罐头置于 85℃ 以上的水浴中，使罐头沉入水面以下 5cm，观察 5min，如有小气泡连续上升，表明漏气。

（2）膨胀试验　将罐头放在 37℃±2℃ 环境下 7 天，如是水果、蔬菜罐头放在 20～25℃

环境下 7 天，观察其盖和底有无膨胀现象。

（3）检验　先用酒精棉球擦去罐上油污，然后用点燃的酒精棉球消毒开口的一端。用来苏尔消毒液纱布盖上，再用灭菌的开罐器打开罐头，除去表层，用灭菌匙或吸管取出中间部分的样品进行检验。

五、食品卫生微生物检验的指标

食品卫生标准中的微生物指标一般分为细菌总数、大肠菌群、致病菌三项。

1. 细菌总数

食品中细菌总数通常以每克、每毫升或每平方厘米面积食品上的细菌数而言，但不考虑其种类。根据所用检测计数方法不同，有两种表示方法：一是在严格规定的条件下（样品处理、培养基及其 pH、培养温度与时间、计数方法等），使适应这一条件的每一个活菌总数细胞必须而且只能生成一个肉眼可见的菌落，经过计数所获得结果称为该食品的菌落总数；二是将食品经过适当处理（溶解和稀释），在显微镜下对细菌细胞数进行直接计数，这样计数的结果，既包括活菌，也包括尚未被分解的死菌体，因此称为细菌总数。目前中国的食品卫生标准中规定的细菌总数实际上是指菌落总数。

检测食品中细菌总数可用以判断食品被污染的程度，还可预测食品存放的期限。有报道，在 0℃ 条件下，每平方厘米细菌总数为 10^5 个的鱼只能保存 6 天，如果细菌总数为 10^3 个，则可延至 12 天。

细菌总数必须与其他检测指标配合，才能对食品的质量作出正确的判断，因有时食品中的细菌总数很多，而食品不一定会出现腐败变质现象。

2. 大肠菌群

大肠菌群是指一群好氧及兼性厌氧，在 37℃、24h 能分解乳糖产酸产气的革兰阴性无芽孢杆菌。主要包括埃希菌属，称为典型大肠杆菌；其次还有柠檬细菌属、肠杆菌属、克雷伯菌属等，习惯上称为非典型大肠杆菌。

大肠菌群能在很多培养基和食品上繁殖，在 −2～50℃ 范围内，均能生长。适应 pH 范围也较广，为 4.4～9.0。大肠菌群能在只有一种有机碳（如葡萄糖）和一种氮源（如硫酸铵）以及一些无机盐类组成的培养基上生长。在肉汤培养基上，37℃ 培养 24h，就出现可见菌落。它们能够在含有胆盐的培养基上生长（胆盐能抑制革兰阳性杆菌）。大肠菌群的一个最显著特点是能分解乳糖而产酸产气。利用这一点能够把大肠菌群与其他细菌区别开来。

检测大肠菌群一则作为食品被粪便污染的指标（一般认为大肠菌群是直接或间接来自人与温血动物的粪便），另外，该指标还可作为肠道致病菌污染食品的指标菌。

大肠菌群检验结果，中国和其他许多国家均采用每 100mL（g）样品中大肠菌群最近似数来表示，简称为大肠菌群 MPN。它是按一定方案检验结果的统计数值。这种检验方案，在我国统一采用样品两个稀释度各三管的乳糖发酵三步法。根据各种可能的检验结果，编制相应的 MPN 检索表供实际查阅用。

3. 致病菌

致病菌指肠道致病菌、致病性球菌、沙门菌等。食品卫生标准规定食品中不得检出致病菌，否则人们食用后会发生食物中毒，危害身体健康。

由于致病菌的种类较多，而食品中致病菌的总数含量一般不太多，在实际检测中，一般根据不同食品的特点，选定比较有代表性的致病菌作为检测的重点，并以此来判断某种食品中有无致病菌的存在。例如蛋粉规定沙门菌作为致病菌检测的代表；酸牛奶规定肠道致病菌和致病性球菌是检测重点。将致病菌的检测结果和大肠菌群、细菌总数等其他指标综合分析，就能对某种食品的质量作出准确的结论。

第二节　菌落总数的测定

　　菌落总数是指食品检样经过处理，在一定条件下培养后，所得 1g 或 1mL 检样中所含细菌菌落的总数。菌落总数可作为判定食品被污染程度的标志，也可利用此法观察细菌在食品中繁殖的动态，以作为对被检样品进行卫生学评价的依据。

一、标准平板培养计数法

　　每种细菌都有其一定的生理特性，当对某种细菌进行培养时，应采取适合其生理条件的培养条件，如温度、pH、供氧量、培养时间等。但在实际工作中，一般采用常用的培养方法作细菌菌落总数的测定，其结果只包括一群能在营养琼脂上发育的嗜中温性培养菌的菌落总数。

　　(1) 设备和材料　恒温箱（36℃±1℃）；冰箱（0～4℃）；恒温水浴（46℃±1℃）；天平；电炉（可调式）；吸管（容量为 1mL 和 10mL，标有 0.1mL 单位的刻度）；广口瓶或锥形瓶（容量为 500mL）；钵；试管架；灭菌刀或剪刀；灭菌镊子；酒精棉球；登记簿；玻璃蜡笔。

　　(2) 培养基和试剂

　　① 营养琼脂培养基。

　　a. 成分。蛋白胨 10g；琼脂 15～20g；牛肉膏 3g；蒸馏水 1000mL。

　　b. 制法。将除琼脂外的各成分溶解于蒸馏水中，加入 15％氢氧化钠溶液约 2mL，校正 pH 至 7.2～7.4。加入琼脂，加热煮沸，使琼脂溶化。分装烧瓶，121℃高压灭菌 15min。倾注平板。

　　② 75％乙醇。

　　③ 生理盐水或其他稀释液：定量分装于玻璃瓶和试管内，灭菌。

　　(3) 操作步骤

　　① 检样稀释及培养。以无菌操作，将检样 25g（或 25mL）剪碎放于含有 225mL 灭菌生理盐水或其他稀释液的灭菌玻璃瓶（瓶内放有适当的玻璃珠）或灭菌乳钵内，经充分振摇或研磨调成 1∶10 的均匀稀释液。

　　固体检样在加入稀释液后，最好置灭菌均质器中以 8000～10000r/min 的速度处理 1min，制成 1∶10 的均匀稀释液。

　　用 1mL 灭菌吸管吸取 1∶10 稀释液 1mL，沿管壁徐徐注入含有 9mL 灭菌生理盐水或其他稀释液的试管内（注意吸管尖端不要触及管内稀释液），振摇试管混合均匀，调成 1∶100 的稀释液。

　　另取 1mL 灭菌吸管，按上述操作顺序，作 10 倍递增稀释液，如此每递增稀释一次，即换用一支 1mL 灭菌吸管。

　　根据食品卫生标准要求或对标本污染情况的估计，选择 2～3 个适宜稀释度，分别在作 10 倍递增稀释的同时，即以吸取该稀释度的吸管移 1mL 稀释液于灭菌平皿内，每个稀释度作两个平皿。

　　稀释液移入平皿后，应及时将晾至 46℃营养琼脂培养基（事先置于 46℃±1℃水浴保温）注入平皿约 15mL，并转动平皿使之混合均匀。同时将营养琼脂培养基倾入加有 1mL 稀释液（不含样品）的灭菌平皿内做空白对照。

待琼脂凝固后，翻转平板，置 36℃±1℃温箱内培养 48h±2h。

② 菌落计数方法。作平板菌落计数时，可用肉眼观察，必要时用放大镜检查，以防遗漏。在记下各平板的菌落数后，求出同稀释度的各平板平均菌落数。

③ 菌落计数的报告。

a. 平板菌落数的选择。选取菌落数 30～300 之间的平板作为菌落总数测定标准。一个稀释度使用两个平板，应采用两个平板平均数，其中一个平板有较大片状菌落生长时，则不宜采用，而应以无片状菌落生长的平板作为该稀释度的菌落数。若片状菌落不到平板的一半，而其余一半中菌落分布又很均匀，即可计算半个平板后乘 2 以代表全皿菌落数。平皿内如有链状菌落生长时（菌落之间无明显界限），若仅有一条链，可视为一个菌落；如果有不同来源的几条链，则应将每条链作为一个菌落计。

b. 稀释度的选择。

• 应选择平均菌落数在 30～300 之间的稀释度，乘以稀释倍数报告。

• 若有两个稀释度，其生长的菌落数均在 30～300 之间，应视二者之比决定报告数：若比值小于 2，则报告其平均数；若大于 2 则报告其中较小的数字。

• 若所有稀释度的平均菌落数均大于 300，则应按稀释度最高的平均菌落数乘以稀释倍数报告。

• 若所有稀释度的平均菌落数均小于 30，则应按稀释度最低的平均菌落数乘以稀释倍数报告。

• 若所有稀释度均无菌落生长，则以小于 1（<1）乘以最低稀释倍数报告。

• 若所有稀释度的平均菌落数均不在 30～300 之间，其中一部分大于 300 或小于 30 时，则以最接近 30 或 300 的平均菌落数乘以稀释倍数报告。

c. 菌落数的报告。菌落数在 100 以内时，按其实际数据报告；大于 100 时以四舍五入取两位有效数字。数字较大时可用 10 的指数来表示。

上述稀释度的选择和菌落数报告方式可参见表 10-1。

表 10-1　稀释度选择及菌落数报告方式

例　次	稀释液及菌落数			两稀释液之比	菌落总数 /（个/g）[或（个/mL）]	报告方式 /（个/g）[或（个/mL）]
	10^{-1}	10^{-2}	10^{-3}			
1	多不可计	164	20	—	16400	16000 或 1.6×10^4
2	多不可计	296	46	1.6	37750	38000 或 3.8×10^4
3	多不可计	271	60	2.2	27100	27000 或 2.7×10^4
4	多不可计	多不可计	313	—	313000	310000 或 3.1×10^5
5	27	11	5	—	270	270 或 2.7×10^2
6	0	0	0	—	$<1 \times 10$	<10
7	多不可计	305	14	—	30500	31000 或 3.1×10^4

二、其他菌落总数的测定方法

各种细菌的适应生长的温度有高温、中温和低温之分，所需的 pH 和营养条件也不相同，因此一概用标准平板培养法测定，有时却不能很好地反映食品的卫生质量。为此，有些情形下需采用特殊的测定方法，现介绍几种其他菌落总数的测定方法：

1. 嗜冷菌计数

采样应立即进行检验，进行冷藏。用无菌吸管吸取冷检样液 0.1mL 或 1mL 于表面已十分干燥的 TS 琼脂或 CVT 琼脂平板上，继以无菌 L 形玻璃棒涂布开来，放置片刻，使水分被琼脂吸入，将平皿倒置于 7℃±1℃ 的环境中培养 10d；然后取出计数。

2. 嗜热性细菌（芽孢）计数

将检样 25g 加 225mL 无菌水的溶液或悬浮液迅速煮沸（贮于烧瓶内），并煮沸 5min（以杀死细菌繁殖体及耐热性低的芽孢）后，即将烧瓶浸于冷水内。

（1）平酸菌计数　在 5 只无菌培养皿中各注入 2mL 上述热处理过的液体，用葡萄糖-胰胨琼脂作倾注平板，凝固后，在 50～55℃ 培养 48～72h，计算 5 个平板上菌落的平均数。

平酸菌在上述琼脂平板上的菌落为圆形，直径 2～5mm，具不透明的中心及黄色晕，晕很狭，在弱产酸菌菌落周围不存在，或不易观察到。平板从培养箱内取出后应立即进行细菌计数，因为黄色会很快消退。如在 48h 培养后酸形成与否不易辨别，则可培养到 72h。

（2）不产生硫化氢的嗜热性厌氧菌检验　将上述热处理过的检样液体加入等量新制备的去氧肝汤（总量为 20mL）中，以无菌 2% 琼脂封顶，先加温到 50～55℃，再在 55℃ 中培养 72h，当有气体生成（琼脂塞破裂，气味似干酪）时，可以认为有嗜热性厌氧菌存在。

（3）产生硫化氢的嗜热性厌氧菌计数　将上述热处理过的检样液体加入到已熔化的亚硫酸盐琼脂中（总量 20mL），一式六份。浸试管于冷水内，使培养基固化，继之预加温到 50～55℃，在 55℃ 培养 48h。能致硫化物性变败的细菌会在亚硫酸盐琼脂管内形成特征性的黑小片。气体不积聚，因为硫化氢可以硫化铁形式被固定。某些嗜热性细菌不生成 H_2S，但代之以生成强大还原性氢，使全部培养基变黑色。计算黑小片数目。

亚硫酸盐琼脂：胰胨 10g、亚硫酸钠 1g、琼脂 20g、硫乙醇酸钠 5g、5% 柠檬酸铁 10mL、蒸馏水 1 000mL，121℃ 高压灭菌 20min，自然 pH。

3. 厌氧培养菌计数

将检样液体稀释液 1mL，注入于已熔化并晾至 45～50℃ 的硫乙醇酸钠琼脂管内，振摇均匀，倾注平板。待冷凝，在其上层叠一层 3% 无菌琼脂，凝固后，在 37℃ 培养 96h，计数时计算所生长的菌落。

硫乙醇酸盐琼脂：胰消化干酪素 15g、l-胱氨酸 0.5g、酵母浸膏 5g、葡萄糖 5g、氯化钠 2.5g、硫乙醇酸钠 0.5g、刃天青 0.001g、琼脂 15g、蒸馏水 1000mL，pH 为 7.0～7.1，121℃ 灭菌 15min。

4. 革兰阴性菌计数

先倾注 15～20mL 平板计数用琼脂于无菌培养皿中，待凝固，在 37℃ 烘去表面水分。吸注检样稀释液 0.1mL 于平板上，一式两份。立即用无菌 L 形玻璃棒涂开，放置片刻，再层叠以熔化后晾到 45～50℃ 的 VRB 琼脂 3～4mL。在 30℃ 培养 48h 后，计数菌落。

5. 乳酸菌、乳酸链球菌、双歧杆菌计数

检验方法同菌落总数测定时一样，先将样品稀释，再吸取 1mL 稀释样于培养皿中，加入 43～45℃ 的溴甲酚紫（BCP）培养基或改良 LAB 培养基、豆芽汁培养基、改良 MRS 琼脂、心脑培养基等，轻轻转动均匀，凝固后倒置于 35～37℃ 温箱中，需氧或厌氧培养 72h±3h 计数菌落，从而根据稀释度求出 1mL（或 1g）样品中的乳酸菌数、链球菌数或双歧杆菌数。

BCP 用于计数乳酸菌、链球菌；改良 LAB 用于计数三种菌；豆芽汁培养基用于计数链球菌；改良 MRS 琼脂用于计数乳酸菌；心脑培养基用于计数双歧杆菌。

第三节　大肠菌群的测定

一、乳糖发酵法

大肠菌群系指一群在 37℃、24h 能发酵乳糖，产糖、产酸、产气、需氧和兼性厌氧的革兰阴性无芽孢杆菌。该菌主要来源于人畜粪便，故以此作为粪便污染指标来评价食品的卫生质量，具有广泛的卫生学意义。食品中大肠菌群数是以每 100mL(g) 检样内大肠菌群最可能数（MPN）表示。

（1）设备和材料

温箱（36℃±1℃）；水浴（44℃±0.5℃）；天平；显微镜；均质器或乳钵；温度计；平皿；试管；载玻片。

（2）培养基和试剂

① 乳糖胆盐发酵管。

a. 成分。蛋白胨 20g；蒸馏水 1000mL；0.04％溴甲酚紫水溶液 25mL；乳糖 10g；猪胆盐（或牛、羊胆盐）5g；pH—7.4。

b. 制法。将蛋白胨、胆盐及乳糖溶于水中，校正 pH，加入指示剂，分装每管 10mL，并放入一个小导管 115℃高压灭菌 15min。双料乳糖胆盐发酵管除蒸馏水外，其他成分加倍。

② 伊红美蓝琼脂（EMB）。

a. 成分。蛋白胨 10g；磷酸氢二钾 2g；2％伊红溶液 20mL；蒸馏水 1000mL；乳糖 10g；琼脂 17g；0.65％美蓝溶液 10mL；pH=7.1。

b. 制法。将蛋白胨、磷酸盐和琼脂溶解于蒸馏水中，校正 pH，分装于烧瓶内，121℃高压灭菌 15min 备用。临用时加入乳糖并加热溶化琼脂，冷至 50～55℃，加入伊红和美蓝溶液，摇匀，倾注平板。

③ 乳糖发酵管。

a. 成分。蛋白胨 20g；0.04％溴甲酚紫水溶液 25mL；乳糖 10g；蒸馏水 1000mL；pH=7.4。

b. 制法。将蛋白胨及乳糖溶于水中，校正 pH，加入指示剂，按检验要求分装 30mL、10mL 或 3mL，并放入一个小倒管 115℃高压灭菌 15min。双料乳糖发酵管除蒸馏水外，其他成分加倍。30mL 和 10mL 乳糖发酵管专供酱油及酱类检验用，3mL 乳糖发酵管供大肠菌群证实试验用。

④ 革兰染色液。

（3）操作步骤

① 检样稀释。以无菌操作将检样 25mL（或 25g）放入含有 225mL 灭菌生理盐水或其他稀释液的灭菌玻璃瓶内（瓶内预置适当数量的玻璃珠）或灭菌乳钵内，经充分振摇或研磨制成 1∶10 的均匀稀释液。固体检样最好用均质器，以 8000～10000r/min 处理 1min，制成 1∶10 的均匀稀释液。

用 1mL 灭菌吸管吸取 1∶10 稀释液 1mL，注入含有 9mL 灭菌生理盐水或其他稀释液的试管内，振摇混匀，制成 1∶100 的稀释液。

另取 1mL 灭菌吸管，按上项操作依次作 10 倍递增稀释液，每递增稀释一次，换用一支 1mL 灭菌吸管。

根据食品卫生标准要求或对检样污染情况的估计,选择 3 个稀释度,每个稀释度接种 3 管。

② 乳糖发酵试验。将待检样品接种于乳糖胆盐发酵管内,接种量在 1mL 以上者,用双料乳糖胆盐发酵管;1mL 及 1mL 以下者,用单料乳糖胆盐发酵管。每一稀释度接种 3 管,置 36℃±1℃温箱内,培养 24h±2h。如所有乳糖胆盐发酵管都不产气,则可报告为大肠菌群阴性;如有产气者,则按下列程序进行。

③ 分离培养。将产气的发酵管分别接种在伊红美蓝琼脂板上,置 36℃±1℃温箱内,培养 18～24h,然后取出,观察菌落形态,并做革兰染色和证实试验。

④ 证实试验。在上述平板上挑取可疑大肠菌群菌落 1～2 个进行革兰染色,同时接种乳糖发酵管,置 36℃±1℃温箱内培养 24h±2h,观察产气情况,凡乳糖管产气、革兰染色为阴性的无芽孢杆菌,即可报告为大肠菌群阳性。

(4) 报告 根据证实为大肠菌群阳性的管数,查 MPN 检索表(见表 10-2),报告每 100mL(g) 大肠菌群的 MPN 值。

表 10-2 大肠菌群最可能数(MPN)检索表

阳 性 管 数			MPN 100mL(g)	95％可信限	
1mL(g)×3	0.1mL(g)×3	0.01mL(g)×3		下 限	上 限
0	0	0	<30		
0	0	1	30	<5	90
0	0	2	60		
0	0	3	90		
0	1	0	30	<5	130
0	1	1	60		
0	1	2	90		
0	1	3	120		
0	2	0	60		
0	2	1	90		
0	2	2	120		
0	2	3	160		
0	3	0	90		
0	3	1	130		
0	3	2	160		
0	3	3	190		
1	0	0	40	<5	200
1	0	1	70	10	210
1	0	2	110		
1	0	3	150		
1	1	0	70	10	230
1	1	1	110	30	360
1	1	2	150		
1	1	3	190		
1	2	0	110	30	360
1	2	1	150		
1	2	2	200		
1	2	3	240		
1	3	0	160		
1	3	1	200		
1	3	2	240		
1	3	3	290		

续表

阳　性　管　数			MPN	95%可信限	
1mL(g)×3	0.1mL(g)×3	0.01mL(g)×3	100mL(g)	下　限	上　限
2	0	0	90	10	360
2	0	1	140	30	370
2	0	2	200		
2	0	3	260		
2	1	0	150	30	440
2	1	1	200	70	890
2	1	2	270		
2	1	3	340		
2	2	0	210	40	470
2	2	1	280	100	1500
2	2	2	350		
2	2	3	420		
2	3	0	290		
2	3	1	360		
2	3	2	440		
2	3	3	530		
3	0	0	230	40	1200
3	0	1	390	70	1300
3	0	2	640	150	3800
3	0	3	950		
3	1	0	430	70	2100
3	1	1	750	140	2300
3	1	2	1200	300	3800
3	1	3	1600		
3	2	0	930	150	3800
3	2	1	1500	300	4400
3	2	2	2100	350	4700
3	2	3	2900		
3	3	0	2400	360	13000
3	3	1	4600	710	24000
3	3	2	11000	1500	48000
3	3	3	≥24000		

注：1. 本表采用 3 个稀释度〔1mL(g)、0.1mL(g)、0.01mL(g)〕，每稀释度 3 管。

2. 表内所列检样量如改用 10mL(g)、1mL(g) 和 0.1mL(g) 时，表内数字相应降低 10 倍；如改用 0.1mL(g)、0.01mL(g) 和 0.001mL(g) 时，则表内数字相应增加 10 倍。其余可类推。

二、LTSE 快速检验法

因乳糖发酵法费时，为了快速检验的需要，卫生部于 1999 年颁布了 LTSE 快速检验法，该法与国标法符合率很高，达 99% 以上。

（1）原理　不同的细菌以不同途径分解糖类，在其代谢过程中均能产生丙酮酸及转变为各种酸类，大肠菌群能分解乳糖，由于具有甲酸解氢酶作用于甲酸，产生氢气和二氧化碳气体，因此气体的产生是在产酸的同时进一步分解酸而形成的。据此将样品接种到 LTSE 培养基肉汤内15h，观察有无产气现象，然后加氧化酶试验和涂片革兰染色镜检结果综合判断是否有大肠菌群的存在。

（2）操作步骤

① 检样稀释。以无菌操作将检样25mL（或25g）放于含有225mL灭菌生理盐水的无菌瓶内，经研磨或充分振摇溶解成为1∶10的均匀稀释液。固体检样最好用均质器，以8000～10000r/min的速度处理1min做成1∶10的均匀稀释液。

用1mL灭菌吸管吸取1∶10稀释液1mL，注入含有9mL灭菌生理盐水或其他稀释液的试管内，振摇试管混匀，做成1∶100的稀释液。

另取1mL灭菌吸管，按上述操作依次10倍递增稀释液，每递增稀释一次，换用1支1mL灭菌吸管。

根据食品卫生标准要求或对检样污染情况的估计，选择3个稀释度，每个稀释度接种3管。

② 预测试验。将待检样品接种于LTSE发酵管内，接种在10mL或10mL以上者，用双料LTSE发酵管，1mL及1mL以下者，用单料LTSE发酵管。预测试验采用9管法，每一稀释度接种3管，置37℃±1℃温管内，培养15h±1h观察结果，如有混浊并产气者，即表示为阳性管。

以上阳性管继续按下列程序做证实试验。

③ 证实试验。

a. 菌液涂片。用直径3～4mm的接种环挑取菌液2～3环进行革兰染色，镜检。有革兰阴性无芽孢杆菌，而杂菌无或少。

b. 氧化酶试验。产气管取约0.5～1mL培养物，滴加氧化酶试剂2～3滴摇匀，呈粉红色或深红色示为氧化酶阳性，不变色或呈试剂的本色为阴性反应。

（3）结果判断和报告　如有产气，氧化酶阴性并从形态上见到革兰阴性的无芽孢杆菌，表示有大肠菌群存在，然后查MPN检查表，计算MPN值。

三、其他大肠菌群快速检验法

1. TTC（氯化三苯四氮唑）显色快速法

（1）培养基　TTC乳糖培养基；三料TTC乳糖培养基。

（2）检验方法

① 接种。每份样品以无菌操作接种1mL、0.1mL及0.01mL。各3管于TTC乳糖培养基中，如接种量为10mL，则用三料TTC乳糖培养基。

② 培养。接种后置35～37℃温箱培养18～24h。

（3）结果判断　观察TTC乳糖培养液有无产红色及产气，结果判定如表10-3。

表10-3　显色法大肠菌群结果判定

显　色	产　气	大肠菌群判定
紫红色、深红色、红色、浅红色、局部红色	＋	阳　性
紫红色、深红色、红色、浅红色、局部红色	－	阴　性
小红点或局部浅红色	＋	阳　性
无色透明或有小红点、局部浅红色	－	阴　性
不变红色	＋	阴　性

（4）报告结果　根据阳性管数，查对大肠菌群MPN检索表。

2. DC（去氧胆酸钠）半固体试管快速法

（1）培养基　DC（去氧胆酸钠）培养基

（2）检验方法

① 样品处理。各类样品的处理与接种量均按国标方法要求进行。

② 接种。

a. 流体样品。吸取原液 3 个 1mL，分别注入 3 个灭菌中试管内；再吸取 1∶10 和 1∶100 稀释样品各 3 个 1mL 分别加入灭菌中试管内，每管 1mL。

b. 固体样品。吸取 1∶10 混悬液 3 个 1mL（1g 样品），分别注入 3 个灭菌中试管内；再吸取 1∶10 和 1∶100 稀释样品各 3 个 10mL 分别加入灭菌中试管内，每管 1mL。

c. 加入培养基与培养。接种 1mL 样品的试管，注入已熔化并冷却至 50℃ 左右 DC 半固体培养基 3mL。接种 10mL 样品的试管加入 3 倍 DC 培养基 5mL，立即将样品与培养基充分混合，待凝固后，置 37℃ 温箱内培养 18～24h，取出观察结果。

（3）结果判定

① 培养基为橘红色，有气泡产生或琼脂崩裂，记录为"＋＋"。

② 培养基为橘红色，或有橘红色菌落无气泡和琼脂崩裂现象，记录为"＋"。

③ 培养基为绿色，有黄色菌落无气泡和琼脂崩裂现象，记录为"±"。

④ 培养基为绿色，记录为"－"。

（4）报告结果

根据结果判定为①、④反应结果，记录阳性管数，直接查对 MPN 检索表，报告之。

如遇②、③反应结果，可挑 2～3 个可疑大肠菌群菌落接种乳糖复发酵管，置 37℃ 温箱培养 18～24h，根据产酸产气管数查对 MPN 检索表，报告之。

3. 纸片快速法

（1）制备

① 培养基：蛋白胨（优质胨）1g；3 号胆盐 0.1g；乳糖 1.5g；$K_2HPO_4 \cdot 3H_2O$ 0.4g；1.6% 溴甲酚紫溶液 0.5mL；琼脂糖 0.1g；蒸馏水 100mL；4% TTC 溶液 2.5mL；氯化钠 0.5g。

上述成分除溴甲酚紫和 TTC 外，其他成分加热溶解，冷后调 pH＝7.0～7.2，再按量加入溴甲酚紫溶液，混匀，116℃ 灭菌 15min，冷至 60℃ 左右按量加入 TTC 溶液，混匀，即可浸渍纸片。然后用无菌镊子将纸片排放于消毒的大搪瓷盘内，放 40℃ 左右恒温室或 37℃ 温箱烘干。无菌操作装入消毒的塑料袋内，包装好放冰箱保存备用。

② 纸片制备。为新华中速定性滤纸，切成 10cm×12cm，叠成 5cm×6cm 大小的双层纸片，经干烤或高压灭菌（高压后于 37℃ 温箱烘干）后备用。

③ 塑料袋。为耐高温的聚丙塑料薄膜袋，可按实验要求压合成一定规格的袋，116℃ 15min 灭菌后备用。

（2）检验方法

① 样品处理。液体样品按国标方法进行；固体样品，取 25g 样品，研碎加入 25mL 灭菌盐水混匀。

② 接种。液体样品吸取 3 个 1mL 分别涂布于 3 张纸片，再吸取 1∶10 和 1∶100 稀释液各 3 个 1mL，分别涂布于 3 张纸片；固体样品，吸取 1∶1 混悬液 3 个 1mL（1g）分别涂布于 3 张纸片，再吸取 1∶10、1∶100 稀释液各 3 个 1mL，分别涂布于 3 张纸片。而后用手轻轻压平，置 36℃±1℃ 恒温箱，培养 15h 观察结果。

（3）结果判定

① 纸片上出现紫红色菌落，其周围有黄圈者为阳性。

② 纸片为一种颜色，无菌落生长者为阴性。

③ 纸片呈紫色，有紫红色菌落，其周围无黄圈者为阴性。

④ 酸性食品接种后，纸片变黄，经培养后无紫红色菌落为阴性。

⑤ 纸片变色呈现不典型菌落，结果可疑者应做复发酵进行验证。

（4）结果报告　根据纸片的阳性片数，查对大肠菌群 MPN 检索表，报告之。

第四节　常见致病菌的检验

一、大肠杆菌的检验

致泻大肠埃希菌俗称大肠杆菌，属肠杆菌科埃希菌属，大肠杆菌是埃希菌属的代表，与非病原性大肠埃希菌一样都是人畜的肠道细菌，可随粪便一起污染环境，污染食品。检验步骤如下：

（1）增菌　样品采集后应尽快检验，除易腐食品在检验之前应预冷藏外，一般不冷藏。以无菌手续称取检样 25g，加在 225mL 营养肉汤中，以均质器打碎 1min 或用乳钵加灭菌砂磨碎。取出适量，接种乳糖胆盐培养基，以测定大肠菌群 MPN 值，其余的移入 500mL 广口瓶内，于 36℃±1℃培养 6h，取出一接种环，接种于一管 30mL 肠道菌增菌肉汤内，于42℃培养 18h。

（2）分离　将乳糖发酵阳性的乳糖胆盐发酵管和增菌液分别划线接种麦康凯或伊红美蓝琼脂平板。污染严重的检样，可将检样匀液直接划线接种麦康凯或伊红美蓝琼脂平板，于（36±1）℃培养 18～24h，观察菌落。不但要注意乳糖发酵的菌落，同时也要注意不发酵和迟缓发酵的菌落。

（3）生化试验

① 自鉴别平板上直接挑取数个菌落分别接种于三糖铁琼脂（TSI）或克氏双糖铁琼脂（KI）上。同时将这些培养物分别接种于蛋白胨水、半固体琼脂、pH＝7.2 尿素琼脂、KCN肉汤和赖氨酸脱羧酶试验培养基。以上培养物均在 36℃培养过夜。

② TSI 斜面产酸或不产酸、底层产酸，H_2S 阴性，KCN 阴性和尿素阴性的培养物为大肠埃希菌。

TSI 底层不产酸，或 H_2S、KCN、尿素等试验中有任一项为阳性培养物，均非大肠埃希菌。必要时可做氧化酶试验和革兰染色。

（4）血清学试验

① 假定试验。挑取经生化试验证实为大肠埃希菌的琼脂培养物，用致病性大肠埃希菌、侵袭性大肠埃希菌和产肠毒素大肠埃希菌多价 O 血清和出血性大肠埃希菌 O157 血做玻片凝集试验。当与某一种多价血清凝集时，再与该多价血清所包含的单价 O 血清做试验。如与某一单价 O 血清呈现强凝集反应，即为假定试验阳性。

致泻大肠埃希菌所包括的 O 抗原群有 EPEC、EHEC（如 O157）、EIEC 和 ETEC 诸类群，参见有关致泻大肠埃希菌的 O 抗原菌群。

② 证实试验。制备 O 抗原悬液，稀释至与 Mac Farland 3 号比浊管相当的浓度。原效价为（1∶160）～（1∶320）的 O 血清，用 0.5％盐水稀释至 1∶40。稀释血清与抗原悬液在

10mm×75mm 是管内等量混合,做单凝集试验。混匀后放入 50℃ 水浴箱内,经 16h 后观察结果。如出现凝集,可证实为该 O 抗原。

二、沙门菌的检验

用于沙门菌的检验方法包括五个基本步骤:①前增菌;②选择性增菌;③选择性平板分离;④生化试验,鉴定到属;⑤血清学分型鉴定。

(1) 前增菌和增菌 冻肉、单品、乳品及豆类等加工食品均应经过前增菌。各称取检样 25g,加在装有 225mL 缓冲蛋白胨水的 500mL 广口瓶内。固体食品可先应用均质器,以 8000～10000r/min 打碎 1min 或用乳钵加灭菌砂磨碎,粉状食品用灭菌匙或玻璃棒研磨使之均化。于 36℃±1℃ 培养 4h(干蛋品需培养 18～24h)移取 10mL,接种于 100mL 氯化镁孔雀绿(MM)增菌液或四硫磺酸钠煌绿(TTB)增菌液内,于 42℃ 培养 18～24h。同时,另取 10mL,加于 100mL 亚硒酸盐胱氨酸(SC)增菌液内,于 36℃±1℃ 培养 18～24h。

鲜肉、鲜蛋、鲜乳或其他未经加工的食品不必经过增菌,各取 25g(25mL)加入灭菌生理盐水 25mL,按前法做成检样匀液。取其半量接种于 100mL(MM)增菌液或(TTB)增菌液,于 42℃ 培养 24h;另半量接种于 100mL(SC)增菌液内,于(36±1)℃ 培养 18～24h。

(2) 分离 取增菌液 1 环,划线接种于 1 个亚硫酸铋(BS)琼脂平板和 1 个 DHL 琼脂平板(或 HE 琼脂平板,或 WS、SS 琼脂平板)。两种增菌液可同时划线接种在同一平板上。于 36℃±1℃ 分别培养 18～24h(DHL、HE、WS、SS)或 40～48h(BS)。观察各个平板上生长的菌落。沙门菌群 Ⅰ、Ⅱ、Ⅳ、Ⅴ、Ⅵ 和 Ⅲ 在各个平板上的菌落特征见表 10-4。

表 10-4 沙门菌属各群在各种选择性琼脂平板上的菌落特征

选择性琼脂平板	Ⅰ、Ⅱ、Ⅳ、Ⅴ、Ⅵ	Ⅲ(即亚利桑那菌)
亚硫酸铋琼脂	产硫化氢菌落为黑色有金属光泽,棕褐色或灰色,菌落周围培养基可呈黑色或棕色。有些菌株不产生硫化氢,形成灰绿色菌落,周围培养基不变	黑色有金属光泽
DHL 琼脂	无色半透明;产硫化氢菌落中心带黑色或几乎全黑色	乳糖迟缓阳性或阴性的菌株,与亚属Ⅰ、Ⅱ、Ⅳ、Ⅴ、Ⅵ相同;乳糖阳性的菌株为粉红色,中心带黑色
HE 琼脂WS 琼脂	蓝绿色或蓝色;多数菌株产硫化氢,菌落中心黑色或几乎全黑色	乳糖阳性的菌株为黄色,中心黑色或几乎全黑色;乳糖迟缓阳性或阴性的菌株为蓝绿色或蓝色,中心黑色或几乎全黑色
SS 琼脂	无色半透明,产硫化氢菌株有的菌落中心带黑色,但不如以上培养基明显	乳糖迟缓阳性或阴性的菌株,与亚属Ⅰ、Ⅱ、Ⅳ、Ⅴ、Ⅵ相同;乳糖阳性的菌株为粉红色,中心黑色,但中心无黑色形成时,大肠埃希菌不能区别

(3) 生化试验

① 挑取选择琼脂平板上的可疑菌落,接种三糖铁琼脂。一般应多挑几个菌落,以防遗漏。在三糖铁琼脂内,各个菌属的主要反应见表 10-5。

表 10-5 说明在三糖铁琼脂内只有斜面产酸并同时硫化氢阴性的菌株可以排除,其他的反应结果均有沙门菌的可能,因此都需要做几项最低限度的生化试验。必要时做图片染色镜检应为革兰阴性短杆菌,做氧化酶试验应为阴性。

表 10-5　肠杆菌科各菌属在三糖铁琼脂内的反应结果

斜　面	底　层	产　气	硫化氢	可能的菌属和种
－	＋	＋/－	＋	沙门菌属,变形杆菌属,弗劳地枸橼酸杆菌,缓慢爱德华菌
＋	＋	＋/－	＋	沙门菌Ⅲ,弗劳地枸橼酸杆菌,普通变形杆菌
－	＋	＋	－	沙门菌属,埃希菌属,蜂窝哈夫尼亚菌,摩根菌,普罗菲登斯菌属
－	＋	－	－	伤寒沙门菌,鸡沙门菌,志贺菌属,大肠埃希菌,蜂窝哈夫尼亚菌,摩根菌,普罗菲登斯菌属
＋	＋	＋/－	－	埃希菌属,肠杆菌属,克雷伯菌属,沙雷菌属,弗劳地枸橼酸杆菌

注：＋/－表示多数阳性,少数阴性。

②　在接种三糖铁琼脂的同时,再接种蛋白胨水（供作靛基质试验）、尿素琼脂（pH＝7.2)、氰化钾培养基和赖氨酸脱羧酶试验培养基及对照培养基各一管,于 36℃±1℃ 培养 18～24h,必要时可延长至 48h,按表 10-6 判断结果。按反应序号分类,沙门菌属的结果应属于 A1、A2 和 B1,其他五种反应结果均可排除。

表 10-6　肠杆菌科各属生化反应初步鉴别表

反应序号	硫化氢(H₂S)	靛基质	pH＝7.2 尿素	氰化钾(KCN)	赖氨酸脱羧酶	判　定　菌　属
A1	＋	－	－	－	＋	沙门菌属
A2	＋	＋	－	－	＋	沙门菌属(少见)、缓慢爱德华菌
A3	＋	－	＋	＋	－	弗劳地枸橼酸杆菌、奇异变形杆菌
A4	＋	＋	＋	＋	－	普通变形杆菌
B1	－	－	－	－	＋	沙门菌属、大肠埃希菌
	－	－	－	－	－	甲型副伤寒沙门菌、大肠埃希菌、志贺菌属
B2	－	＋	－	－	＋	大肠埃希菌
	－	＋	－	－	－	大肠埃希菌、志贺菌属
B3	－	－	＋/－	＋	＋	克雷伯菌族各属
	－	－	＋	＋	－	阴沟肠杆菌、弗劳地枸橼酸杆菌
B4	－	＋	＋/－	＋	－	摩根菌、普罗菲登斯菌属

注：1. 三糖铁琼脂底层均应产酸,不产酸者可排除,斜面产酸与产气与否均不限。

2. KCN 和赖氨酸可选用其中一项,但不能划定结果时,仍需补做另一项。

反应序号 A1：典型反应,判定为沙门菌属。如尿素、KCN 和赖氨酸三项中有一项异常,按表 10-7 可判定为沙门菌。如有两项异常,则按 A3 判定为弗劳地枸橼酸杆菌。

反应序号 A2：可先做血清学鉴定,当 A～F 多价 O 血清不凝集时,补做甘露醇和山梨醇,按表 10-8 判定结果。

反应序号 B1：补做 ONPG。若 ONPG（＋）,为大肠埃希菌；若 ONPG（－）,即为沙门菌。同时沙门菌应为赖氨酸（＋）,若赖氨酸（－）,即为甲型副伤寒沙门菌,如表 10-7。

必要时可按表 10-9 进行沙门菌生化群的鉴别。

表 10-7　沙门菌鉴别表

pH＝7.2尿素	氰化钾(KCN)	赖氨酸	判　定　结　果
－	－	－	甲型副伤寒沙门菌(要求血清学鉴定结果)
－	＋	＋	沙门菌属Ⅳ或Ⅴ(要求符合本群生化特性)
＋	－	＋	沙门菌个别变体(要求血清学鉴定结果)

表 10-8 沙门菌鉴别表

甘 露 醇	山 梨 醇	判 定 结 果
+	+	沙门菌属靛基质阳性变体(要求血清学鉴定结果)
—	—	缓慢爱德华菌

表 10-9 沙门菌属各生化群的鉴别

项 目	Ⅰ	Ⅱ	Ⅲ	Ⅳ	Ⅴ	Ⅵ
卫矛醇	+	+	—	—	+	—
山梨醇	+	+	+	+	+	—
水杨苷	—	—	—	+	—	—
ONPG	—	—	+	—	—	—
丙二酸盐	—	—	+	—	—	—
KCN	—	—	—	+	+	—

三、 志贺菌检验

志贺菌在食品中的存活期较短,目前仍缺少理想的增菌方法,但其重要性不可忽视。检验步骤如下:

(1) 增菌 称取检样 25g,加入装有 225mL GN 增菌液的 500mL 广口瓶内(固体食品应用均质器以 8000～10000r/min 打碎 1min,或用乳钵加灭菌砂磨碎,粉状食品应用灭菌金属匙或玻璃棒研磨使其乳化),于 36℃±1℃培养 6～8h。

(2) 分离 取增菌液 1 环,划线接种于 HE 琼脂平板或 SS 琼脂平板一个,麦康凯琼脂平板或伊红美蓝琼脂平板一个,于 36℃±1℃培养 18～24h。志贺菌在这些培养基上呈现无色透明不发酵乳糖的菌落。

(3) 生化试验 挑取平板上的可疑菌落,接种三糖铁琼脂和半固体各一管。一般应多挑几个菌落以防遗漏。志贺菌属在三糖铁琼脂内的反应结果为底层产酸不产气(福氏志贺菌 6 型可微产气),斜面产碱,不产生硫化氢,无动力,在半固体管内沿穿刺线生长。具有以上特性的菌株,疑为志贺菌,可做血清凝集试验。

在做血清学试验的同时,应进一步做 V-P、苯丙氨酸脱氨酶、赖氨酸脱羧酶、西蒙柠檬酸盐和葡萄糖铵试验,志贺菌属均为阴性反应。必要时应做革兰染色检查和氧化酶试验,应为氧化酶阴性的革兰阴性杆菌,并以生化试验方法做 4 个生化群的鉴定,见表 10-10。

表 10-10 志贺菌属 4 个群的生化特性

生 化 群	5%乳糖	甘露醇	棉籽糖	甘 油	靛基质
A 群:痢疾志贺菌	—	—	—	(+)	—/+
B 群:福氏志贺菌	—	+	+	—	(+)
C 群:鲍氏志贺菌	—	+	—	(+)	—/+
D 群:宋内志贺菌	+/(+)	+	+	d	—

注:+阳性;—阴性;—/+多数阴性,少数阳性;(+)迟缓阳性;d有不同生化型。

福氏志贺菌 6 型生化特性与 A 群或 C 群相似。

(4) 血清学试验 必要时,可将生化试验分群鉴定的菌种及实验记录,送至上级检验机构进行血清学鉴定。

四、葡萄球菌检验

金黄色葡萄球菌可以产生肠毒素，食后能引起食物中毒。因此，检查食品中金黄色葡萄球菌有实际意义。增菌培养法的检验步骤如下：

（1）检样处理、增菌及分离培养　将 25g 检样加 225mL 灭菌生理盐水或液体检样吸取 5mL 接种于 7.5％氯化钠肉汤 50mL，同时挑取混悬液接种血平板及 Baird-Parker 培养基，置 36℃±1℃温箱培养 24h，7.5％氯化钠肉汤经增菌后转种上述平板。挑取金黄色葡萄球菌菌落进行革兰染色镜检及血浆凝固酶试验。

（2）形态　本菌为革兰阳性球菌，排列呈葡萄状，无芽孢，无荚膜，致病性葡萄球菌菌体较小，直径为 $0.5\sim1\mu m$。

（3）培养特性　在肉汤中呈混浊生长，血平板上菌落呈金黄色，大而凸起，圆形，不透明，表面光滑，周围有溶血圈。在 Baird-Parker 培养基上为圆形，光滑，凸起，湿润，直径 $2\sim3mm$，颜色呈灰色到黑色，边缘为淡色，周围为一混浊带在其外层有一透明带。用接种针接触菌落似有奶油树胶的硬度。偶然会遇到非脂肪溶解的类似菌落；但无混浊带及透明带。长期保存的冷冻或干燥食品中所分离的菌落比典型菌落所产生的黑色较淡些，外观可能粗糙并干燥。

（4）血浆凝固酶试验　吸取 1∶4 新鲜兔血浆 0.5mL，放入小试管中，再加入培养 24h 的葡萄球菌肉浸液肉汤培养物 0.5mL 振荡混匀，放 36℃±1℃温箱或水浴内每半小时观察一次，观察 6h，如呈现凝块即为阳性。同时以已知阳性和阴性葡萄球菌菌株及肉浸液肉汤作为对照。

五、溶血性链球菌检验

链球菌在自然界分布较广，可存在于水、空气、尘埃、牛奶、粪便及人的咽喉和病灶中，根据其抗原结构，族特异性"C"抗原的不同，可进行血清学分群。按其在血平板上溶血的情况可分为甲型溶血性链球菌、乙型溶血性链球菌和丙型溶血性链球菌。与人类疾病有关的大多属于乙型溶血性链球菌，其血清型 90％属于 A 群链球菌，常可引起皮肤和皮下组织的化脓性炎症及呼吸道感染，还可通过食品引起猩红热、流行性咽炎的暴发性流行。溶血性链球菌的检验步骤如下：

（1）检样处理　称取 25g 固体检样，加入 225mL 灭菌生理盐水，研成匀浆制成混悬液；液体检样可直接培养。

（2）一般培养　将上述混悬液或液体检样直接划线于血平板，并吸取 5mL 接种于 50mL 葡萄糖肉浸液肉汤内，如检样污染较严重，可同时按上述量接种匹克肉汤，经 36℃±1℃培养 24h，接种血平板。置 36℃±1℃培养 24h，挑取乙型溶血圆形突起的细小菌落，在血平板上分纯，然后观察溶血情况及革兰染色，并进行链激酶试验及杆菌肽敏感试验。

（3）形态与染色　本菌呈球形或卵圆形，直径 $0.5\sim1\mu m$，链状排列，链长短不一，短者 4～8 个细胞组成，长者 20～30 个。链的长短常与细菌的种类及生长环境有关；液体培养中易呈长链；在固体培养基中常呈短链；不形成芽孢，无鞭毛，不能运动。

（4）培养特性　该菌营养要求较高，在普通培养基上生长不良，在加有血液、血清培养基中生长较好。溶血性链球菌在血清肉汤中生长时，管底呈絮状或颗粒状沉淀。血平板上菌落呈灰白色，半透明或不透明，表面光滑，有乳光，直径约 $0.5\sim0.75mm$，为圆形突起的细小菌落，乙型溶血性链球菌周围有 $2\sim4mm$ 界限分明、无色透明的溶血圈。

（5）链激酶试验　致病性溶血性链球菌能产生链激酶（即溶纤维蛋白酶），此酶能激活正常人体血液中血浆蛋白酶原，使成血浆蛋白酶，而后溶解纤维蛋白。

　　吸取草酸钾血浆 0.2mL（草酸钾 0.01g，加入 5mL 人血混匀，经离心沉淀吸取上清液即为血浆），加入 0.8mL 灭菌生理盐水，混匀，再加入 18～24h 链球菌肉汤培养物 0.5mL 及 0.25% 氯化钙 0.25mL，振荡摇匀。置 36℃±1℃ 水浴中每隔数分钟观察一次（一般约 10min 即可凝固），血浆凝固后，再注意观察及记录溶化的时间。溶化时间愈短，表示该菌产生的链激酶愈多，含量多时，20min 内凝固的血浆即完全溶解。如无变化，应在水浴中持续放置 2h，不溶解者仍放入水浴 24h 后再观察，如凝块全部溶解为阳性，24h 后仍不溶解者为阴性。

　　（6）杆菌肽敏感试验　挑取乙型溶血性链球菌浓菌液，涂布于血平板（肉浸液琼脂加入 5% 血）上，用灭菌镊子夹取每片含有 0.04 单位的杆菌肽纸片，放于上述平板上，于 36℃±1℃ 培养 18～24h。如有抑菌带出现即为阳性，可初步鉴定为 A 群链球菌。同时用已知阳性菌株作为对照。

六、肉毒杆菌的检验

　　肉毒杆菌全称肉毒梭状杆菌，又称肉毒梭菌，是一种生长在缺氧环境下的致病菌，在罐头食品及密封腌渍食物中具有极强的生存能力，它在繁殖过程中所分泌的肉毒毒素具有极强的毒性，是 KCN 毒性的一万倍，是毒性最强的蛋白质之一。人们食入和吸收这种毒素后，神经系统将遭到破坏，出现头晕、呼吸困难和肌肉乏力等症状，甚至导致生命危险。

　　1. 微生物学检测方法

　　食品中肉毒杆菌微生物学检测方法如下。

　　（1）设备和材料

　　① 冰箱：0～4℃。

　　② 恒温培养箱：30℃±1℃、35℃±1℃、36℃±1℃。

　　③ 离心机：3000r/min。

　　④ 显微镜：10×～100×。

　　⑤ 相差显微镜。

　　⑥ 均质器或灭菌乳钵。

　　⑦ 架盘药物天平：0～500g，精确至 0.5g。

　　⑧ 厌氧培养装置：常温催化除氧式或碱性焦性没食子酸除氧式。

　　⑨ 灭菌吸管：1mL（具 0.01mL 刻度）、10mL（具 0.1mL 刻度）。

　　⑩ 灭菌平皿：直径 90mm。

　　⑪ 灭菌锥形瓶：500mL。

　　⑫ 灭菌注射器：1mL。

　　⑬ 小鼠：12～15g。

　　（2）培养基和试剂

　　① 庖肉培养基。

　　② 卵黄琼脂培养基。

　　③ 明胶磷酸盐缓冲液。

　　④ 肉毒分型抗毒诊断血清。

　　⑤ 胰酶：活力 1∶250。

　　⑥ 革兰染色液。

　　（3）检验程序　肉毒杆菌及肉毒毒素检验程序见图 10-1。

报告（一）用于检样含有某型肉毒毒素；报告（二）用于检样含有某型肉毒杆菌；报告

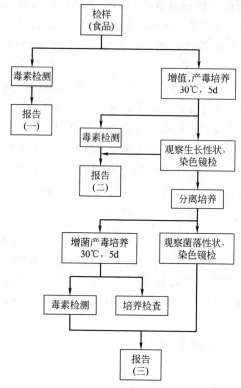

图 10-1　肉毒杆菌及肉毒毒素检验程序

（三）用于由样品分离的菌株为某型肉毒杆菌。

如上所示，检样经均质处理后及时接种培养，进行增菌、产毒，同时进行毒素检测试验。毒素检测试验结果可证明检样中有无肉毒毒素以及有何类型肉毒毒素存在。

对增菌产毒培养物，一方面做一般的生长特性观察，同时检测肉毒毒素的产生情况。所得结果可证明检样中有无肉毒杆菌以及有何类型肉毒杆菌存在。

为其他特殊目的而欲获纯菌株，可用增菌产毒培养物进行分离培养，对所得纯菌株进行形态、培养特性等观察及毒素检测，其结果可证明所得纯菌为何类型肉毒杆菌。

（4）操作步骤

① 肉毒毒素检测　液状检样可直接离心，固体或半流动检样需加适量（例如等量、2倍量或5倍量、10倍量）明胶磷酸盐缓冲液，浸泡、研碎，然后离心，取上清液进行检测。

另取一部分上清液，调 pH6.2，每9份加10％胰酶（活力1∶250）水溶液1份，混匀，不断轻轻搅动，37℃作用60min，进行检测。

肉毒毒素检测以小鼠腹腔注射法为标准方法。

a. 检出试验：取上述离心上清液及其胰酶激活处理液分别注射小鼠三只，每只0.5mL，观察4d。注射液中若有肉毒毒素存在，小鼠一般多在注射后24h内发病、死亡。主要症状为竖毛、四肢瘫软，呼吸困难，呼吸呈风箱式，腰部凹陷，宛若蜂腰，最终死于呼吸麻痹。

如遇小鼠猝死以致症状不明显时，则可将注射液做适当稀释，重做试验。

b. 确证试验：不论上清液或其胰酶激活处理液，凡能致小鼠发病、死亡者，取样分成三份进行试验，一份加等量多型混合肉毒抗毒诊断血清，混匀，37℃作用30min，一份加等量明胶磷酸盐缓冲液，混匀，煮沸10min；一份加等量明胶磷酸盐缓冲液，混匀即可，不做其他处理。三份混合液分别注射小鼠各两只，每只 0.5mL，观察 4d，若注射加诊断血清与煮沸加热的两份混合液的小鼠均获保护存活，而唯有注射未经其他处理的混合液的小鼠以特有的症状死亡，则可判定检样中的肉毒毒素存在，必要时要进行毒力测定及定型试验。

　　c. 毒力测定：取已判定含有肉毒毒素的检样离心上清液，用明胶磷酸盐缓冲液做成 50 倍、500 倍及 5000 倍的稀释液，分别注射小鼠各两只，每只 0.5mL，观察 4d。根据动物死亡情况，计算检样所含肉毒毒素的大体毒力（MLD/mL 或 MLD/g）。例如，5 倍、50 倍及 500 倍稀释致动物全部死亡，而注射 5000 倍稀释液的动物全部存活，则可大体判定检样上清液所含毒素的毒力为 1000～10000MLD/mL。

　　d. 定型试验：按毒力测定结果，用明胶磷酸盐缓冲液将检样上清液稀释至所含毒素的毒力大体在 10～1000MLD/mL 的范围，分别与各单型肉毒抗诊断血清等量混匀，37℃作用 30min，各注射小鼠两只，每只 0.5mL，观察 4d。同时以明胶磷酸盐缓冲液代替诊断血清，与稀释毒素液等量混合作为对照。能保护动物免于发病、死亡的诊断血清型即为检样所含肉毒毒素的型别。

　　注意：1. 未经胰酶激活处理的检样的毒素检出试验或确证试验若为阳性结果，则胰酶激活处理液可省略毒力测定及定型试验。

　　2. 为争取时间尽快得出结果，毒素检测的各项试验也可同时进行。

　　3. 根据具体条件和可能性，定型试验可酌情先省略 C、D、F 及 G 型。

　　4. 进行确证及定型等中和试验时，检样的稀释应参照所用肉毒诊断血清的效价。

　　5. 试验动物的观察可按阳性结果的出现随时结束，以缩短观察时间；唯有出现阴性结果时，应保留充分的观察时间。

　　② 肉毒杆菌检出（增菌产毒培养试验）　取庖肉培养基三支，煮沸 10～15min，做如下处理：

　　第一支，急速冷却，接种检样均质液 1～2mL；

　　第二支，冷却至 60℃，接种检样，继续于 60℃保温 10min，急速冷却；

　　第三支，接种检样，继续煮沸加热 10min，急速冷却。

　　以上接种物于 30℃培养 5d，若无生长，可再培养 10d。培养到期，若有生长，取培养液离心，以其上清液进行毒素检测试验，方法同（4）①，阳性结果证明检样中有肉毒杆菌存在。

　　③ 分离培养　选取经毒素检测试验证实内有肉毒杆菌的前述增菌产毒培养物（必要时可重复一次适宜的加热处理）接种卵黄琼脂平板，35℃厌氧培养 48h。肉毒杆菌在卵黄琼脂平板上生长时，菌落及周围培养基表面覆盖着特有的虹彩样（或珍珠层样）薄层，但 G 型菌无此现象。

　　根据菌落形态及菌体形态挑取可疑菌落，接种庖肉培养基，于 30℃培养 5d，进行毒素检测及培养特性检查确证试验。

　　a. 毒素检测；试验方法同(4)①。

　　b. 培养特性检查：接种卵黄琼脂平板，分成两份，分别在 35℃的需氧和厌氧条件下培养 48h，观察生长情况及菌落形态。肉毒杆菌只有在厌氧条件下才能在卵黄琼脂平板上生长并形成具有上述特征的菌落，在需氧条件下则不生长。

　　注意：为检出蜂蜜中存在的肉毒杆菌，蜂蜜检样需预温 37℃（流质蜂蜜），或 52～53℃（晶质蜂蜜），充分搅拌后立即称取 20g，溶于 100mL 灭菌蒸馏水（37℃或 52～53℃），搅拌稀释，以 8000～10000r/min，离心 30min（20℃），沉淀，加灭菌蒸馏水 1mL，充分摇匀，等分各半，接种庖肉培养基（8～10mL）各一支，分别在 30℃及 37℃下厌氧培养 7d，按（4）②进行肉毒毒素检测。

2. PCR 检测方法

食品中肉毒杆菌亦可采取 PCR 方法检测，方法如下。

（1）检测原理　将样品经增菌后划平板分离单菌落，挑取可疑菌落到胰蛋白胨葡萄糖酵母浸膏肉汤（TPGY）培养基培养，对培养物用 DNA 提取试剂盒抽提 DNA，进行 PCR 扩增，用琼脂糖凝胶电泳检验 PCR 产物中是否含有肉毒杆菌的特征条带，从而对食品中是否污染肉毒杆菌进行快速检测。

（2）仪器和试剂　Heraeus Multifuge X1R 高速台式冷冻离心机，Bio-RAD ALS1296 PCR 仪器，Tanon-3500 凝胶成像分析系统，YQX-Ⅱ厌氧培养箱，恒温水浴锅。

（3）试验方法

① 样品的增菌培养　取庖肉培养基 2 管和 TPGY 培养基 2 管，煮沸 10～15min（为了排除溶解于培养基中的氧，切勿摇动），迅速冷却。每 15mL 培养基中接种 1～2g 固体食品或 1～2mL 液体食品（缓慢地将接种物接入肉汤液面下）。将样品接种 2 管庖肉培养基（35℃±1℃下培养）和 2 管 TPGY 培养基（28℃±1℃下培养），均厌氧培养 5d。观察培养物的浊度、产气、肉粒的消化和产生的气味。若有生长继续以下操作，若无生长，则继续培养 10d。

② 培养物分离　取 2mL 培养液置于无菌试管中，加入等量无菌无水乙醇，混匀，放置 1h。用接种环取 2 环经处理过的培养物接种到厌氧卵黄琼脂上，35℃±1℃下厌氧培养 48h。挑取可疑菌落接种到 TPGY 培养基，35℃±1℃下厌氧培养 24h。

③ DNA 提取、扩增　取 1.4mL TPGY 培养物转移到离心管中，13000r/min 离心 2min，弃去上清液。沉淀加入 500μL 生理盐水，振荡重悬 30s，13000r/min 离心 2min，弃去上清液。沉淀中直接加入 50μL DNA 提取液充分混匀，沸水浴 10min，13000r/min 离心 3min，取上清液 4μL 进行 PCR 扩增。扩增的 DNA 进行琼脂糖凝胶电泳，电泳结果用凝胶成像系统记录。

第五节　真菌学检验

食品卫生的真菌学检验主要是以霉菌和酵母菌的检出作为食品污染程度的标志，其中尤以产毒霉菌的检出为重点。

一、霉菌和酵母计数

各类食品由于遭到霉菌和酵母的侵染，常常使食品和粮食发生霉变，有些霉菌的有毒代谢产物引起各种急性和慢性中毒，特别是有些霉菌毒素具有强烈的致癌性。目前已知的产毒霉菌如青霉、曲霉和镰刀菌在自然界中分布较广，对食品的侵染机会亦多。因此，对食品加强霉菌的检验，在食品卫生学上具有重要意义。

霉菌和酵母数的测定是指食品检样经过处理，在一定条件下培养后，1g 或 1mL 检样中所含的霉菌和酵母菌落数（粮食样品是指 1g 粮食表面的霉菌总数）。霉菌和酵母数主要作为判定食品被霉菌和酵母污染程度的标志，以便对被检样品进行卫生学评价时提供依据。本方法适用于所有食品。

1. 霉菌和酵母平板计数法

（1）设备和材料　温箱（25～28℃）；振荡器；天平；显微镜；玻塞锥形瓶（300mL）；试管（15mm×150mm）；平皿（直径9cm）；吸管（1mL及10mL）；酒精灯；载物玻片；盖玻片；广口瓶（121℃灭菌20min）；牛皮纸袋；金属勺、刀等；试管架；接种针；橡皮乳头。

（2）培养基和试剂　察氏培养基；高盐察氏培养基；马铃薯葡萄糖琼脂；马铃薯琼脂；孟加拉红培养基；玉米粉琼脂；灭菌蒸馏水、乙醇；乳酸-苯酚液。

如标准要求只做霉菌菌数，则可用高盐察氏培养基，其他同本方法。

（3）操作步骤

① 采样。取样时需特别注意样品的代表性和避免采样时的污染。样品采集后应尽快检验，否则应将样品放在低温干燥处。

② 以无菌操作称取检样25g（或25mL），放入含有225mL灭菌水的玻塞锥形瓶中，振摇30min，即为1：10稀释液。

③ 用灭菌吸管吸取1：10稀释液10mL，注入试管中，另用带橡皮乳头的1mL灭菌吸管反复吹吸50次，使霉菌孢子充分散开。

④ 取1mL 1：10稀释液注入含有9mL灭菌水的试管中，另换一支1mL灭菌吸管吹吸5次，此液为1：100稀释液。

⑤ 按上述操作顺序作10倍递增稀释液，每稀释一次，换用一支1mL灭菌吸管，根据对样品污染情况的估计，选择3个合适的稀释度，分别在做10倍稀释的同时，吸取1mL稀释液于灭菌平皿中，每个稀释度做2个平皿。然后将晾至45℃左右的培养基注入平皿中，待琼脂凝固后，倒置于25～28℃温箱中，3d后开始观察，共培养观察5d。

⑥ 计算方法。通常选择菌落数以10～150之间的平皿进行计数，同稀释度的2个平皿的菌落平均数乘以稀释倍数，即为每克（或每毫升）检样中所含霉菌和酵母数。

⑦ 报告。每克（或每毫升）食品所含霉菌和酵母数以cfu/g(mL)表示。

2. 霉菌直接镜检计数法

一般以郝氏霉菌计测法为最常用。本方法适用于番茄酱罐头。

（1）设备和材料　烧杯；玻璃棒；折射仪；显微镜；郝氏计测玻片（是一特制的，具有标准计测室的玻片）；盖玻片；测微器（具标准刻度的玻片）。

（2）操作步骤

① 检样的制备。取定量检样，加蒸馏水稀释至折射率为1.3447～1.3460（即浓度为7.9%～8.8%）备用。

② 显微镜标准视野的校正。将显微镜按放大率90～125倍调节标准视野，使其直径为1.382mm。

③ 涂片。洗净郝氏计测玻片，将制好的标准样液，用玻璃棒均匀的摊布于计测室，以备观察。

④ 观测。将制好之载玻片放于显微镜标准视野下进行霉菌观测，一般每一检样应观察50个视野，最好同一检样两人进行观察。

⑤ 结果与计算。在标准视野下，发现有霉菌菌丝其长度超过标准视野（1.382mm）的1/6或三根菌丝总长度超过标准视野的1/6（即测微器的一格）时即为阳性（＋），否则为阴性（－）。按100个视野计，其中发现有霉菌菌丝体存在的视野数，即为霉菌的视野百分数。

（3）培养温度　大多数霉菌和酵母在25～30℃的情况下生长良好。有人用附加抗生素的培养基和酸性培养基，在温度12℃、17℃、22℃、27℃和32℃培养条件下，测定蔬菜、乳制品、海产品和肉类的霉菌和酵母数。结果表明，培养温度在 $17\sim27℃$ 之间，用两种培养基测定的霉菌和酵母数没有明显的差异。

（4）菌落计数　应选取菌落数在 $30\sim100$ 之间的平板作为霉菌和酵母数测定标准。一个稀释度使用两个平板，采用两个平板的平均数。选择稀释度也选择平均菌落数在 $30\sim100$ 之间的稀释度，乘以稀释倍数报告之。关于稀释倍数的选择可参考细菌菌落总数测定。

二、常见产毒霉菌的鉴定

1. 霉菌的分类鉴定

目前已发现的霉菌毒素有 100 多种，产生这些毒素的霉菌主要有曲霉属、青霉属和镰刀菌属及少数不完全菌类的某些种。这些菌都是食物中最常见的寄生性或腐生性霉菌。故食物中霉菌的分离鉴定对食品的卫生学评价具有一定意义。

（1）设备和材料　显微镜；目镜测微计；物镜测微计；温箱；冰箱；无菌接种罩；放大镜；酒精灯；接种钩针；分离针；滴瓶；载物玻片；盖玻片（18mm×18mm）；小刀。

（2）培养基和试剂　乳酸-苯酚液；察氏培养基；马铃薯葡萄糖琼脂培养基；马铃薯琼脂培养基；玉米粉琼脂培养基。

（3）操作步骤

① 菌落的观察。为了培养完整的巨大菌落以供观察记录，可将纯培养物点植于平板上。方法是：将平板倒转，向上接种一点或三点，每菌接种两个平板，倒置于 $25\sim28℃$ 温箱中进行培养。当刚长出小菌落时，取出一个平皿，以无菌操作，用小刀将菌落连同培养基切下 $1cm\times2cm$ 的小块，置菌落一侧，继续培养，于 $5\sim14d$ 进行观察。此法代替小培养法，可直接观察子实体着生状态。

② 斜面观察。将霉菌纯培养物划线接种（曲霉、青霉）或点种（镰刀菌和其他菌）于斜面，培养 $5\sim14d$，观察菌落形态，同时还可以将菌种管置显微镜下用低倍镜直接观察孢子的形态和排列。

③ 制片。取载物片加乳酸-苯酚液一滴，用接种针钩取一小块霉菌培养物置乳酸-苯酚液中，用两支分离针将培养物撕开成小块。切忌涂抹，以免破坏霉菌结构。然后加盖玻片，如有气泡，可在酒精灯上加热排除。制片时最好是在接种罩内操作，以防孢子飞扬。

④ 镜检。观察霉菌的菌丝和孢子的形态特征、孢子的排列等并作详细记录。

⑤ 报告。根据菌落形态及镜检结果，参照各种霉菌的形态描述及检索表，确定菌种名称。

2. 霉菌的产毒测定——黄曲霉的产毒测定

本方法适用于测定从食品中分离的黄曲霉的产毒性能。此外，发酵工业中所用的黄曲霉曲种，需要定期进行产毒测定，以防人为地使发酵食品染毒。采用的方法是微柱色谱法，其原理是黄曲霉毒素被微柱管内的硅镁型吸附剂层吸附，在紫外光下显蓝紫色荧光。在一定剂量范围内，荧光强度与毒素量成正比。由于微柱不能分离黄曲霉毒素的各衍生物，故测得的结果为总的黄曲霉毒素含量。

（1）设备和材料　温箱；烤箱；振荡机；电磨机；吹风机；荧光灯（125W，波长365nm）；天平；涂布台及涂布器；玻塞锥形瓶（$200\sim300mL$）；玻塞试管（10mL）；展开槽；玻璃微柱管（内径4mm）；玻板（20cm×5cm）；漏斗（直径6cm及直径1.5cm）；乳钵；量筒（10mL）；吸管（1mL、10mL）；试管架；微柱管架；搪瓷盆接种针；金属小勺；滤纸。

（2）培养基和试剂 大米粉培养基。黄曲霉毒素 B_1 标准品；氯仿（化学纯）；丙酮（化学纯）；无水硫酸钠（化学纯）；中性氧化铝（色谱用）；硅镁型吸附剂（化学纯）；三氟乙酸；色谱用硅胶 G（100～200 目）；2%～5%次氯酸钠。

（3）操作步骤

① 产毒培养基的制备。将籼米挑去杂质及变色米粒后磨成粗粉，用氯仿提取测定，如不含荧光物质便可应用。进一步用 80℃烘干，密封保存于干燥处。

② 菌株产毒培养。称取 5g 上述大米粉，置 300mL 玻塞锥形瓶中，以棉塞代替玻塞，121℃高压灭菌 20min。取一接种环待测黄曲霉菌株的孢子，制成 3mL 菌悬液，倒入灭菌大米粉中，摇匀，并使大米粉平铺于瓶底。于 28℃培养 7d，每批都应加 3mL 灭菌蒸馏水的培养基对照。

③ 毒素提取。加 20mL 氯仿于上述培养物中，用玻塞代替棉塞，在磨口处加少许蒸馏水，以防氯仿挥发。振摇 30min 以达到充分提取和灭菌作用。然后加入 5g 无水硫酸钠，摇匀，静置 10min 使之脱水。用粗滤纸过滤。

④ 装柱。加少许脱脂棉于微柱管的下端，将管垂直竖于管架上，管架下置搪瓷盘（接展开剂用）。用金属小勺装柱，先装无水硫酸钠（高度为 0.5cm），依次为硅镁型吸附剂（0.5cm）、无水硫酸钠（0.5cm）、中性氧化铝（3cm）、无水硫酸钠（0.5cm）。

⑤ 灌柱和洗脱。取 1mL 上述氯仿提取液加入微柱管中，待液面降至柱层面以下时，即可加洗脱剂丙酮-氯仿（10∶90，体积比）1mL，待洗脱剂流净即可观察。

⑥ 观察。将微柱管置荧光灯下观察，如硅镁型吸附剂层出现蓝紫色荧光即为阳性。

⑦ 确证试验。对阳性检样需进一步用薄层色谱法加三氟乙酸做确证试验。

⑧ 定量测定。先配制一系列不同浓度的黄曲霉毒素 B_1 标准液，其浓度分别为0.0025 $\mu g/mL$、0.005 $\mu g/mL$、0.010 $\mu g/mL$、0.020 $\mu g/mL$、0.025 $\mu g/mL$、0.050 $\mu g/mL$，各取 1mL 依同法灌柱展开。按本实验检样的用量推算，上述系列管的黄曲霉毒素的浓度分别相当于 10 $\mu g/mL$、20 $\mu g/mL$、40 $\mu g/mL$、80 $\mu g/mL$、100 $\mu g/mL$、200 $\mu g/mL$。并用 1mL 氯仿灌柱作为阴性对照管。将检样管与系列标准管对比其荧光强度即可定量，如检样浓度超过 200 $\mu g/mL$，应将样液稀释至标准系列管浓度范围内，再进行对比，计算时乘以稀释倍数。

 阅读材料

"卡介苗" 的传说

19 世纪末，自德国的科赫在结核病的结节中发现了结核病菌后，发明征服顽疾的疫苗，成了科学家们梦寐以求的目标。20 世纪初，法国的细菌学家卡尔美和介林，试制成功了结核病菌的人工疫苗，又称"卡介苗"，使人类拥有了抵抗结核病菌侵袭的有力武器，从而将结核病魔扼杀在萌芽状态。

那是一个收获的金秋季节，巴黎近郊的马波泰农场上，农场主马波泰先生正在经营着自己的一片玉米地。两个书生模样的年轻人，似乎在讨论着什么问题，迎面走来。

"奇怪，琴纳在牛身上能取得牛痘疫苗的成功，可我们将结核病菌在公羊上试验却遭到失败。为什么？""是不是咱们分离提取的结核病菌有问题？"他们不知不觉走到了农场主马波泰面前。

这两位年轻人正是卡尔美和介林。他们见眼前并不贫瘠的土地上，长着一片玉米，穗儿特小，叶子枯黄，便关切地问马波泰："看来今年收成不好啊。是缺少肥料吗?" "不。先生们，这种玉米引种到这里已经十几代了，有些退化了。"农场主似乎有些无奈地回答。

"什么? 退化!"两个陌生人几乎异口同声地重复了农场主无意间提到的这个词——退化。

"是的，退化了。一代不如一代!"农场主苦笑着。一代不如一代? 卡尔美和介林立即从玉米种子的退化想到: 如果把毒性很强的结核病菌，一代接一代地定向培育下去，它的毒性是否也会退化呢? 而将这种毒性退化了的结核病菌，作为疫苗注射到人体中去，不就可以使人体产生抗体，从而获得结核病的免疫力了吗?

卡尔美和介林恍然大悟，匆匆回到了自己的实验室，开始了结核病菌的定向培育实验。这实验一做就是漫长的 13 年! 4700 多个日夜的不辍耕耘，他们终于培育出了 230 代驯服了的结核病菌作为人工疫苗。用它接种，人们再也不怕结核病侵扰了。

为了纪念为人类的健康与生命作出了卓越贡献的科学家卡尔美和介林，人们把这种结核病疫苗命名为"卡介苗"。

 思考题

1. 食品微生物检验的概念是什么? 其检验范围和指标有哪些?
2. 怎样进行微生物检验样品的采集?
3. 什么是菌落总数? 其测定方法有哪些? 测定食品中的菌落总数有什么重要意义?
4. 标准平板培养计数法测定菌落总数分哪几步? 如何操作?
5. 大肠菌群的定义及检测意义是什么? 怎样用乳糖发酵法测大肠菌群?
6. 常见的致病菌有哪些? 如何检测?
7. 如何进行霉菌和酵母计数? 常见产毒霉菌怎样鉴定?

第十一章
食品包装材料及容器中有害物质的测定

学习指南

本章介绍了食品包装材料及容器中有害物质的测定方法。通过本章学习，应达到如下要求：

(1) 了解食品包装材料及容器中常见有害物质的种类及其危害；

(2) 掌握食品包装用纸、食品包装用塑料成型品及橡胶制品的测定；

(3) 掌握食品容器内壁涂料、金属食具容器的测定。

食品在贮运、销售过程中，为了保护其质量和卫生，保持原始成分和营养价值，方便贮运，促进销售，提高货架期和商品价值，对食品进行适当的包装是必要的。

食品包装可将食品与外界隔绝，防止微生物以及有害物质的污染，避免虫害的侵袭。同时，良好的包装还可延缓脂肪的氧化，避免营养成分的分解，阻止水分、香味的蒸发散逸，保持食品固有的风味、颜色和外观。食品包装材料及容器是食品包装中的重要组成部分。随着社会经济发展、生活水平提高，人们对包装的要求越来越高，包装材料也逐渐向安全、轻便、美观、经济的方向发展。

随着食品包装及其材料的多样化，人们对食品包装材料安全性问题的关注日益提高。常用的食品包装材料和容器主要有纸和纸包装容器、塑料和塑料包装容器、金属和金属包装容器、复合材料及其包装容器、组合容器、玻璃陶瓷容器、木质容器和其他麻袋、布袋、草、竹等包装物。其中，纸、塑料、金属和玻璃已成为包装工业的四大支柱材料。体现食品包装材料安全性的基本要求是不能向食品中释放有害物质，并且不与食品中成分发生反应。

因此，来自食品包装材料及容器的食品污染有害物质的测定是非常重要的。本章主要介绍纸、塑料、橡胶、金属、内壁涂料等食品包装材料及容器中有害物质的测定。

第一节　食品包装用塑料成型品的测定

食品包装用塑料成型品主要有聚乙烯、聚苯乙烯、聚丙烯树脂等塑料成型品和三聚氰胺树脂等。

一、食品包装用聚乙烯、聚苯乙烯、聚丙烯树脂等塑料成型品的测定

聚乙烯、聚苯乙烯、聚丙烯树脂成型品被广泛地用于食品包装、食品容器及食具、餐具等。其测定方法如下：

1. 浸泡条件

浸泡液使用量为 $2mL/cm^2$，在容器中以加入浸泡液至 $2/3\sim4/5$ 体积为准。

① 水：60℃，保温 2h。

② 4％乙酸：60℃，保温 2h。

③ 65％乙醇：常温 20℃±1℃，浸泡 2h。

④ 正己烷：常温 20℃±1℃，浸泡 2h。

2. 成型品浸泡液的高锰酸钾消耗量测定

（1）原理　塑料成型品样品经用浸泡液浸泡后，测定其消耗高锰酸钾的量，表示可溶出有机物质的含量。

（2）试剂

① 高锰酸钾标准溶液：$c\left(\dfrac{1}{5}KMnO_4\right)=0.01mol/L$。

② 草酸标准溶液：$c\left(\dfrac{1}{2}H_2C_2O_4\cdot H_2O\right)=0.01mol/L$。

③ 硫酸（1+2）。

（3）测定

① 锥形瓶的处理。取 100mL 水，放入 250mL 锥形瓶中，加入 5mL 硫酸（1+2）、5mL 高锰酸钾溶液，煮沸 5min，倒去，用水冲洗备用。

② 滴定。精密吸取 100mL 水浸泡液（有残渣则需过滤）于上述处理过的 250mL 锥形瓶中，加 5mL 硫酸（1+2）及 10.0mL 0.0100mol/L 高锰酸钾标准溶液，再加玻璃珠 2 粒，准确煮沸 5min 后，趁热加入 10.0mL 0.0100mol/L 草酸标准溶液，再以 0.0100mol/L 高锰酸钾标准溶液滴定至微红色，记取 2 次高锰酸钾溶液滴定量。

（4）计算

$$X=\frac{(V_1-V_2)c\times31.6\times1000}{100}$$

式中　X——样品中高锰酸钾消耗量，mg/L；

　　　V_1——样品浸泡液滴定时消耗高锰酸钾溶液的体积，mL；

　　　V_2——试剂空白滴定时消耗高锰酸钾溶液的体积，mL；

　　　c——高锰酸钾标准滴定溶液的实际浓度，mol/L；

　　31.6——与 1.0mL 0.001mol/L 高锰酸钾标准溶液相当的高锰酸钾的质量，mg/mmol。

3. 成型品浸泡液蒸发残渣的测定

（1）测定原理　食品包装材料用各种模拟不同食品性质的溶液浸泡后，包装材料中的某些成分被溶出在不同的浸泡液中，通过蒸发不同浸泡液使溶出的物质残留在残渣中，从蒸发残渣的量可反映出包装材料对食品的影响程度。要求检出量在乙酸浸泡液中不大于 30mg/L，在乙醇浸泡液中不大于 30mg/L，在正己烷中不大于 60mg/L。

（2）测定　取各浸泡液 200mL，分次置于预先在 100℃±5℃ 干燥至恒重的 50mL 玻璃蒸发皿或恒重过的小瓶浓缩器（为回收正己烷用）中，在水浴上蒸干，于 100℃±5℃ 干燥 2h，在干

燥器中冷却 0.5h 后称量，再于 100℃±5℃干燥 1h，取出在干燥器中冷却 0.5h，称至恒重。

另取不经食具浸泡的同一种浸泡液 200mL，按同法蒸干、干燥，称至恒重。

（3）计算

$$X = \frac{(m_1 - m_2) \times 1000}{200}$$

式中　X——样品浸泡液（不同浸泡液）蒸发残渣，mg/L；

　　　200——浸泡液体积，mL；

　　　m_1——样品浸泡液蒸发残渣质量，mg；

　　　m_2——空白浸泡的质量，mg。

4. 成型品浸泡液中重金属含量的测定

（1）原理　塑料成型品浸泡液中重金属（以铅计）与硫化钠作用，在酸性溶液中形成黄棕色硫化铅，与标准比较若比标准颜色浅，即表示重金属含量符合标准。

（2）试剂

① 铅标准溶液。精密称取 0.1598g 硝酸铅，溶于 10mL 硝酸（1+9）中，移入 1000mL容量瓶内，加水稀释至刻度。此溶液每毫升相当于 100μg 铅。

② 铅标准使用液。吸取 10.0mL 铅标准溶液，置于 100mL 容量瓶中，加水稀释至刻度。此溶液每毫升相当于 10μg 铅。

③ 硫化钠溶液。称取 5g 硫化钠，溶于 10mL 水和 30mL 甘油的混合液中。

（3）测定　量取 20.0mL 4％乙酸浸泡液于 50mL 比色管中，加水至刻度。另取 2mL 铅标准使用液于 50mL 比色管中，加 20mL 4％乙酸溶液，加水至刻度混匀，两液中各加硫化钠溶液 2 滴，混匀后，放 5min，以白色为背景，从上方或侧面观察，样品呈色不能比标准溶液更深。

5. 成型品为脱色试验

取洗净待测塑料成型品食品一个，用沾有冷餐油、65％乙醇的棉花，在接触食品部位的小面积内，用力往返擦拭 100 次，棉花上不沾染有颜色。

四种浸泡液也不沾染有颜色。

二、食品包装用三聚氰胺树脂成型品的测定

三聚氰胺树脂又称为密胺树脂，是密胺与甲醛经缩合反应得到的合成树脂，常用来制作食具和餐具，目前密胺树脂的食具、容器在家庭、宾馆、餐饮业被广泛采用。

以下主要介绍三聚氰胺树脂成型品中甲醛的测定：

（1）原理　三聚氰胺树脂成型品中的甲醛经乙酸浸泡液与盐酸苯肼生成氮杂茂，在酸性情况下经氧化成醌式结构的红色化合物，甲醛含量与颜色深度成正比，与标准系列比较定量，其检出限不得大于 30mg/L。

（2）试剂

① 盐酸（10+2）。量取 100mL 盐酸，倒入 20mL 水中，混匀。

② 10g/L 盐酸苯肼溶液：称取 1g 盐酸苯肼，加 80mL 水溶解，再加 2mL 盐酸（10+2），加水稀释至 100mL，过滤，贮存于棕色瓶中。

③ 20g/L 铁氰化钾溶液。

④ 甲醛标准溶液。吸取 2.5mL 36％～38％甲醛溶液，置于 250mL 容量瓶中，加水稀释至刻度，用碘量法标定，最后稀释至每毫升相当于 100μg 甲醛。

⑤ 甲醛标准使用液。吸取 10.0mL 甲醛标准溶液，置于 100mL 容量瓶中，加水稀释至

刻度。此溶液每毫升相当于 10μg 甲醛。

（3）测定

① 绘制标准曲线。吸取 0mL、0.2mL、0.4mL、0.6mL、0.8mL、1.0mL 甲醛标准使用液（相当于 0μg、2μg、4μg、6μg、8μg、10μg 甲醛），分别置于 25mL 比色管中，加水至 2mL。于样品及标准管各加 1mL 盐酸苯肼溶液摇匀，放置 20min。各加 0.5mL 20g/L 铁氰化钾溶液，放置 4min，各加 2.5mL 盐酸（10＋2），再加水至 10mL，混匀。在 10～40min 内用 1cm 比色杯，以零管调节零点，于 520nm 波长处测吸光度，以甲醛含量为纵坐标、吸光度为纵坐标，绘制标准曲线。

② 浸泡液测定。吸取 10.0mL 4％乙酸浸泡液于 100mL 容量瓶中，加水至刻度，混匀，再吸取 2mL 此稀释液于 25mL 比色管中，余下步骤同①，测定其吸光度，从标准曲线上查得相应甲醛含量，记为 ng。

（4）结果计算

$$X = \frac{m \times 1000}{10 \times \dfrac{V}{100} \times 1000}$$

式中　X——浸泡液中甲醛的含量，mg/L；

m——测定时所取稀释液中甲醛的质量，μg；

V——测定时所取稀释浸泡液体积，mL。

第二节　食品用橡胶制品的测定

橡胶是有机高分子化合物，在室温下，受较小的应力即可发生大的变形，且变形能迅速恢复到几乎原来的状态。当给予一定的热和压力，将成为一定的形状。橡胶制品加工时也会像塑料制品那样使用交联剂、加硫促进剂、老化防止剂及增强剂等各种助剂。因此，食品用橡胶制品的卫生安全问题应该引起人们的关注。

食品用橡胶制品主要有食品用橡胶垫片（圈）、食品用橡胶管、食品用高压锅密封圈及橡胶奶嘴等。其卫生标准的测定方法如下：

一、食品用橡胶垫片（圈）的测定

1. 样品采集

以日产量作为一个批号，从每批中均匀取出 500g，装于干燥清洁的玻璃瓶中，并贴上标签，注明产品名称、批号及取样日期。半数供化验用，半数保存 2 个月，备作仲裁分析用。

2. 样品处理

将试样用洗涤剂洗净，自来水冲洗，再用水淋洗，晾干、备用。

取橡胶垫片（圈）三片 20g，若不足 20g 可多取。

3. 浸泡条件

每克样品加 20mL 浸泡液。

① 水：60℃，浸泡 0.5h。

② 乙酸（4％）；60℃，浸泡 0.5h。

③ 乙醇（20％）；60℃，浸泡 0.5h（瓶盖垫片）。

④ 正己烷：水浴加热回流 0.5h（罐头垫圈）。

4. 锌的测定

（1）测定原理　锌离子在酸性条件下与亚铁氰化钾作用生成亚铁氰化锌，产生混浊，与标准混浊度比较定量。

（2）试剂

① 锌标准溶液。精密称取 0.1000g 锌，加 4mL 盐酸（1＋1）溶解后移入 1000mL 容量瓶中，加水稀释至刻度。此溶液每毫升相当于 10μg 锌。

② 5g/L 亚铁氰化钾溶液。

③ 200g/L 亚硫酸钠溶液：临用时新配。

④ 盐酸（1＋1）。

⑤ 100g/L 氯化铵溶液。

（3）测定

① 吸取 2.0mL 4％乙酸浸泡液，置于 25mL 比色管中，加水至 10mL。

② 吸取 0mL、1.0mL、2.0mL、3.0mL、4.0mL 锌标准溶液（相当于 0μg、10μg、20μg、30μg、40μg 锌），分别置于 25mL 比色管中各加 2mL 4％乙酸，再各加水至 100mL。

③ 于样品及标准管中各加 1mL 盐酸（1＋1）、10mL 100g/L 氯化铵溶液、0.1mL 200g/L 亚硫酸钠溶液，摇匀，放置 5min 后，各加 0.5mL 5g/L 亚铁氰化钾溶液，加水至刻度，混匀。放置 5min 后，目视比较浊度定量。

（4）计算

$$X = \frac{m \times 1000}{V \times 1000}$$

式中　X——样品浸泡液中锌的含量，mg/L；

　　　m——测定时所取样品浸泡液中锌的含量，g；

　　　V——测定时所取样品浸泡液体积，mL。

5. 重金属的测定

（1）试剂

① 500g/L 柠檬酸铵溶液。

② 100g/L 氰化钾溶液。

③ 氨水。

（2）测定　精密吸取 20mL 4％乙酸浸泡液于 50mL 比色管中，另取 2mL 铅标准使用液（相当于 20μg 铅）于 50mL 比色管中，加 4％乙酸至 20mL。两管中各加 1mL 500g/L 柠檬酸铵溶液、3mL 氨水、1mL 100g/L 氰化钾溶液，加水至刻度，混匀。再各加 2 滴硫化钠溶液，摇匀，放置 5min 后，以白色为背景，从上方或侧面观察，样品显色不能比标准溶液更深。

二、食品用橡胶管的测定

此处食品用橡胶管是指以优质橡胶为主要原料，配以一定助剂，组成特定配方，加工制成的纯橡胶管和增强型橡胶管（夹布）。食品用橡胶管可供输送或抽吸酱油、醋、酒类等液体佐料、饴糖等非油脂性液体食品。

1. 样品制备

样品为不同内径的管子，其长度以能灌入实际试验体积 250mL 的浸泡液为准，根据试验项目要求和内径大小截取，共 4 根。

管子截取长度的计算公式为：

$$L = \frac{250}{\pi r^2}$$

式中　L——管子截取长度，cm；

　　　r——管子内半径，cm。

管子截取长度应考虑加上管子两头用塞子的长度。

2. 样品清洗

根据上式计算截取一定长度的管子，用配成 2％浓度的洗涤剂在 50℃左右刷洗管内壁，刷洗时刷子推入和拉出作刷一次计，共刷 10 次。

刷洗完毕后，再以自来水冲刷，边冲边刷，刷子推入和拉出作刷一次计，共刷 10 次，再用自来水稍冲洗后，最后用蒸馏水冲洗，晾干备用。

3. 浸泡条件

① 水和 4％乙酸的浸泡条件是 60℃放置 2h，浸泡液先加温至 60℃，然后灌入管子，并将管子放入 60℃的恒温箱内。

② 正己烷和 65％乙醇的浸泡条件是室温放置 2h。届时倒出管内的浸泡液，并记录其体积（mL），如浸泡后的浸泡液体积与原体积相比有减少时，则以未浸泡过的相同溶液冲洗内壁，直至浸泡体积达到浸泡时的体积。

4. 测定

（1）外观检查　色泽正常，无异味，无异物。

（2）蒸发残渣、高锰酸钾消耗量及重金属的测定　按食品包装用聚乙烯、聚苯乙烯、聚丙烯树脂等塑料成型品的测定中相关方法进行操作。

（3）锌的测定　按食品用橡胶垫片（圈）的测定中锌的测定方法进行操作。

5. 结果的表示

根据上述试验方法测得的数据值 X（mg/L），按以下两式换算成 2mL/cm² 浸泡液中各项指标的含量。

换算系数 K 按下式计算：

$$K = \frac{V_1}{V_2}$$

式中　K——换算系数；

　　　V_1——试验实际加入管内的浸泡液量，mL；

　　　V_2——计算出管内表面积每平方厘米乘以 2mL 的量，mL。

试验结果 K_1 的计算公式为：

$$K_1 = KX$$

式中　K_1——换算成 2mL/cm² 浸泡液中各项指标含量，mg/L；

　　　K——换算系数；

　　　X——原浸泡液中各项指标含量，mg/L。

三、食品用高压锅密封圈的测定

1. 取样方法

从每批中取垫圈 9 只，注明批号及取样日期，1/3 检验，1/3 复验，1/3 留样。

2. 样品处理

将样品用洗涤剂洗净，自来水冲洗，再用蒸馏水淋洗，晾干，备用。取 3 只样品，各裁一段，使总量约 20g，共 3 份。

3. 浸泡条件

每份样品称取 20.0g，每克样品加 20mL 浸泡液。

① 水：微沸 0.5h 后以水补至原体积。

② 乙酸（4%）：沸水回流 0.5h。

③ 正己烷：于水浴上加热回流 0.5h。

4. 测定

（1）蒸发残渣、高锰酸钾消耗量的测定　按食品包装用聚乙烯、聚苯乙烯、聚丙烯树脂等塑料成型品的测定中相关方法进行操作。

（2）锌、重金属的测定　按食品用橡胶垫片（圈）的测定中相关方法进行操作。

四、橡胶奶嘴的测定

1. 样品采集及外观、感官检查

按食品用橡胶垫片（圈）的测定所述取样方法进行操作，所取样品应色泽正常、均匀，无异味、异臭及异物。样品浸泡液不应着色、浑浊、沉淀及有不愉快的臭味。在室内自然光下，观察各种样品浸泡液应无荧光。

2. 样品处理

取橡胶奶嘴三只 20g，若不足 20g 可多取。将所取样品用洗涤剂洗净，自来水冲洗，再用水淋洗，晾干，备用。

3. 浸泡条件

每份样品取三只称取 20.00g，每克样品加 20mL 浸泡液。

① 水：60℃，浸泡 2h。

② 乙酸（4%）：60℃，浸泡 2h。

4. 蒸发残渣、高锰酸钾消耗量的测定

按食品包装用聚乙烯、聚苯乙烯、聚丙烯树脂等塑料成型品的测定中相关方法进行操作。

5. 锌、重金属的测定

按食品用橡胶垫片（圈）的测定中相关方法进行操作。

第三节　食品容器内壁涂料的测定

一、氯乙烯内壁涂料的测定

1. 制样方法

用厚度 0.5~1mm 的 50mm×50mm 钢板或厚度约 2mm 的平板玻璃为基材，按实际施工工艺涂成双面样板，经自然干燥 10 天后，供浸泡试验用（单面或双面涂布均可，计算其总面积）。

2. 浸泡条件

按 2mL 浸泡液/cm² 样板加入以下浸泡液浸泡：

① 蒸馏水：60℃，2h。

② 4％乙酸：60℃，2h。

③ 65％乙醇：60℃，2h。

3. 内壁涂料中砷的测定

（1）原理　利用银盐溶液与砷的显色反应，测定吸光度，绘制标准曲线，比较得出样品含量。其检出量不得大于 0.5mg/L。

（2）试剂

① 盐酸。

② 16.5％碘化钾溶液：贮存于棕色瓶中。

③ 40％氯化亚锡溶液。称取 40g 氯化亚锡（$SnCl_2 \cdot 2H_2O$），溶于 50mL 盐酸中，加水至 100mL。

④ 乙酸铅棉花。用 10％乙酸铅溶液浸透脱脂棉后，压除多余溶液，阴干备用。

⑤ 银盐溶液。取研细的二乙基二硫代氨基甲酸银 0.5g，加 5％三乙醇胺-氯仿溶液 100mL 使溶解，过滤于棕色瓶中。

⑥ 砷标准溶液。精密称取在硫酸干燥器中干燥过的三氧化二砷 0.1320g，加 20％氢氧化钠溶液 5mL。溶解后用适量 10％硫酸中和，再加 10％硫酸 10mL，移入 1000mL 容量瓶中，加新煮沸冷却后的水稀释至刻度，混匀，贮于棕色瓶中。临用时精密吸取此液 1mL 于 100mL 容量瓶中，加 10％硫酸 1mL，加水稀释至刻度，混匀。此溶液每毫升相当于含砷 1μg。

⑦ 无砷锌粒。

（3）仪器　银盐法测砷装置；分光光度计。

（4）测定　取 4％乙酸浸泡液 20mL 于 150mL 锥形瓶中。另精密吸取砷标准溶液 0.1mL、2.0mL、4.0mL、6.0mL、8.0mL、10.0mL（相当于砷 0μg、2.0μg、4.0μg、6.0μg、8.0μg、10.0μg），分别置于锥形瓶中，于样品管及砷标准管中分别加水至 43mL。加 7mL 盐酸、2mL 碘化钾、0.5mL 氯化亚锡溶液，混匀后静置 15min，加入锌粒 5g，立即分别塞上装有乙酸铅棉花的玻璃弯管，并使弯管尖端插入盛有 5mL 银盐溶液的离心管（或刻度试管）中，反应 1h 后，取下试管，加氯仿补足至 5mL，再转入 1cm 比色杯中，以零管调节零点，于波长 540nm 处测吸光度，绘制标准曲线比较。

（5）计算

$$X = \frac{m \times 1000}{V \times 1000}$$

式中　X——样品中砷的含量，mg/L；

　　　m——测定用样品浸泡液中砷的含量，μg；

　　　V——测定用样品浸泡液的体积，mL。

二、聚四氟乙烯内壁涂料的测定

1. 样品制备及预处理

用 2mm×100mm×50mm 的金属或者玻璃板底材，按实际施工工艺涂成样板，共 6 块，其中一半供试验用，另一半保存 2 个月，以备仲裁分析用。

将样品用洗涤剂洗净，用自来水冲净，再用水淋洗 3 遍后晾干，备用。

2. 浸泡条件

① 水：煮沸 0.5h，再室温放置 24h。

② 乙酸（4％）：煮沸 0.5h，再室温放置 24h。

③ 正己烷：室温放置 24h。

以上浸泡液按接触面积加 $2mL/cm^2$，如样品为容器，则加入浸泡液至 $2/3\sim4/5$ 容积。

3. 蒸发残渣、高锰酸钾消耗量的测定

按食品包装用聚乙烯、聚苯乙烯、聚丙烯树脂等塑料成型品的测定中相关方法进行操作。

4. 铬的测定

（1）原子吸收法　按本章第四节一、3 中铬的原子吸收测定方法进行操作。

（2）二苯碳酰二肼比色法　按第六章第二节九中铬的二苯碳酰二肼比色分析方法进行测定。

5. 氟的测定

按第六章第三节三、2 进行操作。

第四节　食具容器的测定

食具容器主要有不锈钢、铝等金属制品及陶瓷、搪瓷、玻璃等非金属制品，它主要指各种炊具、餐具、食具及其他接触食品的容器、工具、设备等。这里主要介绍不锈钢食具容器、铝制食具容器及陶瓷食具容器的测定。

一、不锈钢食具容器的测定

1. 样品的采集

按产品数量的 0.1% 抽取试样，小批量生产，每次取样不少于 6 件，分别注明产品名称、批号、钢号、取样日期。试样一半供化验用，另一半保存 2 个月，备作仲裁分析用。

2. 浸泡条件

（1）试剂　4%（体积分数）乙酸：量取冰乙酸 4mL 或 36%（体积分数）乙酸 11mL，用水稀释至 100mL。

（2）样品制备　用肥皂水洗刷样品表面污物，自来水冲洗干净，再用蒸馏水冲洗，晾干备用。

器形规则且便于测量计算表面积的食具容器，每批取两件成品，计算浸泡面积并注入水测量容器容积（以容积的 $2/3\sim4/5$ 为宜）。记下面积、容积，将水倾去、滴干。

器形不规则、容积较大或难以测量计算表面积的制品，可采用其原材料（板材）或取同批制品中（使用同类钢号为原料的制品）有代表性制品裁割一定面积板块作为样品，浸泡面积以总面积计，板材的总面积不要小于 $50cm^2$。每批取样三块，分别放入合适体积的烧杯中，加浸泡液的量按 $2mL/cm^2$ 计。如两面都在浸泡液中，总面积应乘以 2。

将煮沸的 4% 乙酸倒入成品容器或盛有板材的烧杯中，加玻璃盖，小火煮沸 0.5h，取下，补充 4% 乙酸至原体积，室温放置 24h，将以上样品浸泡液倒入洁净玻璃瓶中，供分析用。

在煮沸过程中因蒸发损失的 4% 乙酸浸泡液应随时补加，容器的 4% 乙酸浸泡液中金属含量，在分析结果计算时亦应折算为 $2mL/cm^2$ 浸泡液计。

3. 铬、铅、镍的石墨炉原子吸收分光光度测定法

（1）原理　试样注入石墨管中，石墨管两端通电流升温，样品经干燥、灰化后原子化。

原子化时产生的原子蒸气吸收特定的辐射能量，吸收量与金属含量成正比，样品含量与标准系列比较定量。

（2）试剂

① 5g/100mL 磷酸二氢铵溶液。称取 5g 磷酸二氢铵（$NH_4H_2PO_4$，优级纯），加水溶解后，稀释至 100mL。

② 铬标准溶液。精确称取经 105～110℃ 烘至恒重的重铬酸钾（$K_2Cr_2O_7$ 基准试剂）2.8289g，加 50mL 水溶解后，移入 1000mL 容量瓶中，加 2mL 硝酸，摇匀，加水稀释至刻度，此溶液每毫升相当于 1mg 铬。

③ 铅标准溶液。精确称取 1.0000g 金属铅（Pb，99.99%），加 5mL 6mol/L 硝酸溶液溶解后移入 1000mL 容量瓶中，加水稀释至刻度。此溶液每毫升相当于 1mg 铅。

④ 镍标准溶液。精确称取 1.0000g 金属镍（Ni，99.99%），加 5mL 6mol/L 硝酸溶液溶解后移入 1000mL 容量瓶中，加水稀释至刻度。此溶液每毫升相当于 1mg 镍。

⑤ 铬、铅、镍标准使用液。使用前分别把铬、镍、铅标准溶液逐步稀释成每毫升相当于 1μg 的金属标准使用液。

（3）仪器　石墨炉原子吸收分光光度计。

（4）测定

① 配制样品和标准系列。吸取样品浸泡液 0.50～1.00mL 于 10mL 容量瓶，另取 6 个 10mL 容量瓶，分别吸取金属标准使用液。铬，0.00mL、0.20mL、0.40mL、0.60mL、0.80mL、1.00mL；镍，0.00mL、0.50mL、1.00mL、1.50mL、2.00mL、2.50mL；铅，0.00mL、0.30mL、0.60mL、0.90mL、1.20mL、1.50mL。样品和标准管中加 5g/100mL 磷酸二氢铵溶液 1.0mL，用水稀释至刻度，混匀。

配好的标准系列金属含量为：铬，0.00g、0.20g、0.40g、0.60g、0.80g、1.00g；镍，0.00μg、0.50μg、1.00μg、2.00μg、2.50μg；铅，0.00μg、0.30μg、0.60μg、0.90μg、1.20μg、1.50μg。

② 仪器工作条件。铬、镍、铅均使用灵敏分析线（铬 357.9nm；镍 232.0nm；铅 283.3nm）。狭缝宽度：镍为 0.19nm，铬、铅为 0.38nm。测定方式为 BGC 峰值记录，氩气流量 1L/min，进样量为 20μL，原子化时停气，石墨炉升温程序如表 11-1 所示。

表 11-1　石墨炉升温程序

条件 元素	程序	干燥/(℃/s)	灰化/(℃/s)	原子化/(℃/s)
铬		150/30	800/30	2700/6
镍		150/30	600/30	2600/6
铅		150/30	500/30	1600/7

③ 测定。用微量取液器分别吸取试剂空白、标准系列和样品溶液注入石墨炉原子化器进行测定，根据峰值记录结果绘制校正曲线，以校正曲线上查出样品金属含量。

（5）结果计算

$$F = \frac{V_2}{2S}$$

$$X = \frac{(m_1 - m_2) \times 1000}{V_1} \times F$$

式中　X——样品浸泡液中金属的含量，mg/L；

m_1——从校正曲线上查得的样品测定管中金属质量，μg；

m_2——试剂空白管中金属质量，μg；

V_1——测定时所取样品浸泡液体积，mL；

V_2——样品浸泡液总体积，mL；

F——折算成 2mL 浸泡液/cm^2 的校正系数；

S——与浸泡液接触的样品面积，cm^2；

2——每平方厘米 2mL 浸泡液，mL/cm^2。

二、铝制食具容器的测定

1. 浸泡条件

（1）试剂　4％乙酸：量取冰乙酸 4mL 或 36％乙酸 11mL，稀释至 100mL。

（2）方法　先将样品用肥皂洗刷，用自来水冲洗干净，再用水冲洗，晾干备用。

① 炊具。每批取 2 件，分别加入 4％乙酸至距上边缘 0.5cm 处煮沸 30min，加热时加盖，保持微沸，最后补充 4％乙酸至原体积，室温放置 24h 后将以上浸泡液倒入清洁的玻璃瓶中供测试用。

② 食具。加入沸 4％乙酸至距上口边缘 0.5cm 处，加上玻璃盖，室温放置 24h。

不能盛装液体的扁平器皿的浸泡液体积，以 2mL/cm^2 表面积计算。

2. 铅、锌的测定

采用第六章第二节二、2，三、2 进行测定。

3. 砷的测定

（1）原理　在酸性条件下，用氯化亚锡将五价砷还原成三价砷，再利用锌和酸作用，产生原子态氢，而原子态的氢将三价砷还原为砷化氢。当砷化氢气体碰到溴化汞试纸片时，根据不同的含砷量而生成黄至黄褐色的砷斑。砷斑颜色的深浅与砷的含量成正比，可根据颜色的深浅比色定量。

（2）试剂　4％乙酸；6mol/L 盐酸；15％碘化钾溶液；5％溴化汞-乙醇溶液；酸性氯化亚锡溶液；铅标准使用液；无砷锌粒；乙酸铅棉花；溴化汞试纸。

（3）仪器　测砷装置（含 100mL 锥形瓶、橡皮塞、玻璃测砷管、玻璃帽）。

（4）测定　量取 2.0mL 浸泡液，置于测砷瓶中，加 23mL 水。另取 2.0mL 砷标准使用液，置于测砷瓶中，加 4％乙酸 2mL、水 21mL，于样品及标准的测砷瓶中加 5mL 盐酸、5mL 碘化钾溶液及 5 滴酸性氯化亚锡溶液，摇匀后放置 10min。加入 2g 无砷锌粒，立即将装好乙酸铅棉花及溴化汞试纸的定砷管装上，放置于暗处 25～35℃条件下 1h，取出溴化汞试纸和标准比较。其颜色不得深丁标准色斑。

三、陶瓷食具容器的检验

陶瓷是指经高温热处理工艺所得的非金属无机材料，表面光洁，质地坚硬，吸水性很低，敲叩时清脆有声。

1. 浸泡条件

（1）试剂　4％乙酸。

（2）方法　先将样品用浸润过微碱性洗涤剂的软布揩拭表面后，用自来水刷干净，再用水冲洗，晾干后备用。加入沸 4％乙酸至距上口边缘 1cm 处（边缘有花彩者则要浸过花面），加上玻璃盖，在不低于 20℃的室温下浸泡 24h。不能盛装液体的扁平器皿的浸泡液体积，以 2mL/cm^2 表面积计算。

2. 原子吸收分光光度法测定陶瓷食具容器中的镉

（1）原理　浸泡液中镉离子导入原子吸收仪中，被原子化后，吸收 228.8nm 共振线，其吸收量与测试液中的含镉量成比例关系，与标准系列比较定量。

（2）试剂

① 镉标准溶液。精密称取 0.1142g 氧化镉，加 4mL 冰乙酸，缓缓加热溶解后，冷却移入 100mL 容量瓶中，加水稀释至刻度。此溶液每毫升相当于 1mg 镉。

② 镉标准使用液。吸收 1.0mL 镉标准溶液，置 100mL 容量瓶中，加 4％乙酸稀释至刻度。此溶液每毫升相当于 10μg 镉。

（3）仪器　原子吸收分光光度计。

（4）测定

① 标准曲线制备。吸取 0.00mL、0.50mL、1.00mL、3.00mL、5.00mL、7.00mL、10.00mL 镉标准使用液，分别置于 100mL 容量瓶中，用 4％乙酸稀释至刻度，混匀，每毫升各相当于 0.00μg、0.05μg、0.10μg、0.30μg、0.50μg、0.70μg、1.00μg 镉，将仪器调节至最佳条件进行测定，根据对应浓度的峰高，绘制标准曲线。

② 样品测定。将测定器调至最佳条件，然后将样品浸泡液或其稀释液，直接导入火焰中进行测定与标准曲线比较定量。

测定条件：波长 228.8nm，灯电流 7.5mA，狭缝 0.2nm，空气流量 7.5L/min，乙炔气流量 1.0L/min，氘灯背景校正。

（5）计算

$$X = \frac{m_1 \times 1000}{V_1 \times 1000}$$

式中　X——样品浸泡液中镉的含量，mg/L；

m_1——测定时所取样品浸泡液测得的镉的质量，μg；

V_1——测定时所取样品浸泡液体积，mL。

如取稀释液应再乘以稀释倍数。

3. 双硫腙法测定陶瓷食具容器中的镉

（1）原理　镉离子在碱性条件下与二硫腙生成红色络合物，可以用三氯甲烷等有机溶剂提取比色，加入酒石酸钾钠溶液和控制 pH 可以掩蔽其他金属离子的干扰。

（2）试剂

① 三氯甲烷。

② 氢氧化钠-氰化钾溶液（甲）：称取 400g 氢氧化钠和 10g 氰化钾，溶于水中，稀释至 1000mL。

③ 氢氧化钠-氰化钾溶液（乙）：称取 400g 氢氧化钠和 0.5g 氰化钾，溶于水中，稀释至 1000mL。

④ 0.1g/L 二硫腙-三氯甲烷溶液。

⑤ 0.02g/L 二硫腙-三氯甲烷溶液。

⑥ 250g/L 酒石酸钾溶液。

⑦ 200g/L 盐酸羟胺溶液。

⑧ 20g/L 酒石酸溶液：贮于冰箱中。

⑨ 镉标准使用液：用 4％乙酸配制成每毫升相当于 10μg 镉的溶液。

（3）仪器　分光光度计。

（4）测定　取 125mL 分液漏斗两只，一只加入 0.5mL 镉标准使用液（相当于 5μg 镉）及 9.5mL 4％乙酸，另一只加 10mL 样品浸泡液。分别向分液漏斗中各加 1mL 酒石酸钾钠溶液，5mL NaOH-KCN 溶液（甲）及 1mL 盐酸羟胺溶液，每加入一种试剂后，均须摇匀。加入 15mL 0.1g/L 二硫腙-三氯甲烷溶液，振摇 2min（此步应迅速进行）。

另取第二套分液漏斗，各加 25mL 酒石酸溶液，将第一套分液漏斗内的二硫腙也放入第二套分液漏斗中。将第二套分液漏斗振摇 2min，弃去二硫腙-三氯甲烷液，再各加 6mL 三氯甲烷，振摇后弃去三氯甲烷层。向分液漏斗的水溶液中各加入 1.0mL 盐酸羟胺溶液，15.0mL 0.02g/L 二硫腙-三氯甲烷溶液及 5mL 氢氧化钠-氰化钾溶液（乙），立即振摇 2min。擦干分液漏斗下管内壁，塞入少许脱脂棉用以滤除水珠，将二硫腙-三氯甲烷溶液放入具塞的 25mL 比色管中，进行比色，样品管的红色不得深于标准管。否则以 3cm 比色杯，用三氯甲烷调节零点，于波长 518nm 处测吸光度，进行定量。

（5）计算

$$X = \frac{A_s m_s \times 1000}{A_t V \times 1000}$$

式中　X——样品浸泡液中镉的含量，mg/L；

　　　　A_s——镉标准溶液吸光度读数；

　　　　A_t——样品浸泡液吸光度读数；

　　　　m_s——镉标准溶液含量，μg；

　　　　V——样品浸泡液体积，mL。

第五节　食品包装用纸的测定

食品包装用纸直接与食品接触，是食品行业使用最广泛的包装材料。包装纸的种类繁多，如原纸（可用来包面包、奶油、冰棍、雪糕、糖果等）、玻璃纸（包装糖果等）、锡纸（包奶油糖、巧克力糖等）等可与食品直接接触的内包装以及纸板、糕点盒等不直接接触食品的外包装。

一、样品处理

（1）浸泡液　4％乙酸溶液。

（2）操作　从每张纸样剪下 10cm² （2cm×5cm）大小各一块，供检验用。再将剪好的纸条放入浸泡液中（以 2mL 浸泡液/cm² 计算，纸条不要重叠），在不低于 20℃ 的常温下浸泡 24h。

二、铅的测定

采用第六章第二节三、1 或 2 进行测定。

三、砷的测定

根据本章第四节二、3 进行操作。

四、荧光物质的检查

取样品置于波长为 365nm 及 254nm 光源下进行检查，不得检出有荧光。

第六节 食品包装材料中甲醛的测定

主要介绍食品包装用三聚氰胺树脂成型品、水基改性环氧易拉罐内壁涂料、罐头内壁脱模涂料、环氧酚醛涂料及食品容器漆酚涂料中游离甲醛的测定。

（1）原理 在 pH 5.0 的乙酸-乙酸钠缓冲液中，甲醛与硫酸联氨反应生成质子化醛腙产物，在电位－1.04V 处产生灵敏的吸附还原波，该电流的峰高与甲醛的浓度在一定范围内呈良好的直线关系。试样的峰高与甲醛标准曲线的峰高比较定量。

（2）试剂

① 氢氧化钾溶液：280g/L。称取 28g 氢氧化钾，加水溶解放冷后并稀释至 100mL。

② 硫酸联氨溶液：20g/L。称取 2.0g 硫酸联氨 $[H_4N_2 \cdot H_2SO_4]$，用约 40℃热水溶解，冷却至室温后，在酸度计上用氢氧化钾溶液（280g/L）调节至 pH 5.0，加水稀释至 100mL。

③ 乙酸-乙酸钠缓冲溶液。称取 0.82g 无水乙酸钠或 1.36g 乙酸钠，用水溶解，在酸度计上用 1mol/L 乙酸调节至 pH 5.0，加水稀释至 100mL。

④ 甲醛标准溶液。按 GB/T 5009.69 进行配制和标定。最后用水稀释至每毫升相当于 100μg 甲醛。

⑤ 甲醛标准使用液。精密吸取 10.0mL 甲醛标准溶液，置于 100mL 容量瓶中，用水稀释至刻度。此溶液每毫升相当于 10.0μg 甲醛（使用时配制）。

（3）仪器

① MP-2 型溶出分析仪或示波极谱仪。

② 三电极体系：滴汞电极为工作电极，饱和氯化钾甘汞电极为参比电极，铂辅助电极。

（4）分析步骤

① 标准曲线的制备。精密吸取 0mL、0.2mL、0.4mL、0.6mL、0.8mL、1.0mL 甲醛标准使用液（相当于 0μg、2.0μg、4.0μg、6.0μg、8.0μg、10.0μg 甲醛），分别置于 10mL 容量瓶内。加 2mL pH 5.0 乙酸-乙酸钠缓冲溶液、0.6mL 硫酸联氨溶液（20g/L），加水至刻度，混匀。放置 2min，将试液全部移入电解池（15mL 烧杯）中。于起始电位－0.80V 开始扫描，读取电位－1.04V 处 2 次微分的峰高值，以甲醛浓度为横坐标、峰高为纵坐标绘成标准曲线。

② 浸泡条件。

a. 采样方法。采样时应记录产品名称、生产日期、批号、生产厂商。所采集样品应完整、平稳、无变形、画面无残缺，容量一致，不具有影响检验结果的其他瑕疵点。采集样品数量应能反映该产品的质量和满足检验项目对试样量的需要。一式三份供检验、复验与备查或仲裁之用。

b. 试样的清洗。试样用自来水冲洗后用餐具洗涤剂清洗，再用自来水反复冲洗后，用蒸馏水或去离子水冲 2～3 次，置烘箱中烘干。塑料、橡胶等不宜烘烤的制品，应晾干，必要时可用洁净的滤纸将制品表面水分揩吸干净，但纸纤维不得存留器具表面。清洗过的试样应防止灰尘污染，并且清洁的表面也不应再直接用手触摸。

c. 浸泡液的制备及浸泡操作。按 GB/T 5009.156—2003《食品用包装材料及其制品的浸泡试验方法通则》所述方法进行操作。

③ 样品测定。4%乙酸浸泡液用微量进样器吸取 0.01～0.03mL。水浸泡液取 1.0～

5.0mL 于 10mL 容量瓶内。以下按①自"加 2mL pH 5.0 乙酸-乙酸钠缓冲溶液……"起依法操作。试样的峰高值从标准曲线上查出相当于甲醛的含量。

（5）结果计算

$$X = \frac{m \times 1000}{V \times 1000}$$

式中　X——样品浸泡液中甲醛的含量，mg/L；

　　　m——测定时所取样品浸泡液中甲醛的质量，μg；

　　　V——测定时所取样品浸泡液体积，mL。

 **阅读材料**

食品包装，不只是美丽外衣

　　走进商场或超市，各种食品形形色色的漂亮包装可谓是一条美丽的风景线。随着经济的发展、生活水平的提高，人们对各种食品产品的美丽外衣——包装提出了越来越高的美观功能要求，但却忽略了其安全性问题。

　　其实，产品包装不只是美丽的外衣，它还担负着保护商品不受外来污染侵害，保持产品原有质量的保护功能，尤其在食品包装领域，对包装的要求更为严格。食品包装不仅在保持产品品质上有严格的要求，其包装本身的材料也必须是安全的，不能含有对人体有害的物质。最新颁布的《食品安全法》对食品包装提出了相关要求："贮存、运输和装卸食品的容器、工具和设备应当安全、无害，保持清洁，防止食品污染，并符合保证食品安全所需的温度等特殊要求，不得将食品与有毒、有害物品一同运输。"

　　作为"隐形添加剂"的食品包装材料，如纸质品、陶瓷、玻璃、金属、橡胶、竹制品和聚合物等，虽然国家采取了一系列的安全保证措施，如 2008 年 9 月卫生部发布了 GB 9685—2008《食品容器、包装材料用添加剂使用卫生标准》，并拟定于 2009 年 6 月 1 日实施；从 2009 年 1 月开始，国家卫生部推行食品包装的准入制度，食品包装必须带有 QS 标识等。但是，相关人士指出，食品包装新国标和市场准入制对违规厂家的处罚力度不够，相比食品生产方面的严格规范显然宽松许多。尽管相关法规已经逐渐认识到食品包装对食品安全的重要性，但我国在对食品包装方面的标准还相对落后。

　　在国外，食品包装与食品质量同样重要。据悉，在美国、欧盟等发达国家和地区，都明文规定了食品包装中的各类溶剂、添加剂的品种和数量，并指出未在规定中出现的物质不得用于加工食品包装用材料或容器。其处罚规定也是相当严格的。

　　事实上，食品包装作为直接与食品接触的保护层，可以说是食品的另一种特殊添加剂。有科学研究表明，没有质量保证的食品包装，在时间的推移下其含有的有害物质会转移到食品中，这将对人体健康产生影响，尤其会影响青少年的生长发育。因此，在人们越来越重视食品安全的今天，我们也呼吁越来越多的人关注到食品的包装安全，让食品包装不仅是一件美丽的外衣，而且成为我们身体健康的一道防护盔甲。

食品包装安全事件追踪

1. 废光盘做"毒奶瓶"事件

2006 年 4 月 29 日，河北省石家庄市现代小商品市场发现劣质婴儿奶瓶，有害化学物质"酚"含量超国家标准近两倍。酚在遇热、盛放酸性食物或饮料时，很容易析出，孩子喝下后很难排出体外，会破坏肝、肾细胞，影响生长发育和身体功能。后经调查，毒奶瓶是浙江省慈溪市一些塑料加工厂将废弃光盘粉碎后用硫酸进行漂白制成"回料"，卖至义乌一些"奶瓶厂"用来生产婴儿奶瓶。

2. 甘肃定西食品包装袋苯超标事件

2005 年 1 月，甘肃省定西县一家食品厂的薯片在出厂质检时，发现包装袋苯超标。随后兰州市质监人员随机确定 7 家生产复合型食品包装膜的塑料彩印企业，结果有 5 个企业塑料彩印包装被检出苯残留超标。后对甘肃、青海、浙江、江苏等省的十几家塑料彩印企业进行调查，发现这些企业的主要原料所使用溶剂中全部含有甲苯。

3. 特富龙不粘锅"致癌"

2004 年 7 月 8 日，美国环境保护署对杜邦公司提起指控，称其一家工厂使用化工品 PFOA（全氟辛酸铵，亦名为 C-8）。PFOA 难以自然降解，并可通过脐带传输到胎儿体内积累。高剂量全氟辛酸铵在动物实验中曾引发癌症、胚胎畸形等疾病。2006 年 2 月 15 日美国环保署下属的科学顾问委员会得出结论：生产"特富龙"等品牌不粘和防锈产品的关键化工原料 PFOA"对人类很可能致癌"。

4. PVC 保鲜膜有毒

2005 年 9 月 2 日，中国包装网刊登《美国：保鲜膜包食品有害健康》文章，介绍 PVC 含有对人体具致癌作用的有害物质 DEHA。10 月 13 日，有报道称，日韩致癌的 PVC 食品保鲜膜大举进入中国。此后国家质检总局发布公告，禁止含 DEHA 等不符合国家标准规定的或氯乙烯单体含量超标的 PVC 食品保鲜膜进出口；禁止用 PVC 保鲜膜直接包装肉食、熟食及油脂食品。

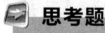 **思考题**

1. 食品包装的意义是什么？
2. 食品包装材料主要有哪些？其安全性要求是什么？
3. 为什么说食品包装材料是食品的一种"隐形添加剂"？
4. 如何对食品用橡胶制品进行测定？
5. 食具容器所用材料有哪些？如何对食具容器进行检测？

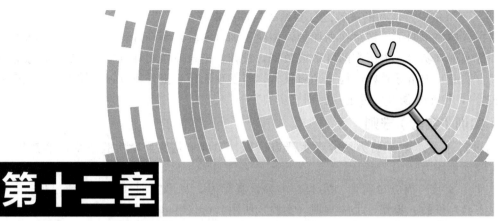

第十二章
食品分析实训（实验）项目

学习指南

本章设立的三十八个实训（实验）项目，基本涵盖了食品中各类成分的测定方法和基本操作。通过本章学习，应达到如下要求：

（1） 培养严肃认真、实事求是的科学实验态度，培养胆大、心细的实践动手能力；

（2） 实训（实验）前，能认真阅读实训（实验）相关内容，明确实训（实验）目的和要求，弄清实训（实验）的基本原理和方法；

（3） 在实训（实验）过程中，能统筹安排、合理利用时间，做到有条不紊，实训（实验）完毕，能认真、及时完成实训（实验）报告；

（4） 在充分了解所用仪器、设备的结构、功能和使用方法的基础上，做好每一个实训（实验），对关系到实训（实验）成败之处要进行研究，能给予足够的重视。

食品分析是一门实践性很强的课程，既需要理论知识为基础，更强调动手能力的培养。本章中三十八个不同的实训（实验）项目，对各种食品及其指定的成分根据规定的操作规程进行了分析。希望在食品分析实训（实验）一般要求的指导下，通过认真准备，做好每一个实训（实验），以期使食品分析的综合能力有一个较大的提高。

第一节　食品分析实训（实验）的一般要求

一、实训（实验）的预习

实训（实验）前必须对实训（实验）内容进行认真、充分的预习，并写好预习报告，以避免形成实训（实验）中"照方抓药"的不良习惯。主要从以下几个方面进行预习：

1. 阅读教材中相关实训（实验）内容，弄清实训（实验）的基本原理和方法；

2. 明确实训（实验）目的和要求；

3. 了解实训（实验）的内容、步骤及注意事项；

4. 了解所用分析仪器的结构、功能和使用方法；

5. 对实训（实验）过程统筹安排，做到心中有数；

6. 对实训（实验）成败的关键之处要给予足够的重视。

预习报告应简单明了，切忌搬书照抄，能使实训（实验）顺利进行就可以。但要预先查阅或计算好实训（实验）中所需的常数或数据，设计好记录原始实训（实验）数据的表格。

实训（实验）前指导教师应检查预习报告，若发现无预习报告或预习不够充分，应暂停实训（实验），待允分预习后再进行实训（实验）。

二、实训（实验）守则

1. 通过实训（实验），努力培养学生严肃认真，实事求是的科学实验态度，培养胆大、心细的实践动手能力。

2. 实训（实验）前应对实训（实验）内容认真预习，写出实训（实验）预习报告，明确实训（实验）目的、步骤，了解实训（实验）所用分析仪器（或其他装置、设备）的性能及使用方法并回答老师的提问。准备不合要求者必须重新预习，否则不得进行实训（实验）。

3. 进入实训（实验）室，要注意仪表端庄，严禁穿背心、拖鞋、短裤进入实训（实验）室。实训（实验）课不得迟到和早退。

4. 实训（实验）中应保持安静，不得高声喧哗和打闹；不准吸烟、饮食，不准随地吐痰，不准乱扔废纸、杂物，废液要倒入废液缸，严禁倒入水槽中，要避免水槽的堵塞。

5. 实训（实验）过程中，要细心、谨慎，不得忙乱和急躁，应严格按仪器操作规程进行操作，服从教师和实训（实验）技术人员的指导。

6. 实训（实验）时，仪器安装、预热完毕须经指导教师和实训（实验）技术人员检查确认后才能进行实训（实验）。实训（实验）过程中要合理安排时间，集中注意力，认真操作和观察，如实记录各种实训（实验）数据，记录的原始实训（实验）数据必须当场由指导教师核查并签名。学生实训（实验）时应积极思考分析，不得马虎从事，不得拼凑数据或抄袭他人的实训（实验）记录。

7. 实训（实验）时必须注意安全，遵守实训（实验）室有关规章制度，实训（实验）过程中若仪器设备发生故障或损坏时，首先要切断电、气源，并立即报告指导教师进行处理。待指导教师查明原因排除故障后，方可继续实训（实验）。

8. 对有故障仪器，需要更换时，应报告指导教师，由指导教师解决，不允许学生在实训（实验）室内擅自乱动仪器设备。

9. 实训（实验）中不得将仪器装置处于无人看守状态，更不得私自拆卸仪器设备，未经许可不得动用与本实训（实验）无关的其他仪器设备及物品，不得进入与实训（实验）无关的场所，不得将任何实训（实验）室物品带出实训（实验）室。

10. 实训（实验）完毕，应检查仪器使用状况，关闭电、气源，填好仪器装置使用记录。

11. 值日生必须做好实训（实验）室清洁卫生和安全工作，关闭水、电、门、窗。经指导教师和实训（实验）技术人员检查、批准后方可离开实训（实验）室。

12. 实训（实验）后，要认真按要求写出实训（实验）报告，认真分析实训（实验）结果，正确处理实训（实验）数据，细心绘制曲线图表等，不得更改原始数据。对于不合要求的实训（实验）报告，要退回重做。

三、实训（实验）数据的记录

对测量值进行读数和记录时，应注意以下几个问题：

1. 实训（实验）过程中的各种测量数据要及时、真实、准确而清楚地记录下来，并应用一定的表格形式，使数据记录有条理，且不易遗漏。

2. 指针式显示仪表，读数时应使视线通过指针与刻度标尺盘垂直，读数指针对准的刻度值。有些仪表刻度盘上附有镜面，读数时只要使指针与镜面内的指针相重合即可读数。记录式显示仪表（如记录仪），记录纸上的数值可以从记录纸上印格读出，也可使用米尺测读。

3. 记录测量数据时，应注意其有效数字的位数。例如，用分光光度计测量溶液的吸光度时，如吸光度在 0.8 以下，应记录至 0.001 的读数；大于 0.8 而小于 1.5 时，则要求记录至 0.01 读数；若吸光度在 1.5 以上，就失去了准确读数的实际意义。其他等分刻度的量器和显示仪表，应记录所示的全部有效数字，即要求记录至最小分度值的后一位（末一位是最小分度值内的估计值）。

4. 记录的原始数据不得随意涂改，如需废弃某些记录的数据，应划掉重记。应将所得的数据交指导教师审阅后进行计算，不允许私自抄凑数据。

四、实训（实验）报告

1. 仪器分析实训（实验）报告的一般构成

一份简明、严谨、整洁的实训（实验）报告是某一实训（实验）的记录和总结的综合反映。仪器分析实训（实验）报告一般包括：

① 实训（实验）名称、完成日期、实训（实验）者姓名及合作者姓名；

② 实训（实验）目的；

③ 实训（实验）简明原理；

④ 主要仪器（生产厂家、型号）及试剂（浓度、配制方法）；

⑤ 主要实训（实验）步骤；

⑥ 实训（实验）数据的原始记录及数据处理；

⑦ 实训（实验）结果或结论；

⑧ 有关实训（实验）的问题讨论；

⑨ 思考题。

2. 分析实训（实验）数据的处理

分析实训（实验）数据的处理是指对原始实验数据的进一步分析计算，包括绘制图形或表格、数理统计、计算分析结果等，必要时应该用简要文字说明。在数据处理中，计算、作图与实训（实验）测定数据的误差必须一致，以免在数据处理中带来更大的结果误差。

实训（实验）数据用图形表示，可以使测量数据间的相互关系表达得更简明直观，易显出最高点、最低点、转折点等，利用图形可直接或间接求得分析结果，便于应用。因此，正确的标绘图形是实训（实验）后数据处理的重要环节，必须十分重视作图的方法和技术。

现将标绘时的要点介绍如下：

（1）选择合适的坐标纸　在分析中最常用的是直角坐标纸。如果一个坐标是测量值的对数，则可用单对数坐标纸。如直接电位法中，电位与浓度关系曲线的绘制。

（2）坐标的确定　用直角坐标纸时，以横坐标 x 轴代表实验误差较小，便于测量和控制的自变量，例如标准溶液的浓度、入射光的波长等；以纵坐标 y 代表因变量，例如溶液的吸光度、电池的电动势等。

（3）比例尺（坐标标度）的选择　坐标轴比例尺的选择极为重要，由于比例尺的改变，曲线形状也将随之改变。若选择不当，可使曲线的某些相当于极大、极小或转折点的特殊部分看不清楚。

比例尺选择的一般原则如下：

① 要能表示全部有效数字，以便从图形上读出的量的准确度与测量的准确度相适应；

② 绘出的直线或近乎直线的曲线，应使它的倾斜角度在 45°左右；

③ 为了方便易读又便于计算，凡主线间分为十等份的直角坐标纸，各等分线间的距离，表示数量 1、2、5 是适宜的，但应避免使用 3、6、7 或 9 等数字；

④ 坐标的起始点（原点）不一定是零。在一组数据中自变量和因变量都有最高值和最低值，可用低于最低测量值的某一整数作起点，高于最高测量值的某一整数作终点，以充分利用坐标纸，作图较为紧凑。

（4）图纸的标绘

① 在纵轴的左面和横轴的下面，注明该轴所代表的变量名称和单位，并每隔一定距离标明变量的数值，即分度值，以便作图及读数，但不要将实验测量数值写在轴旁。注意分度值的有效数字一般应与测量数据的有效数字相同。

② 测得数据的描点，可用小圆圈或小圆点标出。若在一张图纸上绘几条曲线，则每组数据应选用不同的符号代表，标记的中心应与数据的坐标重合，但一张图纸上不宜标绘过多。

③ 根据坐标纸上各试（实）验点的分布情况作出光滑连续的曲线。绘线时，如果两个量呈线性关系，按点的分布情况作一直线，所绘的直线应与各点接近，但不一定通过所有点，因为实训（实验）中不可避免地存在着误差。在绘制曲线时，也应按此原则。一般来讲，曲线上不应有突然弯曲和不连续的地方。

④ 曲线的具体绘法：先用淡铅笔手描一条曲线，再用曲线板依曲线逐段凑合描光滑，并注意各段描线的衔接，使整条曲线连续。

（5）图名和说明 绘好图后应标上图名、测量的主要条件，并标写姓名、日期。

第二节 实训（实验） 内容

实训（实验）项目一 全脂乳粉中水分含量的测定

一、目的要求

1. 熟练掌握烘箱的使用、天平称量、恒重等基本操作。

2. 学习和领会常压干燥法测定水分的原理及操作要点。

3. 掌握常压干燥法测定全脂乳粉中水分的方法和操作技能。

二、实训（实验）原理

本实训（实验）是基于食品中的水分受热以后，产生的蒸气压高于在电热干燥箱中的空气分压，从而使食品中的水分被蒸发出来。同时由于不断地供给热能及不断地排走水蒸气，而达到完全干燥的目的。食品干燥的速度取决于这个压差的大小。

食品中的水分一般是指在 100℃±5℃直接干燥的情况下所失去物质的总量。此法适用于在 95～105℃下，不含或含其他挥发性物质甚微的食品。

三、仪器

称量瓶（直径 50mm，矮形），干燥器，恒温干燥箱。

四、实训（实验）步骤

取洁净铝制或玻璃制的扁形称量瓶，置于 100℃±5℃干燥箱中，瓶盖斜支于瓶边，加热 0.5～1.0h，取出，盖好，置干燥器内冷却 0.5h，称量，并重复干燥至恒重。称 2.00～10.0g 奶粉样品，放入此称量瓶中，样品厚度约 5mm。加盖，精密称量后，置 100℃±5℃

干燥箱中，瓶盖斜支于瓶边，干燥 2～4h 后，盖好取出，放入干燥器内冷却 0.5h 后称量。然后放入 100℃±5℃ 干燥箱中干燥 1h 左右，取出，放干燥器内冷却 0.5h 后再称量。至前后 2 次质量差不超过 2mg，即为恒重。

五、结果处理

1. 数据记录

称量瓶的质量/g	称量瓶加奶粉的质量/g	称量瓶加奶粉干燥后的质量/g

2. 结果计算

$$X = \frac{m_1 - m_2}{m_1 - m_3} \times 100$$

式中　X——样品中水分的含量，g/100g；

m_1——称量瓶和样品的质量，g；

m_2——称量瓶和样品干燥后的质量，g；

m_3——称量瓶的质量，g。

实训（实验）项目二　面粉中灰分含量的测定

一、目的要求

1. 进一步熟练掌握高温电炉的使用方法，坩埚的处理、样品炭化、灰化、天平称量、恒重等基本操作技能。

2. 学习和了解直接灰化法测定灰分的原理及操作要点。

3. 掌握面粉中灰分的测定方法和操作技能。

二、实训（实验）原理

一定质量的食品在高温下经灼烧后，去除了有机质所残留的无机物质称为灰分。样品质量发生了改变，根据样品的失重，即可计算出总灰分的含量。

三、仪器

高温电炉，瓷坩埚，坩埚钳，分析天平，干燥器。

四、实训（实验）步骤

1. 取大小适宜的石英坩埚或瓷坩埚置高温电炉中，在 575℃±25℃ 下灼烧 0.5h，冷至 200℃ 以下后取出，放入干燥器中冷至室温，精密称量，并重复灼烧至恒重。

2. 加入 2～3g 面粉后，准确称量。

3. 样品先以小火加热使样品充分炭化至无烟，然后置高温电炉中，在 575℃±25℃ 灼烧 4h。冷至 200℃ 以下后取出放入干燥器中冷却 30min，在称量前如灼烧残渣有炭粒时，向样品中滴入少许水湿润，使结块松散，蒸出水分再次灼烧直至炭粒灰化完全，准确称量。重复灼烧至前后 2 次称量相差不超过 0.5mg 为恒重。

五、结果处理

1. 数据记录

坩埚质量/g	坩埚加样品的质量/g	坩埚加灰分的质量/g

2. 结果计算

$$X = \frac{m_1 - m_2}{m_3 - m_2} \times 100$$

式中　X ——样品中灰分的含量，g/100g；

　　　m_1 ——坩埚和灰分的质量，g；

　　　m_2 ——坩埚的质量，g；

　　　m_3 ——坩埚和样品的质量，g。

实训（实验）项目三　果汁饮料中总酸及 pH 的测定

一、目的要求

1. 进一步熟悉及规范滴定操作。

2. 学习及了解碱滴定法测定总酸及有效酸度的原理及操作要点。

3. 掌握果汁饮料总酸度及有效酸度的测定方法和操作技能。

4. 学会使用 pH 计；懂得电极的维护和使用方法。

二、实训（实验）原理

1. 总酸测定原理

除去 CO_2 的果汁饮料中的有机酸，用 NaOH 标准溶液滴定时，被中和成盐类。以酚酞为指示剂，滴定至溶液呈现淡红色，0.5min 不退色为终点。根据所消耗标准碱液的浓度和体积，即可计算出样品中酸的含量。

2. 有效酸测定原理

利用 pH 计测定果汁饮料中的有效酸度（pH），是将玻璃电极和甘汞电极插入除 CO_2 的果汁饮料中，组成一个电化学原电池，其电动势的大小与溶液的 pH 有关。即在 25℃时，每相差一个 pH 单位，就产生 59.1mV 的电极电位，从而可通过对原电池电动势的测量，在 pH 计上直接读出果汁饮料的 pH。

三、仪器与试剂

1. 仪器

水浴锅，酸度计，玻璃电极，甘汞电极。

2. 试剂

0.1mol/L NaOH 标准溶液，酚酞乙醇溶液，pH＝4.01 标准缓冲溶液。

四、实训（实验）步骤

1. 样品的制备

取果汁饮料 100mL，置锥形瓶中，放入水浴锅中加热煮沸 10min（逐出 CO_2），取出自然冷却至室温，并用蒸馏水补足至 100mL，待用。

2. 总酸度的测定

用移液管吸取上述制备液 10mL 于 250mL 锥形瓶中，加 50mL 蒸馏水，置电炉上加热至沸，取下待冷却后加入 2 滴酚酞指示剂摇匀，用 0.1mol/L NaOH 标准溶液滴定至终点，记录 NaOH 体积（mL）。

3. 果汁饮料中有效酸度（pH）的测定

（1）酸度计的校正

① 开启酸度计电源，预热 30min，连接玻璃及甘汞电极，在读数开关放开的情况下调零。

② 测量标准缓冲溶液的温度，调节酸度计温度补偿旋钮。

③ 将两电极浸入缓冲溶液中，按下读数开关，调节定位旋钮使 pH 计指针在缓冲溶液的 pH 上，放开读数开关，指针回零，如此重复操作 2 次。

（2）果汁饮料 pH 的测定

① 用无 CO_2 的蒸馏水淋洗电极，并用滤纸吸干，再用制备好的果汁饮料冲洗两电极。

② 根据果汁饮料温度调节酸度计温度补偿旋钮，将两电极插入果汁饮料中，按下读数开关，稳定 1min，酸度计指针所指 pH 即为果汁饮料的 pH。

五、结果处理

1. 数据记录

NaOH 标准溶液浓度 /(mol/L)	NaOH 标准溶液的用量/mL				pH		
	1	2	3	平　均	1	2	平　均

2. 结果计算

$$X = \frac{cV \times 0.064}{10}$$

式中　X ——总酸含量（以柠檬酸计），g/mL；

　　　c ——NaOH 标准溶液的浓度，mol/L；

　　　V ——氢氧化钠标准溶液的用量，mL；

　0.064——换算成为柠檬酸的系数，即 1mol/L 氢氧化钠相当于柠檬酸的质量，g/mmol；

　　　10——样品制备液取用量，mL。

实训（实验）项目四　午餐肉中脂肪含量的测定

一、目的要求

1. 学习并掌握水解法测定脂肪含量的方法。

2. 学会根据食品中脂肪存在状态及食品组成，正确选择脂肪的测定方法。

3. 掌握用有机溶剂萃取脂肪及溶剂回收的基本操作技能。

二、实训（实验）原理

利用强酸在加热条件下将试样成分水解后，使结合或包裹在组织内的脂肪游离出来，再用乙醚提取，回收除去溶剂并干燥后，称量提取物质量即得游离及结合脂肪总量。

三、仪器与试剂

1. 仪器

100mL 具塞刻度量筒，恒温水浴（50～80℃），锥形瓶。

2. 试剂

盐酸，95％乙醇，乙醚，石油醚（30～60℃沸程）。

四、实训（实验）步骤

1. 固体样品处理：精确称取午餐肉约 2.00g，置于 50mL 大试管内，加 8mL 水，混匀后再加 10mL 盐酸。

2. 将试管放入 70～80℃ 水浴中，每隔 5～10min 用玻璃棒搅拌一次，至样品消化完全为止，时间为 40～50min。

3. 取出试管，加入 10mL 乙醇，混合。冷却后将混合物移入 100mL 具塞量筒中，以 20mL 乙醚分次洗试管，一并倒入量筒中，待乙醚全部倒入量筒后，加塞振摇 1min，小心开塞，放出气体，再塞好，静置 12min，小心开塞，并用石油醚-乙醇等量混合液冲洗塞及筒口附着的脂肪。静置 10～20min，待上部液体清晰，吸出上层清液于已恒重的锥形瓶内，再加 5mL 乙醚于具塞量筒内，振摇，静置后，仍将上层乙醚吸出，放入原锥形瓶内。将锥形瓶置于水浴上蒸干，置 100℃±5℃烘箱中干燥 2h，取出，放干燥器内冷却 0.5h 后称重，并重复以上操作至恒重。

五、结果处理

1. 数据记录

锥形瓶质量/g	脂肪加锥形瓶质量/g	午餐肉中脂肪量/g

2. 结果计算

$$X = \frac{m_1 - m_0}{m_2} \times 100$$

式中　X——样品中脂肪的含量，g/100g；

　　　m_1——接受瓶和脂肪的质量，g；

　　　m_0——接受瓶的质量，g；

　　　m_2——样品的质量（如是测定水分后的样品，按测定水分前的质量计），g。

实训（实验）项目五　甜炼乳中乳糖及蔗糖量的测定

一、目的要求

1. 通过本实训（实验）了解甜炼乳中乳糖及蔗糖量的测定方法。
2. 领会还原糖、总糖、蔗糖量测定的原理及操作要点。
3. 熟练掌握样品处理、转化、糖滴定等操作。

二、实训（实验）原理

甜炼乳中含有具有还原性的乳糖及不具有还原性的蔗糖，将样品溶解去除蛋白质后，根据直接滴定法测定还原糖的原理，可直接测定乳糖。蔗糖不具还原性，可根据总糖测定的原理，用酸水解，测出水解前后转化糖量，以求出蔗糖总量。

三、仪器与试剂

1. 仪器

酸式滴定管，可调电炉，锥形瓶，容量瓶等。

2. 试剂

盐酸，碱性酒石酸铜溶液，乙酸锌溶液，亚铁氰化钾溶液，氢氧化钠溶液，甲基红指示剂。

四、实训（实验）步骤

1. 样品制备

准确称取甜炼乳 2～2.5g 置于小烧杯中，用 100mL 蒸馏水分数次溶解并移入 250mL 容量瓶中，以下按还原糖测定中直接滴定法的方法进行处理，收集滤液供测定用。

2. 标定碱性酒石酸铜溶液

分别称取 1.000g 经干燥至恒重的分析纯乳糖及蔗糖，配制成 1mg/mL 的乳糖及蔗糖标准溶液。按还原糖及总糖测定中的方法分别进行标定。计算每 10mL（甲、乙液各 5mL）碱性酒石酸铜溶液相当于乳糖及转化糖的质量。

3. 乳糖量的测定

按直接滴定法测定还原糖的操作进行测定，记录消耗样品溶液的体积。

4. 蔗糖量的测定

取 50mL 样品处理液，按总糖量测定的方法进行水解，再按直接滴定法测定水解后的还原糖量，记录消耗样品水解液的体积。

五、结果计算

$$X_1 = \frac{m_1}{m \times \dfrac{V_1}{250} \times 1000} \times 100$$

式中　X_1——乳糖含量，g/100g；

　　　V_1——测定乳糖平均消耗样品溶液的体积，mL；

　　　　m——样品质量，g；

　　　m_1——10mL 碱性酒石酸铜溶液相当于乳糖的质量，mg。

$$X_2 = \frac{m_3 \times 0.95}{m \times \dfrac{50}{250} \times 1000} \times \left(\frac{1}{V_2} - \frac{1}{V_3} \right) \times 100$$

式中　X_2——蔗糖含量，g/100g；

　　　V_2——水解前测定还原糖量平均消耗样品溶液的体积，mL；

　　　V_3——水解后测定还原糖平均消耗样品溶液的体积，mL；

　　　　m——样品质量，g；

　　　m_3——10mL 碱性酒石酸铜溶液相当于转化糖质量，g；

　　0.95——转化糖换算为蔗糖的系数。

<h2 style="text-align:center">实训（实验）项目六　面粉中淀粉含量的测定</h2>

一、目的要求

1. 理解淀粉测定原理及操作要点。

2. 掌握酸水解的基本操作技能。

3. 进一步熟练地掌握还原糖测定的方法。

二、实训（实验）原理

样品经除去脂肪及可溶性糖类后，其中淀粉用酸水解成具有还原性的单糖，然后按还原糖测定，并折算成淀粉含量。

三、仪器与试剂

1. 仪器

25mL 古氏坩埚或 G₄ 垂熔坩埚；真空泵或水泵；水浴锅；高速组织捣碎机（转速1200 r/min）；回流装置，下附 250mL 锥形瓶。

2. 试剂

① 碱性酒石酸铜甲液。称取 34.639g $CuSO_4 \cdot 5H_2O$，加适量水溶解，加 0.5mL 硫酸，再加水稀释至 500mL，用精制石棉过滤。

② 碱性酒石酸铜乙液。称取 173g 酒石酸钾钠与 50g 氢氧化钠，加适量水溶解，并稀释至 500mL，用精制石棉过滤，贮存于橡胶塞玻璃瓶内。

③ 精制石棉。取石棉，先用 3mol/L 盐酸浸泡 2～3d，用水洗净，再加 100g/L 氢氧化钠溶液浸泡 2～3d，倾去溶液，再用热碱性酒石酸铜乙液浸泡数小时，用水洗净。以 3mol/L

盐酸浸泡数小时，用水洗至不呈酸性。然后加水振摇，使成微细的浆状软纤维，用水浸泡并贮存于玻璃瓶中，即可用作填充古氏坩埚用。

④ 高锰酸钾标准溶液：$c\left(\frac{1}{5}KMnO_4\right)=0.1000mol/L$。

⑤ 氢氧化钠溶液：40g/L。称取4g氢氧化钠，加水溶解并稀释至100mL。

⑥ 硫酸铁溶液。称取50g硫酸铁，加入200mL水溶解后，慢慢加入100mL硫酸，冷后加水稀释至1000mL。

⑦ 盐酸：3mol/L。取30mL盐酸，加水稀释至120mL。

⑧ 乙醚。

⑨ 乙醇溶液：85％。

⑩ 盐酸溶液：1+1。

⑪ 氢氧化钠溶液：400g/L。

⑫ 氢氧化钠溶液：100g/L。

⑬ 甲基红乙醇指示溶液：2g/L。

⑭ 精密pH试纸。

⑮ 乙酸铅溶液：200g/L。

⑯ 硫酸钠溶液：100g/L。

四、实训（实验）步骤

1. 样品处理

称取2.00～5.00g面粉（磨碎过40目筛），置于放有慢速滤纸的漏斗中，用30mL乙醚分3次洗去样品中脂肪，弃去乙醚。再用150mL 85％乙醇溶液分数次洗涤残渣，除去可溶性糖类物质，并滤去乙醇溶液。以100mL水洗涤漏斗中残渣至250mL锥形瓶中，加30mL盐酸（1+1），接好冷凝管，置沸水浴中回流2h。回流完毕，立即置流水中冷却，待样品水解液冷却后，加入2滴甲基红指示液，先以400g/L氢氧化钠溶液调至黄色，再以盐酸（1+1）调至溶液刚好变红色为宜。若水解液颜色较深，可用精密pH试纸测试，使样品水解液的pH约为7。然后加20mL 200g/L乙酸铅溶液，摇匀，放置10min。再加20mL 100g/L硫酸钠溶液，以除去过多的铅，摇匀后将全部溶液及残渣转入500mL容量瓶中，用水洗涤锥形瓶，洗液合并于容量瓶中，加水稀释至刻度。过滤，弃去初滤液20mL，滤液供测定用。

2. 测定

吸取50.00mL处理后的样品溶液于400mL烧杯内，加入25mL碱性酒石酸铜甲液及25mL乙液，于烧杯上盖一表面皿，加热，控制在4min内沸腾，再准确煮沸2min。趁热用铺好石棉的古氏坩埚或G₄垂熔坩埚抽滤，并用60℃热水洗涤烧杯及沉淀，至洗液不呈碱性为止。将古氏坩埚或垂熔坩埚放回原400mL烧杯中，加25mL硫酸铁溶液及25mL水，用玻璃棒搅拌使氧化亚铜完全溶解，以高锰酸钾标准溶液$\left[c\left(\frac{1}{5}KMnO_4\right)=0.1000mol/L\right]$滴定至微红色为终点。

同时吸取50mL水，加与测样品时相同量的碱性酒石酸铜甲液、乙液、硫酸铁及水，按同一方法做试剂空白试验。

五、结果处理

1. 数据记录

标定时葡萄糖用量/mL				10mL 碱性酒石酸铜相当于葡萄糖的量/mg	测定时消耗样品的量/mL				测定时空白实验用量/mL			
1	2	3	平均值		1	2	3	平均值	1	2	3	平均值

2. 结果计算

$$X_2 = \frac{(m_1 - m_2) \times 0.9}{m \times \dfrac{V}{500} \times 1000} \times 100$$

式中 X_2——样品中淀粉含量，g/100g（或 g/100μL）；

m_1——测定用样品水解液中还原糖含量，mg；

m_2——试剂空白中还原糖含量，mg；

m——样品质量（或体积），g（或 mL）；

V——测定用样品水解液体积，mL；

500——样品液总体积，mL；

0.9——还原糖折算成淀粉的换算系数。

实训（实验）项目七 水果中纤维素含量的测定

一、目的要求
1. 理解纤维素的测定原理。
2. 学会纤维素含量的测定方法及操作要点。

二、粗纤维的标准测定方法

1. 原理

在硫酸作用下，样品中的糖、淀粉、果胶质和半纤维素水解除去后，再用碱处理除去蛋白质和脂肪酸，遗留的残渣为粗纤维。如其中含有不溶于碱、酸的杂质，可灰化后除去。

2. 试剂

① 硫酸溶液：$\varphi(H_2SO_4) = 1.25\%$。

② 氢氧化钾溶液：12.5g/L。

③ 氢氧化钠溶液：50g/L。

④ 石棉。用 50g/L 的氢氧化钠溶液浸泡，在水浴上回流 8h 以上，再用热水充分洗涤。然后用盐酸（1+4）在沸水上回流 8h 以上，再用热水充分洗涤，干燥。在 600～700℃ 中灼烧后，加水使成混悬物，贮存于玻塞瓶中。

3. 实训（实验）步骤

① 称取 20.00～30.00g 捣碎样品（或 5.00g 干样品），移入 500mL 锥形瓶中，加入 200mL 煮沸的 1.25% 硫酸溶液，加热使微沸，保持体积恒定，维持 30min。每隔 5min 摇动锥形瓶一次，充分混合瓶内的物质。

② 取下锥形瓶，立即用亚麻布过滤，用沸水洗至洗液不呈酸性。

③ 再用 200mL 煮沸的 12.5g/L 氢氧化钾溶液，将亚麻布上残留物洗入原锥形瓶内，加热煮沸 30min 后，取下锥形瓶，立即以亚麻布过滤。以沸水洗涤 2～3 次后，移入已干燥称重的 G_2 垂熔坩埚（或同型号的垂熔漏斗）中抽滤，用热水充分洗涤后，抽干，再依次用乙醇和乙醚洗涤一次。将坩埚和内容物在 105℃ 烘箱中烘干后称重，重复烘干，直至恒重。

如样品中含较多的不溶性杂质，则可将样品移入石棉坩埚，烘干称重后，再移入 550℃ 高温炉中灰化，使含碳的物质全部灰化，置于干燥器内，冷却至室温，称重，所损失的量即为粗纤维的量。

4. 计算

$$X = \frac{G}{m} \times 100$$

式中 X ——样品中含粗纤维的量，g/100g；

　　　G ——残余物的质量（或经高温炉损失的质量），g；

　　　m ——样品的质量，g。

三、不溶性膳食纤维的标准测定方法

本标准适用于各类植物性食物和含有植物性食物的混合食物中不溶性膳食纤维的测定。

1. 原理

在中性洗涤剂的消化作用下，样品中的糖、淀粉、蛋白质、果胶等物质被溶解除去，不能消化的残渣为不溶性膳食纤维，主要包括纤维素、半纤维素、木质素、角质和二氧化硅等，并包括不溶性灰分。

2. 试剂和材料

① 无水亚硫酸钠。

② 石油醚：沸程 30～60℃。

③ 丙酮。

④ 甲苯。

⑤ 中性洗涤剂溶液。将 18.61g EDTA 二钠盐和 6.81g 四硼酸钠（含 $10H_2O$）置于烧杯中，加约 150mL 水，加热使之溶解。将 30g 月桂基硫酸钠（化学纯）和 10mL 乙二醇独乙醚（化学纯）溶于约 700mL 热水中。合并上述两种溶液，再将 4.56g 无水磷酸氢二钠溶于 150mL 热水中，再并入上述溶液中，用磷酸调节上述混合液到 pH 为 6.9～7.1，最后加水至 1000mL。

⑥ 磷酸盐缓冲液。由 38.7mL 0.1mol/L 磷酸氢二钠和 61.3mL 0.1mol/L 磷酸二氢钠混合而成，pH 为 7。

⑦ α-淀粉酶溶液。25g/L。称取 2.5g α-淀粉酶，溶于 100mL pH=7 的磷酸盐缓冲溶液中，离心，过滤，滤过的酶液备用。

⑧ 耐热玻璃棉。耐热 130℃，美国 Corning 玻璃厂出品，PYREX 牌。其他牌号也可，只需耐热并不易折断。

3. 仪器和设备

实训（实验）室常用设备；烘箱（110～130℃）；恒温箱（37℃±2℃）；纤维测定仪。

如没有纤维测定仪，可由下列部件组成。

① 电热板：带控温装置。

② 高型无嘴烧杯：600mL。

③ 坩埚式耐酸玻璃滤器：容量 60mL，孔径 40～60μm。

④ 回流冷凝装置。

⑤ 抽滤装置：由抽滤瓶、抽滤垫及水泵组成。

4. 实训（实验）步骤

（1）样品处理

① 粮食。样品用水洗 3 次，置 60℃ 烘箱中烘干，过 20～30 目筛（1mm），贮于塑料瓶内，放一小包樟脑精，盖紧瓶塞保存，备用。

② 蔬菜及其他植物性食物。取其可食部，用水冲洗 3 次后，用纱布吸去水滴，取混合均匀的样品于 60℃ 烘干，称量，磨粉，过 20～30 目筛，备用。

（2）样品测定　取样品 1.00g，置高型无嘴烧杯中，如样品脂肪含量超过 10%，需先除去脂肪，即样品 1.00g，用石油醚（30～60℃）提取 3 次，每次 10mL。加 100mL 中性洗涤剂溶液，再加 0.5g 无水亚硫酸钠。电炉加热，5～10min 内使其煮沸，移至电热板上，保持微沸 1h。于耐酸玻璃滤器中，铺 1～3g 玻璃棉，移至烘箱内，110℃ 4h，取出，置于干燥器中，冷至室温，称量，得 m_1（准确至小数点后 4 位）。再将煮沸后样品趁热倒入滤器，用水泵抽滤；用 500mL 热水（90～100℃）分数次洗烧杯及滤器，抽滤至干；洗净滤器下部的液体和泡沫，塞上橡皮塞。于滤器中加酶液，液面需覆盖纤维，用细针挤压掉其中气泡，加数滴甲苯，上盖表玻皿，37℃ 恒温箱中过夜。取出滤器，除去底部塞子，抽去酶液，并用 300mL 热水分数次洗去残留酶液，用碘液检查是否有淀粉残留，如有残留，继续加酶水解，如淀粉已除尽，抽干，再以丙酮洗两次。将滤器置烘箱中，110℃ 4h，取出，置于干燥器中，冷至室温，称量，得 m_2（准确至小数点后 4 位）。

5. 结果计算

$$X = \frac{m_2 - m_1}{m} \times 100$$

式中　X——样品中不溶性膳食纤维的含量，g/100g；

　　　m_1——滤器加玻璃棉的质量，g；

　　　m_2——滤器加玻璃棉及样品中纤维的质量，g；

　　　m——样品质量，g。

实训（实验）项目八　豆乳中蛋白质含量的测定

一、目的要求

1. 理解常量凯氏定氮法的原理及操作要点。

2. 掌握常量凯氏定氮法中样品的消化、蒸馏、吸收等基本操作技能。

3. 进一步熟练掌握滴定操作。

二、实训（实验）原理

蛋白质为含氮有机物。食品与硫酸和催化剂一同加热消化，使蛋白质分解，其中 C、H 形成 CO_2 及 H_2O 逸去，分解的氨与硫酸结合成硫酸铵，然后碱化蒸馏使氨游离，用硼酸吸收后，再以硫酸或盐的标准溶液滴定，根据酸的消耗量乘以换算系数，即为蛋白质的含量。

三、仪器与试剂

1. 仪器

全套凯氏定氮装置。

2. 试剂

① 硫酸铜。

② 硫酸钾。

③ 硫酸。

④ 混合指示液：1 份 1g/L 甲基红乙醇溶液与 5 份 1g/L 溴甲酚绿乙醇溶液临用时混合；

也可用 2 份 1g/L 甲基红乙醇溶液与 1 份 1g/L 亚甲基蓝乙醇溶液。临用时混合。

⑤ 氢氧化钠溶液：400g/L。

⑥ 硼酸溶液：20g/L。

⑦ 标准滴定溶液：$0.0500\text{mol/L}\left(\frac{1}{2}H_2SO_4\right)$ 标准溶液或 HCl 标准溶液。

四、实训（实验）步骤

1. 吸取 20.00mL 豆乳样品（相当于氮 30～40mg），小心移入已干燥的 500mL 定氮瓶中，加入 0.5g 硫酸铜、10g 硫酸钾及 20mL 硫酸。稍摇匀后，于瓶口放一小漏斗，将瓶以 45°斜支于有小圆孔的石棉网上，小心加热，待内容物全部炭化，泡沫完全停止后，加强火力，并保持瓶内液体沸腾（微沸）。至液体呈蓝色澄清透明后，再继续加热 0.5h，放冷，小心加入 200mL 水，再放冷，连接已准备好的蒸馏装置上，塞紧瓶口，冷凝管下端插入接收瓶液面下，接收瓶内盛有（20g/L）硼酸溶液 50mL 及 2～3 滴混合指示液。

2. 放松节流夹，通过漏斗倒入 70～80mL（400g/L）氢氧化钠溶液，并振摇定氮瓶，至内容物转为深蓝色或产生褐色沉淀，再倒入 100mL 水，夹紧节流夹，加热蒸馏，至氮被完全蒸出。停止加热前，先将接收瓶放下少许，使冷凝管下端离开液面，再蒸馏 1min，然后停止加热，并用少量水冲洗冷凝管下端外部，取下接收瓶。

3. 以 0.05mol/L 硫酸或盐酸标准溶液滴定至灰色为终点。同时做试剂空白试验。

五、结果处理

1. 数据记录

盐酸标准溶液浓度/(mol/L)	样品滴定时消耗盐酸量/mL			空白滴定时消耗盐酸量/mL		
	1	2	平 均	1	2	平 均

2. 结果计算

$$X = \frac{(V_1 - V_2)c \times 0.014}{m} \times F \times 100$$

式中　X——样品中蛋白质的含量，g/100g（或 g/100mL）；

V_1——样品消耗硫酸或盐酸标准溶液的体积，mL；

V_2——试剂空白消耗硫酸或盐酸标准溶液的体积，mL；

c——$\frac{1}{2}H_2SO_4$ 或 HCl 标准溶液的浓度，mol/L；

0.014——1.00mL 1.000mol/L $\left(\frac{1}{2}H_2SO_4\right)$ 或 HCl 标准溶液相当于氮的质量，g/mmol；

m——样品的质量（或体积），g（或 mL）；

F——氮换算为蛋白质的系数。

实训（实验）项目九　酱油中氨基酸态氮的测定

一、目的要求

1. 理解电位滴定法测氨基酸态氮的基本原理。

2. 掌握电位滴定法测氨基酸态氮的方法及操作要点。

二、实训（实验）原理

氨基酸含有羧基和氨基，利用氨基酸的两性作用，加入甲醛固定氨基的碱性，使羧基显示出酸性，用氢氧化钠标准溶液滴定后进行定量，以酸度计测定终点。

三、仪器与试剂

1. 仪器

酸度计，磁力搅拌器，10mL 微量滴定管。

2. 试剂

① 甲醛溶液：36％。

② 氢氧化钠标准溶液：0.05mol/L。

四、实训（实验）步骤

准确吸取酱油 5.0mL，置于 100mL 容量瓶中，加水至刻度混匀后吸取 20.0mL，置于 200mL 烧杯中，加水 60mL，插入酸度计的指示电极和参比电极，开动磁力搅拌器，用 0.05mol/L NaOH 标准溶液滴定至酸度计指示 pH＝8.2，记录用去氢氧化钠标准溶液的体积（mL）（按总酸计算公式，可以算出酱油的总酸含量）。

向上述溶液中，准确加入甲醛溶液 10mL，混匀。继续用 0.05mol/L NaOH 标准溶液滴定至 pH＝9.2，记录用去氢氧化钠标准溶液的体积（mL），供计算氨基酸态氮含量用。

试剂空白试验：取水 80mL，先用 0.05mol/L 氢氧化钠标准溶液滴定至 pH＝8.2（记录用去氢氧化钠标准溶液的体积（mL），此为测总酸的试剂空白试验）；再加入 10mL 甲醛溶液，继续用 0.05mol/L NaOH 标准溶液滴定至酸度计指示 pH＝9.2。第二次所用氢氧化钠标准溶液体积（mL）为测定氨基酸态氮的试剂空白试验。

五、结果处理

1. 数据记录

编　　号	加甲醛前消耗 NaOH 量 /mL	加甲醛后消耗 NaOH 量 /mL	NaOH 标准溶液浓度 /(mol/L)
1			
2			
3			
平均			
空白滴定			

2. 结果计算

$$X = \frac{(V_1 - V_2)c \times 0.014}{5 \times \dfrac{V_3}{100}} \times 100$$

式中 X ——样品中氨基酸态氮的含量，g/100mL；

　　　　V_1 ——测定用的样品稀释液加入甲醛后消耗氢氧化钠标准溶液的体积，mL；

　　　　V_2 ——试剂空白试验加入甲醛后消耗氢氧化钠标准溶液的体积，mL；

　　　　V_3 ——样品稀释液取用量，mL；

c ——NaOH 标准溶液的浓度，mol/L；

0.014——1mL 1.000mL 氢氧化钠标准溶液相当氮的质量，g/mmol。

实训（实验）项目十　水果蔬菜中维生素 C 含量的测定

一、目的要求

1. 学习及了解 2,4-二硝基苯肼比色法测定总抗坏血酸（维生素 C）的原理及操作要点。

2. 了解可见-紫外分光光度计的工作原理，学会使用可见-紫外分光光度计。

3. 能熟练绘制标准曲线。

二、实训（实验）原理

总抗坏血酸包括还原型、脱氢型和二酮古乐糖酸，样品中还原型抗坏血酸可经活性炭氧化为脱氢型抗坏血酸，再与 2,4-二硝基苯肼作用生成红色脎，根据脎在硫酸溶液中的含量与总抗坏血酸含量成正比，进行比色定量。

本法可用于蔬菜、水果及其制品中总抗坏血酸含量的测定。

三、仪器与试剂

1. 仪器

可见-紫外分光光度计，捣碎机。

2. 试剂

① 硫酸：$c\left(\dfrac{1}{2}H_2SO_4\right) = 4.5$mol/L。小心加入 250mL 硫酸（相对密度 1.84）于 700mL 水中，冷却后用水稀释至 1000mL。

② 硫酸：9＋1。小心将 900mL 硫酸（相对密度 1.84）加入 100mL 水中。

③ 2,4-二硝基苯肼溶液：20g/L。溶解 2g 2,4-二硝基苯肼于 100mL 4.5mol/L 硫酸内，过滤。不用时存于冰箱内，每次用前必须过滤。

④ 草酸溶液：20g/L。溶解 20g 草酸（$H_2C_2O_4$）于 700mL 水中，稀释至 1000mL。

⑤ 草酸溶液：10g/L。稀释 500mL 20g/L 草酸溶液到 1000mL。

⑥ 硫脲溶液：10g/L。溶解 5g 硫脲于 500mL 10g/L 草酸溶液中。

⑦ 硫脲溶液：20g/L。溶解 10g 硫脲于 500mL 10g/L 草酸溶液中。

⑧ 盐酸：1mol/L。取 100mL 盐酸，加入水中，并稀释至 1200mL。

⑨ 抗坏血酸标准溶液：溶解 100mg 纯抗坏血酸于 100mL 10g/L 草酸中，配成每毫升相当于 1mg 抗坏血酸。

⑩ 活性炭：将 100g 活性炭加到 750mL 1mol/L HCl 中，回流 1～2h，过滤，用水洗数次，至滤液中无铁离子（Fe^{3+}）为止，然后置于 110℃烘箱中烘干。

⑪ 检验铁离子方法：利用普鲁士蓝反应。将 20g/L 亚铁氰化钾与盐酸（1＋99）等量混合，将上述洗出滤液滴入，如有铁离子则产生蓝色沉淀。

四、实训（实验）步骤

1. 样品的制备

① 鲜样的制备。称取 100g 鲜样和 100mL 20g/L 草酸溶液，倒入捣碎机中打成匀浆，取 10～40g 匀浆（含 1～2mg 抗坏血酸）倒入 100mL 容量瓶中。用 10g/L 草酸溶液稀释至刻度，混匀。

比色管号	抗坏血酸量/mL	抗坏血酸浓度/(μg/mL)	吸　光　度		
			1	2	平　均
1					
2					
3					
4					
5					
6					
7					
样液					

② 将样液过滤，滤液备用。不易过滤的样品经离心沉淀，将上层清液过滤，备用。

2. 氧化处理

取 25mL 上述滤液，加入 2g 活性炭，振摇 1min，过滤，弃去最初数毫升滤液。取 10mL 此氧化提取液，加入 10mL 20g/L 硫脲溶液，混匀，即为样品稀释液。

3. 呈色反应

① 于 3 个试管中各加入 4mL 样品稀释液，一个试管作为空白，其余试管中加入 1.0mL 20g/L 2,4-二硝基苯肼溶液，将所有试管放入（37±0.5）℃恒温箱或水浴中，保温 3h。

② 3h 后取出，除空白管外，将所有试管放入冰水中。空白管取出后使其冷至室温，然后加入 1.0mL 20g/L 2,4-二硝基苯肼溶液，在室温中放置 10～15min 后放入冰水内。其余步骤同样品。

4. 硫酸（9＋1）处理

当试管放入冰水中后，向每一试管中加入 5mL 硫酸（9＋1），滴加时间至少需要 1min，需边加边摇动试管。将试管自冰水中取出，在室温放置 30min 后比色。

5. 比色

用 1cm 比色皿，以空白液调零点，于 500nm 波长下测吸光度值。

6. 标准曲线绘制

① 加 2g 活性炭于 50mL 标准溶液中，摇动 1min，过滤，取 10mL 滤液于 500mL 容量瓶中，加 5.0g 硫脲，用 10g/L 草酸溶液稀释至刻度，抗坏血酸浓度为 20μg/mL。

② 取 5mL、10mL、20mL、25mL、40mL、50mL、60mL 稀释液，分别放入 7 个 100mL 容量瓶中，用 10g/L 硫脲溶液稀释至刻度，使最后稀释液中抗坏血酸的浓度分别为 1μg/mL、2μg/mL、4μg/mL、5μg/mL、8μg/mL、10μg/mL、12μg/mL。

③ 按样品测定步骤形成脎并比色。

五、结果处理

1. 数据记录

抗坏血酸标准溶液/mL	5	10	20	25	40	50	60	试样溶液
含铁量/μg	1	2	4	5	8	10	12	C_x
吸光度 A								

2. 绘制标准曲线

以吸光度为纵坐标、抗坏血酸浓度（μg/mL）为横坐标绘制标准曲线。

3. 结果计算

$$X = \frac{cV}{m} \times F \times \frac{100}{1000}$$

式中　X——样品中总抗坏血酸含量，mg/100g；

　　　c——从标准曲线查出或从回归方程算出样品氧化液总抗坏血酸的浓度，μg/mL；

　　　V——试样用 10g/L 草酸溶液定容的体积，mL；

　　　F——样品氧化处理过程中的稀释倍数；

　　　m——试样质量，g。

实训（实验）项目十一　食品中 β-胡萝卜素含量的测定

一、目的要求

1. 学习高效液相色谱法测定食品中 β-胡萝卜素的方法。

2. 学会高效液相色谱仪的使用。

二、实训（实验）原理

样品中的 β-胡萝卜素，用石油醚-丙酮（80∶20）混合液提取，经氧化铝柱纯化，然后以高效液相色谱法测定，以保留时间定性，峰高或峰面积定量。α-胡萝卜素、β-胡萝卜素色谱图见图 12-1，α-胡萝卜素、β-胡萝卜素异构体色谱图见图 12-2。

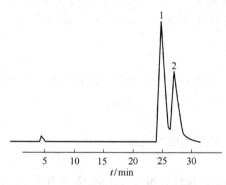

图 12-1　α-胡萝卜素、β-胡萝卜素色谱
1—α-胡萝卜素；2—β-胡萝卜素

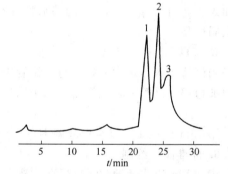

图 12-2　α-胡萝卜素、β-胡萝卜素异构体色谱
1—α-胡萝卜素；2—β-胡萝卜素；
3—β-胡萝卜素异构体

三、仪器与试剂

1. 仪器

高效液相色谱仪，具可调波长紫外可见检测器；离心机；旋转蒸发器。

2. 试剂

① 石油醚：沸程 30～60℃，分析纯。

② 甲醇：分析纯，需重蒸。

③ 丙酮：分析纯。

④ 己烷：分析纯。

⑤ 四氢呋喃：分析纯。

⑥ 三氯甲烷：分析纯。

⑦ 乙腈：色谱纯。

⑧ 氧化铝：色谱用，100～200 目，140℃活化 2h，取出放入干燥器备用。

⑨ 含碘异辛烷溶液。精确称取碘 1.0mg，用异辛烷溶解并稀释至 25mL，摇匀备用。

⑩ α-胡萝卜素标准溶液。精确称取 1.0mg α-胡萝卜素（Sigma 公司生产），加入少量三氯甲烷溶解，然后用石油醚溶解并洗涤烧杯数次，溶液转入 25mL 容量瓶中，用石油醚定容，浓度为 40μg/mL，放入 -18℃贮存备用。

⑪ β-胡萝卜素标准溶液。精确称取 β-胡萝卜素 12.5mg 于烧杯中，先用少量三氯甲烷溶解，再用石油醚溶解并洗涤烧杯数次，溶液转入 50mL 容量瓶中，用石油醚定容，浓度为 250μg/mL，-18℃贮存备用，2 个月内稳定。根据所需浓度取一定量的 β-胡萝卜素标准液，用流动相稀释成 100μg/mL。

⑫ β-胡萝卜素标准使用液。分别吸取 β-胡萝卜素标准溶液 0.5mL、1.0mL、2.0mL、3.0mL、4.0mL、5.0mL 于 10mL 容量瓶中，各加流动相至刻度，摇匀后，取得 β-胡萝卜素标准系列，分别含 β-胡萝卜素 5μg/mL、10μg/mL、20μg/mL、30μg/mL、40μg/mL、50μg/mL。

⑬ β-胡萝卜素异构体：精确称取 1.5mg β-胡萝卜素于 10mL 容量瓶中，充入氮气，快速加入含碘异辛烷溶液 10mL，盖上塞子，在距 20W 的荧光灯 30cm 处照射 5min，然后在避光处用真空泵抽去溶剂，用少量三氯甲烷溶解结晶，再用石油醚溶解并定容至刻度，浓度为 150μg/mL，-18℃保存。

四、实训（实验）步骤

1. 样品提取

① 淀粉类食品。称取 10.0g 样品于 25mL 带塞量筒中（如果样品中 β-胡萝卜素量少，取样量可以多些），用石油醚或石油醚-丙酮（80∶20）混合液振摇提取，吸取上层黄色液体并转入蒸发器中，重复提取直至提取液无色，合并提取液，于旋转蒸发器上蒸发至干（水浴温度为 30℃）。

② 液体样品。吸取 10.0mL 样品于 250mL 分液漏斗中，加入石油醚-丙酮（80∶20）20mL 提取，然后静置分层，将下层水溶液放入另一分液漏斗中再提取，直至提取液无色为止。合并提取液，在旋转蒸发器上蒸发至干（水浴温度为 30℃）。

③ 油类食品。称取 10.0g 样品于 25mL 带塞量筒中，加入石油醚-丙酮（80∶20）提取。反复提取，直至上层提取液无色，合并提取液，于旋转蒸发器蒸发至干。

2. 纯化

将上述样品提取液残渣，用少量石油醚溶解，然后进行氧化铝柱色谱。氧化铝柱为 1.5cm（内径）×4cm（高）。先用洗脱液丙酮-石油醚（5∶95）洗氧化铝柱，然后再加入溶解样品提取液的溶液，用丙酮-石油醚（5∶95）洗脱 β-胡萝卜素，控制流速为 20 滴/min，收集于 10mL 容量瓶中，用洗脱液定容至刻度。用 0.45μm 微孔滤膜过滤，滤液作 HPLC 分析用。

3. HPLC 参考条件

色谱柱　　大连化物所生产的 Spherisorb C$_{18}$柱 4.6mm×150mm

流动相　　甲醇＋乙腈（90＋10）

流速　　　1.2mL/min

波长　　　448nm

4. 样品测定

吸取已纯化的溶液 20μL，注入高效液相色谱仪，依法操作，从标准曲线查得或回归求得被测液中所含 β-胡萝卜素的量。

5. 标准曲线

分别注射标准使用液各 20μL，进行 HPLC 分析，以峰面积对 β-胡萝卜素浓度作标准曲线或进行回归。

五、结果处理

$$x = \frac{Vc}{m} \times 1000 \times \frac{1}{1000 \times 1000}$$

式中　　x ——样品中 β-胡萝卜素的含量，g/kg（或 g/L）；

　　　　V ——定容后的体积，mL；

　　　　c ——被测液中 β-胡萝卜素的浓度（在标准曲线上查得），μg/mL；

　　　　m ——样品的质量（或体积），g（或 mL）。

实训（实验）项目十二　食品中维生素 A 和维生素 E 含量的测定

一、目的要求

1. 学习食品中维生素 A 和维生素 E 含量的测定方法。

2. 了解维生素 A 和维生素 E 的色谱分离条件。

3. 熟悉高效液相色谱仪的使用方法。

二、实训（实验）原理

样品中的维生素 A（VA）及维生素 E（VE）经皂化提取处理后，将其从不可皂化部分提取至有机溶剂中。用高效液相色谱法 C₁₈ 反相柱将维生素 A 和维生素 E 分离，经紫外检测器检测，并用内标法定量测定。

三、仪器与试剂

1. 仪器

高效液相色谱仪，紫外吸收检测器；旋转蒸发器；高速离心机，配备与高速离心机配套的具塑料盖 0.5～3.0mL 塑料离心管；恒温水浴锅。

2. 试剂

① 无水乙醚：不含过氧化物。

过氧化物检查方法：用 5mL 乙醚加 1mL 10％碘化钾溶液，振摇 1min，如有过氧化物则放出游离碘，水层呈黄色，或加 4 滴 0.5％淀粉液，水层呈蓝色。该乙醚需处理后使用。

去除过氧化物的方法：重蒸乙醚时，瓶中放入纯铁丝或铁末少许，弃去 10％初馏液和 10％残馏液。

② 无水乙醇：不得含有醛类物质。

醛类物质检查方法：取 2mL 银氨溶液于试管中，加入少量乙醇，摇匀，再加入 10％氢氧化钠溶液，加热，放置冷却后，若有银镜反应则表示乙醇中有醛。

脱醛方法：取 2g 硝酸银溶于少量水中，取 4g 氢氧化钠溶于温乙醇中，将两者倾入 1L 乙醇中，振摇后，放置暗处 2 天（不时摇动，促进反应），经过滤，置蒸馏瓶中蒸馏，弃去初蒸出的 50mL。当乙醇中含醛较多时，硝酸银用量适当增加。

③ 无水硫酸钠：分析纯。

④ 甲醇：优级纯。

⑤ 重蒸水：水中加少量高锰酸钾，临用前蒸馏。

⑥ 抗坏血酸溶液：10％（质量分数），临用前配制。

⑦ 氢氧化钾溶液：1∶1。

⑧ 氢氧化钠溶液：10％（质量分数）。

⑨ 硝酸银溶液：5％（质量分数）。

⑩ 银氨溶液。加氨水至5％硝酸银溶液中，直至生成的沉淀重新溶解为止，再加10％氢氧化钠溶液数滴，如发生沉淀，再加氨水直至溶解。

⑪ 维生素A标准液。视黄醇（纯度85％）或视黄醇乙酸酯（纯度90％）经皂化处理后使用，用脱醛乙醇溶解维生素A标准品，使其浓度大约为1mL相当于1mg视黄醇。临用前用紫外分光光度法标定其准确浓度。

⑫ 维生素E标准液。α-生育酚（纯度95％）、γ-生育酚（95％）、δ-生育酚（纯度95％），用脱醛乙醇溶解以上三种维生素E标准品，使其浓度大约为1mL相当于1mg。临用前用紫外分光光度法分别标定三种维生素E的准确浓度。

⑬ 内标溶液。称取苯并［e］芘（纯度98％），用脱醛乙醇配制成每1mL相当于10μg苯并［e］芘的内标溶液。

⑭ pH1～14试纸。

四、实训（实验）步骤

1. **样品处理**

① 皂化。称取1～10g样品（含维生素A约3μg，维生素E各异构体约为40μg）于皂化瓶中，加30mL无水乙醇，进行搅拌，直到颗粒物分散均匀为止。加5mL 10％抗坏血酸，苯并［e］芘标准液2.00mL，混匀。加10mL（1∶1）氢氧化钾，混匀。于沸水浴上回流30min，使皂化完全。皂化后立即放入冰水中冷却。

② 提取。将皂化后的样品移入分液漏斗中，用50mL水分2～3次洗皂化瓶，洗液并入分液漏斗中。用约100mL乙醚分2次洗皂化瓶及其残渣，乙醚液并入分液漏斗中。如有残渣，可将此液通过少许脱脂棉的漏斗滤入分液漏斗。轻轻振摇分液漏斗2min，静置分层，弃去水层。

③ 洗涤。用约50mL水洗分液漏斗中的乙醚层，用pH试纸试验直至水层不显碱性（最初水洗轻摇，逐次振摇强度可增加）。

④ 浓缩。将乙醚提取液经过无水硫酸钠（约5g）滤入与旋转蒸发器配套的250～300mL球形蒸发瓶内，用约10mL乙醚冲洗分液漏斗及无水硫酸钠3次，并入蒸发瓶内，并将其接至旋转蒸发器上。于55℃水浴中减压蒸馏并回收乙醚，待瓶中剩下约2mL乙醚时，取下蒸发瓶，立即用氮气吹掉乙醚。立即加入2.00mL乙醇，充分混匀，溶解提取物。

⑤ 将乙醇液移入一小塑料离心管中，离心5min（5000r/min）。上清液供色谱分析。如果样品中维生素含量过少，可用氮气将乙醇液吹干后，再用乙醇重新定容，并记下体积比。

2. **标准曲线的制备**

① 维生素A和维生素E标准浓度的标定方法。取维生素A和各维生素E标准液若干微升，分别稀释至3.00mL乙醇中，并分别按给定波长测定各维生素的吸光度，用比吸光系数计算出该维生素的浓度。测定条件如表12-1所示。

表 12-1　测定维生素吸光度的条件

标　　准	加入标准的量 $V/\mu L$	比吸光系数 $E_{1cm}^{1\%}$	波长 λ/nm
视黄醇	10.00	1835	325
γ-生育酚	100.00	71	294
δ-生育酚	100.00	92.8	298
α-生育酚	100.00	91.2	298

按下式计算浓度：

$$X = \frac{A}{E} \times \frac{1}{100} \times \frac{3.00}{V \times 10^{-3}}$$

式中　X——某维生素浓度，g/mL；

　　　A——维生素的平均紫外吸光值；

　　　V——加入标准的量，μL；

　　　E——某种维生素 1％比吸光系数；

$\dfrac{3.00}{V \times 10^{-3}}$——标准液稀释倍数。

② 标准曲线的制备。本方法采用内标法定量。把一定量的维生素 A、γ-生育酚、δ-生育酚、α-生育酚及内标苯并 [e] 芘液混合均匀。选择合适灵敏度，使上述物质的各峰高约为满量程 70％为高浓度点。高浓度的 1/2 为低浓度点（其内标苯 [e] 芘的浓度值不变），用此二种浓度的混合标准进行色谱分析，结果见色谱图（图 4-18，本方法不能将 β-E 和 γ-E 分开，故 γ-E 峰中包含有 β-E 峰）。维生素标准曲线绘制是以维生素峰面积与内标物峰面积之比为纵坐标、维生素浓度为横坐标绘制，或计算直线回归方程。如有微处理机装置，则按仪器说明书用二点内标法进行定量。

3. 高效液相色谱分析参考条件

预柱　　　　　Ultrasphere ODS $10\mu m$ 4mm×4.5cm

分析柱　　　　Ulteasphere ODS $5\mu m$ 4.6mm×25cm

流动相　　　　甲醇-水（98∶2），混匀，于临用前脱气

测定波长　　　300nm，量程 0.02

进样量　　　　$20\mu L$

流速　　　　　1.7mL/min

4. 样品分析

吸取样品浓缩液 $20\mu L$，待绘出色谱图及色谱参数后，再进行定性和定量。

（1）定性：用标准物色谱峰的保留时间定性。

（2）定量：根据色谱图求出某种维生素峰面积与内标物峰面积的比值，以此值在标准曲线上查到其含量，或用回归方程求出其含量。

五、结果处理

$$X = \frac{c}{m} \times V \times \frac{100}{1000}$$

式中　X——某种维生素含量，mg/100g；

　　　c——由标准曲线上查到某种维生素含量，$\mu g/mL$；

　　　V——样品浓缩定容体积，mL；

　　　m——样品质量，g。

用微处理机二点内标法进行计算时，按其公式或由微机直接给出结果。

实训（实验）项目十三　婴幼儿奶粉中维生素 D 含量的测定

一、目的要求

1. 了解样品的处理过程。

2. 学会维生素 D 含量的测定方法。

二、实训（实验）原理

测定食品中脂溶性维生素时，先将样品皂化，由酯型转化为游离型，再进行测定。

三、仪器与试剂

1. 仪器

高效液相色谱仪，可调波长紫外检测器；直型 K-D 浓缩器；磁力加热搅拌器。

2. 试剂

① 乙醚：不含过氧化物，用重蒸馏的乙醚（去初馏液和尾馏液各 10%）。

② 乙醇：分析纯。

③ 甲醇：分析纯。

④ 无水碳酸钠：分析纯。

⑤ 氢氧化钾溶液：50%（质量分数）。

⑥ 焦性没食子酸。

⑦ 维生素 D 标准（Merck）：称取 5.3mg 标准品，用少量乙醚溶解后用甲醇定容至 50mL，即为 $106\mu g/mL$ 的标准液；再取 1.0mL 定容至 25mL，即为 $4.24\mu g/mL$ 的 HPLC 用的标准溶液。

四、实训（实验）步骤

1. 皂化

取 5～10g 样品，加 1g 焦性没食子酸，50mL 乙醇溶液，在磁力搅拌下使样品均匀溶解后加入 30mL 50%氢氧化钾溶液，在 50℃±2℃下搅拌回流 40min。

2. 提取

取下回流液，冲凉后用 50mL、30mL、20mL、20mL 乙醚萃取，合并乙醚层，用水洗至中性，过无水硫酸钠，在 50℃下浓缩至约 5mL，取下后，用甲醇定容至 10mL，待测定。

3. HPLC 参考条件

色谱柱	μBondapak C_{18} 3.9mm×30cm
流动相	甲醇
流速	0.8mL/min
测定波长	265nm

4. 样品测定

吸取处理好的样品溶液 $20\mu L$，注入高效液相色谱仪，进行 HPLC 分析。同时进行标准溶液的分析，将样品的峰与标准溶液峰比较，以保留时间定性，峰高或峰面积定量。

五、结果处理

$$X = \frac{A'}{A} \times F \times \frac{c}{m} \times 100$$

式中　X——维生素 D 的含量，$\mu g/100g$；

A——标准峰面积；

A'——样品峰面积；

F——样品稀释总体积，mL；

c——标准溶液浓度，μg/mL；

m——样品的质量，g。

实训（实验）项目十四　饮料中糖精钠、苯甲酸钠含量的测定

一、目的要求

1. 学习及了解高效液相色谱仪的工作原理及操作要点。

2. 掌握高效液相色谱法测定糖精钠、苯甲酸钠的原理及方法。

3. 了解高效液相色谱仪工作条件的选择方法。

4. 学会使用高效液相色谱仪、学会识别色谱图。

二、实训（实验）原理

样品加温除去二氧化碳和乙醇，调 pH 至中性，经微孔滤膜过滤后直接注入高效液相色谱仪，经反向色谱分离后，根据保留时间和峰面积进行定性和定量。

三、仪器与试剂

1. 仪器

高效液相色谱仪，紫外检测器（230nm）；超声波清洗器。

2. 试剂

① 甲醇：优级纯。

② CH_3COONH_4 溶液。0.02mol/L。称取 1.54g 乙酸铵，加水溶解至 1000mL，经滤膜（0.45μm）过滤。

③ 苯甲酸标准贮备溶液。称取 0.1000g 苯甲酸，放入 100mL 容量瓶中，加 20g/L 碳酸氢钠溶液 5mL，加热搅拌使溶解，加水定容至 100mL，即得 1mg/mL。

④ 山梨酸标准贮备溶液。称取 0.1000g 山梨酸，放 100mL 容量瓶中，加 20g/L 碳酸氢钠 5mL，加热搅拌使溶解，加水定容至 100mL，即得 1mg/mL。

⑤ 糖精钠标准贮备溶液。称取 0.0851g 经 120℃烘 4h 后的无水糖精钠，用水溶解后逐次转入 100mL 容量瓶中，加水定容至 100mL，即得 1mg/mL。

⑥ 苯甲酸、山梨酸、糖精钠混合标准溶液。吸取苯甲酸、山梨酸、糖精钠标准贮备溶液各 10.0mL，放入 100mL 容量瓶中，加水至 100mL，此溶液含苯甲酸、山梨酸、糖精钠各 0.1mg/mL。经滤膜（HA0.45μm）过滤。

四、实训（实验）步骤

1. 样品预处理

取果汁饮料 5.0～10.0g，用氨水（1＋1）调 pH 约为 7，加水定容至 10～20mL，离心沉淀，上清液经滤膜（0.45μm）过滤，滤液用作 HPLC 分析。

2. 高效液相色谱条件

色谱柱　RADIAL PAK NBONDAPAK C_{18} 8mm×10cm 粒径 10μm

　　　　或国产 YWG-C_{18} 4.6mm×250mm 10μm 不锈钢柱

流动相　甲醇＋0.02mol/L 乙酸铵溶液（5＋95）

流速　　1.0～1.2mL/min

进样量　10μL

检测器　紫外检测器，230nm 波长

灵敏度　0.2AUFS

根据保留时间定性，外标峰面积法定量。

五、结果处理

1. 数据记录

项　目	苯甲酸	山梨酸	糖精钠	测定波长/nm
标准溶液浓度/(μg/L)	0.1	0.1	0.1	
保留时间				230
峰面积				

2. 结果计算

$$X = \frac{m_1}{m \times \dfrac{V_2}{V_1}}$$

式中　X——样品中苯甲酸（山梨酸、糖精钠）的含量，g/kg；

　　　V_1——样品稀释液体积，mL；

　　　V_2——进样体积，mL；

　　　m_1——进样体积中苯甲酸（山梨酸、糖精钠）的质量，mg；

　　　m——样品质量，g。

<h3 style="text-align:center">实训（实验）项目十五　香肠中亚硝酸盐含量的测定</h3>

一、目的要求

1. 熟练掌握样品制备、提取的基本操作技能。

2. 进一步学习并熟练地掌握分光光度计的使用方法和技能。

3. 学习 N-1-萘基乙二胺比色法测定亚硝酸盐的原理及操作要点。

二、实训（实验）原理

样品经沉淀蛋白质、除去脂肪后，在弱酸条件下，亚硝酸盐与对氨基苯磺酸重氮化后，再与 N-1-萘基乙二胺偶合形成紫红色染料，在 550nm 处有最大吸收，测定吸光度以定量（或与标准比较定量）。

三、仪器与试剂

1. 仪器

分光光度计；小型绞碎机。

2. 试剂

① 氯化铵缓冲液（pH 为 9.6～9.7）。1L 容量瓶中加入 500mL 水，准确加入 20.0mL 盐酸，振摇混匀，准确加入 50mL 氨水，用水稀释至刻度，必要时用稀盐酸和稀氨水调试 pH 至所需范围。

② 硫酸锌溶液：$c\left(\dfrac{1}{2}ZnSO_4\right) = 0.42$ mol/L。称取 120g 硫酸锌（$ZnSO_4 \cdot 7H_2O$），用水溶解并稀释至 1L。

③ NaOH 溶液：20g/L。称取 20g 氢氧化钠，用水溶解，稀释至 1L。

④ 对氨基苯磺酸溶液：称取 10g 对氨基苯磺酸，溶于 700mL 水和 300mL 冰乙酸中，

置棕色试剂瓶中混匀，室温贮存。

⑤ 盐酸萘乙二胺溶液（别名 N-1-萘基乙二胺）：1g/L。称取 0.1g 盐酸萘乙二胺，加 100mL 60%乙酸溶解混匀后，置棕色试剂瓶中，在冰箱贮存，1 周内稳定。

⑥ 显色剂。临用前将 1g/L 盐酸苯乙二胺和对氨基苯磺酸溶液等体积混合，临用现配，仅供一次使用。

⑦ 亚硝酸钠标准贮备溶液。精确称取 250.0mg 于硅胶干燥器干燥 24h 的亚硝酸钠，加水溶解移入 500mL 容量瓶中，加 100mL 氯化铵缓冲溶液，加水稀释至刻度，混匀，在 4℃避光贮存。此溶液每毫升相当于 500μg 的亚硝酸钠。

⑧ 亚硝酸钠标准使用液。准确吸取亚硝酸钠标准贮备溶液 1.0mL，置 100mL 容量瓶中，加水稀释至刻度，混匀。临用现配。此溶液每毫升相当于 5μg 亚硝酸钠。

四、实训（实验）步骤

1. 样品处理

准确称取 10.0g 经绞碎混匀的香肠样品，置打碎机中，加 70mL 水和 12mL 20g/L 氢氧化钠溶液，混匀，测试样品溶液的 pH。如样品液呈酸性，用 20g/L 氢氧化钠调至 pH＝8 呈碱性，定量转移至 200mL 容量瓶中，加 10mL 硫酸锌溶液，混匀。如不产生白色沉淀，再补加 2～5mL 20g/L 氢氧化钠，混匀，在 60℃水浴中加热 10min，取出，冷至室温，稀释至刻度，混匀。用滤纸过滤，弃去初滤液 20mL，收集滤液待测。

2. 亚硝酸盐含量的测定

① 亚硝酸盐标准曲线的制备。吸取 5μg/mL 亚硝酸钠标准使用液 0.0mL、0.5mL、1.0mL、2.0mL、3.0mL、4.0mL、5.0mL（相当于 0μg、2.5μg、5μg、10μg、15μg、20μg、25μg），分别置于 25mL 带塞比色管中，于标准管中分别加入 4.5mL 氯化铵缓冲液，加 2.5mL 60%乙酸后立即加入 5.0mL 显色剂，用水稀释至刻度，混匀，在暗处放置 25min。用 1cm 比色杯，以零管调节零点，于波长 550nm 处测吸光度，绘制标准曲线。

② 样品测定。吸取 10.0mL 样品滤液于 25mL 带塞比色管中，按①"于标准管中分别加入 4.5mL 氯化铵缓冲液"起依法操作。

五、结果处理

1. 数据记录

比色管号	亚硝酸标准液量 /mL	亚硝酸钠含量 /(μg/50mL)	吸 光 度		
			1	2	平 均
0	0.00	0			
1	0.40	2			
2	0.80	4			
3	1.20	6			
4	1.60	8			
5	2.00	10			
样液					

2. 绘制标准曲线

以吸光度为纵坐标、亚硝酸钠含量为横坐标绘制标准曲线。

3. 结果计算

$$X = \frac{m_1 \times 1000}{m \times \dfrac{10}{200} \times 1000}$$

式中　X——样品中亚硝酸盐的含量，mg/kg；

　　　m——样品的质量，g；

　　　m_1——测定用样液中亚硝酸盐的质量，μg。

实训（实验）项目十六　蘑菇罐头中二氧化硫残留量的测定

一、目的要求

1. 学习盐酸副玫瑰苯胺法测定二氧化硫的原理及操作要点。

2. 熟悉分光光度法的基本操作技术。

二、实训（实验）原理

在溶液中形成的亚硫酸盐与四氯汞钠反应生成稳定的配合物，再与甲醛及盐酸副玫瑰苯胺作用生成紫红色配合物，与标准系列比较定量。

三、仪器与试剂

1. 仪器

分光光度计。

2. 试剂

① 四氯汞钠吸收液。称取 13.6g 氯化高汞及 6.0g 氯化钠，溶于水中并稀释至1000mL，放置过夜，过滤后备用。

② 氨基磺酸铵溶液：12g/L。

③ 甲醛溶液：2g/L。吸取 0.55mL 无聚合沉淀的甲醛（36%），加水稀释至 100mL，混匀。

④ 淀粉指示液。称取 1g 可溶性淀粉，用少许水调成糊状，缓缓倾入 100mL 沸水中，随加随搅拌，煮沸，放冷备用。此溶液临用时现配。

⑤ 亚铁氰化钾溶液。称取 10.6g 亚铁氰化钾 $[K_4Fe(CN)_6 \cdot 3H_2O]$，加水溶解并稀释至 100mL。

⑥ 乙酸锌溶液。称取 22g 乙酸锌 $[Zn(CH_3COO)_2 \cdot 2H_2O]$ 溶于少量水中，加入 3mL 冰乙酸，加水稀释至 100mL。

⑦ 盐酸副玫瑰苯胺溶液。称取 0.1g 盐酸副玫瑰苯胺（$C_{19}H_{18}N_2Cl \cdot 4H_2O$）于研钵中，加少量水研磨使溶解并稀释至 100mL，取出 20mL，置于 100mL 容量瓶中，加盐酸（1+1），充分摇匀后使溶液由红变黄，如不变黄再滴加少量盐酸至出现黄色，再加水稀释至刻度，混匀备用。

⑧ 碘溶液：$c(\frac{1}{2}I_2) = 0.100$mol/L。

⑨ 硫代硫酸钠标准溶液：0.100mol/L。

⑩ 二氧化硫标准溶液。称取 0.5g 亚硫酸氢钠，溶于 200mL 四氯汞钠吸收液中，放置过夜，上清液用定量滤纸过滤备用。二氧化硫标准溶液按下法进行标定。

a. 标定方法。吸取 10.0mL 亚硫酸氢钠-四氯汞钠溶液于 250mL 碘量瓶中，加 100mL 水，准确加入 20.00mL 碘溶液（0.1mol/L）、5mL 冰乙酸，摇匀，放置于暗处，2min 后迅速以硫代硫酸钠标准溶液（0.100mol/L）滴定至淡黄色，加 0.5mL 淀粉指示液，继续滴至无色。另取 100mL 水，准确加入碘溶液（0.1mol/L）20.0mL、冰乙酸 5mL，按同一方法做试剂空白试验。

b. 计算。按下式计算二氧化硫标准溶液的浓度：

$$X = \frac{(V_2 - V_1)c \times 32.03}{10}$$

式中　X——二氧化硫标准溶液浓度，mg/mL；

V_1——测定用亚硫酸氢钠-四氯汞钠溶液消耗硫代硫酸钠标准溶液体积，mL；

V_2——试剂空白消耗硫代硫酸钠标准溶液体积，mL；

c——硫代硫酸钠标准溶液浓度，mol/L；

10——标定时吸取的亚硫酸氢钠溶液体积；

32.03——每毫升硫代硫酸钠标准溶液（0.100mol/L）相当于二氧化硫的质量，mg/mmol。

⑪ 二氧化硫标准使用液。临用前将二氧化硫标准溶液以四氯汞钠吸收液稀释成每毫升相当于 $2\mu g$ 二氧化硫。

⑫ 氢氧化钠溶液：20g/L。

⑬ 硫酸（1+71）。

四、实训（实验）步骤

1. 样品处理

① 取蘑菇罐头样品，开罐后倒入组织捣碎机中捣成匀浆。

② 称取20g匀浆，置100mL容量瓶中，加入20mL四氯汞钠吸收液，加亚铁氰化钾及乙酸锌各2.5mL，用水定容，混匀，静置1h，过滤备用。

2. 标准曲线绘制

吸取 0.00mL、0.20mL、0.40mL、0.60mL、0.80mL、1.00mL、1.50mL、2.00mL二氧化硫标准使用液（相当于0.0mg、0.4mg、0.8mg、1.2mg、1.6mg、2.0mg、3.0mg、4.0mg二氧化硫），分别置于25mL容量瓶中，各加入四氯汞钠吸收液至10mL。然后各加1mL 12g/L 氨基磺酸铵溶液、1mL 2g/L 甲醛溶液及1mL盐酸副玫瑰苯胺溶液，摇匀，放置20min。用1cm比色杯，以零管调零，于550nm处测定吸光度，绘制标准曲线。

3. 试样测定

吸取0.5～5.0mL样品处理液（视含量高低而定）于25mL容量瓶中，按标准曲线绘制操作进行，于550nm处测定吸光度，由标准曲线查出试液中二氧化硫量。

五、结果计算

$$X = \frac{m' \times 100}{mV \times 1000}$$

式中　X——试样中二氧化硫的含量，g/kg；

m'——测定用样液中二氧化硫的质量，μg；

m——试样质量，g；

V——测定用样液的体积，mL；

100——样品液总体积，mL。

实训（实验）项目十七　果汁饮料中人工合成色素的测定

一、目的要求

1. 了解人工合成色素的测定原理及方法。

2. 理解和熟悉高效液相色谱仪的工作原理及操作要点。

3. 掌握高效液相色谱技术测定人工合成色素的方法。

二、实训（实验）原理

食品中人工合成色素用聚酰胺吸附法或用液-液分配法提取，制成水溶液，注入高效液相色谱仪，经反相色谱分离，根据保留时间和峰面积进行定性和定量。

三、仪器与试剂

1. 仪器

高效液相色谱仪，紫外检测器。

2. 试剂

① 甲醇：分析纯，经滤膜（FH0.5μm）过滤。

② 乙酸铵溶液：0.02mol/L。称取 1.54g 乙酸铵，加水至 1000mL，溶解，经滤膜（HA0.45μm）过滤。

③ 氨水（2+98）的 0.02mol/L CH_3COONH_4 溶液：量取氨水（2+98）0.5mL，加 0.02mol/L 乙酸铵溶液至 1000mL。

④ 聚酰胺粉：过 200 目。

⑤ 甲醇-甲酸溶液：6∶4。量取甲醇 60mL，甲酸 40mL，混匀。

⑥ 柠檬酸溶液：200g/L。称取 20g 柠檬酸，加水至 100mL，振摇溶解。

⑦ 乙醇-氨水-水溶液：7∶2∶1。取无水乙醇 70mL，氨水 20mL，水 10mL 混匀。

⑧ 三正辛胺-正丁醇溶液：5∶95。量取三正辛胺 5mL，加正丁醇 95mL，混匀。

⑨ 饱和硫酸钠溶液。

⑩ 硫酸钠溶液：20g/L。

⑪ 正己烷：分析纯。

⑫ pH=6 水：在水中加 200g/L 柠檬酸调 pH 到 6。

⑬ 着色剂标准溶液。柠檬黄、日落黄、苋菜红、胭脂红、新红、赤藓红、亮蓝、靛蓝按其纯度折算为 100% 质量，配成 1.00mg/mL 的 pH=6 水溶液，临用时加 pH=6 水稀释成 50.0μg/mL。经滤膜（HA0.45μm）过滤。

四、实训（实验）步骤

1. 样品处理

称取 20.0～40.0g 橘子汁，放入 100mL 烧杯中。含二氧化碳样品加热驱除二氧化碳。

2. 色素提取

① 聚酰胺吸附法。样品溶液加 200g/L 柠檬酸调 pH=6，加热至 60℃，将 1g 聚酰胺粉加少许水调成糊状，倒入样品溶液中，搅拌片刻，以 G_3 垂熔漏斗抽滤，用 60℃ pH=4 的水洗涤 3～5 次，然后用甲醇-甲酸混合液洗涤 3～5 次（含赤藓红的样品不能洗），再用水洗至中性，用乙醇-氨水-水混合液解吸 3～5 次，每次 5mL，收集解吸液，加乙酸中和，蒸发至近干，加水溶解，定容至 4mL。经滤膜（HA 0.45μm）过滤，取 10pL 进高效液相色谱仪。

② 液-液分配法（适用于含赤藓红的样品）。将制备好的样品溶液放入分液漏斗中，加 2L 盐酸、三正辛胺-正丁醇溶液（5∶95）10～20mL，振摇，提取，分取有机相。重复此操作，合并有机相，用饱和硫酸钠溶液洗 2 次，每次 10mL，分取有机相，放蒸发皿中，水浴加热浓缩至 10mL，转移到分液漏斗中，加 60mL 正己烷，混匀，加氨水（2∶98）提取2～3 次，每次 5mL。合并氨水层（含水溶性酸性色素），用正己烷洗 2 次，氨水层加乙酸调成中性，水浴加热蒸发至近干，加水溶解，定容至 5mL。经滤膜（HA0.5μm）过滤，取

$10\mu L$ 进高效液相色谱仪。

3. 高效液相色谱条件

色谱柱　　　　　　YWG-C_{18}，4.6×250mm 10μm 不锈钢柱

流动相　　　　　　甲醇 0.02mol/L CH_3COONH_4 溶液（pH＝4）

梯度洗脱　　　　　甲醇 20％～35％，3％/min；35％～98％，9％/min；98％继续 6min

流速　　　　　　　1mL/min

检测器　　　　　　紫外检测器，波长 254nm

根据保留时间定性，外标峰面积法定量。

五、结果处理

1. 数据记录

指　　标	柠檬黄	日落黄	苋菜红	胭脂红	新红	赤藓红	亮蓝	靛蓝
浓度/(μg/mL)								
保留时间								
峰面积								

2. 结果计算

$$X=\cfrac{m_1\times1000}{m\times\cfrac{V_2}{V_1}\times1000}$$

式中　X——样品中着色剂的含量，g/kg；

$\quad\quad m_1$——进样体积中着色剂的质量，mg；

$\quad\quad V_2$——进样体积，mL；

$\quad\quad V_1$——样品稀释液体积，mL；

$\quad\quad m$——取样品质量，g。

实训（实验）项目十八　植物油中抗氧化剂的测定

一、目的要求

1. 理解气相色谱仪的工作原理及操作要点。

2. 掌握气相色谱法测定抗氧化剂的方法和操作技能。

3. 掌握气相色谱技术，了解和熟悉色谱图。

二、实训（实验）原理

用石油醚提取食品中 BHT 和 BHA，通过色谱柱与杂质分离，用二氯甲烷分次洗脱、浓缩，经气相色谱分离后，用氢火焰离子化检测器检测，根据峰高，样品与标准比较定量。

三、仪器与试剂

1. 仪器

气相色谱仪，FID 检测器；振荡器。

2. 试剂

① 石油醚：30～60℃。

② 硅胶：60～80 目。弗罗里硅土：60～80 目。

③ 二氯甲烷：分析纯。

④ 二硫化碳：分析纯。

⑤ 无水硫酸钠：分析纯。

⑥ BHT、BHA 混合标准液。精密称取 BHT、BHA 各 0.1g，用二硫化碳溶解，定容至 100mL。此液含 BHT、BHA 各为 1.0mg/mL。置冰箱保存。

⑦ BHT、BHA 标准应用液。吸取标准液 4mL 于 100mL 容量瓶中，用二硫化碳定容至 100mL。此液含 BHT、BHA 各为 0.04mg/mL。

四、实训（实验）步骤

1. 色谱柱制备

柱底部加少许玻璃棉、少量无水硫酸钠，称取硅胶 6g 和弗罗里硅土 4g 混匀后，用石油醚混合装柱，柱顶部再加入少量无水硫酸钠。一般选用 1cm×30cm 玻璃带活塞色谱柱。

2. 试样制备

植物油样品：称取混匀植物油样品 2.00g 置于 50mL 烧杯中，加 30mL 石油醚溶解转移到 1. 制备的色谱柱上，再用 10mL 石油醚分数次洗涤烧杯并转移到色谱柱。用 100mL 二氯甲烷分 5 次淋洗，合并淋洗液，减压浓缩近干时，用二硫化碳定容至 2mL，气相色谱待测。

3. 色谱条件

柱：玻璃柱 150mm×3mm，内装涂有 10％QF-1 的 Gaschrom Q（80-100 目）担体。柱温 140℃，进样口、检测器温度 200℃。载气：氮气，流速 1.5kg/cm²。

4. 测定

同时取标准应用液和样液 3μL，以峰高比较定量。

五、结果处理

1. 数据记录

指 标	BHA	BHT
浓度/(mg/mL)	0.04	0.04
峰高		

2. 结果计算

$$X = \frac{h_1}{h_2} \times \frac{cV}{m}$$

式中 X——样品脂肪中 BHT、BHA 的含量，g/kg；

h_1——样品峰高或峰面积；

h_2——标准峰高或峰面积；

c——标准浓度，mg/mL；

V——样品制备液体积，mL；

m——样品中脂肪质量，g。

实训（实验）项目十九 罐头食品中锡含量的测定

一、目的要求

1. 进一步熟练掌握分光光度计的使用方法。

2. 理解苯芴酮比色法的原理及操作要点。

3. 掌握分光光度法测定罐头食品中锡含量的方法和操作技能。

4. 进一步学习及掌握样品灰化、标准曲线绘制等基本操作技能。

二、实训（实验）原理

样品经消化后，在弱酸性溶液中四价锡离子与苯芴酮形成微溶性橙红色配合物，在保护性胶体存在下与标准系列比较定量。

三、仪器与试剂

1. 仪器

分光光度计。

2. 试剂

① 100g/L 酒石酸溶液。

② 10g/L 抗坏血酸溶液：临用时配制。

③ 5g/L 动物胶溶液：临用时配制。

④ 酚酞指示液：10g/L 乙醇溶液。

⑤ 氨水：1+1。

⑥ 硫酸：1+9。量取 10mL 硫酸，小心倒入 90mL 水中，混匀。

⑦ 苯芴酮溶液：0.1g/L。称取 0.010g 苯芴酮（1,3,7-三羟基-9-苯基蒽醌），加少量甲醇及硫酸（1+9）数滴溶解，以甲醇稀释至 100mL。

⑧ 锡标准溶液。精确称取 0.1000g 金属锡（99.99%），置于小烧杯中，加 10mL 硫酸，盖以表面皿，加热至锡完全溶解，移去表面皿，继续加热至发生浓白烟，冷却，慢慢加 50mL 水，移入 100mL 容量瓶中，用硫酸（1+9）多次洗涤烧杯，洗液并入容量瓶中，并稀释至刻度，混匀。此溶液每毫升相当于 1mg 锡。

⑨ 锡标准使用液。吸取 10.0mL 锡标准溶液，置于 100mL 容量瓶中，以硫酸（1+9）稀释至刻度，混匀，如此再次稀释至每毫升相当于 10μg 锡。

四、实训（实验）步骤

1. 样品消化

称取 1.00~5.00g 样品（根据锡含量而定）于瓷坩埚中，先小火炭化至无烟，移入高温电炉（500℃±25℃）灰化 6~8h，放冷。若个别不彻底，则加 1mL 混合酸在小火上加热，反复多次直到消化完全，放冷，用硝酸（0.5mol/L）将灰分溶解，少量多次地过滤在 10~25mL 容量瓶中，并定容至刻度，摇匀备用。同时做试剂空白。

2. 测定

吸取 1.0~5.0mL 样品消化液和同量的试剂空白溶液，分别置于 25mL 比色管中。

吸取 0.00mL、0.20mL、0.40mL、0.60mL、0.80mL、1.00mL 锡标准使用液（相当于 0μg、2μg、4μg、6μg、8μg、10μg 锡），分别置于 25mL 比色管中。

于样品消化液、试剂空白液及锡标准液中各加 0.5mL 100g/L 酒石酸溶液及 1 滴酚酞指示液，混匀。各加氨水（1+1）中和至淡红色，加 3mL 硫酸（1+9）、1mL 5g/L 动物胶溶液及 2.5mL 10g/L 抗坏血酸溶液，再加水至 25mL，混匀。再各加 2mL 0.1g/L 苯芴酮溶液，混匀，1h 后，用 2cm 比色杯以零管调节零点，于波长 490nm 处测吸光度，绘制标准曲线。

五、结果处理

1. 数据记录

比色管号	Sn 标准溶液量/mL	Sn 含量/(μg/25mL)	吸 光 度		
			1	2	平均值
1	0.00	0			
2	0.20	2			
3	0.40	4			
4	0.60	6			
5	0.80	8			
样液	1.00	10			
空白					

2. 绘制标准曲线

以吸光度为纵坐标、锡含量为横坐标绘制标准曲线。

3. 结果计算

$$X = \frac{m_1 - m_2 \times 1000}{m \times \dfrac{V_2}{V_1} \times 1000}$$

式中　X——样品中锡的含量，mg/kg(或 mg/L)；

　　m_1——测定用样品消化液中锡的质量，μg；

　　m_2——试剂空白液中锡的质量，μg；

　　m——样品质量（或体积），g（或 mL）；

　　V_1——样品消化液的总体积，mL；

　　V_2——测定用样品消化液的体积，mL。

实训（实验）项目二十　苹果中锌含量的测定

一、目的要求

1. 通过实验理解原子吸收分光光度法的基本原理及操作要点。

2. 掌握原子吸收分光光度计的使用方法。

3. 熟悉样品处理及测定过程的基本操作技术。

二、实训（实验）原理

样品经处理后导入原子吸收分光光度计中，经原子化后，吸收 213.8nm 的共振线，其吸光度与锌含量成正比，用标准曲线法定量。

三、仪器与试剂

1. 仪器

原子吸收分光光度计。

2. 试剂

① 磷酸：1∶10。

② 盐酸：1mol/L。取 10mL 盐酸加水稀释至 120mL。

③ 混合酸：硝酸与高氯酸按 3∶1 混合。

④ 锌标准液。精密称取 0.5000g 金属锌（99.99％）溶于 10mL 盐酸中，然后于水浴上蒸发至近干，用少量水溶解后移入 1000mL 容量瓶中，用无离子水定容。贮于聚乙烯瓶中，此溶液每毫升相当于 0.50mg 锌。

⑤ 锌标准使用液。吸取 10.0mL 锌标准液于 50mL 容量瓶中，用 0.1mol/L 盐酸定容。此溶液每毫升相当于 100.0μg 锌。

四、实训（实验）步骤

1. 样品处理

取苹果样品洗净晾干，切取可食部分，切碎混匀，称取约 15.0g，置于坩埚中，加入 1mL 1∶10 磷酸，小火炭化。然后移入高温炉中，500℃灰化 16h。取出坩埚，冷却后加少量混合酸，小火加热，不使干涸，必要时再加少许混合酸，如此反复处理，直至残渣中无炭粒。待坩埚稍冷，加 10mL 1mol/L 盐酸，溶解残渣并移入 50mL 容量瓶中，再用 1mol/L 盐酸反复洗涤坩埚，洗液并入容量瓶中并稀释至刻度，混匀备用。

取与处理样品相同量的混合酸和 1mol/L 盐酸按同一操作方法做试剂空白试验。

2. 测定

吸取 0.00mL、0.10mL、0.20mL、0.40mL、0.80mL 锌标准使用液，分别置于 50mL 容量瓶中，以 1mol/L 盐酸稀释至刻度，混匀（各容量瓶中溶液每毫升相当于 0.0μg、0.2μg、0.4μg、0.8μg、1.6μg 锌）。

将处理后的样液、试剂空白液和各容量瓶中的锌标准液分别导入火焰进行测定。

以锌含量对应吸光度，绘制标准曲线。

3. 测定条件

灯电流 6mA，波长 213.8nm，狭缝 0.38nm，空气流量 10L/min，乙炔流量 2.3L/min，灯头高度 3mm，氘灯背景校正（也可根据仪器型号，调至最佳条件）。

五、结果计算

$$X = \frac{(c_1 - c_2)V \times 1000}{m \times 1000}$$

式中　X——样品中锌的含量，mg/kg（或 mg/L）；

　　　c_1——测定用样品液中锌含量，μg/mL；

　　　c_2——试剂空白液中锌含量，μg/mL；

　　　V——样品处理液总体积，mL；

　　　m——样品质量（或体积），g（或 mL）。

实训（实验）项目二十一　食品中铅含量的测定

一、目的要求

1. 熟悉原子吸收分光光度测定食品中铅含量的方法。
2. 学会石墨炉原子吸收分光光度计的使用。
3. 熟悉样品的处理方法。

二、火焰原子吸收分光光度法

1. 原理

样品经消化后，导入原子吸收分光光度计中，经火焰原子化后，吸收波长 283.3nm 的共振线，其吸收量与铅含量成正比，与标准系列比较定量。

2. 仪器

原子吸收分光光度计，带铅空心阴极灯；电热板；马弗炉。

3. 试剂

① 混合酸：硝酸＋高氯酸（5＋1）。

② 硝酸：0.5mol/L。量取 32mL 硝酸，加入适量的水中，用水稀释并定容至 1000mL。

③ 铅标准贮备液。吸取铅标准贮备液 10.0mL 置于 100mL 的容量瓶中，用 0.5mol/L 硝酸溶液稀释至刻度，该溶液每毫升相当于 100μg 铅。

4. 实训（实验）步骤

（1）样品湿法消化

① 固体样品。精确称取均匀样品 2～5g 于 150mL 的锥形瓶中，放入几粒玻璃珠，加入混合酸 20～30mL，盖一玻片，放置过夜。次日于电热板上逐渐升温加热，溶液变成棕红色，应注意防止炭化。如发现消化液颜色变深，再滴加浓硝酸，继续加热消化至冒白色烟雾，取下放冷后，加入约 10mL 水继续加热赶酸至冒白烟为止。放冷后用去离子水洗至 25mL 的刻度试管中。同时做试剂空白。

② 液体样品。吸取均匀样品 10～20mL 于 150mL 的锥形瓶中，加入几粒玻璃珠。酒类和碳酸类饮品先于电热板上小火加热除去酒精和二氧化碳，然后加入 20mL 的混合酸，于电热板上加热至颜色由深变浅，至无色透明冒白烟时取下，放冷后加入 10mL 的水继续加热赶酸至冒白烟为止。冷却后用去离子水洗至 25mL 的刻度试管中。同时做试剂空白。

（2）样品干法灰化　称取制备好的均匀样品 2.0～5.0g 置于 50mL 瓷坩埚中，于电炉上小火炭化至无烟后移入马弗炉中，500℃灰化约 8h 后取出。放冷后再加入少量混合酸，小火加热至无炭粒，待坩埚稍凉，加 0.5mol/L 的硝酸，溶解残渣并移入 50mL 的容量瓶中，再用 0.5mol/L 的硝酸反复洗涤坩埚。洗液并入容量瓶中，并稀释至刻度，混匀备用。同时做试剂空白。

（3）标准曲线制备　吸取 0.0mL、0.5mL、1.0mL、2.5mL、5.0mL 铅标准使用液，分别置于 50mL 容量瓶中，以硝酸（0.5mol/L）稀释至刻度，混匀，此标准系列含铅分别为 0.0μg/mL、1.0μg/mL、2.0μg/mL、5.0μg/mL、10.0μg/mL。

（4）仪器条件　测定波长 283.3nm，灯电流、狭缝、空气乙炔流量及灯头高度均按仪器说明调至最佳状态。

（5）样品测定　将铅标准溶液、试剂空白液和处理好的样品溶液分别导入火焰原子化器进行测定。记录其对应的吸光度值，与标准曲线比较定量。

5. 结果处理

$$X = \frac{(c_1 - c_2)V_1 \times 1000}{m \times 1000}$$

式中　X——样品中铅的含量，mg/kg（或 mg/L）；

c_1——测定用样品液中铅的含量，μg/mL；

c_2——试剂空白液中铅的含量，μg/mL；

V_1——样品处理液的总体积，mL；

m——样品质量（或体积），g（或 mL）。

三、石墨炉原子吸收分光光度法

1. 原理

样品经处理后，导入原子吸收分光光度计石墨炉中原子化后，吸收波长 283.3nm 的共振线，在一定浓度范围内，其吸收量与铅含量成正比，与标准系列比较定量。

2. 仪器

原子吸收分光光度计，带石墨炉自动进样系统；电热板；马弗炉。

3. 试剂

① 混合酸：硝酸＋高氯酸（5＋1）。

② 磷酸二氢铵：25g/L。称取 2.5g 磷酸二氢铵，用去离子水溶解定容至 100mL。

③ 硝酸：0.5mol/L。量取 32mL 硝酸，加入适量的水中，用水稀释并定容至 1000mL。

④ 铅标准贮备液。精确称取 1.000g 金属铅（纯度大于 99.99％）或 1.598g 的硝酸铅（优级纯），加适量硝酸（1＋1）使之溶解，移入 1000mL 容量瓶中，用 0.5mol/L 硝酸定容至刻度，贮存于聚乙烯瓶内，冰箱内保存。此溶液每毫升相当于 1mg 铅。

⑤ 铅标准使用液。吸取铅标准贮备液 10.0mL 置于 100mL 的容量瓶中，用 0.5mol/L 硝酸溶液稀释至刻度，该溶液每毫升相当于 100μg 铅。贮存于聚乙烯瓶内，冰箱内保存。

4. 实训（实验）步骤

（1）样品湿法消化　同火焰法。

（2）样品干法灰化　同火焰法。

（3）标准曲线制备　先将铅标准使用液用 0.5mol/L 的硝酸分次稀释至 1μg/mL，然后准确吸取 1μg/mL 的铅标准溶液 0.0mL、0.5mL、1.0mL、2.0mL、3.0mL、4.0mL、5.0mL，分别置于 50mL 容量瓶中，用硝酸（0.5mol/L）稀释至刻度，混匀。此标准系列含铅分别为 0.0ng/mL、10.0ng/mL、20.0ng/mL、40.0ng/mL、60.0ng/mL、80.0ng/mL、100.0ng/mL。

（4）仪器条件　测定波长 283.3nm。灯电流 5～7mA，狭缝 0.7nm。干燥温度 80℃，10s；100℃，20s。灰化温度 900℃，20s；原子化温度 1900℃，3s。背景校正为氘灯或塞曼效应，其他仪器参考条件按仪器说明调至最佳状态。

（5）测定　将铅标准系列溶液、试剂空白液和处理好的样品溶液分别置于石墨炉自动进样器的样品盘上，进样量为 10～20μL，以磷酸二氢铵为基体改进剂，进样量为 5～10μL，注入石墨炉进行原子化。结果以峰面积计，与标准曲线比较定量。

5. 结果处理

$$X = \frac{(c_1 - c_2)V \times 1000}{m \times 1000}$$

式中　X——样品中铅的含量，μg/kg（或 μg/L）；

c_1——测定用样品液中铅的含量，ng/mL；

c_2——试剂空白液中铅的含量，ng/mL；

V——样品处理液的总体积，mL；

m——样品质量（或体积），g（或 mL）。

实训（实验）项目二十二　食品中总砷含量的测定

一、目的要求

1. 掌握湿、干法的样品处理方法。

2. 熟悉食品中总砷含量的测定方法。

3. 进一步熟悉分光光度法。

二、实训（实验）原理

样品经消化后，以碘化钾、氯化亚锡将高价砷还原为三价砷，然后与锌粒和酸产生的新生态氢生成砷化氢，经银盐溶液吸收后，形成红色胶态物，与标准系列比较定量。

三、仪器与试剂

1. 仪器

分光光度计。

2. 试剂

① 硝酸-高氯酸混合溶液：4：1。

② 酸性氯化亚锡溶液：40g/100mL。称取 40g 氯化亚锡（$SnCl_2 \cdot 2H_2O$），加盐酸溶解并稀释至 100mL，加入数颗金属锡粒。

③ 乙酸铅棉花：用乙酸铅溶液（100g/L）浸透脱脂棉后，压除多余溶液，并使疏松，在 100℃以下干燥，贮存于玻璃瓶中。

④ 硫酸：6+94。

⑤ AgDDC-三乙醇胺-三氯甲烷溶液。称取 0.25g 二乙基二硫代氨基甲酸银 $[(C_2H_5)_2NCS_2Ag]$ 置于乳钵中，加少量三氯甲烷研磨，移入 100mL 量筒中，加入 1.8mL 三乙醇胺，再用三氯甲烷分次洗涤乳钵，洗液一并移入量筒中，再用三氯甲烷稀释至 100mL，放置过夜。滤入棕色瓶中贮存。

⑥ 砷标准使用液：1.0μg/mL。

四、实训（实验）步骤

1. 样品处理

① 湿法消化。称取样品适量，置于 250～500mL 定氮瓶中，先加水少许使湿润，加数粒玻璃珠、10～15mL 硝酸（或硝酸-高氯酸混合液），放置片刻，小火缓缓加热，待作用缓和，放冷。沿瓶壁加入 5mL 或 10mL 硫酸，再加热，至瓶中液体开始变成棕色，不断沿瓶壁滴加硝酸（或硝酸-高氯酸混合液）至有机质分解完全。加大火力，至产生白烟，待瓶口白烟冒净后，瓶内液体再产生白烟为消化完全，该溶液应澄明无色或微带黄色，放冷。加 20mL 水煮沸，除去残余的硝酸至产生白烟为止，如此处理两次，放冷。定容至 50mL 或 100mL。

② 干法消化。称取样品适量，置于坩埚中，加 1g 氧化镁及 10mL 硝酸镁溶液，混匀，浸泡 4h，于低温或水浴上蒸干，用小火炭化至无色后移入马弗炉中加热至 550℃，灼烧至完全灰化，冷却后取出。加 5mL 水湿润灰分，再缓缓加热盐酸（1+1），然后将溶液移入 50mL 容量瓶中，坩埚用盐酸（1+1），洗涤 5 次，洗液合并入容量瓶中，加盐酸（1+1）至刻度。

按同一操作方法做试剂空白试验。

2. 测定

吸取一定量的消化后的样品溶液和同样量的试剂空白液，分别置于 150mL 锥形瓶中，补加硫酸总量为 5mL，加水至 50～55mL。吸取砷标准使用液 0.0mL、2.0mL、4.0mL、6.0mL、8.0mL、10.0mL，分别置于 150mL 锥形瓶中，加水至 40mL，再加 10mL 硫酸（1+1）。在各锥形瓶中，各加 3mL 碘化钾溶液（150g/mL）。0.5mL 酸性氯化亚锡溶液，混匀，静置 15min。各加 3g 锌粒，立即分别塞上装有乙酸铅棉花的导气管，并使管尖端插入盛有 4mL 银盐溶液试管液面下，在常温下反应 45min 后，取下试管，加三氯甲烷补足 4mL。用 1cm 比色杯，以零管调节零点，于波长 520nm 处测吸光度，绘制标准曲线。以样品吸光度从标准曲线查出砷的含量。

五、结果处理

$$X = \frac{m_1 V_1}{m_2 V_2}$$

式中 X——样品中砷的含量，mg/kg；

m_1——样品测定液中砷的含量，μg；

m_2——样品质量，g；

V_1——样品消化液的总体积，mL；

V_2——测定用样品液的体积，mL。

实训（实验）项目二十三　乳制品中汞含量的测定

一、目的要求

1. 了解高压消解、微波消解等样品处理方法。

2. 理解原子荧光光度法测定汞含量的原理。

3. 了解原子荧光光度计的使用方法。

二、实训（实验）原理

样品经酸加热消解后，在酸性介质中，样品中汞被硼氢化钾（KBH_4）或硼氢化钠（$NaBH_4$）还原成原子态汞，由载气（氩气）带入原子化器中。在特制汞空心阴极灯照射下，基态汞原子被激发至高能态，在去活化回到基态时，发射出特征波长的荧光，其荧光强度与汞含量成正比。与标准系列比较定量。

三、仪器与试剂

1. 仪器

AFS 型（或其他型号）双道原子荧光光度计；高压消解罐（100mL）；微波消解炉。

2. 试剂

① 硝酸：优级纯。

② 过氧化氢：30％。

③ 硫酸：优级纯。

④ 硫酸＋硝酸＋水混合酸：1＋1＋8。量取 10mL 硫酸和 10mL 硝酸，缓缓倒入 80mL 水中，混匀。

⑤ 硝酸溶液：1＋9。量取 50mL 硝酸，缓缓倒入 450mL 水中，混匀。

⑥ 氢氧化钾溶液：5g/L。称取 5.0g 氢氧化钾，溶于 1000mL 水中，混匀。

⑦ 硼氢化钾溶液：5g/L。称取 5.0g 硼氢化钾，溶于 1000mL 5g/L 的氢氧化钾溶液中，临用现配。

⑧ 汞标准贮备溶液：精密称取 0.1364g 于干燥器中干燥过的二氯化汞，加硫酸＋硝酸＋水混合酸（1＋1＋8）溶解后移入 100mL 容量瓶中，并稀释至刻度，此溶液每毫升相当于 1mg 汞。

⑨ 汞标准使用溶液：用移液管吸取汞标准贮备液（1mg/mL）1mL 于 100mL 容量瓶中，用硝酸溶液（1＋9）稀释至刻度，混匀，此溶液浓度为 $10\mu g/mL$；再分别吸取 $10\mu g/mL$ 汞标准溶液 1mL 和 5mL 于两个 100mL 容量瓶中，用硝酸溶液（1＋9）稀释至刻度，混匀，溶液浓度分别为 100ng/mL 和 500ng/mL。

四、实训（实验）步骤

1. 样品消解

（1）高压消解法　本方法适用于粮食、豆类、蔬菜、水果、瘦肉类、鱼类、蛋类及乳与乳制品类食品中总汞的测定。

① 粮食及豆类等干样。称取经粉碎混匀过 40 目筛的干样 0.20～1.00g，置于聚四氟乙烯塑料罐内，加 5mL 硝酸，混匀后放置过夜，再加 3mL 过氧化氢，盖上内盖放入不锈钢外

套中，旋紧密封。然后将消解器放入普通干燥箱（烘箱）中加热，升温至120℃后保持恒温2～3h，至消解完全，自然冷至室温。将消解液用硝酸溶液（1＋9）定量转移并定容至25mL，摇匀。同时做试剂空白试验，待测。

②蔬菜、瘦肉、鱼类及蛋类水分含量高的鲜样。用捣碎机打成匀浆，称取匀浆1.00～3.00g，置于聚四氟乙烯塑料罐内，加盖留缝放于65℃鼓风干燥箱或一般烘箱中烘至近干，取出，以下按①"加5mL硝酸"起依法操作。

（2）微波消解法　称取0.10～0.50g样品于消解罐中，加入1～5mL硝酸，1～2mL过氧化氢，盖好安全阀后，将消解罐放入微波炉消解系统中。根据不同种类的样品设置微波炉消解系统的最佳分析条件（参见表12-2、表12-3），至消解完全，冷却后用硝酸溶液（1＋9）定量转移并定容至25mL（低含量样品可定容至10mL），混匀待测。

表12-2　粮食、蔬菜、鱼肉类样品微波分析条件

步骤	功率/%	压力/kPa	升压时间/min	保压时间/min	排风量/%
1	50	343	30	5	100
2	75	686	30	7	100
3	90	1096	30	5	100

表12-3　油脂、糖类样品微波分析条件

步骤	功率/%	压力/kPa	升压时间/min	保压时间/min	排风量/%
1	50	343	30	5	100
2	70	514	30	5	100
3	80	686	30	5	100
4	100	959	30	7	100
5	100	1234	30	5	100

2. 标准系列配制

（1）低浓度标准系列　分别吸取100ng/mL汞标准使用液0.25mL、0.50mL、1.00mL、2.00mL、2.50mL于25mL容量瓶中，用硝酸溶液（1＋9）稀释至刻度，混匀。各自相当于汞浓度1.00ng/mL、2.00ng/mL、4.00ng/mL、8.00ng/mL、10.00ng/mL。此标准系列适用于一般样品测定。

（2）高浓度标准系列　分别吸取500ng/mL汞标准使用液0.25mL、0.50mL、1.00mL、1.50mL、2.00mL于25mL容量瓶中，用硝酸溶液（1＋9）稀释至刻度，混匀。各自相当于汞浓度5.00ng/mL、10.00ng/mL、20.00ng/mL、30.00ng/mL、40.00ng/mL。此标准系列适用于鱼及含汞量偏高的样品测定。

3. 测定

（1）仪器条件　光电倍增管负高压240V；汞空心阴极灯电流30mA。原子化器温度300℃，高度8.0mm。氩气流速载气500mL/min，屏蔽气1000mL/min。测量方式：标准曲线法。读数方式：峰面积。读数延迟时间1.0s；读数时间10.0s；硼氢化钾溶液加液时间8.0s。标准或样液加液体积2mL。

（2）测定方法　根据实验情况任选以下一种方法：

①浓度测定方式测量。设定好仪器最佳条件，逐步将炉温升至所需温度后，稳定10～20min后开始测量。连续用硝酸溶液（1＋9）进样，待读数稳定之后，转入标准系列测量，绘制标准曲线。转入样品测量，先用硝酸溶液（1＋9）进样，使读数基本回零，再分别测定

样品空白和样品消化液，每测不同的样品前都应清洗进样器。

②仪器自动计算结果方式测量。按上述设定好的仪器最佳条件，在样品参数画面输入样品质量或体积（g 或 mL）、稀释体积（mL），并选择结果的浓度单位，逐步将炉温升至所需温度，稳定后测量。连续用硝酸溶液（1＋9）进样，待读数稳定之后，转入标准系列测量，绘制标准曲线。在转入样品测定之前，再进入空白值测量状态，用样品空白消化液进样，让仪器取其均值作为扣除的空白值。随后即可依次测定样品。测定完毕后，选择"打印报告"即可将测定结果自动打印。

五、结果计算

$$X = \frac{(c - c_0)\ V \times 1000}{m \times 1000 \times 1000}$$

式中　X——样品中汞的含量，mg/kg（或 mg/L）；

　　　c——样品消化液测定浓度，ng/mL；

　　　c_0——试剂空白液测定浓度，ng/mL；

　　　V——样品消化液总体积，mL；

　　　m——样品质量（或体积），g（或 mL）。

实训（实验）项目二十四　稻米中久效磷残留量的测定

一、目的要求

1. 了解稻米中久效磷残留量的测定原理。

2. 学会气相色谱仪的使用方法。

二、实训（实验）原理

久效磷属有机磷化合物，在富氢焰上燃烧时会以 HPO 碎片形式放射出特征光，采用磷型火焰光度检测器检测特异性极强。稻米样品中久效磷采用丙酮作为提取溶剂进行索氏提取，石油醚液-液分配净化，二氯甲烷萃取，浓缩后气相色谱磷型火焰光度检测器检测。

三、仪器与试剂

1. 仪器

气相色谱仪，磷型火焰光度检测器；索氏提取器；旋转蒸发器。

2. 试剂

①丙酮：分析纯。

②石油醚：分析纯。

③二氯甲烷：分析纯。

④无水乙醇：分析纯。

⑤氯化钠：分析纯。

⑥无水硫酸钠：分析纯。

⑦久效磷标准贮备液：准确称取久效磷标准品，用无水乙醇配成浓度约为 1mg/mL。

⑧久效磷标准使用液：根据所用仪器灵敏度将久效磷标准贮备液用无水乙醇稀释至适宜浓度。

四、实训（实验）步骤

1. 提取

称取约 40g 已粉碎稻米样品，置于索氏提取器滤纸筒中，加入 100mL 丙酮，于

67～69℃水浴回流提取 6h，提取液经 50℃水浴旋转蒸发器上浓缩并定容至 3～5mL，待净化。

2. 净化

将待净化的提取液倒入 250mL 分液漏斗中，加入 100mL 1%硫酸钠溶液，混匀，用石油醚（每次 25mL）萃取 4 次，弃去石油醚层。加入 25mL 饱和氯化钠溶液，再用二氯甲烷（每次 25mL）萃取 4 次，合并二氯甲烷层，于 40℃水浴旋转蒸发器上浓缩近干，用无水乙醇溶解定容至 5.0mL，待气相色谱分析。

3. 检测

（1）色谱柱　玻璃柱，内径 3mm，长 1m，内装 40g/L OV-210/Chromosorb W AW DMCS（80～100 目）。

（2）温度　柱温 185℃，汽化室和检测器温度 240℃。

（3）气体流速　载气：氮气 100mL/min；空气 200mL/min；氢气 150mL/min。

五、结果处理

以久效磷标准的保留时间定性，外标法定量。

$$X - \frac{A_2 c V}{A_1 m}$$

式中　X——样品中久效磷含量，mg/kg；

A_1——标准峰高或峰面积；

A_2——样品峰高或峰面积；

c——久效磷标准溶液的浓度，μg/mL；

V——样品最终定容体积，mL；

m——样品质量，g。

实训（实验）项目二十五　大米中禾草特残留量的测定

一、目的要求

1. 了解大米中禾草特（又称禾大壮）残留量的测定原理。

2. 熟悉气相色谱仪的使用方法。

二、实训（实验）原理

含有禾草特的大米样品，用丙酮-水（1∶1）振摇提取，过滤后，滤液在酸性水溶液（pH 为 3.0～3.5）中用石油醚提取，提取液经硅镁吸附剂净化，浓缩后用带有火焰光度检测器的气相色谱仪测定。根据保留时间定性，样品的色谱峰高值和标准的峰高值比较定量。

三、仪器与试剂

1. 仪器

气相色谱仪，火焰光度检测器；粉碎机；电动振荡器；恒温水浴箱；旋转蒸发器；K-D 浓缩器。

2. 试剂

① 丙酮：重蒸馏。

② 石油醚：沸程 30～60℃，重蒸馏。

③ 乙醚。

④ 无水硫酸钠。

⑤ 硅镁吸附剂：100～200 目。于 550℃灼烧 3h，贮存于干燥器内。用前取 100g 硅镁吸

附剂加 2mL 蒸馏水减活化，平衡过夜，混匀备用。放置时间超过 2 天，用前应于 130℃烘 5h，再按上述比例加水减活化后使用。

⑥ 盐酸：0.05mol/L。

⑦ 禾草特标准溶液。准确称取禾草特标准品，用丙酮配成 1mg/mL 的标准贮备液，贮存于冰箱（4℃）中。使用时用丙酮稀释成 1μg/mL 的标准使用液。

四、实训（实验）步骤

1. 提取

称取 20g 经粉碎并过 20 目筛的大米样品，置于 250mL 具塞锥形瓶中，如 100mL 丙酮-水（1∶1）振摇提取 30min，用铺有玻璃纤维纸的布氏漏斗抽滤，再用 100mL 丙酮-水（1∶1）洗涤残渣 3～4 次，抽滤。合并滤液转入 500mL 分液漏斗中，加入 0.05mol/L 盐酸 3mL，石油醚提取 3 次，每次 20mL，振摇 1min。石油醚层经 5g 无水硫酸钠脱水后于 45℃ 恒温水浴上减压浓缩至约 5mL。

2. 净化

在 250mm 长、10mm 内径的色谱柱中，加入 2g 无水硫酸钠、5g 硅镁吸附剂，用 20mL 石油醚湿法装柱，柱上端再铺 2g 无水硫酸钠。当柱内液面降至吸附剂表面时，将提取液小心转入色谱柱上。用 50mL 乙醚-石油醚（1∶1）洗脱，洗脱速度为 1mL/min。收集洗脱液，用 K-D 浓缩器在 45℃恒温水浴上减压浓缩，定容至 5mL，将此样品溶液置于冰水浴中，取 2μL 进行气相色谱分析。

3. 测定

（1）色谱条件

色谱柱：长 2m，内径 3mm 玻璃柱，内装 3% OV-17/Gas Chrom Q 载体（80～100 目）。

温度：柱温为 200℃，汽化室和检测室的温度为 220℃。

气体流速：氮气 40mL/min；氢气 65mL/min；空气 30mL/min。

（2）定量分析　配制与样品中禾草特浓度相近的标准使用液，取 2μL 标准使用液和样品溶液分别注入色谱仪，重复测定 3 次，以保留时间定性，以样品的峰高平均值与标准的峰高平均值比较定量。

五、结果处理

由于火焰光度检测器（FPD）在 394nm 处对硫的响应不呈线性关系，但与禾草特中所含硫浓度的平方成正比。测定时，当样品溶液与标准溶液的进样量相同时，样品溶液中禾草特的浓度按下式计算：

$$c_i^2 = c_s^2 \frac{h_i}{h_s}$$

式中　c_i——待测样品溶液的浓度，μg/mL；

$\quad\quad c_s$——标准溶液的浓度，μg/mL；

$\quad\quad h_i$——样品溶液的色谱峰高；

$\quad\quad h_s$——标准溶液的色谱峰高。

样品中禾草特的含量按下式计算：

$$X = \frac{c_i V_i}{m}$$

式中　X——样品中禾草特的含量，mg/kg；

$\quad\quad V_i$——待测样品溶液的体积，mL；

m——样品质量，g。

实训（实验）项目二十六 食品中氨基甲酸酯农药残留量的测定

一、目的要求

1. 了解食品中氨基甲酸酯类农药残留量的测定原理。

2. 进一步掌握气相色谱仪的使用方法。

二、实训（实验）原理

氨基甲酸酯类农药在加热的碱金属片的表面产生热分解，形成氰自由基（CN^+），并且从被加热的碱金属表面放出的原子状态的碱金属（Rb）接受电子变成 CN，再与氢原子结合。放出电子的氢原子变成正离子，由收集极收集，并作为信号电流而被测定。电流信号的大小与含氮化合物的含量成正比。以峰面积或峰高比较定量。样品中氨基甲酸酯农药经甲醇提取，液-液分配净化后，气相色谱氢火焰离子化检测器检测。色谱图如图 12-3 所示。

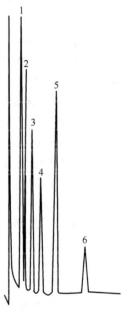

图 12-3 各种氨基
甲酸酯色谱

1—速灭威；2—异丙威；
3—残杀威； 4—克百威；
5—抗蚜威；6—甲萘威

三、仪器与试剂

1. 仪器

气相色谱仪，氢火焰离子化检测器；振荡提取器；组织捣碎机；旋转蒸发器。

2. 试剂

① 甲醇：需重蒸。

② 石油醚：分析纯，沸程 30～60℃，需重蒸。

③ 丙酮：分析纯，需重蒸。

④ 二氯甲烷：分析纯，需重蒸。

⑤ 无水硫酸钠：分析纯，450℃焙烧 4h 后备用。

⑥ 氯化钠溶液：5%。称取 25g 氯化钠，用水溶解并稀释至 500mL。

⑦ 甲醇＋氯化钠溶液：取甲醇与 5%氯化钠溶液等体积混合。

⑧ 氨基甲酸酯标准贮备溶液：准确称取速灭威、异丙威（叶蝉散）、残杀威、克百威（呋喃丹）、抗蚜威和甲萘威（西维因）标准品，用丙酮配成浓度约 1mg/mL 的单一标准贮备液。

⑨ 氨基甲酸酯标准使用液：根据所用仪器灵敏度将氨基甲酸酯单一标准贮备溶液用丙酮稀释并配成浓度为 2～10μg/mL 的混合标准使用液。

四、实训（实验）步骤

1. 提取

（1）粮食 称取约 40g 粉碎样品，加入 20～40g 无水硫酸钠（视样品水分而定）、100mL 甲醇振荡提取 30min，经快速滤纸过滤取出 50mL 滤液，转入分液漏斗中，并加入 50mL 氯化钠溶液。

（2）蔬菜 称取约 20g 蔬菜样品，加入 80mL 甲醇振荡提取 30min，经铺有快速滤纸的布氏漏斗抽滤，用 50mL 甲醇分数次洗涤提取容器和滤器。将全部滤液转入分液漏斗中，用 100mL 5%氯化钠溶液分次洗涤滤器，并入分液漏斗中。

2. 净化

（1）粮食　向分液漏斗中加入 50mL 石油醚，振摇 1min，静置分层后将下层（甲醇＋氯化钠溶液）放入第二个分液漏斗中，加 25mL 甲醇＋氯化钠溶液于石油醚层中，振摇 30s，静置分层后，将下层并入甲醇＋氯化钠溶液中。

（2）蔬菜　向分液漏斗中加入 50mL 石油醚，振摇 1min，静置分层后将下层（甲醇＋氯化钠溶液）放入第二个分液漏斗中，并加入 50mL 石油醚，振摇 1min，静置分层后将下层放入第三个分液漏斗中。然后用 25mL 甲醇＋氯化钠溶液依次反洗第一、二个分液漏斗中的石油醚层，每次振摇 30s，最后将甲醇＋氯化钠溶液并入第三个分液漏斗中。

3. 浓缩

于盛有样品净化液的分液漏斗中，用二氯甲烷（50mL、25mL、25mL）依次提取 3 次，每次 1min，静置分层后将二氯甲烷层经二氯甲烷预洗的无水硫酸钠层过滤至浓缩瓶中，用少量二氯甲烷洗涤漏斗，并入浓缩瓶中。于 50℃水浴上减压浓缩至 1mL 左右，取下浓缩瓶，将残余物转入刻度试管中，用二氯甲烷洗涤浓缩瓶并入试管中。用氮气吹尽二氯甲烷，用丙酮溶解并定容至 2.0mL 后待气相色谱分析。

4. 色谱检测参数

（1）色谱柱　玻璃柱，内径 3.2mm，长 1.5m，内装 15g/L OV-17＋19.5g/L OV-210/Chromosorb W AW DMCS（80～100 目）。

（2）温度　柱温 190℃，汽化室和检测器温度 240℃。

（3）气体流速　载气：氮气 65mL/min；空气 150mL/min；氢气 3.2mL/min。

五、结果计算

以氨基甲酸酯农药标准的保留时间定性，标准曲线法定量。

$$X = \frac{A_2 c V}{A_1 m}$$

式中　X——样品中某一氨基甲酸酯农药组分的含量，$\mu g/kg$；

　　　A_1——标准峰高或峰面积；

　　　A_2——样品峰高或峰面积；

　　　c——标准溶液中某一氨基甲酸酯农药组分的含量，ng/mL；

　　　V——进样液定容体积，取 2.0mL；

　　　m——样品实际质量，g（粮食 50mL 样品溶液、蔬菜 20g）。

实训（实验）项目二十七　食品中拟除虫菊酯农药残留量的测定

一、目的要求

1. 了解食品中拟除虫菊酯农药残留量的测定原理。

2. 进一步掌握气相色谱仪的使用方法，学会电子捕获检测器的使用。

二、实训（实验）原理

拟除虫菊酯类杀虫剂，具有较强的电负性，适于采用电子捕获检测器检测。样品中氯氰菊酯、氰戊菊酯、溴氰菊酯等拟除虫菊酯农药经石油醚或丙酮-石油醚混合溶剂提取，色谱柱净化后，气相色谱电子捕获检测器检测。色谱图如图 12-4 所示。

三、仪器与试剂

1. 仪器

气相色谱仪，电子捕获检测器；振荡提取器；组织捣碎机；旋转蒸发器。

2. 试剂

① 石油醚：分析纯，沸程 30～60℃，需重蒸。

② 丙酮：分析纯，需重蒸。

③ 无水硫酸钠：分析纯。

④ 中性氧化铝：色谱用，550℃活化 4h，用前 140℃烘烤 1h，加 3％水减活。

⑤ 活性炭：550℃活化 4h 后备用。

⑥ 脱脂棉：经正己烷洗涤后，干燥备用。

⑦ 弗罗里硅土：80～100 目，630℃活化 5h，加入 5％蒸馏水减活。

⑧ 拟除虫菊酯标准贮备溶液：准确称取氯氰菊酯、氰戊菊酯、溴氰菊酯标准品，用石油醚或丙酮配成浓度约 1mg/mL 的单一标准贮备液。

⑨ 拟除虫菊酯标准使用液：根据所用仪器灵敏度将拟除虫菊酯单一标准贮备溶液用石油醚或丙酮稀释并配成以下浓度的混合标准使用液，氯氰菊酯 0.08μg/mL，氰戊菊酯 0.16μg/mL、溴氰菊酯 0.02μg/mL。

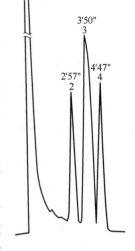

图 12-4　拟除虫菊酯色谱

1—溶剂，2—氯氰菊酯；3—氰戊菊酯；4—溴氰菊酯

四、实训（实验）步骤

1. 提取

（1）谷类　称取约 10g 粉碎样品，加入 20mL 石油醚振荡提取 30min，取出 2～4mL 上清液（相当于 1～2g 样品）待净化用。

（2）蔬菜　称取约 20g 匀浆样品，加入石油醚和丙酮各 40mL 振荡提取 30min，取出 4mL 上清液待净化用。

2. 净化

（1）大米　在 25cm 长、1.5cm 内径色谱柱中自下而上依次装填 1cm 高无水硫酸钠、3cm 高中性氧化铝、2cm 高无水硫酸钠。以 10mL 石油醚淋洗色谱柱，弃去淋洗液，移入待净化的提取液，再用 30mL 石油醚淋洗，收集淋洗液，浓缩定容至 1.0mL 后待气相色谱分析。

（2）小麦粉和玉米粉　除需在中性氧化铝上加 0.01g 活性炭外，其余条件全部同（1）。

（3）蔬菜　除需在中性氧化铝上加 0.03g 活性炭，淋洗液用量为 35mL 外，其余条件全部同（1）。

3. 色谱检测参数

（1）色谱柱　玻璃柱，内径 3mm，长 1.5m，内装 30g/L OV-101/Chromosorb W HP（60～80 目）。

（2）温度　柱温 245℃，汽化室和检测器温度 260℃。

（3）气体流速　载气：氮气 70mL/min。

五、结果计算

以氯氰菊酯、氰戊菊酯、溴氰菊酯标准的保留时间定性，标准曲线法定量。

$$X = \frac{A_2 c V}{A_1 m}$$

式中　X——样品中氯氰菊酯、氰戊菊酯、溴氰菊酯含量，mg/kg；

　　　A_1——标准峰高或峰面积；

　　　A_2——样品峰高或峰面积；

　　　c——氯氰菊酯、氰戊菊酯、溴氰菊酯标准溶液的浓度，μg/mL；

V——样品最终定容体积，mL；

m——样品实际质量，g。

实训（实验）项目二十八　鲜乳中抗生素残留量的测定

一、目的要求

1. 了解鲜乳中抗生素残留量的测定原理。

2. 熟悉高效液相色谱仪的使用方法。

二、四环素族药物残留量的测定

1. 实训（实验）原理

样品经提取、微孔滤膜过滤后直接进样，用反相色谱分离，紫外检测器检测，与标准比较定量，出峰顺序为土霉素、四环素、金霉素。

2. 仪器

高效液相色谱仪。

3. 试剂

混合标准溶液：分别吸取含 1.0mg/mL 土霉素、四环素的 0.01mol/L 盐酸溶液各 1mL，含 1.0mg/mL 金霉素水溶液 2mL，置于 10mL 容量瓶中，加蒸馏水至刻度。此溶液每毫升含土霉素、四环素各 0.1mg，金霉素 0.2mg 临用现配。

4. 实训（实验）步骤

（1）色谱条件

① 检测器：紫外检测器，波长为 355nm，灵敏度为 0.002AUFS。

② 色谱柱：ODS-C$_{18}$ 5μm，6.2mm×15cm。

③ 流动相：乙腈-0.01mol/L 磷酸二氢钠溶液（用 30％硝酸溶液调节 pH 至 2.5；35：65，体积比）。

④ 温度：柱温为室温。

⑤ 流速：1.0mL/min，进样量为 10μL。

（2）样品测定　吸取 25mL 鲜牛乳或其他匀浆样品，置于 250mL 分液漏斗中，加入 75mL 乙酸乙酯振荡 1h，或在超声浴上振摇 30min，取出一半乙酸乙酯萃取液（37.5mL），于减压下蒸干。蒸干后的残留物分别二次用 5mL 乙腈溶解，移入 30mL 分液漏斗，再分别二次用 3mL 异辛烷萃取，除去乙腈溶解液中的类脂物，将乙腈液浓缩近干，并分别二次用 1mL 乙酸乙酯把蒸干物转移到 3mL 聚四氟乙烯锥形瓶内。经氮气流浓缩，浓缩后用 0.2mL 氯仿溶解。再加入 0.2mL 丙二醇-水（50：50，体积比）混合液，用旋转搅拌器混匀，静置，最后用上层醇相进行色谱分析。

5. 结果计算

$$X = \frac{m' \times 1000}{m \times 1000}$$

式中　X——抗生素含量，g/kg；

　　　m'——样品溶液测得抗生素质量，mg；

　　　m——样品质量，g。

三、氯霉素残留量的测定

1. 实训（实验）原理

采用乙酸乙酯等有机试剂萃取，氯霉素提取物溶解于氯仿中，然后以水-甲醇作为流动相。于紫外检测器进行液相色谱法测定，求出样品中的氯霉素含量。

2. 仪器

高效液相色谱仪。

3. 试剂

氯霉素标准溶液：准确称取 10mg，以丙醇溶解并稀释至 100mL，然后取 1.0mL 用丙醇稀释至 100mL，取此溶液 1.0mL，再用丙醇稀释至 100mL，所得溶液每毫升含氯霉素为 0.01μg。

4. 实训（实验）步骤

（1）色谱条件

① 检测器：紫外检测器，检测波长为 280nm，灵敏度为 0.005～0.01AUFS。

② 色谱柱：不锈钢柱，长 25cm，内径 2.1mm，内填充 5μm 的 C_{18} Sperisorb-ODS（S-P）。

③ 流动相：水-甲醇（1∶3，体积比）。

④ 流速：0.8mL/min。

（2）检测方法

① 样品处理。吸取 25mL 鲜牛乳或其他匀浆样品，置于 250mL 分液漏斗中，加入 75mL 乙酸乙酯振荡 1h，或在超声浴上振摇 30min，取出一半乙酸乙酯萃取液（37.5mL），于减压下蒸干。蒸干后的残留物分别二次用 5mL 乙腈溶解，移入 30mL 分液漏斗，再分别二次用 3mL 异辛烷萃取，除去乙腈溶解液中的类脂物，将乙腈液浓缩近干，并分别二次用 1mL 乙酸乙酯把蒸干物转移到 3mL 聚四氟乙烯锥形瓶内。经氮气流浓缩，浓缩后用 0.2mL 氯仿溶解，再加入 0.2mL 丙二醇-水（50∶50，体积比）混合液，用旋转搅拌器混匀，静置，最后用上层醇相进行色谱分析。

② 色谱分析。用微量注射器吸取标准系列和样液各 2μL 或 4μL，注入液相色谱仪中，根据上述条件，本法氯霉素标准品的保留时间为 6min。测量样品保留时间与标准对照进行定性分析，测量峰高，从标准曲线中查出相应含量，计算样品中氯霉素残留量。

5. 结果计算

$$X = \frac{m' \times 1000}{m \times 1000}$$

式中　X——抗生素含量，g/kg；

　　　m'——样品溶液测得抗生素质量，mg；

　　　m——样品质量，g。

实训（实验）项目二十九　畜禽肉中土霉素、四环素、金霉素含量的测定

一、目的要求

1. 了解畜禽肉中土霉素、四环素、金霉素含量的测定原理。

2. 进一步掌握高效液相色谱仪的使用方法，熟悉紫外检测器的使用。

二、实训（实验）原理

样品经提取、微孔滤膜过滤后直接进样，用反相色谱分离，紫外检测器检测，与标准比较定量，出峰顺序为土霉素、四环素、金霉素。标准加入法定量。

三、仪器与试剂

1. 仪器

高效液相色谱仪，紫外检测器。

2. 试剂

① 乙腈：色谱纯。

② 磷酸二氢钠溶液（0.01mol/L）：称取 1.56g（±0.01g）磷酸二氢钠（NaH_2PO_4·$2H_2O$）溶于蒸馏水中，定容至 100mL，经微孔滤膜（0.45μm）过滤，备用。

③ 土霉素（OTC）标准溶液：称取 0.0100g（±0.0001g）土霉素，用 0.1mol/L 盐酸溶液溶解，并定容至 10.0mL，即每毫升含土霉素 1.0mg。

④ 四环素（TC）标准溶液：称取 0.0100g 四环素，用 0.01mol/L 盐酸溶液溶解并定容至 10.0mL，此溶液每毫升含四环素 1.0mg。

⑤ 金霉素（CTC）标准溶液：称取 0.0100g 金霉素，用蒸馏水溶解并定容至 10.0mL，此溶液每毫升含金霉素 1.0mg。

⑥ 混合标准溶液：取上述③、④标准溶液各 1.0mL，取⑤标准溶液 2.0mL 置于 10.0mL 容量瓶中，加蒸馏水至刻度。此溶液每毫升含土霉素、四环素各 0.1mg，金霉素 0.2mg，临用时现配。

⑦ 高氯酸溶液：5%（体积分数）。

四、实训（实验）步骤

1. 样品处理

称取 5.00g（±0.01g）切碎的肉样（<5mm），置于 50mL 锥形瓶中，加入 5%高氯酸 25.0mL 于振荡器上振荡提取 10min，移入离心管中，以 2000r/min 离心 3min，取上清液经 4.5μm 滤膜过滤，以此液进行 HPLC 分析。

2. 高效液相分析参考条件

① 色谱柱：ODS-C_{18}（5μm）6.2mm×15cm。

② 流动相：乙腈＋0.01mol/L 磷酸二氢钠溶液［用 30%（体积分数）硝酸溶液调节 pH2.5］［35：65（体积比）］，使用前用超声波脱气 10min。

③ 流速：1.0mL/min。

④ 检测波长：355nm。

⑤ 进样量：10μL。

3. 样品测定

吸取四、1. 处理好的溶液 10μL，注入高效液相色谱仪，进行 HPLC 分析，记录峰高，从工作曲线上查得含量。

4. 工作曲线的制备

称取 7 份切碎的肉样，每份 5.00g，分别加入混合标准溶液 0μL、25μL、50μL、100μL、150μL、200μL、250μL（含土霉素、四环素各为 0.0μg、2.5μg、5.0μg、10.0μg、15.0μg、20.0μg、25.0μg，含金霉素 0.0μg、5.0μg、10.0μg、20.0μg、30.0μg、40.0μg、50.0μg），与样品同法操作。以峰高为纵坐标、抗生素含量为横坐标，绘制工作曲线。

五、结果处理

$$X = \frac{m'}{m \times 1000}$$

式中　X——样品中抗生素含量，mg/g；

m'——从工作曲线上查得的被测液中抗生素质量，μg；

m——样品质量，g。

<h2 style="text-align:center">实训（实验）项目三十 鱼体中组胺含量的测定</h2>

一、目的要求

1. 了解鱼体中组胺的定性检验方法。

2. 掌握组胺定量测定方法。

二、定性检验

取已去骨、去皮、去内脏的鱼肉样品，加 9 倍量的水，用玻璃棒打碎，加入等量 5％三氯乙酸溶液，搅拌均匀，过滤。取滤液 2mL，滴加 0.5％氢氧化钠溶液中和，加入 1mL 4％碳酸钠溶液，移入冰浴中冷却 5min。加入 1mL 重氮试剂，在冰浴中放 5min，加入乙酸乙酯 10mL，剧烈振摇 0.5min。静置，观察结果。如乙酸乙酯层呈现红色，则表示鱼肉中有组胺存在。

三、定量检验

1. 原理

鱼体中的组胺经正戊醇提取后，与偶氮试剂在弱碱性溶液中进行偶氮反应，产生橙色化合物，与标准比较定量。

2. 测定

称取 5～10g 切碎样品置于具塞锥形瓶中，加 10％三氯乙酸溶液 15.0～20.0mL，浸泡 2～3h，过滤。吸取 1.0mL 滤液置于分液漏斗中，加 25％氢氧化钠溶液使呈碱性，每次加入 3mL 正戊醇，振摇 5min，提取 3 次，合并正戊醇并稀释至 10.0mL。每次加 3mL 1mol/L 盐酸振摇提取 3 次，合并盐酸提取液并稀释至 10.0mL，备用。

吸取 1.0mL 盐酸提取液于 10mL 比色管中。另吸取 0.00mL、0.20mL、0.40mL、0.60mL、0.80mL、1.00mL 组胺标准溶液（相当于 0μg、4μg、8μg、12μg、16μg、20μg 组胺），分别置于比色管中，各加 1mol/L 盐酸 1mL。样品与标准管各加 3mL 5％碳酸钠溶液、3mL 偶氮试剂，加水至刻度，混匀，放置 10min 后，用 1cm 比色皿，以零管调节零点，于波长 480nm 处测吸光度，绘制标准曲线。

3. 计算

$$X = \frac{\frac{A}{1000} \times 100}{m \times \frac{1}{V} \times \frac{1}{10} \times \frac{1}{10}}$$

式中 X——组胺含量，mg/100g；

$\quad\quad V$——加入 10％三氯乙酸的体积，mL；

$\quad\quad A$——测定时样品组胺的含量，μg；

$\quad\quad m$——样品质量，g。

<h2 style="text-align:center">实训（实验）项目三十一 可乐饮料、咖啡等中咖啡因含量的测定</h2>

一、目的要求

1. 了解可乐饮料、咖啡等中咖啡因含量的测定原理。

2. 进一步掌握高效液相色谱仪的使用方法，熟悉紫外检测器的使用。

3. 学习预柱的使用。

二、实训（实验）原理

咖啡因的甲醇溶液在 286nm 波长下有最大吸收，其吸收值的大小与咖啡因浓度成正比，样品通过高效液相色谱分离，以保留时间定性，峰面积定量。

三、仪器与试剂

1. 仪器

高效液相色谱仪，紫外检测器；预柱 Resave™ C₁₈；超声清洗器；0.45μm 微孔滤膜。

2. 试剂

① 甲醇：优级纯。

② 乙腈：色谱纯。

③ 三氯甲烷：分析纯（必要时需重蒸）。

④ 无水硫酸钠：分析纯。

⑤ 氯化钠：分析纯。

⑥ 咖啡因标准品：纯度 98% 以上。

四、实训（实验）步骤

1. 样品的处理

（1）可乐型饮料　样品超声脱气 5min，取脱气试样通过微孔滤膜，弃去初滤液，取后 5mL 滤液作 HPLC 分析用。

（2）咖啡、茶叶及其制品　称取 2g 已经粉碎，且小于 30 目的均匀样品或液体样品放入 150mL 烧杯中，先加 2～3mL 超纯水，再加 50mL 三氯甲烷，摇匀，在超声处理机上萃取 1min（30s 两次），静置 30min，分层。将萃取液倾入另一 150mL 烧杯。在样品中再加 50mL 三氯甲烷，重复上述萃取操作步骤，弃去样品，合并二次萃取液，加入少许无水硫酸钠和 5mL 饱和氯化钠，过滤，滤入 100mL 容量瓶中，用三氯甲烷定容至 100mL，最后取 10mL 滤液经微孔滤膜过滤，弃去初滤液 5mL，保留后 5mL 滤液作 HPLC 分析用。

2. 高效液相色谱参考条件

① 色谱柱：μBONDAPAK™C₁₈。

② 预柱：RESAVE™C₁₈。

③ 流动相：甲醇＋乙腈＋水（57＋29＋14），每升流动相中加入 0.8mol/L 乙酸液 50mL。

④ 流速：1.5mL/min。

3. 标准曲线的绘制

用甲醇配制成咖啡因浓度分别为 0μg/mL、20μg/mL、50μg/mL、100μg/mL、150μg/mL 的标准系列，然后分别进样 10μL 于 286nm 测量峰面积，作峰面积-咖啡因浓度的标准曲线或求出直线回归方程。

4. 样品测定

从试样中吸取可乐饮料 10μL 或咖啡、茶叶及其制品 5μL 进样，于 286nm 处测其峰面积，然后根据标准曲线（或直线回归方程）得出样品的峰面积相当于咖啡因的浓度（μg/mL）。同时做试剂空白。

五、结果处理

$$X_1 = \frac{c \times 1000}{V_1 \times 1000}$$

$$X_2 = \frac{c \times V_2}{m \times 1000} \times 100$$

式中　X_1——可乐饮料中咖啡因含量，mg/L；

X_2——咖啡、茶叶及其制品中咖啡因含量，mg/100g；

c——被测液中咖啡因浓度，μg/mL；

V_1——可乐型饮料取样量，mL；

V_2——咖啡等制品定容体积，mL；

m——咖啡等制品的取样量，g。

实训（实验）项目三十二　家禽中激素含量的测定

一、目的要求

1. 了解家禽中激素含量的测定原理。

2. 进一步掌握高效液相色谱仪使用方法，熟悉紫外检测器的使用。

二、实训（实验）原理

样品中激素经提取分离后，用高效液相色谱分离测定，以峰保留时间定性，峰高或峰面积与标准比较定量。本方法测定 5 种激素的色谱图见图 12-5。

三、仪器与试剂

1. 仪器

高效液相色谱仪，紫外检测器；离心机；旋转蒸发仪；K-D 浓缩器。

2. 试剂

① 甲醇：优级纯。

② 丙酮：分析纯。

③ 乙醚：分析纯。

④ 二氯甲烷：分析纯。

⑤ 醋酸钠：分析纯。

⑥ 醋酸：分析纯。

⑦ 无水硫酸钠：分析纯。

⑧ 醋酸钠缓冲溶液：0.2mol/L 的醋酸钠溶液与 0.2mol/L 醋酸溶液逐渐混合至 pH＝5.2。

⑨ 内标贮备液：称取安眠酮 0.1000g，用甲醇溶解并定容至 100mL，此溶液每毫升含安眠酮 1.000mg。

⑩ 内标使用液：取内标贮备液 2.0mL，用甲醇稀释并定容至 100mL，此溶液每毫升含安眠酮 20.00μg。

⑪ 激素标准贮备液：分别称取雌三醇、雌二醇、雌酮、睾酮、孕酮 0.1000g，用甲醇溶解并定容至 100mL，每毫升含各种激素均为 1.000mg。

⑫ 激素标准使用液：精密吸取一定量的激素标准品和内标贮备液，用甲醇配制成每毫升含各种激素为 10.00μg、安眠酮 2.00μg 和每毫升含各种激素 2.00μg、安眠酮 2.00μg 的两种标准使用液。

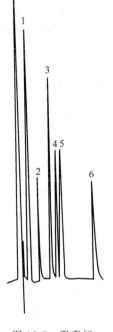

图 12-5　激素标准谱图

1—雌三醇；2—安眠酮（内标）；3—睾酮；4—雌二醇；5—雌酮；6—孕酮

四、实训（实验）步骤

1. 样品处理

取可食部分，捣成匀浆，称取 50g 左右置于 250mL 具塞锥形瓶中。在上述样品中加入安眠酮 20.00μg/mL 的内标贮备液 1.0mL，加甲醇＋丙酮（1＋1）混合溶液 150mL，在振荡器上振摇提取 30min。用快速滤纸过滤，残渣用少量甲醇＋丙酮（1＋1）混合液洗涤数次，洗液并入滤液中，于旋转蒸发仪或 K-D 浓缩器中将溶剂蒸除。残渣用甲醇 20mL 溶解，经盛有无水硫酸钠的漏斗滤入 250mL 分液漏斗中，再用 10mL 甲醇分数次洗涤漏斗及内容物，洗液并入滤液中，加 pH5.2 的醋酸钠缓冲液 80mL 左右，混匀后用二氯甲烷 50mL、30mL、30mL 振摇提取 3 次。合并提取液并用无水硫酸钠脱水，在水浴上挥干溶剂，残渣用甲醇溶解并定容至 10.0mL，混匀后，以 3000r/min 速度离心 5min，取上清液供色谱分析用。

2. 高效液相色谱分析参考条件

① 色谱柱：HP-ODS 4.6mm×200mm。

② 流动相：乙腈＋甲醇＋四氢呋喃＋0.01mol/L 醋酸钠溶液（超纯水配制）（20＋20＋10＋50）。

③ 流速：1.0mL/min。

④ 测定波长：270nm。

⑤ 进样体积：10μL。

3. 样品测定

取供色谱测定的样品溶液 10μL，注入液相色谱仪，以内标法定量。

五、结果处理

$$X = \frac{A_1 c V}{A_2 m}$$

式中　X——样品中激素的含量，μg/g；

A_1——样品中激素的峰高与安眠酮峰高之比；

A_2——标准溶液中激素的峰高与安眠酮峰高之比；

m——样品的质量，g；

c——标准溶液中激素的浓度，μg/mL；

V——样品定容体积，mL。

实训（实验）项目三十三　鸡蛋及蛋粉中三聚氰胺的测定

一、原理

试样用三氯乙酸溶液-乙腈提取，经阳离子交换固相萃取柱净化后，用高效液相色谱测定，外标法定量。

二、仪器

高效液相色谱仪。色谱柱：Greece 公司 C_8 柱［250mm×4.6mm（i.d.），5μm］

三、实训（实验）步骤

1. 样品前处理

（1）提取

① 鸡蛋。取均匀的蛋液 10g 加入提取液（1％三氯乙酸溶液-乙腈）定容至 50mL，混匀、超声、离心后，上层清液用滤纸滤入比色管中，移取 5mL 滤液作待净化液。

② 蛋粉（蛋白粉、蛋黄粉、全蛋粉）。取蛋粉 5g 加入 50mL 提取液（1％三氯乙酸溶液-乙腈），混匀、超声、离心后，上层清液用滤纸滤入比色管中（其中蛋黄粉和全蛋粉的样液要去脂肪），移取 5mL 滤液作待净化液。

（2）净化　待净化液过预先经 3mL 甲醇和 5mL 水活化的混合型阳离子交换固相萃取柱，依次用 3mL 水和 3mL 甲醇洗涤，抽至近干后，用 6mL 氨化甲醇溶液洗脱。整个固相萃取过程流速不超过 1mL/min。洗脱液于 50℃下用氮气吹干，残留物用 1mL 流动相定容，涡旋混合 1min，过 $0.45\mu m$ 的微孔滤膜后，供 HPLC 测定。

2. 标样测定

将三聚氰胺标准工作液（浓度为 $0.2\mu g/mL$、$2.0\mu g/mL$、$20.0\mu g/mL$、$40.0\mu g/mL$、$80.0\mu g/mL$），依次从低浓度到高浓度进行高效液相色谱分析，将所得峰面积（A）和所对应的标准溶液浓度（c）作直线，即得标准曲线。

3. 样品测定

称取 10g 蛋液（或 5g 蛋粉）样品，按提取、净化过程进行处理后，进行高效液相色谱分析，由标准曲线查出并计算结果。

四、结果处理

$$X = c \times \frac{V}{m} \times \frac{1000}{1000}$$

式中 X——鸡蛋（或蛋粉）中三聚氰胺的含量，mg/kg；

$\quad\quad c$——由标准曲线查出的三聚氰胺浓度，mg/L；

$\quad\quad V$——试样体积，mL；

$\quad\quad m$——样品（鸡蛋或蛋粉）称量质量，g。

实训（实验）项目二十四　豆制品中菌落总数和大肠菌群的测定

一、目的要求

1. 了解微生物检验的程序和原理。

2. 学会豆制品中菌落总数和大肠菌群的测定方法。

二、实训（实验）原理

菌落总数测定是用来判定食品被细菌污染的程度及其卫生质量，菌落总数的多少标志着食品卫生质量的优劣。

大肠菌群数的高低，表明了食品受粪便污染的程度，也反映了对人体健康危害性的大小。

三、仪器与试剂

1. 仪器

采样箱；灭菌塑料袋；灭菌具塞广口瓶；灭菌刀、剪、镊子等。

2. 培养基和试剂

（1）菌落总数测定

① 营养琼脂培养基。将 10g 蛋白胨、3g 牛肉膏、5g 氯化钠溶解于 1000mL 蒸馏水中，加入 15% 氢氧化钠溶液约 2mL，校正 pH 至 7.2~7.4。加入 15~20g 琼脂，加热煮沸，使琼脂溶化。分装烧瓶中，121℃高压灭菌 15min。

② 磷酸盐缓冲液。将 2g 明胶、4g 磷酸氢二钠溶解于少量热水中，然后稀释至 1000mL，校正 pH 至 6.2，121℃高压灭菌 15min。

③ 灭菌生理盐水：0.85%。

④ 乙醇：75%。

（2）大肠菌群测定

① 乳糖胆盐发酵管。将 20g 蛋白胨、5g 猪胆盐（或牛、羊胆盐）及 10g 乳糖溶于水中，校正 pH 至 7.4，加入指示剂，分装每管 10mL，并放入一个小倒管，115℃高压灭菌 15min。

② 伊红美蓝琼脂平板。将 10g 蛋白胨、2g 磷酸氢二钾和 17g 琼脂溶解于 1000mL 蒸馏水中，校正 pH 至 7.1，分装于烧瓶内，121℃高压灭菌 15min 备用。临用时加入 10g 乳糖

并加热溶化琼脂，冷至 50～55℃，加入伊红和美蓝溶液，摇匀，倾注平板。

③ 乳糖发酵管。将 20g 蛋白胨及 10g 乳糖溶于 1000mL 蒸馏水中，校正 pH 至 7.4，加入指示剂 (0.04％溴甲酚紫水溶液)，按检验要求分装 30mL、10mL 或 3mL，并放入一个小倒管，115℃高压灭菌 15min。

④ EC 肉汤。将 20g 胰蛋白胨、1.5g 三号胆盐 (或混合胆盐)、5g 乳糖、4g 磷酸氢二钾、1.5g 磷酸二氢钾、5g 氯化钠溶于 1000mL 蒸馏水中，分装有发酵倒管的试管中，121℃高压灭菌 15min，最终 pH 为 6.9±0.2。

⑤ 磷酸盐缓冲液。先将 34g 磷酸二氢钾溶解于 500mL 蒸馏水中，用 1mol/L 氢氧化钠溶液校正 pH 至 7.2 后，再用稀释至 1000mL，即为贮存液。

稀释液的配制：取贮存液 1.25mL，用蒸馏水稀释至 1000mL，分装每管 100mL 或每管 10mL，121℃高压灭菌 15min。

⑥ 0.85％灭菌生理盐水。

⑦ 革兰染色液。

四、实训（实验）步骤

1. 样品处理

以无菌操作称取 25g 检样，放入 225mL 灭菌蒸馏水，用均质器打碎 1min，制成混悬液。定型包装样品，先用 75％酒精棉球消毒包装袋口，用灭菌剪刀剪开后以无菌操作称取 25g 检样，放入 225mL 灭菌蒸馏水，用均质器打碎 1min，制成混悬液。

2. 菌落总数的测定

(1) 检样稀释及培养

(2) 菌落计数方法

(3) 菌落计数的报告

以上项目的具体步骤见本教材第十章第二节内容。

3. 大肠菌群的测定

(1) 检样稀释

(2) 乳糖发酵试验

(3) 分离培养

(4) 证实试验

(5) 测定报告

以上项目的具体步骤见本教材第十章第三节内容。

实训（实验）项目三十五　果蔬中致病性大肠杆菌的测定

一、目的要求

1. 掌握微生物检验的一般方法。

2. 学会果蔬中致病性大肠杆菌的测定方法。

二、实训（实验）原理

果蔬中致病性大肠杆菌的测定一般采用生物试验的方法进行细菌培养实验，经过增菌、分离等过程，然后采用合适的方法"试验"，以 100mL (g) 样品中大肠菌群最可能数 (MPN) 表示。

三、仪器与试剂

1. 仪器

采样箱；灭菌搅拌棒；灭菌具塞广口瓶；灭菌塑料袋；酒精灯；冰箱；恒温培养箱；恒温水浴锅；显微镜；离心机；酶标仪；均质器（或灭菌乳钵）；架盘药物天平；细菌浓度比浊管；灭菌广口瓶；灭菌锥形瓶；灭菌吸管；灭菌培养皿；灭菌试管；注射器；灭菌刀、剪、勺子、镊子等；小鼠；硝酸纤维素滤膜（150mm×50mm，ϕ0.45μm），灭菌备用。

2. 培养基和试剂

① 乳糖胆盐发酵管。将20g蛋白胨、5g猪胆盐（或牛、羊胆盐）及10g乳糖溶于水中，校正pH至7.4，加入指示剂，分装每管10mL，并放入一个小倒管，115℃高压灭菌15min。

② 营养肉汤。将10g蛋白胨、3g牛肉膏及5g氯化钠溶于1000mL蒸馏水中，校正pH至7.4，分装烧瓶，每瓶225mL，121℃高压灭菌15min。

③ 肠道菌增菌肉汤。将10g蛋白胨、5g葡萄糖、20g牛胆盐、8g磷酸氢二钠、2g磷酸二氢钾、0.015g煌绿溶于少量热水中，然后稀释至1000mL蒸馏水中，校正pH至7.2。分装每瓶30mL，115℃高压灭菌15min。

④ 麦康凯琼脂。将17g蛋白胨、3g胨、5g猪胆盐（或牛、羊胆盐）及5g氯化钠溶解于400mL蒸馏水中，校正pH至7.2。将17g琼脂加入600mL蒸馏水中，加热溶解。将两液合并，分装于烧瓶内，121℃高压灭菌15min，备用。临用时加热溶化琼脂，趁热加入10g乳糖，冷至50~55℃时加入10mL 0.01%结晶紫和5mL 0.5%中性红水溶液，摇匀后倾注平板。

⑤ 伊红美蓝琼脂（EMB）。将10g蛋白胨、2g磷酸氢二钾和17g琼脂溶解于1000mL蒸馏水中，校正pH至7.1，分装于烧瓶内，121℃高压灭菌15min备用。临用时加入10g乳糖并加热溶化琼脂，冷至50~55℃，加入伊红和美蓝溶液，摇匀，倾注平板。

⑥ 三糖铁琼脂（TSI）。将20g蛋白胨、5g牛肉膏、10g乳糖、10g蔗糖、1g葡萄糖、5g氯化钠、0.2g硫酸亚铁铵及0.2g硫代硫酸钠溶于1000mL蒸馏水中，校正pH至7.4。加入12g琼脂，加热煮沸，以溶化琼脂。加入0.025g 0.2%酚红水溶液12.5mL，摇匀。分装试管，装量宜多些，以便得到较高的底层。121℃高压灭菌15min，放置高层斜面备用。

⑦ 克氏双糖铁琼脂（KI）。取两份500mL血消化汤（pH＝7.6），分别加入6.5g、2g琼脂，加热溶解。第一份作为上层培养基，第二份作为下层培养基。在上层培养基中加入0.1g硫代硫酸钠、0.1g硫酸亚铁铵、5g乳糖及5mL 0.2%酚红溶液，分装于烧瓶内；在下层培养基中加入1g葡萄糖及5mL 0.2%酚红溶液，分装于灭菌12mm×100mm试管内，每管约2mL，115℃高压灭菌10min。将上层培养基放在56℃水浴箱内保温；将下层培养基直立放在室温内，使其凝固。待下层培养基凝固后，以无菌手续将上层培养基分装于下层培养基的上面，每管约1.5mL，放成斜面。

⑧ 糖发酵管。将10g蛋白胨、5g牛肉膏、3g氯化钠、2g磷酸氢二钠及12mL 0.2%溴麝香草酚蓝溶液溶于1000mL蒸馏水中，校正pH至7.4。按0.5%加入所需糖类（如乳糖、鼠李糖、木糖和甘露醇），分装于有一小倒管的小试管内，121℃高压灭菌15min。

⑨ 赖氨酸脱羧酶试验培养基。将5g蛋白胨、3g酵母浸膏、1g葡萄糖及1mL 1.6%溴甲酚紫-乙醇溶液溶于少量热水，然后稀释至1000mL蒸馏水中，分装每瓶100mL，分别加入各种所需氨基酸。再行校正pH至6.8。对照培养基不加氨基酸。分装于灭菌的小试管内，每管0.5mL，上面滴加一层液体石蜡，115℃高压灭菌10min。

⑩ 尿素琼脂。将1g蛋白胨、5g氯化钠、1g葡萄糖、2g磷酸二氢钾及3mL 0.4%酚红溶液溶于1000mL蒸馏水中，并校正pH至7.2±0.1，加入20g琼脂，加热溶化并分装于烧瓶中。121℃高压灭菌15min。冷至50~55℃，加入经除菌过滤的100mL 20%尿素溶液。尿

素的最终浓度为 2%，最终 pH 应为 7.2±0.1。分装于灭菌试管内，放成斜面备用。

四、实训（实验）步骤

1. 增菌

2. 分离

3. 生化试验

4. 血清学试验

5. 结果报告

综合生化试验、血清学试验作出报告

以上项目的具体步骤见本教材第十章第四节内容。

实训（实验）项目三十六 花生中黄曲霉毒素的测定

一、目的要求

1. 了解花生中黄曲霉毒素的测定原理。

2. 掌握薄层色谱的操作方法。

二、实训（实验）原理

样品经提取、浓缩、薄层分离后，对黄曲霉毒素 B_1、B_2、G_1、G_2 测定。在 365nm 紫外灯下，黄曲霉毒素 B_1、B_2 产生蓝紫色荧光，黄曲霉毒素 G_1、G_2 产生黄绿色荧光，根据其在薄层板上显示的荧光的最低检出量来定量。

三、试剂

① 黄曲霉毒素混合标准溶液Ⅰ：每毫升相当于 $0.2\mu g$ 黄曲霉毒素 B_1、G_1 及 $0.1\mu g$ 黄曲霉毒素 B_2、G_2，作定位用。

② 黄曲霉毒素混合标准溶液Ⅱ：每毫升相当于 $0.04\mu g$ 黄曲霉毒素 B_1、G_1 及 $0.02\mu g$ 黄曲霉毒素 B_2、G_2，作最低检出量用。

四、实训（实验）步骤

1. 提取

样品去壳去皮粉碎后称取 20.0g 放入 250mL 具塞锥形瓶中，准确加入 100.0mL 甲醇-水（55:45，体积比）溶液和 30mL 石油醚。盖塞后滴水封严。150r/min 振荡 30min。静置 15min 后用快速定性滤纸过滤于 125mL 分液漏斗中。待分层后，放出下层甲醇-水溶液于 100mL 烧杯中，从中取 20.0mL（相当于 4.0g 样品），置于另一个 125mL 分液漏斗中，加入 20.0mL 三氯甲烷，振摇 2min，静置分层（如有乳化现象可滴加甲醇促使分层）。放出三氯甲烷于 75mL 蒸发皿中。再加 5.0mL 三氯甲烷于分液漏斗中重复振摇提取后，放出三氯甲烷一并于蒸发皿中，65℃ 水浴通风挥干。用 2.0mL 20% 甲醇-PBS 分 3 次（0.8mL，0.7mL，0.5mL）溶解并彻底冲洗蒸发皿中凝结物，移至小试管，加盖振荡后静置待测。

2. 测定

① 薄层板的制备。称取约 3g 硅胶 G，加相当于硅胶 2～3 倍的水，用力研磨 1～2min 至成糊状后立即倒于涂布器内，推成 5cm×20cm，厚度约 0.25mm 的薄层板三块。在空气中干燥约 15min 后，在 100℃ 活化 2h，取出，放干燥器中保存。

② 点样。在距薄层板下端 3cm 的基线上用微量注射器滴加样液。一块板可滴加 4 个点，点距边缘和点间距约为 1cm，点直径约 3mm。在同一板上滴加点的大小应一致，滴加时可用吹风机边吹冷风边加，滴加试样如下：

第一点：10μL 黄曲霉毒素混合标准溶液Ⅱ。

第二点：20μL 样液。

第三点：20μL 样液＋10μL 黄曲霉毒素混合标准溶液Ⅱ。

第四点：20μL 样液＋10μL 黄曲霉毒素混合标准溶液Ⅰ。

③ 展开与观察。黄曲霉毒素 B_1、B_2、G_1、G_2 的比移值依次排列为 $B_1 > B_2 > G_1 > G_2$。

在展开槽内加 10mL 无水乙醚，预展 12cm，取出挥干，再于另一展开槽内加 10mL 丙酮-三氯甲烷（8:92，体积比），展开 10～12cm，取出。在紫外灯下观察结果，方法如下：

由于样液点上加滴黄曲霉毒素混合标准溶液Ⅰ或Ⅱ，可使黄曲霉毒素 B_1、B_2、G_1、G_2 分别与样液中的黄曲霉毒素 B_1、B_2、G_1、G_2 的荧光点重叠。如样液为阴性，薄层板上的第三点中黄曲霉毒素 B_1、B_2、G_1、G_2 依次为 $0.0004\mu g$、$0.0002\mu g$、$0.0004\mu g$、$0.0002\mu g$，可用作检查在样液内黄曲霉毒素 B_1、B_2、G_1、G_2 的最低检出量是否正常出现。如为阳性，则起定位作用。薄层板上的第四点中黄曲霉毒素 B_1、B_2、G_1、G_2 依次为 $0.002\mu g$、$0.001\mu g$、$0.002\mu g$、$0.001\mu g$，主要起定位作用。

若第二点在与黄曲霉毒素 B_1、B_2 的相应位置上无蓝色荧光点；或在与黄曲霉毒素 G_1、G_2 的相应位置上无黄绿色荧光点，表示样品中 B_1、G_1 含量在 $5\mu g/kg$ 以下；B_2、G_2 含量在 $2.5\mu g/kg$ 以下，如在相应位置上有以上荧光点，则需进行确证试验。

④ 确证试验。黄曲霉毒素与三氟乙酸反应产生衍生物，只限于 B_1 和 G_1；B_2 和 G_2 与三氟乙酸不起反应。B_1 和 G_1 的衍生物比移值为 $B_1 > G_1$。于薄层板左边依次滴加两个点。

第一点：10μL 黄曲霉毒素混合标准溶液Ⅱ。

第二点：20μL 样液。

于以上两点各加三氟乙酸 1 小滴盖于其上，反应 5min 后，用吹风机吹热风 2min，使热风吹到薄层板的温度不高于 40℃。再于薄层板上滴加以下两个点。

第三点：10μL 黄曲霉毒素混合标准溶液Ⅱ。

第四点：20μL 样液。

再展开（同③），在紫外光灯下观察样液是否产生与黄曲霉毒素 B_1 或 G_1 标准点相同的衍生物，未加三氟乙酸的三、四两点，可依次作为样液与标准的衍生物空白对照。

黄曲霉毒素 B_2 和 G_2 的确证试验，可用苯-乙醇-水（46:35:19，体积比）展开，若标准点与样液点出现重叠，即可确定。

在展开的薄层板上喷以硫酸（1:3，体积比），黄曲霉毒素 B_1、B_2、G_1、G_2 都变为黄色荧光。

⑤ 稀释定量。样液中黄曲霉毒素 B_1、B_2、G_1、G_2 荧光点的荧光强度如分别与黄曲霉毒素 B_1、B_2、G_1、G_2 标准点的最低检出量（B_1、G_1 为 $0.0004\mu g$，B_2、G_2 为 $0.0002\mu g$）的荧光强度一致，则样品中黄曲霉毒素 B_1、G_1 含量为 $5\mu g/kg$；B_2、G_2 含量在 $2.5\mu g/kg$。如样液中任何一种黄曲霉毒素的荧光强度比其最低检出量强，则需逐一进行定量，直至样液点的荧光强度与最低检出量点的荧光强度一致为止。

五、结果处理

$$X = k \times \frac{V_1 D}{V_2} \times \frac{1000}{m}$$

式中　X——黄曲霉毒素 B_1、B_2、G_1、G_2 含量，$\mu g/kg$；

　　　V_1——加入苯-乙腈混合液的体积，mL；

　　　V_2——出现最低荧光时滴加样液的体积，mL；

　　　D——样液的总稀释倍数；

m ——加入苯-乙腈混合液溶解时相当样品的质量，g；

k ——黄曲霉毒素 B_1、B_2、G_1、G_2 的最低检出量，B_1、G_1 为 $0.0004\mu g$，B_2、G_2 为 $0.0002\mu g$。

实训（实验）项目三十七　果茶中展青霉素的测定

一、目的要求

1. 了解果茶中展青霉素的测定原理。
2. 进一步掌握高效液相色谱仪使用方法，熟悉紫外检测器的使用。
3. 学会色谱工作站的操作。

二、实训（实验）原理

展青霉素（patulin，下称 Pat）是由青霉和某些曲霉所产生的有毒代谢物，对人体有较强的致毒、致病等作用，主要存在于水果、蔬菜及其制品中。样品中的 Pat 经有机溶剂萃取处理后，经高效液相色谱分离，根据保留时间进行定性，峰高进行定量。本方法能较好地分离水果及水果制品中杂质与展青霉素，分离色谱图见图 12-6。以乙腈＋水（5＋95）分离，分离度 $R>1.7$。

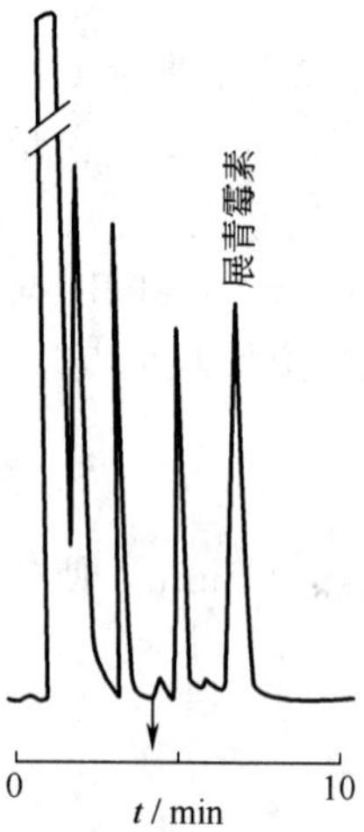

图 12-6　展青霉素分离色谱图

三、仪器与试剂

1. 仪器

高效液相色谱仪，紫外检测器；色谱工作站；超声仪。

2. 试剂

① 乙腈：分析纯。

② 碳酸钠溶液：称取 2.0g 碳酸钠（Na_2CO_3），溶于水中，并用水稀释至 100mL。

③ 无水硫酸钠：分析纯。

④ 展青霉素贮备液：精确称取展青霉素 10.0mg，用甲醇溶解，并定容至 10.0mL，此液每毫升含 1mg 展青霉素。

⑤ 展青霉素标准使用液：将展青霉素标准贮备液用甲醇稀释成含展青霉素 $0.5\mu g/mL$、$1.0\mu g/mL$、$1.5\mu g/mL$、$2.0\mu g/mL$、$2.5\mu g/mL$ 的标准系列溶液。

四、实训（实验）步骤

1. 样品处理

取试样 5g 于 25mL 具塞离心管中，加入 10mL 乙酸乙酯振荡 2min，超声萃取 5min，1500r/min 离心 5min，用滴管吸取有机溶剂于 125mL 分液漏斗中（再重复上述萃取 2 次，每次加入乙酸乙酯 5mL）。于分液漏斗中加入 1mL 2％Na_2CO_3 溶液，振荡 2min，静置分层后弃去 Na_2CO_3 层，再重复上述操作 2 次。有机相经盛有 1g 无水 Na_2SO_4 的漏斗滤入 K-D 浓缩器中，N_2 气流下 50℃蒸干，用甲醇定容至 0.5mL，供 HPLC 进样用。

2. 高效液相色谱参考条件

色谱柱　　　　Zobax C_8 4.6mm（内径）×250mm，$5\mu m$

柱温　　　　　35℃

流动相　　　　乙腈＋水（5＋95）

流速　　　　　1.0mL/min

检测波长　　　275nm

3. 校正曲线的绘制

分别进展青霉素标准系列溶液 10μL，以不同浓度展青霉素对峰高值制成校正曲线。

五、结果处理

$$X = \frac{m_1 \times 1000}{m_2 \times \frac{V_2}{V_1}}$$

式中　X——样品中展青霉素的含量，μg/kg；

　　　m_1——进样体积中展青霉素的质量，μg；

　　　V_2——进样体积，mL；

　　　V_1——进样稀释总体积，mL；

　　　m_2——样品质量，g。

实训（实验）项目三十八　食品包装材料中苯乙烯及乙苯等挥发成分的测定

一、原理

利用有机化合物在氢火焰中生成离子化物进行检测，以样品的峰高与标准品的峰高相比，计算出样品相当的含量。

二、试剂

① 二硫化碳。

② 正十二烷。

③ 苯乙烯乙苯标准溶液。取一只 100mL 容量瓶，放入约 2/3 体积二硫化碳准确称量为 m_0；滴加苯乙烯约 0.5g，准确称量为 m_1，再滴加乙苯约 0.3g，准确称量后为 m_2，作为标准贮备液。

苯乙烯浓度 $c_A(g/mL) = \dfrac{m_1 - m_0}{100}$

乙苯浓度 $c_B(g/mL) = \dfrac{m_2 - m_1}{100}$

④ 标准使用液：用 1mL 标准贮备液于 25mL 容量瓶中，加 5mL 正十二烷内标物后再加二硫化碳至刻度，作为标准使用液。

三、仪器

气相色谱仪，FID 检测器。

四、实训（实验）步骤

1. 样品处理

称取 1.00g 聚苯乙烯，置于 25mL 容量瓶中，加二硫化碳溶解，并稀释至刻度。准确加入 5μL 正十二烷充分振摇，混合均匀。

2. 测定

① 固定液：聚乙二醇丁二酸酯。

② 釉化 6201 红色载体。取 60～80 目 6201 红色载体浸于硼砂溶液（20g/L）中 2 昼夜，溶液体积约为载体体积的 10 倍，浸泡期间应搅拌 2～3 次，将浸泡后的载体抽滤，并以水将母液稀释成 2 倍体积，用相当于载体体积的稀释母液在吸滤情况下淋洗。将抽滤后的载体于 120℃烘干，然后置马弗炉中灼烧，在 860℃保持 70min，再在 950℃保持 30min，经灼烧后的载体，用沸腾的水浸洗 4～5 次，每次所用水量约为载体体积的 5 倍，浸洗时搅拌不宜过猛，以免破损载体颗粒，形成新生表面而影响处理效果。洗涤后的载体烘干、筛分即可应用。

③ 色谱柱：不锈钢柱，内柱 4mm，长 4mm。内装涂有 20％聚乙二醇丁酸酯的 60～80 目釉化 6201 红色载体。

④ 温度：柱温 130℃；汽化温度 200℃。

⑤ 气体流速：载气（N_2）柱前压力 176.5～196.13kPa；氢气流速 50mL/min；空气流速 700mL/min。

⑥ 定量方法。取 0.5μL 注入色谱仪，待色谱峰流出后（见图 12-7）所示，准确量取各被测组分与正十二烷的峰高，并计算其比值，按峰高比值，与注入 0.5μL 标准使用液求出的组分与正十二烷峰高比相比较定量。

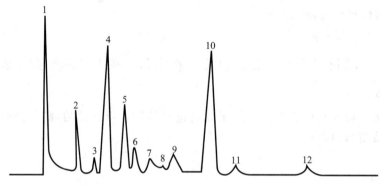

图 12-7 苯乙烯及乙苯等挥发成分色谱图

1—二硫化碳；2—苯；3—甲苯；4—正十二烷（内标）；5—乙苯；6—异丙苯；
7—正丙苯；8—甲乙苯；9—叔丁苯；10—苯乙烯；11—α-甲基苯乙烯；12—β-甲基苯乙烯

五、结果处理

$$X = \frac{F_i(c_A \text{ 或 } c_B)}{F_s \times m} \times 1000$$

式中 X——苯乙烯或乙苯挥发成分含量，g/100g；

F_i——样品峰高和内标物比值；

F_s——标准物峰高和内标物比值；

c_A——苯乙烯的浓度，g/mL；

c_B——乙苯的浓度，g/mL；

m——样品质量，g。

 阅读材料

新发现的抗癌食品

据有关资料显示，世界上新发现了一些抗癌食品。

米糠 米糠中含有抑癌增殖成分，该成分相对分子质量为 500～1000，耐热。在对鼠试验中，鼠的纤维芽细胞和癌细胞各 100 万个，按 0.9mg/mL 的浓度用这种成分处理后，正常细胞存活率百分之百，而癌细胞死亡约 50％。

大蒜 美国研究人员发现，癌症低发区居民有每月吃 20 瓣左右大蒜的习惯。通过对鼠进行同时饲以致乳腺癌物质与大蒜试验，结果显示，鼠均未患上乳腺癌。

墨鱼 墨鱼的墨液中含有抗癌物质，是糖、蛋白质和脂质结合成的复合糖质，其治愈癌症率高达 60％。

卷心菜　科学家从卷心菜中提取到强有力的抗癌物质——用硫黄成分刺激细胞内的临界酶，可形成对抗肿瘤的膜。

大豆　大豆中含强烈抗氧化剂绿原酸，可减缓成切断人体蛋白受损伤的氧化反应，还含有抑制癌基因产物的异黄酮和防止正常细胞恶变的蛋白酶抑制剂。

绿茶　绿茶可防肝、肺、皮肤和消化道癌，其抗癌成分主要是特殊的酚类——多酚、五羟黄酮、培原酸、绿原酸、儿茶素等。

什么是转基因食品

转基因食品（genetically modified foods, GMF）是利用现代分子生物技术，将某些生物的基因转移到其他物种中去，改造生物的遗传物质，使其在性状、营养品质、消费品质等方面向人们所需要的目标转变的食品。转基因生物直接食用，或者作为加工原料生产的食品，统称为转基因食品。

根据转基因食品来源的不同，可分为植物性转基因食品、动物性转基因食品和微生物性转基因食品。

从世界上最早的转基因作物（烟草）于 1983 年诞生，到美国孟山都公司转基因食品研制的延熟保鲜转基因西红柿 1994 年在美国批准上市，转基因食品的研发迅猛发展，产品品种及产量也成倍增长，转基因作为一种新兴的生物技术手段，由于它的不成熟和不确定性，使得转基因食品的安全性成为人们关注的焦点。

参 考 文 献

[1] 中华人民共和国国家标准，食品卫生检验方法，理化部分．北京：中国标准出版社，2004．

[2] 中华人民共和国国家标准，食品卫生微生物检验．北京：中国标准出版社，2004．

[3] 许牡丹，毛跟年编著．食品安全性与分析检测．北京：化学工业出版社，2003．

[4] 张意静主编．食品分析技术．北京：中国轻工出版社，2001．

[5] 杨祖英主编．食品检验．北京：化学工业出版社，2001．

[6] 大连轻工业学院等八校合编．食品分析．北京：中国轻工出版社，2002．

[7] 宁正祥主编．食品成分分析手册．北京：中国轻工出版社，1998．

[8] 罗雪云，刘宏道主编．食品卫生微生物检验标准手册．北京：中国标准出版社，1995．

[9] 方惠群，于俊生，史坚编著．仪器分析．北京：科学出版社，2002．

[10] 穆华荣，陈志超主编．仪器分析实验．第2版．北京：化学工业出版社，2004．

[11] 苏世彦主编．食品微生物检验手册．北京：中国轻工出版社，1998．

[12] 杨洁彬，王晶，王柏琴，陈义珍，韩纯儒编著．食品安全性．北京：中国轻工出版社，1999．

[13] 武汉大学化学系编．仪器分析．北京：高等教育出版社，2001．

[14] 王肇庆主编．粮油食品品质分析．北京：中国轻工出版社，1994．

[15] 中国食品添加剂生产应用工业协会编著．食品添加剂手册．北京：中国轻工出版社，1996．

[16] 朱明华编．仪器分析．第3版．北京：高等教育出版社，2000．

[17] 吴永宁主编．现代食品安全科学．北京：化学工业出版社，2003．